Zu diesem Buch

Erdöl ist Geld und Geld ist Macht: Daraus erklärt sich wohl auch die außergewöhnliche Rolle, die der Rohstoff Erdöl im internationalen Kräftespiel hat. Man assoziiert beim Stichwort Öl Scheichpaläste, Wolkenkratzer, Milliardäre – aber auch Brandkatastrophen, Revolutionen, Kriege. Man spekuliert gern über die finsteren Machenschaften der Ölkonzerne und vermutet hinter jeder Meldung über Ereignisse in der Energiewirtschaft dramatische politische Vorgänge. Aber es bleibt eben meist bei Spekulationen und Vermutungen, denn die Informationspolitik der Ölgesellschaften trägt gemeinhin nicht dazu bei, die Zusammenhänge durchsichtig zu machen.

Hier legt ein Experte eine Analyse mit dem Ziel vor, das Knäuel der widersprüchlichen Nachrichten zu entwirren. Christopher Tugendhat ist den wirtschaftlichen Verflechtungen um den begehrten Rohstoff auf den Grund gegangen. Er interpretiert Statistiken und nennt Zahlen, wo bisher undeutliche Vorstellungen von gigantischem Reichtum und hemmungsloser Ausbeutung die Argumente ersetzen mußten. Sein harter, ungeschminkter Bericht fesselt bis zur letzten Seite. Ob er die Werbekampagnen der Konzerne aufs Korn nimmt, oder ob er die ölwirtschaftlichen Hintergründe politischer Konflikte aufdeckt – stets spricht ein Fachmann, der auch komplizierte Vorgänge plastisch und eindrucksvoll zu schildern vermag.

Christopher Tugendhat wurde 1937 in London geboren. Er ist Spezialist für Energiewirtschaft bei der «Financial Times». 1972 erschien sein Buch «Die Multinationalen Konzerne beherrschen die Wirtschaft der Welt».

Christopher Tugendhat

ERDÖL

Treibstoff der Weltwirtschaft – Sprengstoff der Weltpolitik

Rowohlt

Titel der Originalausgabe «Oil – the Biggest Business»
Aus dem Englischen übertragen von ZORA SHAKED
Titel der bei Molden erschienenen Buchausgabe
«Gigant Erdöl. Wirtschaft, Politik, Strategie»
Das Vorwort wurde eigens
für die vorliegende Taschenbuchausgabe geschrieben
Umschlagentwurf Werner Rebhuhn (Foto: Esso)

Ungekürzte Ausgabe
Veröffentlicht im Rowohlt Taschenbuch Verlag,
Reinbek bei Hamburg, Juni 1972

Gesamtherstellung Clausen & Bosse, Leck/Schleswig
Printed in Germany
ISBN 3 499 16775 1

Inhalt

Meinem Vater,
Dr. Georg Tugendhat

Vorwort zur Taschenbuchausgabe[1]

Bis zum Frühjahr 1970 diktierten die internationalen Ölkonzerne das Gesetz des Ölmarktes.

Dann nutzten die ölliefernden Entwicklungsländer zum ersten Mal das Gesetz des Marktes für sich. Sie, die seit 1964 gezielt versucht hatten, den Industrieländern eine gerechtere Organisation des Welthandels abzuringen, zwangen jetzt die Ölverbraucherländer zu Konzessionen.

1971 kapitulierten die Ölkonzerne. Die ölreichen Entwicklungsländer hatten die Ölgesellschaften in mehreren Verhandlungsrunden bezwungen. Der Gewinnanteil der Förderländer steigerte sich auf mindestens 55 Prozent. Die Ölkonzerne mußten 15 Milliarden Dollar mehr zahlen. Erfolgreich hatten die Ölstaaten mit der „schlimmsten Versorgungskrise seit Schließung des Suez-Kanals" gedroht.

Schon die Zahlen dramatisieren das neue Kapitel in der Ölgeschichte. Der Ölverbrauch der westlichen Industrienationen stieg von täglich 10 Millionen Barrels [1 Barrel (bbl) = 158,98 Liter] im Jahr 1950 auf 39 Millionen Barrels 1970 und wird 1980 mit 67 Millionen Barrels täglich eine Rekordhöhe erreicht haben. In den USA ist der jährliche Zuwachs an Energiebedarf mit fünf Prozent viermal höher als die jährliche Bevölkerungszuwachsrate. Allein Westeuropa, dessen tägli-

1 Dieses Vorwort will die Taschenbuchausgabe auf den Stand der aktuellen Diskussion bringen. Es beschäftigt sich daher insbesondere mit den politischen Implikationen der Ölwirtschaft.

cher Ölbedarf 1950 nur 1,2 Millionen Barrels betrug, wird 1980 23 Millionen Barrels benötigen.

Damit hängen die wirtschaftliche Entwicklung in den Industrieländern und der Wohlstand ihrer Bevölkerung wesentlich davon ab, ob ihr Energiebedarf gedeckt werden kann. Die industrielle Produktion und den wirtschaftlichen Fortschritt in den Industrieländern trägt aber zu 40 bis 70 Prozent die aus Öl gewonnene Energie. Kohle ist als Energieträger entweder ausgebeutet, ihre Förderung ist zu teuer oder ihre Nutzungsmöglichkeiten sind überholt. Die Atomenergie erfüllt die Projektionen für die 70er Jahre noch nicht. Die europäische wie die japanische Energiewirtschaft ist von ausländischem Öl abhängig; denn acht von zehn Tonnen, die durch Europas Ölraffinerien laufen, stammen aus den Olländern der OPEC (Organization of Petroleum Export Countries), der Interessenorganisation dieser Entwicklungsländer. Sie liefert auch 90 Prozent des Japan-Öls. Die OPEC-Länder (dazu gehören: Algerien, Abu Dhabi, Indonesien, Irak, Iran, Libyen, Kuwait, Katar, Saudi-Arabien und Venezuela) bleiben trotz der Ölfunde in der nördlichen Nordsee, in Alaska und Kanada (die Erdöllager an der Prudhoe Bay in Alaska und im Mackenzie Delta in Kanada dürften zu den größten Erdölfeldern der Erde gehören; die Ausbeutung hat bereits begonnen) und den fernöstlichen Meeren Westeuropas Partner im Ölgeschäft.

Einen Ölboykott der OPEC-Länder könnten die Industrieländer nicht abfangen. Eine Wirtschaftskrise wäre unvermeidlich, weil eine langfristige Vorratswirtschaft technisch kaum zu bewältigen und viel zu teuer ist. Zudem können die Ölländer durch zugeteilte Lieferquoten eine derartige Vorsorgepolitik unterbinden. Die Vereinigten Staaten könnten den besonders anfälligen westeuropäischen Staaten nicht helfen. Spätestens 1975 sind sie selbst auf Ölimporte aus den OPEC-Ländern angewiesen. 1980 werden sie schon 50 Prozent ihres Öls importieren müssen. Die Sowjetunion könnte theoretisch dieses Versorgungsproblem mit eigenen Ölüberschüssen lösen. Doch sind ihre politische Solidarität zu den OPEC-Ländern und ihr politischer Vorteil aus einer Wirtschaftskrise in der westlichen Welt zu groß, um Boykottbrecher zu spielen.

Mit der Massenproduktion von Kraftfahrzeugen, Flugzeugen und der Ausweitung der Industrieproduktionen wurde Öl zum „Treibstoff der Weltwirtschaft". Gleichzeitig wurde er zum politisiertesten Rohstoff, ohne daß die Ölländer diese Waffe richtig einschätzten. Zunächst verhielten sich die Ölländer nach dem gewohnten Muster ihrer Kolonialgeschichte; denn ihre Ölgeschichte begann, als Imperialismus und Kolonialismus noch als politisch erlaubte Ziele galten. Sie bildeten jedoch auch nach ihrer politischen Unabhängigkeit das geeignete Energiereservoir, das die Industrieländer und ihre Konzerne beliebig für den eigenen wirtschaftlichen Fortschritt und maximalen Profit ausbeuten konnten. Oft übernahmen die Ölkonzerne in den ehemaligen Kolonien die Rollen zur Absicherung der Wirtschaftsinteressen wie früher die politischen und militärischen kolonialen Machthaber.

So bezogen insbesondere die „Die Großen Sieben" (s. Anhang) des Weltölgeschäfts das Öl aus dem arabischen Wüstenboden gegen Schleuderpreise an Scheiche. Die Gesellschaften hatten ein Monopol auf den einzigen Reichtum dieser unterentwickelten Länder ähnlich wie die amerikanische „Fruit Company" das lateinamerikanische Fruchtgeschäft und damit die politischen Regime lenkte. Die Gesellschaften bohrten, förderten, schlossen die Verträge, ließen das Öl transportieren und verarbeiten. Während die Konzerne in der nachkolonialen Phase ihre Gewinne bis auf das Zehntausendfache steigern konnten, weil sie das Preisniveau auf dem Weltmarkt diktierten, mußten sich die Öl-länder mit den zugewiesenen Tantiemen begnügen.

„Die Industrienationen plündern den Boden der armen Länder aus und überweisen ihnen dafür Almosen", erkannte Frankreichs Zeitung „Nouvel Observateur". Die Ölkonzerne nutzten die politische Unabhängigkeit der unvorbereiteten Staaten, um sie wirtschaftlich von sich abhängig zu machen. Sie versprachen neuen Regierungen die alten Vorteile aus dem Ölgeschäft. Diese Öleinnahmen bildeten in der Regel die einzige Devisenquelle, aus der die notwendigen Importe finanziert werden konnten. So hatten die Konzerne ein leichtes Spiel, zumal die Regierungen der neuen Staaten weder über das politische Bewußtsein noch über die wichtigste Industrialisierungsstufe — das Management und technische „Know-how" — verfügen, um das Ölgeschäft ohne die Ölkonzerne auf eigene Rechnung und mit ausschließlich eigenem Gewinn zu betreiben.

Obwohl die Ölstaaten schon in den fünfziger Jahren den Ölreichtum als Quelle für den Wohlstand ihrer Länder erkannten, erreichten sie erst in diesem Jahrzehnt des 20. Jahrhunderts eine von den Interessen der Ölkonzerne und Ölverbraucherländer unabhängige Machtposition. Der Grund: Öl hatte sich als Sprengstoff innerhalb der neuen Gesellschaftssysteme erwiesen. Mit dem Geldstrom setzte eine „kalte" Sozialrevolution ein. Die Reichtumsschwemme hatte in der arabischen Ölwelt starke Folgeerscheinungen, weil sie die Einwohner als Analphabeten und Ärmsten der Armen unvorbereitet traf. So wurden in den ärmsten Landstrichen nur die Reichen reicher.

Die neuen Herrscher in den Entwicklungsländern verdienten am Öl.

Die Gesellschaften spielten die Herren der meist feudalistisch strukturierten arabischen Ölstaaten geschickt gegeneinander aus. Diese aber investierten die Öleinnahmen nicht in die industrielle Entwicklung des Landes oder in den Aufbau der Landwirtschaft. Sie deponierten die Ölmillionen auf ausländischen Bankkonten. An dieser Form der Gewinnpolitik entzündete sich die Kritik der Bevölkerung: mit dem erwachenden Nationalismus und Politisierung einer kleinen Elite wuchsen die Forderungen, die Massen am Ölgewinn zu beteiligen.

Rund 35 Putsche in den arabischen und nordafrikanischen Ölländern charakterisieren die Instabilität der ölabhängigen Regierungen. Feudalstaaten wie Kuwait und Saudi-Arabien erkauften sich die Gunst der Massen durch hohe Sozialinvestitionen wie kostenlosen Gesundheitsdienst, öffentliche Schulen, sozialen Wohnungsbau und Nahrungsmittelsubventionen. Der Iran belohnte das politische Wohlverhalten der Massen mit Industrieinvestitionen, Infrastrukturprojekten und einer bescheidenen Landreform, so daß der Iran heute — verglichen mit ähnlich strukturierten Ländern — ein Industrieland mit Zukunft ist. Im Ölland Venezuela stieg der Monatslohn des Arbeiters zum Beispiel auf durchschnittlich 500 Mark. Er verdient damit doppelt soviel wie sein Arbeitskollege im benachbarten Kolumbien. Außerdem ist er sozialversichert.

Die fünf sozialistischen Regierungen in der VAR, in Syrien, Algerien, Libyen und im Irak verfuhren radikaler. Die Revolutionsregierungen, die im Gegensatz zu den feudalistischen Herrschern vor ihnen den Reichtum gleichmäßig verteilen wollten, der durch die Öleinnahmen ihren Ländern zufloß, verteilten die Gelder zum Nutzen der Massen um. So verzehnfachte der libysche Staatschef Ghadaffi die Ausgaben für das Schulwesen und investierte fünfmal soviel Geld in die Gesundheitsfürsorge wie sein Vorgänger König Idris. Insbesondere aber finanziert er mit den Öleinnahmen von 1,3 Milliarden Dollar jährlich einen nationalen Entwicklungsplan von rund 300 Millionen Dollar, um dem Wüstenland mit Hilfe von Bewässerungsprojekten eine landwirtschaftliche Produktion zu ermöglichen und um eine petrochemische Industrie aufzubauen.

In den neuen Regierungen, die anders als die für ihren eigenen Profit wirtschaftenden Feudalherren zur Entwicklung des Landes und damit zur Erhaltung ihrer Machtposition auf hohe Öleinnahmen angewiesen waren, fanden Ölkonzerne harte Verhandlungspartner. Insbesondere die arabischen Staaten entdeckten den Ölboykott als außenpolitisches Mittel gegen die ihren Feind unterstützenden westlichen Industrienationen. Die Solidarität der arabischen Ölländer, die den größten

Teil der bekannten Ölvorräte besitzen, begann mit dem Sechs-Tage-Krieg (Juni 1967).

Einen Tag nach Ausbruch des Krieges drehte Präsident Nasser den großen Ölgesellschaften den Ölhahn ab. Die anderen arabischen Staaten boykottierten die Gesellschaften. Palästinensische Freischärler sprengten israelische Ölleitungen. Die Araber schlossen die Transarabische Pipeline, durch die jährlich 23 Millionen Tonnen Rohöl vom Persischen Golf nach Sidan am Mittelmeer gepumpt worden waren. Westeuropa hatte seine Versorgungskrise. Radio Kairo jubelte: „Wir haben eine neue Waffe!"

Die Ölpreise stiegen viermal nacheinander; denn das Öl mußte nun vom Persischen Golf verschifft werden. Sein Transport band für die um fünf Wochen längere Fahrtzeit den dreifachen Tankerfrachtraum. „Das arabische Öl hat zwar nicht geholfen, entscheidend auf den Nahostkonflikt einzuwirken, wie mancher arabische Führer es erhofft hatte", schrieb die Beiruter Zeitung „Daily Star". „Doch gab der Ölreichtum den abhängigen Entwicklungsländern zum ersten Mal die Chance zu einer souveränen Politik. Arabisches Öl gehört den Arabern, ist Eigentum der arabischen Nation."

Die Ölstaaten entdeckten, daß sie den Energieträger Öl politisch gegen die Ölverbraucherländer und die allmächtigen Ölkonzerne verwenden konnten. Bisher waren es die Ölgesellschaften gewesen, die politische Entscheidungen provoziert hatten: Als der Iran 1951 die Ölindustrie verstaatlichte, boykottierten die Ölgesellschaften die persischen Ölquellen und suchten Verträge mit anderen Ölstaaten wie Kuwait und Irak. So sanken die iranischen Deviseneinnnahmen von 16 Millionen Pfund Sterling 1950 auf 0,1 Millionen Pfund Sterling 1953. Mit Hilfe des amerikanischen Geheimdienstes erzwangen die Gesellschaften den Sturz des Nationalisierungs-Ministers Mossadegh. Prompt schnellte die Ölförderung von einer Million Tonnen wieder auf 36 Millionen Tonnen 1957 hinauf. Auch den irakischen Ministerpräsidenten Kassem setzten die Öltrusts ab, als er 1961/62 versuchte, die Ölwirtschaft zu nationalisieren.

Die Beispiele Mossadegh und Kassem zeigen, wie relativ leicht es für die Konzerngiganten war, die Innenpolitik der Ölstaaten zu steuern. Diese vermochten nicht, sich zu wehren; denn die Gesellschaften nutzten die einseitige Abhängigkeit der Ölstaaten von den Öleinnahmen aus. Noch 1969 errechnete sich der Anteil der Öleinnahmen am Volkseinkommen beispielsweise in Libyen auf 84,7 Prozent. Allein Saudi-Arabien verdient täglich 100 000 Dollar am Öl. Der Devisenanteil erreicht in den meisten Ölstaaten über 90 Prozent, in Libyen sogar 99,9 Prozent. Daher beuteten die Ölgesellschaft jedes neue Ölfeld in einem anderen Land mit dem Ziel aus, die Öleinnahmen ihrer bisherigen Ölstaaten zu vermindern und die eigenen Gewinne zu steigern.

Als dann Anfang der sechziger Jahre Algerien und Libyen ins Ölgeschäft kamen, mußten die Staaten am Persischen Golf ihre Standortpreise für Rohöl senken. Die niedrigeren Transportkosten für das nordafrikanische Öl drückten die Preise. Obwohl sich die Ölländer in einer Interessenorganisation, der OPEC, zusammenschlossen, gelang es den Ölkonzernen immer wieder, in bilateralen Verhandlungen die Länder gegeneinander auszuspielen. Algeriens Präsident Boumedienne nannte deshalb die OPEC auch gerne verächtlich „einen Verein von Teppichhändlern".

So gelang es den Ölkonzernen, die Preise für Rohöl auf den Stand von 1960 einzufrieren. Die Verbraucherpreise für Benzin und Heizöl hatten sie im Gegensatz zu dieser Preispolitik so weit heraufgesetzt, daß die Ölländer an ihrem eigenen Öl weniger verdienten als die Ölkonzerne. Hinzu kam die sich kontinuierlich fortsetzende Geldentwertung in den westlichen Industrienationen. Die Ölländer erhielten immer weniger Waren für ihr Geld. Die „terms of trade", das reale Austauschverhältnis zwischen dem exportierten Rohöl und den importierten Investitionsgütern, war ungünstiger als noch in den fünfziger Jahren. Im Gegenteil — die Ölländer lieferten konstant billiges Öl, die Industrieländer erhöhten seit 1957 laufend ihre Preise für die Investitionsgüter. Außerdem belegten die Ölverbraucherstaaten, die immer auf ihren dringenden Bedarf an billiger Energie verwiesen, die einzelnen Ölprodukte mit Steuern, die bei weitem die Abgaben der Ölkonzerne für das Rohöl überstiegen.

In dieser Lage bestanden vor allem die sozialistischen Staaten wie Libyen, Algerien und der Irak auf drastische Preiserhöhungen für Rohöl. Der Ölengpaß und die Hochkonjunktur für Öl hatten schon Libyen 1970 zu bilateral erhandelten Preisvorteilen verholfen. Nun verfolgten die OPEC-Länder in einer gemeinsamen Strategie eine einheitliche Preispolitik. Sie drohten mit dem gemeinsamen Ölboykott und nahmen den drohenden Verlust von 4,5 Milliarden Dollar in Kauf. Die Esso-AG hatte diese Maßnahme niemals für möglich gehalten. Doch Wilson Laird, Direktor des amerikanischen Büros für Öl und Gas, warnte „vor politischen Verschärfungen des ohnehin schon kritischen Ölkonflikts, die zu einem völligen Boykott Westeuropas und Japans durch Libyen, den Irak und wahrscheinlich noch weiterer Ölländer führen könnten".

Die Ölgiganten fühlten sich in einem Maße wehrlos, wie es noch vier

Jahre zuvor unvorstellbar gewesen wäre. Verbraucherländer und Ölgesellschaften fühlten sich „erpreßt“. Doch sie beugten sich dem solidarischen Diktat und akzeptierten eine umgerechnet 42prozentige Erhöhung des Rohölpreises. Die Ölgesellschaften glaubten, sich damit für die nächsten fünf Jahre eine Garantie für Preise und Konzessionen erkauft zu haben. Als aber im August 1971 das Weltwährungssystem zusammenbrach, forderten die Entwicklungsländer für ihre Entwertungsverluste in Höhe von 40 Millionen Dollar Entschädigung und für die Zukunft weitere Preissteigerungen bis zu 7,5 Prozent.

Außerdem begannen die Olländer mit der Diskussion um zwei Reformen der Versorgungspolitik, die ihre Erwerbsquelle sichern sollten. Sie wollen das Öl in ihren Ländern selbst verarbeiten, die Fördermengen und Lieferquoten festlegen, um möglichst gute Preise für eine möglichst lange Zeit auszuhandeln. Nur auf diese Weise sahen sie die Möglichkeit gesichert, bis zu dem Zeitpunkt, an dem die eigenen Ölreserven erschöpft sein würden, eine breitgefächerte Industrie aufgebaut zu haben.

So nutzten die Entwicklungsländer die Chance des Marktes für sich. Die abhängigen Industriestaaten erkannten, daß nur Öl innerhalb der eigenen Grenzen den Energiebedarf sichert. Diese Erkenntnis hatte schon Jahre zuvor zur Subvention des inländischen Öls in den Vereinigten Staaten geführt.

Experten kamen in dieser Situation zu dem Schluß, daß die teuren Forschungs- und Entwicklungsarbeiten in der Nordsee, in Alaska und Grönland sowie vor der japanischen Küste mit jeder Preissteigerung durch die OPEC-Länder rentabler werden. Das Interesse der Verbraucherregierungen an Teersand-Lagerstätten in politisch stabilen Ölländern nimmt zu. Dies zeigt das Investitionsinteresse der staatlich kontrollierten japanischen Ölgesellschaft Japex an den kanadischen Athabaska-Teersandlagern. Im gleichen Maß steigen auch die Investitionen in die Atomenergiegewinnung. Doch noch lohnt sich für eine Regierung, die Steuern kassiert, und für einen Ölkonzern, der Gewinne maximiert, das Ölgeschäft trotz des höheren Rohölpreises. Im ersten Halbjahr 1971 lagen zum Beispiel die Gewinne der Ölkonzerne immer noch weit über denen des Vorjahres.

Schon aber müssen sich Ölverbraucher und Ölgesellschaften auf eine neue Dimension des Ölgeschäfts einstellen. Dem maximalen Gewinn für ihre Volkswirtschaften rechnen sich die Ölländer aus, wenn die gesamte Ölproduktion von ihnen bestimmt wird. Das gegenwärtige Konzessionssystem, das in allen OPEC-Staaten mit Ausnahme von Algerien, Indonesien und der VAR ganz oder teilweise Anwendung findet, ist ein Überbleibsel des Kolonialsystems. Seit türkische Sultane den Nahen Osten regierten, besaßen die Völker, denen die Ölquellen gehörten, niemals das Öl. Die Konzerne waren einer der wichtigsten Faktoren, die eine revolutionäre Orientierung verhinderten; denn sie spielten ihre Gewinnchancen gegen verunsicherte neue Regierungen aus wie beispielsweise 1968 im Irak, als die Baath-Partei Regierungspartei wurde. Zwar kündigten die OPEC-Staaten ihren Wunsch nach einer stärkeren Mitbeteiligung und Mitbestimmung in Management und Ausbeutung der Ölvorhaben nur vorsichtig an. Doch zielten alle diese Versuche folgerichtig darauf ab, die Ölindustrie zu verstaatlichen. Die Öllländer warten nur den Zeitpunkt ab, in dem sie finanziell und technisch in der Lage sind, die Industrieländer selbst mit ihrem Öl zu versorgen.

Noch binden die Ölländer langfristige Konzessionsverträge an die großen Ölkonzerne. Für den Iran laufen sie bis 1979, für Saudi-Arabien bis 1999 und in Kuwait laufen sie erst im Jahr 2026 aus. Damit bleiben die Ölstaaten rein juristisch gesehen vorerst der Gewinnpolitik der Konzerne verpflichtet. Die Konzerne aber können noch immer ihre Gewinne manipulieren, wo und wie sie wollen. Sie bestimmen den Anteil der von ihnen festgelegten unkontrollierbaren Gewinne für Reinvestitionen, Forschungsvorhaben und Transfers. Die „Sieben Großen“ erzielten so 1968 einen Reingewinn von 1,3 Milliarden Dollar, investierten aber nur 263 Millionen Dollar. Den Restbetrag transferierten sie in die USA.

Diese Gewinnpraktiken verhindern die Forderung der Ölländer nach Mitbeteiligung (die Verstaatlichungsanteile sollen zwischen 33 und 100 Prozent liegen) und Mitbestimmung. Die Gewinnanteile können erst kontrolliert werden, wenn die Gesellschaften die Gewinne für jede Phase des Ölgeschäfts getrennt ausweisen müssen. Erst dann kann der richtige Anteil für Reinvestitionen festgelegt werden. Zudem sind die Ölkonzerne auf kurzfristige Gewinnmaximierung programmiert, während die Ölländer von ihnen Verantwortung und Initiative für die industrielle Entwicklung verlangen. Ihre Vorstellung von Mitbeteiligung soll alle Produktionskosten, den Transport, die Verarbeitung und Verteilung umfassen, die Investitionen sollen dann von heute drei Milliarden Dollar auf 20 Milliarden Dollar steigen. Aus dieser unterschiedlichen Interessenlage ergibt sich ein derartiges Spannungsverhältnis, daß die vertraglich fixierten Auslaufdaten für die Ölkonzessionen von Tag zu Tag bedeutungsloser werden. Heute stellt sich die Frage: Wollen die Ölländer 1979, wenn die Ölkonzessionen im Iran auslaufen, alle Verträge geschlossen aufkündigen?

Sie wollen dann das Ölgeschäft auf eigene Rechnung betreiben. Erst das Volkseigentum Öl in staatlicher Regie verwirklicht den endgültigen

Abschied von der kolonialen Epoche. Die wirtschaftliche und politische Dimension des Öls erschwert das Ende der Ausbeutungsphase ebenso wie den Kampf um die politische Unabhängigkeit. Ähnlich verloren wie damals die Kolonialmächte sind als Instrumente einer gleichen Ideologie die Ölgesellschaften.

Als Algerien, Frankreichs einstige Kolonie und stets bedeutendster Öllieferant, sich 1971 mit einem Nationalisierungsgesetz die Kontrolle über den größten Besitz des Landes, das Sahara-Öl verschaffte, boykottierten die Franzosen das „rote Öl". Sie hatten bis dahin den Ölreichtum ausgebeutet: 1970 verarbeiteten oder verkauften sie allein 32,8 Millionen Tonnen der geförderten 47,5 Millionen Tonnen. Die französische staatseigene Ölfirma „Elf-Erap" förderte sogar mehr als 80 Prozent ihres Öls in der algerischen Sahara.

Nun sollte Frankreich sich auf die Rolle des Abnehmers beschränken: „Die Rolle des französischen Kapitals besteht darin, uns das zu verschaffen, was wir brauchen", meinte Algeriens Industrieminister Abd el Salam. Die Algerier, deren staatliche Ölgesellschaft „Sonatrach" nun 51 Prozent an allen französischen Ölfirmen besitzt, setzten einseitig die Entschädigungssummen fest. Frankreichs große Mineralölfirmen akzeptierten die 100 Millionen Dollar. Sie verpflichteten sich gleichzeitig, in den nächsten Jahren unabhängig von der Lage auf dem Weltmarkt sieben Millionen Tonnen Öl jährlich abzunehmen.

Südamerikas OPEC-Ölstaat Venezuela (jährliche Öleinnahmen: 1,5 Milliarden Dollar) versucht, ähnlichen Druck auf die USA auszuüben; denn die meisten ausländischen Ölgesellschaften, die Öl in Venezuela fördern, haben ihren Sitz in den Vereinigten Staaten. Die USA sind außerdem der Hauptkunde Venezuelas. So verabschiedete die Regierung ein Gesetz, das für 1974 allen Ölgesellschaften den Entzug der Konzessionen androht, die ihre Rechte nicht ausbeuten. Wenn 1984 alle Konzessionen erneuert werden müssen, will Venezuela die Ölindustrie wie Algerien verstaatlichen und sich damit endlich der neokolonialen Umarmung durch die USA entziehen.

Andere „arme" Staatseigentümer an Öl wie Indonesien hatten nicht die gleichen Schwierigkeiten, weil die Ölgesellschaften, die Öl förderten, nicht allein Ölgesellschaften ihrer früheren Kolonialmacht Holland waren. Die Indonesier, die mit der politischen Unabhängigkeit ihre Ölindustrie verstaatlichten, kauften sich von den Staaten, die Indonesien für ein westliches Bündnis retten wollten, Kapital und technisches „Know-how". „Pertamina", die staatliche Ölgesellschaft, schließt Arbeitsverträge mit den interessierten Ölgesellschaften. Ihr Gewinnanteil erreicht 65 Prozent. Wie Algerien reinvestiert Indonesien rund 25 Prozent der

Gewinne zur Entwicklung neuer Vorkommen. „Pertamina“ beteiligt sich an Industrieobjekten und sozialen Infrastrukturmaßnahmen.

Die Ölstaaten fordern Mitbeteiligung und Mitbestimmung für eine Übergangsphase. Insbesondere die Scheiche am Persischen Golf fordern nur eine Mitbeteiligung von 15 bis 20 Prozent des Kapitals der Ölkonzerne. Sie wollen die Ölgesellschaften überleben lassen, weil sie sie noch zur Erforschung neuer Ölvorhaben, zur Förderung selbst, zur Verarbeitung, für Verkauf und Transport brauchen. Sie wollen über den Weg der Mitbeteiligung Einfluß als Ölproduzenten gewinnen. Gleichzeitig wollen sie die Struktur der Ölgesellschaften verändern, indem sie die Interessen der Ölkonzerne vornehmlich an die Interessen der Ölverbraucherländer zu binden suchen. Aus den Ölgesellschaften könnten dann Abnehmerorganisationen werden. Ein Wettbewerb zwischen Ölländern und Ölkonzernen als Verkäufer auf dem Weltmarkt wäre ebenso unmöglich wie die einseitige Verkaufspolitik eines Öllandes, um die anderen Ölproduzenten mit Hilfe einer anomalen Steigerung der eigenen Ölproduktion auszuschalten.

Damit ist die Ölkrise für die Verbraucherländer vollkommen. Kein Land kann mehr sicher sein, daß seine Lieferanten ihm stets das billigste Öl anbieten werden. Gleichzeitig sind sie auf die Ölenergien angewiesen und können daher nicht einen Verbraucherboykott als Waffe gegen Verstaatlichungen durch Ölländer einleiten.

So drohen die Ölkonzerne, zwischen dem Verbrauchernationalismus und dem Nationalismus der Entwicklungsländer zerrieben zu werden. Sie werden immer mehr als Zwischenstufe zwischen Förderern und Verbrauchern ausgeschaltet. Die Industrieländer möchten ihren Energiebedarf so weit wie möglich absichern, die Ölländer möchten ihr Öl an den Meistbietenden verkaufen. Die beiderseitigen Interessen sind so stark geworden, daß viele Staaten die Zukunft ihrer Wirtschaft keiner privaten Ölgesellschaft mehr anvertrauen werden.

Europa und seine Regierungen handelten leichtsinnig, wenn man ihre Ölabhängigkeit von den anglo-amerikanischen Ölgesellschaften betrachtet. Sie können nur auf zwei Wegen dieses Verbindungsglied in ihrer Versorgungskette ersetzen: entweder stimmen sich die europäischen Staaten auf eine gemeinsame Energiepolitik ein oder aber sie versuchen bilateral über eigene staatliche Ölgesellschaften, sich einen eigenen Versorgungsmarkt zu erschließen.

Die EWG-Staaten planen eine gemeinsame Handelspolitik gegenüber den OPEC-Staaten, um so die Übermacht der Ölländer auf dem Energiemarkt abzubauen. Als Gegenleistung für langfristig gesicherte Erdöllieferungen stellen sich die EWG-Länder weniger allgemeine Zollpräferenzen für Produkte aus den OPEC-Ländern vor als eine verstärkte wirtschaftliche und technische Zusammenarbeit mit den Entwicklungsländern. Die Ölländer zählen zwar zu den Entwicklungsländern mit dem größten Bruttosozialprodukt. Doch ihr Industrialisierungsgrad, der ihnen eine langfristige wirtschaftliche und beschäftigungspolitische Grundlage verschaffen könnte, ist außer im Iran gering.

Die OPEC-Staaten sind jedoch nicht zu dieser Form der Handelspolitik bereit: „Die gemeinsame Energiepolitik hat eine Verschlechterung der Marktverhältnisse und eine Verminderung der Erdölbestände zum Ziel", argwöhnte Algeriens Ölgesellschaft „Sonatrach".

Die Ölländer fürchten nämlich, ihren einzigen Reichtum zu verschleudern; denn die Öllager sind nicht unbegrenzbar ausbeutbar. Die Vorräte reichen höchstens 50 Jahre. Daher wollen sie vorsorgen und andere Industriezweige aufbauen. Sie wollen sich aus der Abhängigkeit vom Öl als einziger oder wesentlichster Einkommens- und Devisenquelle gelöst haben, wenn die Ölvorkommen erschöpft sind.

Daher hat eine Energiepolitik der ölabhängigen Staaten Westeuropas mehr Aussicht auf Erfolg, die eigene Ölunternehmen in den Ölländern unterstützt. Sie entsprechen auch den Interessen der Ölstaaten. Auf die Dauer nämlich können sich die Industrieländer nicht auf „nationale Hoflieferanten" verlassen, die in bestimmten Ölstaaten wie den Scheichtümern besondere Bedingungen aushandeln.

Die Bundesrepublik, die über anglo-amerikanische Ölgesellschaften ihr Öl aus Libyen bezieht, ist in einer besonders schwierigen Lage.

Libyen ist einer der zähesten Partner im Ölgeschäft. Zwar ließ Präsident Ghadaffi die Ölversorgung der Bundesrepublik unangetastet. Doch erreichte er als erster Staatschef einen unabhängigen Rohölpreis und eine 55prozentige Einkommensteuer, indem er alle Gesellschaften gegeneinander ausspielte und die Ölmengen kontingentierte. Sein Devisenpolster (Öleinnahmen 1971: 2 Mrd. Dollar) und seine sozialistische Politik befähigten ihn eher als andere Staaten zu einem Versorgungsboykott.

Zwar erreichte die Gelsenkirchener Bergwerks-AG in Libyen „die Chance, im internationalen Ölgeschäft mitzumischen". So pumpt sie täglich 285 000 Tonnen zum größten Teil für Raffinerien in der Bundesrepublik. Ihr gelang dieser Sprung jedoch nur, weil die Regierung kleine Ölfirmen gegen die Großkonzerne ausspielen wollte. Außerdem hoffte Libyen über sie und die deutschen Ölinteressen, eine bundesdeutsche Beteiligung am libyschen Entwicklungsplan zu erreichen.

Entwicklungsländer wie Ceylon und Indien, die beide Öl importieren, haben vor den meisten Industriestaaten mit einer solchen Politik begonnen. Sie fürchteten schon frühzeitig um das Versorgungsmonopol der internationalen Ölkonzerne. Sicherlich waren ihre Bedenken auch mit wirtschaftlich unhaltbaren Zuständen verbunden; denn Öl kostete sie Devisen, die in Entwicklungsländern knapp sind. Sie entschlossen sich zur Nationalisierung der Ölgesellschaften vor allem aber, um den Verbrauchern in ihren Staaten Öl in den Mengen und zu den Preisen zu garantieren, wie sie ihren volkswirtschaftlichen Interessen entsprachen. Auch den Industriestaaten wird keine andere Möglichkeit bleiben, als ihre Ölversorgung über staatliche oder staatlich kontrollierte Gesellschaften wie Italiens „ENI“ zu regeln, um sowohl dem Verkäufer als auch dem Verbraucher einen vernünftigen Ölpreis zu gewährleisten.

Der internationale Ölmarkt hat sich von einem Käufermarkt zu einem Verkäufermarkt entwickelt. Daher verschärfen die Ölinteressen auch Nachbarschaftskonflikte wie zwischen den nordafrikanischen Staaten um das Öl aus der Sahara, zwischen der Volksrepublik China, Taiwan und Japan um das Öl vor den Senkaku-Inseln oder zwischen Kolumbien und Venezuela um ihr Küstenöl.

Diese neuen Konflikte aber beweisen, daß sich die Entwicklungsländer der politischen Dimension des Erdöls und damit der Abhängigkeit der Industrienationen bewußt geworden sind. Die Zukunftsprognosen sind für diese Entwicklungsländer günstig, wenn sie ihren Reichtum nutzen. Sie können nämlich insbesondere dann allen Entwicklungsländern eine stärkere Unabhängigkeit von den Industrienationen ermöglichen und eine gerechtere Organisation des Welthandels verursachen, wenn sie die OPEC zu einer Ölgewerkschaft ausbauen. Feudalistische und sozialistische Regime in den OPEC-Ländern sind sich einig in dem Ziel, die Sozialstrukturen zu verbessern, um ihre Herrschaft zu verfestigen und zu stabilisieren.

Daher ist der Vorschlag Nigerias nicht ohne Reiz für alle Länder. Dieses neuentdeckte Ölland, das im Biafra-Konflikt die Abhängigkeit von ausländischen Interessen besonders deutlich spürte, betrachtet Öl weniger als Devisenbringer. Nigeria will den Rohstoff Öl als Instrument benutzen, um eine „EWG der Dritten Welt“ zu gründen. Im Austausch gegen die Ölprodukte der Ölländer sollen die ölimportierenden Entwicklungsländer ihre landwirtschaftlichen Produkte oder ihre Industriegüter liefern.

Ein weiterer Schritt auf dem Weg zur Unabhängigkeit von Konzernen und Industrieländern ist wohl auch die Gründung einer OPEC-Bank. Die OPEC-Länder planen, ihre zwei Milliarden Dollar Rücklagen von den westlichen Banken abzuheben und ihr Devisenpolster selbst zu verwalten. Dann könnte ein Traum Wirklichkeit werden, den der Libanese Emil Bustani in den fünfziger Jahren träumte: Eine Entwicklung der Entwicklungsländer unabhängig von den Interessen der Industrienationen — mit Hilfe des einzigen Reichtums, der die Industrieländer in Abhängigkeit zwingt, mit Hilfe des Erdöls.

Christa Plath
SPIEGEL-Redakteurin

Einführung

Im Mittelalter suchten die Menschen nach dem Elixier des Lebens, um die Gabe immerwährender Jugend zu erwerben, und nach dem Stein der Weisen, der Grundmetalle in Gold verwandeln sollte. Unsterblichkeit kann die moderne Medizin nicht verleihen — doch das Erdöl ist wertvoller und wandlungsfähiger als der Stein der Weisen.

Erdöl bedeutet Geld. Die Rockefeller, Gulbenkian und Getty verdanken ihm ihre Reichtümer, und mit ihnen auch viele andere der reichsten Familien der Welt. Sogar die Rothschild waren in den bewegten Anfängen der Ölindustrie vor dem Ersten Weltkrieg Ölmagnaten. Das Erdöl besitzt noch immer seine Gabe, alles in Gold zu verwandeln, doch sind seine Nutznießer heute eher Länder und deren Regierungen als Einzelpersonen. Kuweit, Abu Dhabi und die saudiarabische Königsfamilie haben jene Aura unbegrenzten Reichtums übernommen, die einst den indischen Maharadschas eigen war.

Unsere Zivilisation ist vom Erdöl mehr als von einem anderen Rohstoff abhängig. Es scheint fast nichts zu geben, wozu Erdöl nicht dienen könnte. Zur Zeit John D. Rockefellers, im 19. Jahrhundert, wurde es als Petroleum verwendet, das vor der Entwicklung der Elektrizität als Leuchtöl diente. Mit dem Aufkommen des Verbrennungsmotors wurde es das Antriebsmittel für die Land-, See- und Luftfahrzeuge. Heute dient es als Treibstoff für Weltraumraketen. Es ist das einzige Schmiermittel überhaupt, und in der Industrie gilt es als Hauptquelle von Wärme und Energie.

Die Verbrennung von Erdöl ist jedoch eine unglaubliche Verschwendung, es könnte als chemischer Rohstoff weitaus nützlicher sein. Schon jetzt ist es der Grundstoff, aus dem so verschiedenartige Dinge wie Plastik, Reinigungsmittel, aber auch Nylon, Terylene und andere synthetische Fasern erzeugt werden. Sogar Düngemittel und Unkrautvertilger werden aus Erdöl hergestellt, und sehr bald wird es der Grundstoff zur Gewinnung von Eiweiß werden, wenn die Wissenschaftler ihre Laboratoriumsexperimente erfolgreich in ein industrielles Produktionsprogramm überführen können.

Erdgas, das gewöhnlich zusammen mit Erdöl gefunden und von denselben Gesellschaften gewonnen wird, ist kaum weniger nützlich. Es kann zwar weder als Benzin noch als Schmiermittel verwendet werden, doch ist es im Grunde genommen mit Erdöl austauschbar und oft als Energiequelle viel wirkungsvoller.

Wenn ein Land von der Erdölversorgung vollkommen abgeschnitten ist, kann es nicht überleben. In Friedenszeiten ist es fast unmöglich, ein wirkungsvolles Embargo durchzuhalten, wie es der Fall Rhodesien gezeigt hat. Doch im Krieg sind die Verhältnisse bereits grundlegend anders. Zwischen 1939 und 1945 war die wesentliche Schwäche der deutschen und japanischen Wirtschaft ihr Mangel an Erdöl. Das spielte bei ihrer Entscheidung, den Konflikt gebietsmäßig auszudehnen, eine wichtige Rolle und war schließlich ein für ihre Niederlage maßgebender Faktor.

Seit dem Krieg wurde Erdöl die wichtigste Ware im internationalen Handel. Durch eine Fügung des Schicksals liegen die größten Erdölfelder im Nahen Osten, in Nordafrika, Südamerika und anderen Gebieten, die Tausende von Kilometern von den wichtigsten Verbrauchszentren entfernt sind. Man benötigt gewaltige Tankerflotten, um es dorthin zu schaffen, wo es verwendet wird. Der Handel mit Erdöl umfaßt heute über die Hälfte des Welthandels zur See. Es gibt mehr Tankschiffe als andere Schiffstypen.

Gewöhnlich haben die Erdölförderländer keine anderen natürlichen Einkommensquellen. Diese Länder sind großteils von Wüsten, Gebirgen oder Dschungelgebieten bedeckt. Ohne Erdöl würde ihre Bevölkerung zu den ärmsten und rückständigsten der Erde gehören. Doch nun haben diese Länder gewaltige Jahreseinkommen, und sie können den Wohlstand weitaus mächtigerer Staaten, als sie es selbst sind, bedrohen, indem sie ganz einfach ihre Exporte einstellen. Dieser Umstand ist selbstverständlich ein zweischneidiges Schwert, aber er verleiht den betreffenden Regierungen mehr Macht, als irgendeine andere Gruppe ähnlicher Staaten besitzt.

Die Erdölindustrie selbst ist größer und internationaler als jeder andere Industriezweig. Ihre Unternehmungen umspannen den Erdball. Die Ölgesellschaften wickeln ihre Geschäfte ohne Rücksicht auf Staatsgrenzen ab. Sie verhandeln mit Regierungen auf gleichem Fuß und unterzeichnen Verträge, als wären sie selbständige unabhängige Staaten, und im Vergleich zu ihren Vermögen erscheinen die Staatsbudgets aller — außer der größten — Länder klein. Außerhalb des kommunistischen Blocks beträgt der Wert ihrer Anlagen und Ausrüstungen über 50 Milliarden Dollar, und beinahe doppelt soviel muß in den nächsten Jahren investiert werden, um die erwartete größere Nachfrage nach Erdöl zu befriedigen.

Trotz ihrer Größe und Ausdehnung wird die internationale Erdölindustrie von einer kleinen Gruppe von Gesellschaften beherrscht. Es sind insgesamt sieben, im Fachjargon gewöhnlich als die „sieben Schwestern" bezeichnet, die zusammen gut über ein Drittel der bestehenden Investitionen besitzen und mehr als die Hälfte der Verkäufe tätigen. Fünf davon sind amerikanische Gesellschaften: *Standard Oil Co. (New Jersey), Texaco, Gulf, Mobil Oil* und *Standard Oil of California;* außerdem die *British Petroleum Co.*, die sich zur Hälfte im Besitz der Regierung Großbritanniens befindet, und die *Royal Dutch/Shell*, eine englisch-niederländische Gesellschaft mit Direktionen in London und Den Haag. Diese Unternehmen stehen in dem Ruf, sowohl hart und rücksichtslos miteinander zu konkurrieren als auch dichtgeknüpfte internationale Kartelle zu bilden. An beiden Behauptungen ist etwas Wahres, obwohl keine der beiden den Tatsachen vollkommen entspricht.

Ziel dieses Buches ist es, zu erklären, wie die Erdölindustrie arbeitet. Es wird zeigen, wer was für wen und wann unternimmt; es wird beschreiben, wie die Gesellschaften ihre Unternehmungen planen, wie sie miteinander konkurrieren und unter welchen Umständen sie auf den Wettbewerb verzichten. Es wird die Entwicklung ihrer Beziehungen zu den Regierungen in den Förder- und Verbraucherländern behandeln. Es wird auch anschaulich machen, wie der Umfang der Verwendungsmöglichkeiten für Erdöl und Erdgas noch immer zunimmt, so daß sie in der Zukunft eine noch viel größere Rolle in der Weltwirtschaft spielen werden als gegenwärtig.

In vieler Hinsicht entzieht sich die Tätigkeit der Ölindustrie einer rationalen Erklärung. Sie ist das Ergebnis ihrer Geschichte, und Ereignisse, die schon Jahre zurückliegen, beeinflussen noch immer die Art, wie die Ölindustrie heute handelt. Es wäre unmöglich, das politische System eines Staates ohne die Darstellung seiner Entstehung zu beschreiben; dasselbe gilt auch für die internationale Erdölindustrie. Daher ist der erste Teil dieses Buches der Zeit von 1859 — als die erste Ölbohrung niedergebracht wurde — bis 1960 gewidmet, als die Regierungen der Förderländer die Organisation der Erdölexportländer *(OPEC)* bildeten und die Ölindustrie schließlich ihre gegenwärtige Form erhielt.

Die Krise im Nahen Osten, als die arabischen Länder 1967 den englischen und amerikanischen Gesellschaften untersagten, ihr Erdöl nach Großbritannien und in die Vereinigten Staaten zu verkaufen, kann auf lange Sicht einen sogar noch wichtigeren Wendepunkt bedeuten. Wir behandeln dieses Thema auf den folgenden Seiten, und zwar nicht gesondert, sondern im Zusammenhang mit den Problemen und Aussichten der Ölindustrie. Im Augenblick ist es wohl kaum möglich, mehr zu tun als die unmittelbaren Folgerungen der Geschehnisse zu erörtern und Spekulationen für die Zukunft aufzustellen. Eine endgültige Beurteilung wird wohl einige Jahre warten müssen.

Teil I

Das Werden und Wachsen einer Industrie

1. Kapitel
Wie alles begann

Der Mensch kennt das Erdöl seit undenklicher Zeit. Die Babylonier verwendeten es als Mörtel, die Byzantiner als Griechisches Feuer und die Indianer als Kriegsbemalung. Im 18. Jahrhundert begannen die Franzosen, Erdöl als Schmiermittel zu gebrauchen. Mitte des 19. Jahrhunderts beleuchteten Öllampen die Straßen von Bukarest. Überall bemerkten die Wissenschaftler, daß Erdöl — oder Petroleum, wie es oft genannt wurde — potentiell ein sehr wertvoller Rohstoff wäre, doch war niemand imstande, es in einer für die wirtschaftliche Ausbeutung ausreichenden Menge zu gewinnen. Man legte entweder Gruben an, in die es durch die Erdrinde sickerte, oder man schöpfte es von der Oberfläche der Gewässer. Das Problem blieb bis 1859 ungelöst, als in den Vereinigten Staaten, Kanada und Deutschland fast gleichzeitig versucht wurde, nach Öl wie nach Wasser zu bohren. Der berühmteste Pionier ist Edwin L. Drake, dessen Bohrloch in der Nähe von Titusville in Pennsylvanien zur Entdeckung des ersten großen Ölfeldes der Welt geführt hat.

Er arbeitete für George H. Bissell, einen jungen Rechtsanwalt aus New York, der sich anläßlich eines Besuches seines alten Colleges in Dartmouth im Winter 1854 für die Möglichkeiten des Erdöls zu interessieren begonnen hatte. Die Professoren hatten ihm dort eine Rohölprobe gezeigt, mit der sie in den Laboratorien experimentierten, und ihm gesagt, daß es — entsprechend raffiniert — ein besseres Lampenlicht spenden könne als das aus Kohle hergestellte Kerosin. Damals war das eine erstaunliche Perspektive, denn das Herstellungsverfahren für „Kohlenöl“ war erst vier Jahre zuvor in Schottland patentiert worden, und mit der zunehmenden Knappheit an Walfischtran und Kerzenwachs, die bis dahin vorwiegend für die Beleuchtung verwendet worden waren, prophezeite man dem Kerosin eine große Zukunft.

Bissell war so beeindruckt, daß er unverzüglich eine Gesellschaft zum Kauf jener Farm in der Nähe von Titusville gründete, wo die Proben gefunden worden waren. Er bat auch den Chemieprofessor der Yale University Benjamin Silliman jun. um ein zweites Gutachten. Silliman stellte fest, daß die Wissenschaftler von Dartmouth recht hätten, und bald bestätigten einige unternehmungsfreudige Kohlenölhändler diese Ansicht, indem sie 20 Dollar für jedes ihnen angebotene Faß Rohöl boten. Das einzige Hindernis, das offensichtlich zwischen Bissell und dem Reichtum stand, war sein Unvermögen, Erdöl in großem Maßstab zu fördern, und die Gesellschaft verlor sehr viel Geld.

So standen die Dinge, als Drake auf der Bildfläche erschien, eine Stellung suchte und das Angebot machte, etwas Kapital zu investieren. Er hatte praktisch keinerlei Bildung genossen und ständig seinen Beruf gewechselt. Obwohl Drake sich gern mit Oberst anreden ließ, hatte er niemals in der Armee gedient, und die einzige Uniform, die er je getragen hatte, war die eines Eisenbahnschaffners. Aber da er etwas Geld besaß, war die Gesellschaft bereit, ihn aufzunehmen, und er wurde nach Titusville gesandt, um die Produktion zu leiten.

Drake wußte, wie man nach Wasser bohrt, und da die traditionellen Methoden der Erdölgewinnung unwirtschaftlich waren, beschloß er, eine Bohrung niederzubringen. Als er dann im Sommer 1859 seinen Bohrturm errichtete, bezeichneten die Ortsbewohner diesen als „Drakes Wahn“. Aber einige Wochen später, am 27. August, als man in einer Tiefe von 21 Meter auf Erdöl stieß, machte sich der Wahn bezahlt. Es gab keinen dramatischen „Springer“ oder eine Explosion wie später in Texas. Das Erdöl drang einfach von selbst an die Oberfläche, und als eine Pumpe installiert wurde, begann das Bohrloch täglich 5000 Liter zu fördern.

Bei den herrschenden Preisen bedeutete das einen Gewinn von 600 Dollar täglich. Aber es bestand keine Möglichkeit, die Entdeckung Drakes geheimzuhalten. Innerhalb von 24 Stunden trieben sich Hunderte von Leuten in der Nähe von Drakes Bohrloch herum, um herauszubekommen, was dort vor sich ging, und Schürfer und Spekulanten strömten nach Titusville. Der Ort glich einer Goldgräberstadt. Pachtverträge für ertragverheißende Grundstücke wechselten für Tausende Dollar ihren Besitzer; über Nacht wurden Vermögen gemacht. William Barnsdall, ein Gerber aus England, der das zweite Bohrloch niederbrachte, nahm in fünf Monaten 16.000 Dollar ein. Das Bohrloch Mapleshade trug seinem Besitzer, einem Ladeninhaber namens Charles Hyde, im ganzen nicht weniger als 1,5 Millionen Dollar ein.

Die Nachfrage nach dem neuen Produkt war unersättlich, und Ende 1861 hatte aus Erdöl gewonnenes Leuchtöl das aus Kohle hergestellte vollständig ersetzt. Im Sezessionskrieg trug Erdöl entscheidend zur Aufrüstung der Nordstaaten bei, die dringend neue Devisenbringer benötigten, um den Verlust der Baumwolle aus den Südstaaten wettzumachen.

DIE ANFÄNGE DER ERDÖLINDUSTRIE

Die Petroleumexporte begannen unter dramatischen Umständen im Dezember 1861, als die Brigg „Elizabeth Watts“ von Philadelphia mit einer Ladung von Petroleumfässern nach London segelte. Beim Verladen entdeckte die Besatzung, womit sie es zu tun hatte, und ergriff aus Angst, lebendig zu verbrennen, die Flucht, so daß die Besitzer in letzter Minute eine andere Besatzung aus den Trunkenbolden in den Bars am Delawarefluß anheuern mußten. Die Reise war dennoch ein Erfolg; Ende 1865 waren Großbritannien, Frankreich und Deutschland die wichtigsten Käufer, und während der restlichen Jahre des 19. Jahrhunderts machten die Exporte meist über ein Drittel der Jahresproduktion der Vereinigten Staaten aus.

Der Absatz stieg rasch, doch nach den ersten ruhigen Monaten wurden Vermögen in Erdöl ebenso schnell wieder verloren, wie sie gewonnen wurden. Erdöl hat im Gegensatz zu Gold keinen Eigenwert. Wenn die Förderung den Bedarf übersteigt, müssen die Preise fallen. Die Spekulanten übersahen diese lebenswichtige Tatsache, als sie für ein Stück Land unermeßliche Beträge zahlten und dann versuchten, so schnell wie möglich Erdöl aus dem Boden zu pumpen, um ihre Investition wieder einzubringen. 1860 sanken die Preise von ursprünglich 17 Cent je Liter auf 1,7 Cent, und während des Bürgerkrieges schwankten sie unruhig zwischen einem Zehntel Cent — was die Holzfässer wertvoller machte als das Erdöl, das sie enthielten — und etwa 9 Cent je Liter.

Viele der ersten Ölgesellschaften wurden aus dem Geschäft gedrängt, unter ihnen auch die von Bissell, wodurch Drake wiederum stellungslos wurde. Eine Zeitlang brachte er es zuwege, ein einträgliches Leben als Friedensrichter von Titusville zu führen, aber das war nicht von langer Dauer; bettelarm starb er 1880.

Die Zeit des kleinen Mannes ging ihrem Ende entgegen. In den Jahren nach dem Bürgerkrieg wurde es bald offenkundig, daß die beiden großen Schwächen der Ölindustrie ihr Kapitalmangel und das Fehlen großer Gesellschaften waren. In den Erdölgebieten von Pennsylvanien lag die Gewinnung in den Händen Dutzender kleiner Unternehmen, von denen viele Einmannbetriebe waren; dasselbe galt auch für die Raffinerien, die überall im Lande aus dem Boden schossen. Niemand war stark genug, die Flut zu kontrollieren, wenn ein neues Ölvorkommen entdeckt wurde, oder genügend Reserven anzulegen, um die Versorgung während einer zeitweisen Knappheit aufrechtzuerhalten.

Die Zeit für den Zusammenschluß war gekommen, und der Mann, der dies als erster erkannte, war John D. Rockefeller.

2. Kapitel
Der Aufstieg Rockefellers

> „Die Ölkriege Ende des vergangenen und in den ersten Jahrzehnten dieses Jahrhunderts waren ein Ereignis, das heute von gewöhnlichen Leuten, die ein gewöhnliches Leben gemäß irgendeinem überkommenen zivilisierten Maßstab führen, gar nicht beurteilt werden kann."
>
> *Robert Henriques*

Rockefellers Karriere vor 1865 spielte sich innerhalb der klassischen amerikanischen Tradition des 19. Jahrhunderts ab, die auf Eigeninitiative und Frömmigkeit beruhte.

John D. Rockefeller wurde am 18. Juli 1839 auf einer Farm in der Nähe des Dorfes Moravia im Westen des Staates New York geboren. Später siedelte seine Familie nach Cleveland, Ohio, über. Sein Vater war eine Art Tunichtgut; in Moravia war er wegen Notzucht angeklagt, aber nicht verurteilt worden. Später übte er mehrere zweifelhafte Berufe aus, wobei er sich einmal auch als „Dr. William A. Rokkefeller, der berühmte Krebsspezialist" ausgab. Er war oft von zu Hause fort, und John als das älteste von sechs Kindern mußte seiner Mutter helfen, die Familie aufzuziehen. Wie viele schlecht behandelte Ehefrauen war seine Mutter fromm, und der Knabe geriet ihr nach. 1854 wurde er als volles Mitglied in die Erie-Street-Baptistenkirche in Cleveland aufgenommen, und für den Rest seines Lebens gehörten Religion und kirchliche Angelegenheiten zu seinen Hauptinteressen. Sogar als Knabe war seine Begeisterung so groß, daß er mit 21 Jahren zu einem der fünf Vorstände der Erie-Street-Gemeinde gewählt wurde.

Rockefeller war nie ein bloßer Sonntagschrist, mit dessen Frömmigkeit es nach der Predigt vorbei war. Von dem Augenblick an, da er selbst Geld zu verdienen begann, verschenkte er es auch. Er führte immer Buch über Einnahmen und Ausgaben, und daraus kann man ersehen, daß in seinen ersten vier Arbeitsmonaten sein Gehalt weniger als 95 Dollar betrug, wovon er 9,09 Dollar verschenkte. Die Empfänger scheinen die jeweils Hilfsbedürftigsten gewesen zu sein; viele der Eintragungen lauten einfach „armer Mann" oder „arme Frau", und es scheint, daß Rockefeller keine religiösen oder rassischen Unterschiede gekannt hat. 1859 half er einem Negersklaven, seine Frau freizukaufen, und während des Bürgerkrieges spendete er für ein katholisches Waisenhaus und eine schwedische Mission, was als eine unglaubliche Freizügigkeit für ein so bigottes Zeitalter anzusehen ist.

Er scheint von Anfang an ehrgeizig gewesen zu sein: „Ich konnte mir zwar nicht vorstellen, was es sein würde, aber ich hatte Großes vor", erklärte er viele Jahre später.[1] Er wollte keine Arbeit annehmen, die ihm nicht Kenntnisse vermitteln konnte, die er brauchte, um seine eigene Firma zu gründen. Im Jahre 1855 brachte er es zum Buchhalter in einem Kommissions- und Speditionsunternehmen. Als sich sein Chef drei Jahre später weigerte, ihm ein entsprechendes Gehalt zu geben, fühlte sich Rockefeller stark genug, sich selbständig zu machen. Er wurde 1859 mit finanzieller Hilfe seines Vaters Partner eines jungen Einwanderers aus England namens Maurice Clark. Sie gründeten das Kommissionsgeschäft *Clark and Rockefeller*.

Da der Bürgerkrieg ausbrach, hatten sie keine bessere Branche wählen können. Die rasche Mobilisierung der Armee der Nordstaaten schuf einen unersättlichen Bedarf an Nahrungsmitteln und Bekleidung jeder Art, und mit den Preisen stiegen auch die Provisionen der Kommissionäre. Clark und Rockefeller befaßten sich mit allem, woran sie Hand legen konnten, und nach kurzer Zeit gehörte dazu natürlich auch Leuchtpetroleum.

Cleveland war in den frühen sechziger Jahren als Raffineriestandort besonders günstig gelegen. Es besaß eine direkte Bahnverbindung mit den Erdölgebieten in Pennsylvanien, durch zwei Eisenbahnstrecken ausgezeichnete Verbindung mit dem Osten des Landes, und außerdem die Großen Seen mit ihrem ineinandergreifenden Kanalsystem. Bald arbeiteten in der Stadt mehrere Raffinerien, und in einer von ihnen auch Samuel Andrews, ein anderer englischer Einwanderer, der aus derselben Stadt in Wiltshire stammte wie Maurice Clark. Andrews hatte den Ruf, mehr Petroleum aus einer Tonne Rohöl gewinnen zu können als jeder andere, und 1863 kamen Clark und Rockefeller überein, mit ihm als Partner eine Raffineriegesellschaft zu gründen.

Das Unternehmen florierte, und 1865 war es die größte Raffinerie

Clevelands. Doch auch ihre Instandhaltung war kostspielig. Der Handel mit großen Petroleummengen forderte größere Kapitalinvestitionen in Anlagen, Lagerung und Vertrieb als das übrige Kommissionsgeschäft. Rockefeller wollte die notwendige Summe Geldes ausleihen, doch Clark hatte Bedenken, und die Beziehungen zwischen beiden verschlechterten sich. Im Januar 1865 spitzte sich die Lage zu. Sie entschlossen sich auseinanderzugehen, und am 22. Februar 1865 zahlte Rockefeller Clark 72.500 Dollar und tauschte seinen Anteil am Kommissionsgeschäft gegen Clarks Anteil am Petroleumhandel.

72.500 Dollar waren für einen jungen Mann von 26 Jahren eine große Summe. Rockefeller erzählte später, daß er sich unter so schwierigen Bedingungen Geld ausleihen mußte, daß er sich auf der Suche nach Kredit bei den Banken „die Knie seiner Hose ausbeulte".[2] Aber das war eine Übertreibung. In einem Geschäftszweig, der als unzuverlässig berüchtigt war, gaben ihm seine vorhergehenden Erfolge als Kommissionär und seine Stellung in der Baptistenkirche einen ungewöhnlichen Rückhalt. Die Bankiers erkannten, daß Erdölverarbeitung eine große Zukunft habe, wenn sich nur tüchtige Leute damit befassen wollten, und sie waren bereit, einen Mann mit der Vertrauenswürdigkeit Rockefellers zu unterstützen.

Doch man brauchte einen neuen Partner, der mehr Geld in das Geschäft einbringen konnte. 1867 lud Rockefeller Henry M. Flagler, einen erfolgreichen Getreidehändler, ein, sein und Andrews' Teilhaber in der Raffinerie zu werden. Flaglers Schwiegervater, Stephen V. Harkness, war ein bedeutender Unternehmer, der im Krieg ein Vermögen erworben hatte, indem er große Whiskyvorräte aufgekauft und nach der Auferlegung der besonderen Kriegssteuern mit Gewinn verkauft hatte. Als Flagler Rockefellers Angebot annahm, steuerte Harkness zwischen 60.000 und 90.000 Dollar bei und wurde stiller Teilhaber. Wir wissen nicht, wieviel Flagler selbst investierte, aber sein Hauptbeitrag war zweifellos sein Geschäftssinn. Rockefeller vertraute ihm vollkommen und verließ sich in allem auf das Urteil seines neuen Partners. Flagler führte die wichtigen Verhandlungen mit den Beamten der Eisenbahngesellschaften über die Transportgebühren, als sich das Geschäft auszudehnen begann, und er war es auch, der als erster anregte, die Firma in eine Aktiengesellschaft umzuwandeln.

Einer Aktiengesellschaft würde es leichter fallen, sich Geld zu beschaffen und andere Gesellschaften zu erwerben, indem man den Besitzern Aktien anbot. Der Vorschlag wurde angenommen, und am 10. Januar 1870 wurde die *Standard Oil Company* in Cleveland mit

Rockefeller als Vorsitzenden, seinem jüngeren Bruder William als stellvertretendem Vorsitzenden und Flagler als Sekretär und Schatzmeister gegründet. Andrews hatte in der Geschäftsleitung keine offizielle Position inne, aber er erhielt einen großen Aktienanteil und leitete weiterhin die Raffinerie. Es besteht kein Zweifel, daß die Partner von Anfang an die Absicht hatten, daß die *Standard* so viele ihrer Konkurrenten wie nur möglich übernehmen sollte. Im folgenden Jahr vergrößerte man das Gesellschaftskapital ausdrücklich zu diesem Zweck von einer Million auf 2,5 Millionen Dollar, und in ihrer Korrespondenz nannten Rockefeller und Flagler die beabsichtigte Ausdehnung „unseren Plan".

Rockefeller erkannte sehr früh, daß die Möglichkeiten des Erdöls unbegrenzt waren, solange die Ausdehnung der *Standard* die richtige Tendenz hatte, und er war scharfsinnig genug, um zu sehen, daß dies auf lange Sicht eine Konzentration auf die Ölverarbeitung bedeutete. Er war durch die gewaltigen Reichtümer, die über Nacht in den Feldern der Erdölgebiete Pennsylvaniens von Männern wie Barnsdall und Hyde gewonnen wurden, nicht geblendet, denn er begriff, daß Ölsuche und -gewinnung nur ein Glücksspiel waren, bei dem weitaus mehr Leute verloren als gewannen. Er sah auch, daß die Erdölgewinnung nicht nur nach vernünftigen kommerziellen Gesichtspunkten geführt werden konnte. Es bestand immer die Gefahr, daß in der Nähe ein neues Bohrloch fündig wurde und den Markt störte; anderseits konnte in diesen frühen Tagen ein Bohrloch ohne ersichtlichen Grund versiegen. Die Ölverarbeitung hingegen konnte wie jeder andere Fabrikationsprozeß betrieben werden und hatte den zusätzlichen Vorteil, das lebenswichtige Verbindungsglied zwischen dem Ölförderer und dem Verbraucher zu sein. Sie war das Gibraltar der Ölindustrie, und der Mann, der es kontrollierte, konnte den Förderer und den Wiederverkäufer beherrschen.

Doch es war sinnlos, nur einer von vielen zu sein. Rockefeller war überzeugt, daß die Gewinnchancen darin lägen, fast alle Raffinerien des Landes — in New York, Pittsburgh, in den Erdölgebieten und anderen Orten, wie auch in Cleveland — in einer großen Organisation zusammenzuschließen. Diese würde dann mächtig genug sein, sowohl die Preise, die sie für ihr Rohöl zahlte, als auch die von den Wiederverkäufern und Verteilern für Petroleum erzielten Preise zu stabilisieren. Solange die Ölindustrie aus Hunderten kleiner Betriebe bestand, gab es keine Möglichkeit, einen festen Gewinn zu erzielen. Einerseits schwankten die Preise für Rohöl je nach der Fördermenge in den Erdölgebieten und der Anzahl neuer Bohrlöcher, anderseits mußten die Raffinerien eine halsabschneiderische Konkurrenz gegeneinander führen, um Verträge mit den Wiederverkäufern abschließen zu können. Rockefeller schätzte, daß 1871 „über drei Viertel der Erdölraffinerien des Landes ein Verlustgeschäft betrieben",[3] und er sah keine Aussicht für eine Besserung der Lage, falls sie sich nicht vereinigten.

Ein anderer Vorteil für eine große vereinigte Gesellschaft würde sein, daß sie sich günstige Bedingungen bei den Eisenbahngesellschaften sichern könnte. In den Jahren nach dem Sezessionskrieg wurden die Industrie und die Landwirtschaft der Vereinigten Staaten von den großen Eisenbahnlinien beherrscht. Sie konnten eine Stadt fördern, indem sie diese an ihr Netz anschlossen und so mit der Außenwelt verbanden, oder ruinieren, indem sie die Linie um die Stadt herum führten. Viele Gemeinden im Westen wurden auf diese Art zerstört, weil sie sich weigerten, die von den Eisenbahnleuten geforderten Preise zu zahlen. Industrieunternehmen waren in ähnlicher Weise verletzlich, und die Eisenbahngesellschaften konnten durch Änderung ihrer Frachtgebühren eine Gesellschaft mit dem Ruin bedrohen.

Die einzige Möglichkeit, sich mit Gewißheit günstige Tarife zu sichern, war, die größte Einheit innerhalb eines Industriezweiges zu werden. Trotz ihrer Macht waren die Eisenbahnen niemals imstande, irgendwelche dauernde Quotenkartelle zu bilden; wo ihre Strecken miteinander konkurrierten, begannen sie gegenseitig die Preise zu drücken, um sich auf diese Art das größte Frachtaufkommen zu sichern. Die Gesellschaft oder Gruppe von Gesellschaften, die das garantieren konnte, konnte daher stets niedrigere Tarife aushandeln als die Konkurrenz. Cleveland war in der günstigen Lage, daß ihm zwei Linien nach dem Osten zur Verfügung standen, und Ende der sechziger Jahre gab es auch einige Linien nach den Erdölgebieten. Rockefeller war entschlossen, der weitaus größte Erdöltransporteur zu werden, so daß die Eisenbahngesellschaften sich um seine Fracht reißen würden. 1870 übernahm die *Standard* einige kleinere Unternehmen in Cleveland, und Ende 1871 war sie wahrscheinlich die größte einzelne Raffineriegesellschaft im Lande. Doch ehe sie eine Position erlangte, um eine wirkliche Hebelwirkung auf die Ölindustrie ausüben zu können, hatten ihr die führenden Eisenbahngesellschaften die Initiative aus der Hand genommen.

Die drei für den Erdöltransport wichtigsten Bahnen, die *Pennsylvania, Erie* und *New York Central*, legten ihren eigenen Plan vor, durch den sowohl in der Eisenbahn- wie auch in der Erdölindustrie jede Konkurrenz ausgeschlossen werden sollte. Das sollte durch den

Zusammenschluß der dreizehn größten Erdölraffinerien und der drei Eisenbahngesellschaften in zwei Vereinigungen erreicht werden. Jede dieser Vereinigungen würde der anderen bestimmte Bedingungen bieten, und die Folge würde sein, daß Außenseiter nicht konkurrieren könnten. Die Ölunternehmer bildeten eine Transportgesellschaft mit dem recht seltsamen Namen *South Improvement Company*, um alle ihre Frachten auf den Linien der vereinigten Eisenbahngesellschaften zu einer festgesetzten Quote zu versenden. Damit wurde jede Konkurrenz bei der Bildung der Frachttarife ausgeschlossen. Die Vertreter der Eisenbahngesellschaften versprachen ihrerseits der *South Improvement Company* weitaus niedrigere Frachtgebühren als jedem anderen. Rockefeller hatte Bedenken, ob ein Plan, der so viele verschiedene Interessen vereinigen sollte, erfolgreich sein könnte, doch war er bereit, es zu versuchen: die Konkurrenz unter den Raffinerien hatte die Preise auf das niedrigste Niveau reduziert, und falls das gemeinsame Unternehmen mißlingen sollte, würde es später leicht sein, die anderen Raffinerien dazu zu überreden, sich mit *Standard* zu vereinigen. Jedenfalls war er noch nicht stark genug, den Eisenbahnen allein die Stirn zu bieten, wenn diese mit den übrigen großen Raffinerien zusammenarbeiteten.

Die genauen Bedingungen des Abkommens wurden bei einer Zusammenkunft am 2. Januar 1872 aufgesetzt, bei der die Quoten der drei Eisenbahnen ausgearbeitet wurden. Gleichzeitig stimmten die Raffinerien zu, daß die Eisenbahnen die offiziellen Gebühren für Erdöltransporte wesentlich erhöhten; auf einigen Strecken wurden sie sogar verdoppelt. Als Gegenleistung waren die Eisenbahnen bereit, den Mitgliedern der *South Improvement Company* Rabatte zu gewähren, die ausreichten, um die Verteuerung ihrer Frachtrate größtenteils zu kompensieren; zusätzlich erhielten sie denselben Nachlaß für jedes von ihren Konkurrenten verfrachtete Faß Erdöl. So mußten die Außenseiter nicht bloß die höhere Frachtgebühr zahlen, sondern durch ihre Transporte die *South Improvement Company* auch noch unterstützen; je mehr Erdöl ein Außenseiter verlud, desto größer wurden die Rabatte der *South Improvement Company*.

Wäre dieser Plan in die Praxis umgesetzt worden, so hätte er die Raffinerien außerhalb der *South Improvement Company* innerhalb von wenigen Monaten ruiniert und die Rohölförderer in eine hoffnungslose Verhandlungsposition gegenüber den großen Raffinerien gebracht. Doch noch während die Vorbereitungen für den Coup im Gange waren, kam das Geheimnis auf. Man hatte die Einzelheiten der neuen Preisliste einem Frachtagenten in den Erdölgebieten mit der Anweisung geschickt, sie bis zum Empfang einer Order seitens der Generaldirektion geheimzuhalten. Der Mann hatte zu Hause einen sterbenden Sohn und ließ das Büro unter Aufsicht seiner Angestellten, ohne diesen die Anweisung mitzuteilen.[4] Die Angestellten veröffentlichten auf eigene Verantwortung die neuen Preislisten. In den Morgenbättern des 26. Februar 1872 fanden die Ölleute, was man für sie vorbereitet hatte.

Sie platzten vor Wut. Im Opernhaus von Titusville berief man eine Massenversammlung ein; eine Vereinigung von Erdölförderern wurde zu dem Zweck gebildet, den „Verschwörern" die Versorgung abzuschneiden. An den Kongreß sowie an die gesetzgebende Körperschaft von Pennsylvanien wurde eine Forderung nach Untersuchung geschickt. Innerhalb weniger Tage wurde eine dreißig Meter lange Bittschrift aufgesetzt, die ein Gesetz für den Bau einer Rohrleitung forderte, um das Monopol der Eisenbahngesellschaften zu brechen. Ein Heer von 1000 Mann wurde in Bereitschaft gehalten für einen Marsch auf Harrisburg, die Hauptstadt Pennsylvaniens.

Das Verkaufsembargo war wirksam, und innerhalb kurzer Zeit waren die Mitglieder der *South Improvement Company* zu Verhandlungen mit der Vereinigung der Ölförderer gezwungen. Es wurde auch eine Untersuchung beim Kongreß in Washington durchgeführt, bei der die *South Improvement Company* zugeben mußte, daß der Hauptzweck ihres Planes die Erhöhung der Preise gewesen sei. Die öffentliche Meinung, die das bereits von Anfang an vermutet hatte, war gegen dieses Projekt höchst aufgebracht, und die Teilnehmer wurden einer zunehmenden Kritik in der Presse ausgesetzt. Vielfach wurden gefühlsgeladene Bezeichnungen wie „die schwarze Anakonda" verwendet, und die Erdölindustrie kam so in den Ruf monopolistischer Tendenzen, der Profitmacherei und unredlicher Geschäftsgebarung.

Es entstand auch immer mehr der Eindruck, obwohl nicht ganz zu Recht, daß die *Standard* für die ganze Angelegenheit verantwortlich sei. Man hätte eher den Eisenbahngesellschaften die Schuld daran geben sollen, vor allem Tom Scott von der *Pennsylvania*, dem Urheber der Idee. Trotz seiner anfänglichen Zweifel war Rockefeller nun für die Einhaltung eines festen Standpunktes: „Es kann noch Wochen und Monate dauern, bis sich der Erfolg einstellt, aber die Vereinigung unserer amerikanischen Erdölraffinerien ist die viele Arbeit und geduldige Anstrengung wert", schrieb er Anfang März an seine Frau.[5] Im Gegensatz dazu wurden die Eisenbahngesellschaften immer unruhiger und waren darauf aus, den ganzen Plan über Bord zu werfen. Als ein Ausschuß der Vereinigung der Ölförderer den Seniorchef der *New York Central*, Vanderbilt, aufsuchte, schob dieser die ganze Angelegenheit auf seinen Sohn Billy und bekräftigte, niemals etwas mit der *South Improvement Company* oder einem ihrer Mitglieder zu tun gehabt zu haben. Tom Scott gelang eine noch bemerkenswertere Wendung. Als der Ausschuß zu ihm kam, gab er zu, daß der Vertrag unfair gewesen sei, und machte das Angebot, an seiner Stelle einen ähnlichen Vertrag mit den Ölförderern abzuschließen. Der Ausschuß lehnte ab, aber eines seiner Mitglieder war so beeindruckt, daß es beim Verlassen des Zimmers Scott zum nächsten Präsidenten der Vereinigten Staaten vorschlug. Gegen Ende März legten schließlich die Ölförderer und Eisenbahnen ihre Differenzen bei, und neue Transporttarife wurden festgelegt. Die Förderer hielten ihr Embargo noch eine Zeitlang aufrecht, aber Ende April brach es zusammen, und der „Erdölkrieg von 1872" war beendet.

Rockefeller kehrte zu seinen eigenen Erweiterungsplänen zurück, und innerhalb weniger Monate erkannte die Ölindustrie, daß sie es mit einem weitaus entschlosseneren Verfechter des Zusammenschlusses zu tun hatte, als es die *South Improvement Company* gewesen war. Als die *Standard* ihre Übernahmekampagne begann, umfaßte sie etwa 10 bis 20 Prozent der gesamten Raffineriekapazität der Vereinigten Staaten, 1879 besaß sie etwa 90 Prozent.

Der wichtigste Grund für den raschen Erfolg Rockefellers war der Umstand, daß der Rest der Ölindustrie am Rande des Bankrotts stand. Obwohl die Nachfrage nach Petroleum immer noch stark zunahm, waren weitaus zu viele Raffinerien in Betrieb, und viele davon arbeiteten nur zu einem Bruchteil ihrer vollen Kapazität. Das war die ganze Zeit seit dem Sezessionskrieg der Fall gewesen, und mit dem Anwachsen des Überangebots fielen die Petroleumpreise. Zwischen 1865 und 1870 sanken sie von 16 auf 5 Cent pro Liter. Aber die Leute waren nicht geneigt aufzugeben. Viele von ihnen hatten ihr gesamtes Kapital in ihre Firmen gesteckt und glaubten, daß die Preise eines Tages wieder anziehen würden. 1873 wurden diese Hoffnungen endgültig zerstört, als die Vereinigten Staaten von einer allgemeinen Wirtschaftskrise heimgesucht wurden, deren Folgen fast so schlimm waren wie die der Krise von 1929. Als nun Rockefeller an die anderen Raffinerien mit dem Angebot der Übernahme ihrer Unternehmen herantrat, nahmen die meisten erfreut an. Der von ihm gebotene Preis war gewöhnlich weitaus niedriger als die Summe ihrer eigenen Investitionen, aber ein Verkauf war fortlaufenden Verlustgeschäften vorzuziehen, und es gab keine Aussicht, von sonst jemandem ein Angebot zu erhalten.

Sogar die größeren und erfolgreicheren Unternehmen waren geneigt, den Vorschlägen Rockefellers Gehör zu leihen. Auch sie erkannten die Notwendigkeit, überzählige Anlagen zu schließen, und sie waren von der Idee einer einzigen Organisation angetan, die stark genug war, den Eisenbahnen, den Ölförderern und den Verteilern Bedingungen vorzuschreiben. Einige hätten es ohne Zweifel vorgezogen, den Zusammenschluß selbst durchzuführen, aber Rockefeller war eindeutig stärker als sie, und immer wenn er es mit einem potentiell gefährlichen Konkurrenten zu tun hatte, war er vernünftig genug, ihm bei Annahme des Angebots eine gute Stellung innerhalb der *Standard* in Aussicht zu stellen. W. G. Warden von *Warden, Frew and Company* aus Philadelphia, Charles Lockhart aus Pittsburgh und Charles Pratt aus New York kamen sofort in den Vorstand. Als frühere Gesellschafter in der *South Improvement Company* waren diese Männer in gewissem Sinne alte Freunde, doch war Rockefeller bereit, auch zu seinen Feinden ebenso großzügig zu sein, wenn er sie als fähig oder nützlich betrachtete. Ein solcher Mann war John D. Archbold, eine führende Persönlichkeit in den Erdölgebieten, der eine wichtige Rolle bei der Organisierung der Opposition gegen den Plan der *South Improvement Company* gespielt hatte. Er erhielt einen guten Posten bei der *Standard*, und viele Jahre später wurde er Generaldirektor bei Rockefeller.

Es wäre jedoch falsch, in Rockefeller einen Mitleidsengel für verzweifelte Ölleute zu sehen. Wenn sich jemand weigerte zu verkaufen, war er durchaus bereit, sein Ziel mit Drohungen zu erreichen. Im Jahre 1876 sagte sein jüngerer Bruder Frank, der in einer anderen Ölgesellschaft arbeitete, die einem Übernahmeangebot trotzen wollte, vor einem Kongreßausschuß aus, daß Rockefeller und Flagler gedroht hätten: „Wenn ihr nicht verkauft, wird euer Eigentum wertlos sein, weil wir bei den Eisenbahnen günstigere Tarife bekommen.“[6] Frank war immer auf den Erfolg seines älteren Bruders eifersüchtig gewesen, und es mag daher auch eine Übertreibung sein, aber seine Äußerungen beinhalten zweifellos ein Körnchen Wahrheit. Die *Standard* konnte sich wegen ihrer Größe immer günstige Transportgebühren bei den Eisenbahnen sichern, und bevor sie auf Rockefeller verzichten sollten, waren die Eisenbahngesellschaften bereit, den anderen Verfrachtern das Leben schwerzumachen.

Es gibt einige Gründe, warum es John D. Rockefeller und kein anderer war, der die Ölindustrie vereinigte. Zu Beginn wurde er zweifellos durch Sam Andrews' große Geschicklichkeit in der Ölverarbeitung unterstützt, welche ihm einen Vorsprung gegenüber seinen Konkurrenten verlieh. Lange Zeit hindurch waren die meisten Raffinerien nur an der Produktion der größtmöglichen Menge Petroleum interessiert und kümmerten sich nicht um die verschiedenen Nebenprodukte, die als ein Teil des Verarbeitungsvorganges anfielen. In Cleveland wurden die Raffinerien manchmal gerichtlich belangt, weil sie ihre Ölabfälle in den Fluß leiteten. Doch Andrews konnte für alles Verwendung finden: das schwere Öl wurde als Heizöl in den Destillationsanlagen der Raffinerien verbrannt, das leichtere Öl wurde an die Gaswerke verkauft, um dort statt Kohle bei der Gasherstellung verwendet zu werden, und die Industrie wurde dazu angeregt, Schmiermittel aus Erdöl an Stelle der aus Pflanzenöl gewonnenen zu verwenden. In den ersten Jahren der *Standard* wäre das alles ohne Andrews nicht möglich gewesen. Aber 1878 kündigte er mit der Begründung, daß die Gesellschaft zu groß geworden sei. Da die *Standard* weiterhin florierte, kann man nicht sagen, daß seine Rolle für ihren Erfolg maßgebend gewesen sei. Wie die meisten bedeutenden Männer, verstand es Rockefeller, seine Untergebenenen auszuwählen, und wenn sie ihn verließen, war er immer imstande, andere, ebenso leistungsfähige zu finden.

Ein Grund hiefür war die unglaubliche Wachsamkeit für Details. Es gibt unzählige Geschichten, die das veranschaulichen. Die berühmteste von ihnen ist vielleicht die von den „39 Tropfen". Beim Zusehen, wie Petroleumkanister gelötet wurden, fragte Rockefeller den Aufseher, wie viele Tropfen Lötzinn man brauche. „Vierzig", antwortete der Mann. Rockefeller fragte, ob man es je mit 38 versucht habe. Als die Antwort verneinend war, regte er an, man möge es tun und ihm Bericht erstatten. Es zeigte sich, daß mit 38 Tropfen 6 oder 7 Prozent der Kanister undicht waren; ein zweiter Versuch mit 39 Tropfen erwies sich als erfolgreich. Diese besondere Ersparnis konnte für die *Standard* finanziell nicht viel bedeutet haben, doch Rockefellers Fähigkeit, Einsparmethoden zu finden, war einer der wichtigsten Vorteile der *Standard* beim Kampf gegen ihre Konkurrenten. Als er zum Beispiel herausfand, daß die Fässer und Kanister billiger hergestellt werden könnten, als sie seine Lieferanten berechneten, begann die *Standard* selbst Kanister und Fässer herzustellen. Ihr Aufwand für diese wichtigen Artikel, ohne die Petroleum nicht verkauft werden konnte, sank weit unter das Kostenniveau ihrer Konkurrenten.

Eine andere von Rockefellers Methoden, um aus seinen Unternehmungen das Beste herauszuholen, war, zwischen ihnen Konkurrenz zu entfachen. Jede seiner Raffinerien und Anlagen hatte einen monatlichen Tätigkeitsbericht zu liefern, und diese wurden miteinander verglichen. Sie wurden auch innerhalb der Organisation bekanntgemacht und dienten dazu, den Wettbewerb anzuspornen — in sehr ähnlicher Weise wie ein Schullehrer Prüfungen veranstaltet. Jene, die schlecht abschnitten, hatten die Methoden der Erfolgreichen zu übernehmen, und dauernder Mangel an Erfolg in einem Tätigkeitsbereich führte dazu, daß der damit beauftragte Mann entlassen wurde. Es gab jedoch ebenso großzügige Prämien wie abschreckende Strafen. Es war Rockefeller, der der Erdölindustrie den Ruf einbrachte, hohe Gehälter zu zahlen, den sie noch heute genießt, und die Direktoren wurden dazu ermutigt, selbst Aktien zu kaufen. Konnten sie es sich nicht leisten, wurde ihnen das Geld zu günstigen Bedingungen geliehen.

Letzten Endes hätte Rockefeller aber mit keiner seiner Führungsqualitäten diesen Erfolg ohne seine erstaunliche Fähigkeit, Geld aufzutreiben, erzielt. Zu einem gewissen Grade beruhte seine Kreditwürdigkeit auf seinem geschäftlichen Erfolg. Der Ruf seiner Tüchtigkeit flößte den Bankiers selbstverständlich Vertrauen ein. Doch bereits zu Beginn, als er das notwendige Geld aufnahm, um Maurice Clark auszuzahlen, scheint er außerordentliches Talent besessen zu haben, den Bankiers Geld zu entlocken. Manchmal traten diese sogar an ihn heran. Einmal ging er mit dem Vorsitzenden der YMCA, einem gewissen Mr. H. S. Davies, durch die Straßen von Cleveland, als ein angesehener Bankier der Stadt, Daniel Eells, sein Gefährt anhielt und ihn vor allen Leuten fragte: „Rockefeller, könnten Sie nicht 50.000 Dollar brauchen?“[7]

Es ist nicht verwunderlich, daß Rockefellers Erfolg beim Zusammenschluß der Raffinerien von den Eisenbahngesellschaften mit gemischten Gefühlen betrachtet wurde. Einerseits waren sie froh, es mit einer starken und zuverlässigen Gesellschaft zu tun zu haben, die ein großes Frachtaufkommen garantieren konnte, anderseits fürchteten sie sehr bald die Macht, die die *Standard* ausüben könnte. Rockefeller überließ die Transportabwicklung Flagler, der großes Geschick besaß, eine Eisenbahngesellschaft gegen die andere auszuspielen und Frachtgut von Linie zu Linie zu überstellen, um sich die günstigsten Tarife zu sichern. Die Eisenbahngesellschaften schließlich machten sich darüber Gedanken, ob sie nicht auch einige Vorteile aus dem Öltransport ziehen könnten wie Rockefeller.

Diese Hoffnungen und Befürchtungen hegte vor allem der Oberst

Joseph D. Potts, Leiter der *Empire Transportation Company*, einer Frachtennebenlinie der *Pennsylvania* Tom Scotts. Im Sommer 1873 übernahm die *Empire* zwei der größten Rohrleitungsnetze in den Erdölgebieten. Rohrleitungen waren damals rudimentäre Anlagen auf der Erdoberfläche, die Gruppen von Bohrlöchern mit den Endstationen der Bahnlinien verbanden; sie dienten nicht zur Beförderung von Erdöl über lange Strecken — dennoch waren sie äußerst wichtig. Wenn es nämlich der *Empire* gelang, ein Monopol über die Verbindungen der Bohrlöcher mit den Eisenbahnen zu errichten, dann konnte sie den Preis bestimmen, den die *Standard* für das Erdöl für ihre Raffinerien zu zahlen hatte. Rockefeller schlug sofort zurück und sandte seine Agenten in die Erdölgebiete, um soviel Rohrleitungsgesellschaften wie möglich aufzukaufen, und eine Zeitlang konnte er mit der *Empire* in Eintracht arbeiten. Beide Unternehmer hatten ein ungeheuer einträgliches Marktteilungsabkommen abgeschlossen, das jedoch zusammenbrach, als Rockefeller entdeckte, daß das Erdöl der *Empire* auf den Bahnen der *Pennsylvania* billiger befördert wurde als das seine. Von dem Augenblick an lagen die *Standard* und die *Empire* miteinander in Konkurrenz, und 1877 war es klar, daß dies — soweit es Rockefeller und Potts betraf — ein Kampf auf Leben und Tod war.

Die *Empire* trug die Herausforderung in den Bereich der *Standard*, indem sie Raffinerien kaufte und auch noch eigene baute. *Standard* reagierte darauf und annullierte alle ihre Verträge mit der *Pennsylvania*. Außerdem baute sie neue Eisenbahnkesselwagen für den Erdöltransport auf den Konkurrenzlinien und unterbot die Preise, wo immer auch die *Empire* Erdöl auf den Markt brachte. Beide Seiten waren gleich stark, und Potts war mit der Unterstützung von Scott auf einen langen Kampf vorbereitet.

Dann wurden jedoch die Eisenbahnunternehmen von zwei unerwarteten Schlägen getroffen: Im April brach ein erbitterter Preiskrieg um Passagier- und Frachttarife aus, der alle Eisenbahnlinien im Osten der Staaten erfaßte. Die Lage wurde zudem im Hochsommer durch einen Streik der Bahnarbeiter verschärft, einem der blutigsten Kämpfe der Arbeiterschaft im 19. Jahrhundert, der in Pittsburgh zu einem Chaos ausartete. Die Polizei eröffnete auf die Streikenden das Feuer und tötete 25 Personen; es kam in großem Ausmaß zu Plünderungen und Zerstörungen. Als die Ruhe wiederhergestellt war, stellte Scott fest, daß seine Gesellschaften über 100 Lokomotiven und 1500 Personen- und Güterwaggons verloren hatten.

Scott blieb keine andere Wahl, als um Frieden zu bitten. Das Ergebnis war eine Übernahme gewaltigen Ausmaßes: Die *Standard* erwarb alle Anteile der *Empire* an der Ölindustrie — Raffinerien, Rohrleitungen und Eisenbahnkesselwagen — für insgesamt 3,4 Millionen Dollar in bar. Einige Wochen danach erwarb Rockefeller die letzte große Rohrleitungsgesellschaft, und Ende 1877 konnte kaum eine Tonne Erdöl — wem immer sie auch gehören mochte — ohne seine Zustimmung zur Bahn gelangen.

Rockefeller war jetzt mächtiger, als es die *South Improvement Company* je hätte werden können. Er kontrollierte nicht nur die Erdölindustrie, sondern beherrschte auch die Eisenbahnlinien, da diese nur durch ihn nennenswerte Erdöltransporte bekommen konnten. Dieses neue Verhältnis wurde durch eine Aufteilung der Frachten unter die Eisenbahnlinien geregelt, die sich dabei verpflichteten, Rockefeller sowohl für seine als auch für die Transporte anderer Ölgesellschaften Rabatte zu gewähren.

Die Ölförderer fühlten, wie sich die Schlinge des Monopols um ihre Hälse straffte. Sie forderten vom Gouverneur von Pennsylvanien, die *Standard*-Rohrleitungen zu zwingen, ihre rechtlichen Pflichten als allgemeiner Beförderer zu erfüllen, ferner forderten sie vom Obersten Gerichtshof von Pennsylvanien Maßnahmen, um die Eisenbahnlinien an Übervorteilungen bei der Festsetzung ihrer Frachtsätze zu hindern, und sie beschuldigten die Direktoren der *Standard* persönlich der verbrecherischen Absprache. Die Klage wurde zurückgezogen, als die Gesellschaft einer Reform der Rohrleitungspraktiken zustimmte, und die Eisenbahnen machten noch einige Versprechen bezüglich der Tarife, aber niemand nahm diese Aktionen sehr ernst.

Die Maßnahmen der Ölförderer hatten jedoch ein wichtiges Resultat: Sie führten zu offiziellen Untersuchungen, bei denen Einzelheiten der Rabatte der *Standard* aufgedeckt wurden. Die amerikanische Öffentlichkeit war zu jener Zeit durch Ereignisse im Wirtschaftsleben nicht leicht zu erschüttern. Sie wußte, wie die Eisenbahngesellschaften ihre Tarife manipulierten, um den großen Transporteuren gefällig zu sein, und man war allgemein der Auffassung, „daß im Geschäftsleben nur die Schwachen anständig sind, weil sie nicht die genügende Stärke besitzen, um schlecht zu sein“. Als jedoch die Nachforschungen enthüllten, daß die unabhängigen Raffinerien und Ölförderer fast einen Cent je Liter zahlen mußten, um ihr Erdöl von Titusville nach New York zu senden, während *Standard* nur einen halben Cent bezahlte, hielt man das für ein ziemlich starkes Stück. Der Ruf Rockefellers als eines erpresserischen Monopolisten verankerte sich in der öffentlichen Meinung, was ihm in späteren Jahren sehr schadete.

Für die unmittelbare Zukunft mußte er sich um dringendere Probleme kümmern. Als die öffentliche Entrüstung über die Frachttarife ihren Höhepunkt erreicht hatte, beschloß eine kleine Gruppe von Produzenten unter der Führung von Byron D. Benson einen letzten verzweifelten Angriff auf das Monopol der *Standard* zu machen: den Bau einer Rohrleitung über die Appalachen zur Küste. So konnten sie die Rohrleitungen der *Standard* und die Eisenbahnen umgehen und ihr Erdöl anschließend auf dem Schiffsweg nach New York oder nach Europa verfrachten. Sie schlossen sich zur *Tidewater Pipeline Company* zusammen und betrauten den General Herman Haupt, den bekanntesten Bauingenieur Amerikas, mit der technischen Durchführung.

Anfänglich nahmen die *Standard* und die Eisenbahnen die Angelegenheit nicht besonders ernst. Nie zuvor war Erdöl in Rohren von mehr als 7 Zentimeter Durchmesser über mehr als 50 Kilometer oder über höhere Erhebungen geleitet worden. Die *Tidewater*-Leitung sollte aber fast 170 Kilometer lang werden, einen Durchmesser von 15 Zentimeter haben und Berge in einer Höhe von 900 Meter überqueren. Fachleute sagten, das wäre unmöglich. Rockefeller schenkte ihnen Glauben, aber er traf dennoch Vorkehrungen, auf der vorgesehenen Trasse Land aufzukaufen. Selbst wenn Haupt einen Weg um die meisten Landstücke finden sollte, nahm man allgemein an, daß er dieses Projekt nie verwirklichen könnte. Im Sommer bogen sich die Rohre in der Hitze wie eine Riesenschlange, bevor sie unter der Erde verlegt wurden; sie warfen Bäume und Buschwerk um. Im Winter mußte das gesamte Material 50 Kilometer weit über schneebedeckte Pässe auf Pferdeschlitten befördert werden.

Es schien unmöglich, daß Haupt solche Schwierigkeiten je überwinden könne. Doch es gelang ihm. Am 28. Mai 1879 begann das Erdöl zu fließen, und die Transportmethoden der Erdölindustrie wurden über Nacht revolutioniert. Die *Tidewater* senkte die Transportkosten je Liter Erdöl von etwa 0,25 auf 0,10 Cent, und obwohl die Bahnen ihre Tarife prompt auf 0,06 Cent je Liter ermäßigten, war es offenkundig, daß ihre Tage als wichtigster Erdöltransporteur gezählt waren.

Rockefeller begann nun selbst mit dem Bau langer Rohrleitungen, und während die Arbeiten vorangingen, versuchte er, die *Tidewater* auszuschalten. Benson und seine Freunde wollten selbst Erdöl verarbeiten oder an selbständige Raffinerien verkaufen, um nichts mit der *Standard* zu tun zu haben. Die *Standard* vereitelte diesen Plan, indem sie noch mehr Anlagen übernahm. Sie versuchte es auch mit der Methode des Trojanischen Pferdes, indem sie heimlich Aktien der *Tidewater* kaufte, um den Konkurrenten unter ihre Kontrolle zu bekommen. Als dies nicht gelang, ging die *Standard* einen Schritt weiter und bestach E. G. Patterson, einen *Tidewater*-Aktionär, mit 20.000 Dollar, damit er bei Gericht die Ernennung eines Konkursverwalters erwirke.[8] Die Klage wurde bei Gericht abgewiesen, aber im Herbst 1883 hatte *Tidewater* genug. Die *Standard* besaß jetzt eigene große Leitungen, und die Konkurrenz war verheerend teuer geworden. Als Rockefeller deshalb eines jener großzügigen Arrangements vorschlug, die er gewöhnlich in seiner Achtung stehenden Widersachern anbot, zog es die *Tidewater* vor, anzunehmen, um einen noch härteren Wettbewerb zu vermeiden.

Das Übereinkommen garantierte der *Tidewater* 11,5 Prozent der nach Osten führenden Öltransporte durch die Pipelines, und die Tarife der beiden Gesellschaften wurden auf das äußerst ertragreiche Niveau von etwa 0,3 Cent pro Liter festgesetzt. Auf diese Weise wurde die *Tidewater* eine Kolonie im *Standard*-Reich, und Rockefellers Herrschaft über die Ölindustrie war stärker als je zuvor.

Während des Kampfes mit der *Tidewater Company* führte Rockefeller eine umfassende Reorganisation der inneren Struktur der *Standard* durch, die eine einschneidende Wirkung auf die gesamte Wirtschaft der Vereinigten Staaten hatte. Er schuf den *Standard Oil Trust*, den ersten der großen Trusts, die es den Unternehmern ermöglichten, sich aus der Zwangsjacke des amerikanischen Gesellschaftsrechts zu befreien und Organisationen zu gründen, die im ganzen Land über die einzelnen Staatsgrenzen hinaus tätig sein konnten.

Die Tätigkeit der *Standard* umfaßte selbstverständlich bereits das ganze Land. Dem Gesetz nach war es jedoch für die Gesellschaft unmöglich, als eine in Ohio ansässige Körperschaft Anlagen oder Anteile von Gesellschaften in anderen Bundesstaaten zu besitzen. Die *Standard* überwand diese Schwierigkeit, indem sie einen ihrer leitenden Angestellten bestimmte Anteile der von ihr erworbenen Gesellschaften persönlich in Besitz nehmen ließ. Dieser Angestellte sollte dann die Aktien als Treuhänder der *Standard* halten. Dieses Übereinkommen hatte den Vorteil, daß man den Erwerb einer anderen Firma geheimhalten konnte. Anderseits verhinderte es die Bildung einer einheitlichen Geschäftsleitung, was nicht einmal durch einen Treuhändervorstand erreicht werden konnte, der alle Anteile verwalten sollte.

Der Mann, der die Lösung dieses Problems fand, war C. T. Dodd, der Justitiar der Gesellschaft, der die Gründung einer gesonderten *Standard*-Gesellschaft in jedem Bundesstaat vorschlug, die alle Beteiligungen der Gruppe in dem betreffenden Bundesstaat erwerben sollte. Es sollte einen gemeinsamen Vorstand zur Beaufsichtigung aller Tochtergesellschaften geben, und ihr Stammkapital sollte bei einem einzigen Kuratorium liegen, das wiederum seinerseits Anteilscheine ausgab. Am 2. Januar 1882 wurden die nötigen Papiere unterzeichnet und ein Verwaltungsrat mit Rockefeller als Vorsitzendem und mit Hauptsitz New York, Broadway 26, gegründet.

Es war ein zehnstöckiges Gebäude an der Stelle eines Hauses, das einst Alexander Hamilton gehört hatte, dem Vorkämpfer des Konzeptes eines industrialisierten Amerika und dem Hauptgegner von Jeffersons Agrarkonzept. Es besteht kein Grund zur Annahme, daß Rockefeller über diesen Zusammenhang mit Hamilton Bescheid wußte, aber es ist dennoch eine der feinen Ironien der amerikanischen Geschichte. Nicht oft geschieht es, daß ein Visionär und der Mann, der später seine Träume verwirklicht, an derselben Stelle leben.

Der Trust bestand nicht lange in seiner ursprünglichen Form. 1892 mußte er nach einer Entscheidung des Obersten Gerichtshofes von Ohio aufgelöst werden. Da die meisten Treuhänder nicht in diesem Bundesstaat ansässig waren, verletzte die erste Satzung der *Standard* das Gesetz. Doch zu dieser Zeit hatte Dodds Plan bereits seinen Zweck erfüllt. Einige Bundesstaaten begannen den Vorteil zu erkennen und paßten ihr Rechtssystem den wirtschaftlichen Anforderungen an. Vor allem der Staat New Jersey erließ ein neues Gesellschaftsgesetz, das Körperschaften ermächtigte, gegenseitig Aktien zu besitzen. So übernahm die *Standard Oil Company (N. J.)* die Rolle des Trusts als Holdinggesellschaft. Sie besaß nun alle Aktien der Tochtergesellschaften in den verschiedenen Staaten.

Für die meisten seiner Zeitgenossen war Rockefeller in diesem Stadium seiner Karriere ein die Industriewelt überragender Riese. Zuerst hatte er die Erdölraffinerien vereinigt, danach die Eisenbahnen zur Raison gebracht und schließlich ein Monopol über die Ölleitungen des Landes erworben. Sein Reich war so organisiert, daß es ihm möglich war, seine Tätigkeiten in jedem einzelnen Staat zu verfolgen, und das war wiederum von entscheidender Bedeutung für den Wohlstand des Landes. Seine Macht war jedoch nicht nur auf die Vereinigten Staaten beschränkt. Amerika war immer noch der einzige bedeutende Erdölexporteur, und der Großteil dieses Handels lag in den Händen der *Standard*.

Was die Gewinne der *Standard* betraf, so war Petroleum noch immer ihr weitaus wichtigstes Produkt, da es in den Fabriken, Wohnungen und Büros der ganzen zivilisierten Welt zur Beleuchtung gebraucht wurde. Einige andere Produkte jedoch, die zu nutzen Sam Andrews sich so bemüht hatte, wurden ebenfalls für die internationale Wirtschaft lebenswichtig. Das Schmieröl hatte beispielsweise die Pflanzenschmiermittel bei Dampfmaschinen, Werkzeugmaschinen und Lokomotiven ersetzt, und Heizöl wurde statt Kohle zur Feuerung der Kessel in Fabriken und auf Schiffen verwendet. Erdöl wurde auch in kleinem Umfang als Rohstoff für die Herstellung von Farben, Lacken und — was am merkwürdigsten ist — Kaugummi verwendet.

Rockefeller war immer noch zu vorsichtig, um sich in die Erdölförderung einzuschalten. Er betrachtete die Förderung als Glücksspiel; er zog es vor, andere Leute ihr Geld riskieren zu lassen, um den Rohstoff für seine Ölraffinerien zu finden. Außerdem hegte er eine tiefe Abneigung gegen alles, was mit den Erdölgebieten, mit ihren Spielhöllen und Spekulanten zusammenhing. Dort herrschte eine Atmosphäre, in der er sich nie wohl fühlen konnte. Doch die *Standard* konnte es nicht riskieren, ohne Öl zu bleiben, und als in Ohio und Indiana und nach und nach überall auf dem Kontinent neue Felder entdeckt wurden, entschloß sich die *Standard* doch zum Kauf und zum Betrieb einiger Felder, obwohl diese Unternehmungen immer in bescheidenem Umfang blieben.

Ganz anders war es im Einzelhandel und im Vertrieb. Sobald der Zusammenschluß der Raffinerien und Transportmittel vollzogen war, wandte Rockefeller seine Aufmerksamkeit dem Absatz seiner Produkte zu, und nach der Bildung des Trusts erwarb er rasch die Kontrolle über die meisten kleinen Firmen, die sich früher in seinem Auftrag damit befaßt hatten. Als Folge davon stand die *Standard* in direktem Kontakt mit der breiten Öffentlichkeit, und deshalb fanden Macht und Ausdehnung ihrer Tätigkeit viel größere Beachtung, als dies sonst der Fall gewesen wäre.

Diese Veränderungen brachten in mancher Hinsicht der Öffentlichkeit Gewinn, da die *Standard* den Vertrieb des Erdöls viel rationeller organisieren konnte als die kleinen Firmen vorher. Sie war auch bereit, alles zu tun, um den Ruf ihrer Produkte zu wahren. Beschwerden von Kunden wurden prompt behandelt, und in Gebieten, wo die Qualität der Lampen und Öfen ein sauberes Verbrennen des Petroleums nicht zuließ, war die *Standard* bereit, auch diese Artikel zu liefern. Man betreute die Kunden im Ausland ebenso gut wie jene in den Vereinigten Staaten. Als 1883 die *West of England Petroleum*

Association die Gesellschaft wegen „unentschuldbarer Nachlässigkeit“ kritisierte, wurde ein leitender Angestellter nach England gesandt, um die Situation zu klären. Er berichtete, daß die Ursache der Beschwerden die schlechte Qualität der englischen Dochte wäre, und man teilte der Gesellschaft mit, daß die *Standard* eine andere Versorgungsquelle finden würde, falls die inländischen Fabrikanten nicht die nötigen Verbesserungen durchführen könnten. Keine andere Gesellschaft in England oder in den Vereinigten Staaten konnte einen solchen Kundendienst bieten, und es gibt selbst heute wenige, die sich so verhalten.

Auch konnte keine andere Erdölgesellschaft im 19. Jahrhundert in Amerika groß genug werden, um die *Standard* herauszufordern. Das Monopol Rockefellers über das Ölleitungssystem des Landes bedeutete, daß sonst niemand Erdöl über lange Strecken transportieren konnte, ohne Einrichtungen der *Standard* zu benutzen, und die *Standard* weigerte sich trotz ihrer rechtlichen Verpflichtungen, dies zuzulassen. Auf Strecken, wo man noch immer Eisenbahnen benutzte, hatte Rockefeller ebenfalls einen entscheidenden Vorteil, da es sich keine Eisenbahngesellschaft leisten konnte, ihn zu verstimmen. Er konnte gewöhnlich auf einen Rabatt für die Transporte seiner Konkurrenten wie für seine eigenen bestehen. Diese Kontrolle über den Erdöltransport bedeutete, daß die Raffinerien der *Standard* immer am ehesten in der Lage waren, besondere Märkte zu beliefern, und daß ihre Betriebskosten im Gesamtdurchschnitt niedriger sein mußten als die jeden anderen Unternehmens.

Die *Standard* erlangte jedoch niemals ein ausschließliches Monopol. Etwa 10 bis 20 Prozent der Raffineriekapazitäten und ein entsprechender Marktanteil blieben immer außerhalb ihrer Kontrolle in den Händen einer großen Anzahl kleiner unabhängiger Gesellschaften. Diese waren im ganzen Land verstreut, und einige exportierten Petroleum nach Europa. Aber der Arbeitsbereich dieser Unternehmen hatte zwangsläufig ein kleines Ausmaß. Sie bezogen ihr Rohöl von nahe gelegenen Ölfeldern, und solange ihre Verkäufe von Petroleum und Erdölerzeugnissen bescheiden blieben, ließ die *Standard* sie gewähren. Der Versuch, jegliche Opposition in einem so gewaltigen Land wie den Vereinigten Staaten aus dem Feld zu schlagen, wäre viel zu teuer gewesen, um sich zu lohnen.

Nur wenn eine Gesellschaft Anstalten traf, der *Standard* wertvolle Verträge abzujagen oder sich über ein begrenztes Gebiet ausdehnen zu wollen, „unterbot sie die *Standard,* um sie zu ruinieren“, wie Ida Tarbell es in ihrer bekannten Geschichte der Gesellschaft darstellte.

Bei diesen Gelegenheiten wandte die *Standard* jene Methoden an, die Rockefeller seinen Ruf als habgieriger Erpresser einbrachten, der das Gemeinwohl mißachtete.

Die häufigste Taktik waren gezielte Preisunterbietungen, bei denen die Erlöseinbußen durch Preiserhöhungen an anderen Orten, an denen die *Standard* ein Monopol besaß, ausgeglichen wurden. Das konnte zu den unglaublichsten Preisschwankungen führen und war auch sehr unfair gegen den Verbraucher in den Gebieten mit hohen Preisen. In Denver verkaufte die *Standard* 1892 beispielsweise Petroleum zu knapp 2 Cent je Liter, um einige Konkurrenten auszuschalten, während das gleiche Petroleum im übrigen Colorado mehr als 6 Cent je Liter kostete. Das mag ein extremes Beispiel sein, doch noch im selben Jahr zeigte eine Untersuchung in Kalifornien, daß die *Standard* dort, wo sie auf Konkurrenz stieß, Petroleum zu etwa 4 Cent je Liter verkaufte, während der Preis in jenen Gebieten, wo sie ein Monopol hatte, 6,5 Cent pro Liter betrug.

Sobald die Konkurrenten unschädlich gemacht waren, stiegen die Preise wieder. Petroleum wurde gewöhnlich in Kolonialwarengeschäften und anderen Läden verkauft, und wenn ein Ladeninhaber oder Händler versuchte, es von einem anderen Lieferanten zu beziehen, war die *Standard* durchaus bereit, ihn aus dem Geschäft auszuschalten. „Der Grund, warum wir nicht mehr Ihr Petroleum kaufen, ist folgender", schrieb 1896 ein Händler aus Kansas an *Scofield, Shurmer and Teagle:* „Die *Standard Oil Company* setzte uns davon in Kenntnis, daß sie — sollten wir weiterhin Ihr Petroleum verkaufen — den Preis auf 2,5 Cent je Liter senken würde. Da wir uns dies nicht leisten können, sind wir nun gezwungen, *Standard*-Petroleum zu beziehen oder aber Geschäfte ohne Gewinn, wenn nicht sogar mit Verlust zu machen."[9] Im folgenden Jahr schrieb ein Händler aus Ohio an dieselbe Firma: „Der Agent der *Standard* hat mir wiederholt gesagt, daß seine Firma Petroleum um einen niedrigeren Einzelhandelspreis vertreiben werde, als ich es kaufen könnte, wenn ich weiterhin Petroleum und Benzin von Ihrem Tankwagen abnehme. Ich schenkte dem keine Beachtung, aber gestern war der *Standard*-Agent wieder hier und fragte mich entschieden, ob ich weiter Petroleum und Benzin von Ihrem Tankwagen kaufen wollte. Ich sagte ihm, daß ich es tun werde. Danach ging er fort und traf mit den Händlern, die *Standard*-Petroleum und -Benzin vertreiben, die Vereinbarung, beides für 1,8 Cent je Liter im Einzelhandel zu verkaufen."[10]

Für einen Händler gab es kaum eine Möglichkeit, Petroleum ohne Wissen der *Standard* von einer unabhängigen Firma zu beziehen.

Durch Bestechung sicherte sie sich immer genaue Mitteilungen über alle Marktvorgänge. Die beste Informationsquelle waren Angestellte der Frachtdepots der Bahn, die oft ein regelmäßiges Honorar dafür erhielten, daß sie alle Details über die Öltransporte der anderen Gesellschaften an den regionalen Agenten der Standard weitergaben.

Die Gesellschaft war auch bereit, die Angestellten ihrer Konkurrenten zu bestechen, um herauszubekommen, was diese unternahmen. Das geschah oftmals durch einen kleinen Angestellten, und die Kosten waren erstaunlich gering. 1893 zahlte die Tochtergesellschaft der *Standard* in Philadelphia, die *Atlantic Refining*, eine Gesamtsumme von 90 Dollar über mehrere Monate verteilt an einen schwarzen Angestellten und erhielt dafür umfassende Informationen über Menge, Käufer und Bestimmungsorte der Verkäufe von *Lewis Emery*. Als der Mann schließlich entdeckt und entlassen wurde, gab ihm die *Atlantic* nicht einmal eine Anstellung.[11]

Die kleinen Gesellschaften hätten Rockefellers Stellung nur durch den Bau eines eigenen Rohrleitungssystems schwächen können, aber die Kosten dafür hätten ihre Mittel weit überstiegen. Außerdem: Sooft jemand den Versuch machte, kaufte die *Standard* Grundstücke an der geplanten Strecke, und die Eisenbahnlinien gestatteten nicht, die Leitung unter ihren Geleisen hindurchzuführen. Wenn der Erbauer weiterhin darauf beharrte, hatte die *Standard* andere Methoden, um ihn davon abzubringen. Als sich der dreiundzwanzigjährige William Larimer Mellon aus der Pittsburgher Bankiersfamilie einen gerichtlichen Beschluß verschaffte, der ihm die Verlegung einer Rohrleitung durch Pennsylvanien ohne Rücksicht darauf gestattete, wem das Land auf der Strecke gehörte, gab es jedesmal wenn er mit den Wegerechten der *Pennsylvania Railways* in Konflikt geriet einen Kampf. Wiederholt wurde ein eben fertiggestellter Pipelineabschnitt über Nacht von Störtrupps wieder aufgerissen.[12]

Mellon hielt jedoch mit dem Rückhalt seines Familienvermögens durch, und 1892 stellte er das Projekt mit über einer Million Dollar Kosten fertig. Die Anstrengung machte sich bezahlt. Wie gewöhnlich, wenn sie es mit einem gefährlichen Gegner zu tun hatte, versuchte es die *Standard* mit Geld, wo die Gewalt versagt hatte, und Mellon akzeptierte ein Angebot von 2,5 Millionen Dollar für den Verkauf seiner Rohrleitung.

Die Rücksichtslosigkeit der Konkurrenzgepflogenheiten steht zu Rockefellers Lebensart in frappierendem Kontrast. Wenn er bei Gericht oder vor einem Untersuchungsausschuß erschien, waren die Leute über sein gütiges und eher unscheinbares Auftreten erstaunt. Doch dies spiegelte nur eine Seite seines Charakters wider. Trotz seines gewaltigen Reichtums und seiner Häuser in verschiedenen Teilen des Landes blieb seine Lebensweise im Grunde einfach und drehte sich um Familie und Kirche. Er gab niemals Geld für eine aufwendige Lebenshaltung aus wie so viele, die in jener Zeit zu Vermögen gekommen waren. Statt dessen widmete er seine beachtliche Energie und Fähigkeit dem Aufbau einer der wirkungsvollsten und freigebigsten philanthropischen Einrichtungen, die es je gegeben hat.

Einmal sagte er zu einem Freund: „Ich hatte keinen Ehrgeiz, ein Vermögen zu verdienen. Bloßes Geldverdienen war niemals mein Ziel gewesen. Ich hatte den Ehrgeiz, aufzubauen."[13] Und das tat er auch. Am Ende seines Lebens war er stolz, Ordnung in das Chaos der Ölindustrie gebracht und eine der stärksten und leistungsfähigsten Geschäftsorganisationen überhaupt geschaffen zu haben. Er scheint niemals einen Zwiespalt zwischen seinem Privat- und Geschäftsleben empfunden zu haben. Uns mag das unglaublich erscheinen, aber im Amerika des 19. Jahrhunderts war das Wirtschaftsleben ein gesetzloser Dschungel, in dem jeder mit den ihm zur Verfügung stehenden Waffen kämpfte. Die Methoden Rockefellers waren sicherlich nicht besser, doch gewiß auch nicht schlechter als die der zeitgenössischen Wirtschaftsmagnaten wie Vanderbilt, Armour oder Morgan. Wir können die Moral jener Zeit verurteilen, aber wir müssen die einzelnen Persönlichkeiten nach den Kriterien ihrer Epoche beurteilen, ebenso wie wir es bei einem römischen Kaiser oder einem Indianerhäuptling täten.

3. Kapitel
Die Auflösung des Trusts

Das erste Anzeichen einer Gefahr für die Herrschaft der *Standard* über die Weltförderung von Erdöl kam aus Rußland. In Baku im Kaukasus sickerte seit Jahrhunderten Erdöl an die Erdoberfläche und lieferte den Brennstoff für die heiligen Ewigen Feuer der Anhänger Zoroasters. Pilger kamen aus ganz Persien und Indien, um in den Heiligtümern zu beten, aber die kommerziellen Möglichkeiten der Lager wurden vom zaristischen Regime bis 1873, als man die Zulassung privater Schürfer in diesem Gebiet beschloß, nicht ausgewertet. Sowohl Ausländer als auch Russen nutzten diese Gelegenheit, und unter den ersten Pionieren befanden sich auch drei schwedische Brüder: Ludwig, Robert und Alfred Nobel.

Man hat die Nobel einmal die „erfinderischste Familie aller Zeiten" genannt.[14] Wenn sich diese Behauptung auch schwer beweisen läßt, so sind die Leistungen dieser Familie beachtlich: Emmanuel, der Vater, erfand Torpedoboote; Ludwig und Robert erbauten die Werftanlagen von Sankt Petersburg, und Alfred, der Stifter des Nobelpreises, erfand das Dynamit. Die Brüder erwarben rasch die führende Stellung in Baku und sicherten sich nach Rockefellers Vorbild praktisch ein Monopol über den Erdöltransport vom Kaukasus nach dem übrigen Rußland und dem Ausland. Das war sehr schwierig, denn es führte keine Bahn zum Schwarzen Meer, das als Ausgangspunkt für Exporte aus Baku günstig gewesen wäre. Das Erdöl mußte wolgaaufwärts und dann mit der Bahn nach dem Baltikum transportiert werden. Die anderen Unternehmer versuchten den Bau einer Eisenbahn nach dem Schwarzmeerhafen Batum, aber die Nobel senkten die Preise ihres Erdöls, so daß es unmöglich war, die nötigen Geldmittel aufzubringen. Nur wenn außerhalb Rußlands Geld aufgenommen werden konnte, war das Projekt durchführbar, und deshalb traten die Russen 1880 an Baron Alphonse de Rothschild in Paris heran.

Obwohl die Rothschild vor allem Bankiers waren, war der Pariser Zweig der Familie auch intensiv am Erdölgeschäft interessiert. Alphonse de Rothschild importierte Petroleum aus den Vereinigten Staaten und besaß eine Raffinerie in Fiume am Adriatischen Meer, die zur Verarbeitung großer Mengen russischen Erdöls günstig gelegen war. Als Bankleute erklärten sich die Rothschild einverstanden, Kapital für die Bahnlinie nach Batum zur Verfügung zu stellen, und verlangten als Gegenleistung Sicherstellung aus dem Vermögen der Ölförderer und das Recht, Erdöl für den Export zu kaufen.

Nach der Fertigstellung der Eisenbahnlinie im Jahre 1883 wuchs die russische Erdölindustrie in unglaublichem Ausmaß, und um 1888 betrug ihre Förderung mehr als 2,5 Millionen Tonnen jährlich. Das gesamte Erdölfeld in Baku bedeckte nur eine Fläche von einigen Quadratkilometern, statt wie in Pennsylvanien über ein weites Gebiet verstreut zu sein, und der Ertrag seiner Bohrungen war unendlich viel größer als der in den Vereinigten Staaten. Aus einigen der spektakulären „Springer", wie die ertragreichsten Bohrlöcher genannt wurden, schoß das Erdöl mehr als 100 Meter in die Höhe, und ein den Brüdern Nobel gehörendes Bohrloch konnte über vier Millionen Liter täglich fördern.

Die Extravaganz einiger reicher Erdölförderer wäre auch in den Palästen des Kublai Khan nicht fehl am Platz gewesen. Einer baute sich einen vergoldeten Palast, ein anderer ein Haus nach dem Modell eines Kartenhauses, ein Dritter ließ seine Lagertanks aus Platin herstellen. Sie holten eine große Anzahl schöner Frauen aus allen asiatischen Gebieten Rußlands und unterhielten Privatarmeen aus georgischen Adeligen, sogenannten „Kotschis", um sich voreinander zu schützen. Zur selben Zeit lebten die Arbeiter zusammengepfercht in Holzbaracken und wurden manchmal nur mit Wasser und Brot entlohnt. Die Nobel und andere Ausländer behandelten ihre Angestellten weitaus besser als die Russen, aber nirgends, auch nicht im übrigen Rußland, waren die Kontraste zwischen reich und arm so schrecklich wie in Baku. So ist es nicht erstaunlich, daß Georgien so viele Kommunistenführer — unter ihnen auch Stalin und Berija — hervorgebracht hat.

Keiner dieser Umstände hinderte jedoch das gleichzeitige Anwachsen von Ausfuhr und Förderung. Russisches Petroleum überschwemmte Europa wie eine Flut und veränderte die gesamte Marktlage. In Deutschland, Galizien und Rumänien gab es schon seit einigen Jahren eine gewisse Erdölförderung, und in England, Frankreich und Deutschland wurde Petroleum auch aus Ölschiefer, Lignit und Kohle erzeugt. Die schottischen Ölschiefergesellschaften bekämpften das Eindringen des amerikanischen Petroleums besonders intensiv. In den achtziger Jahren gewannen sie 120 Liter Mineralöl je Tonne Ölschiefer. Dennoch hätte nichts dem amerikanischen Petroleum widerstehen können, und die *Standard* hätte Europa ebenso gründlich wie die Vereinigten Staaten beherrscht, wenn nicht in Rußland Erdöl gefunden worden wäre. In Südeuropa, wo in Triest ein großer Ölhafen angelegt wurde, hatte das russische Erdöl den Hauptanteil am Markt, und selbst in England betrug sein Anteil an der jährlichen Einfuhr des Landes 30 Prozent und mehr.

Europa wurde zu einem Kaleidoskop von Kartellen und Preiskriegen, da die *Standard*, die Nobel, die Rothschild, verschiedene selbständige russische und gelegentlich auch amerikanische Firmen um eine Vorrangstellung kämpften. Gewöhnlich verkauften sie nicht direkt an die Verbraucher, sondern durch Vermittlung von Großhändlern und Wiederverkäufern. In einigen Ländern kam es zu Preiskriegen, in anderen zur Teilung des Marktes unter einigen Verbündeten, und wiederum in anderen zur Bildung von Kartellen zwischen einigen Hauptkonkurrenten. Dieses Muster änderte sich ständig, und Gesellschaften, die an einem Ort verbündet waren, konnten anderswo in hartem Wettbewerb stehen.

Theoretisch war jedermann für „fairen Wettbewerb“ und gegen Preisunterbietungen. Aber der Preis war oft die einzige Möglichkeit, mit der eine Firma ihren Marktanteil vergrößern konnte. Also kam es immer wieder zu Preiskriegen, da jeder Konkurrent sich mittels eines hohen Marktanteils eine starke Ausgangsposition bei den später einmal unvermeidlichen Friedensverhandlungen erhoffte.

1890 war der Wettbewerb im Fernen Osten fast ebenso intensiv wie in Europa. Russisches Petroleum konnte durch den Suezkanal dorthin billiger transportiert werden als von Amerika. Bald danach wurden Holländisch-Ostindien und Burma zu Ölförderländern. Gegen Ende des Jahrhunderts gab es keinen Platz mehr, wo die *Standard* mit Sicherheit hohe Gewinne erzielen konnte, um Verluste auszugleichen, die in den Vereinigten Staaten durch das Auftauchen neuer Konkurrenten entstehen mochten.

Und es erschienen neue Konkurrenten. Der 10. Januar 1901 war die Geburtsstunde der texanischen Erdölindustrie, als Spindletop, „die berühmteste Bohrung der Welt“, mit einer im Umkreis von mehreren Kilometern hörbaren Explosion und einem Hunderte von Metern hohen Strahl von Erdöl und Schlamm fündig wurde. John Bainbridge schrieb in seinem Buch über Texas[15]: „Dieses Ereignis, ein Wendepunkt in unserer Geschichte, bezeichnete das Ende des Erdölmonopols und den Beginn des Zeitalters der flüssigen Brennstoffe.“ Vor der Entdeckung von Spindletop schien die Position der *Standard* so sicher wie je. Aber ein Jahr nach seiner Entdeckung hatte sie mit einem neuen Typ von Konkurrenten zu kämpfen, von denen einige heute zu den mächtigsten Gesellschaften der Welt zählen, wie die *Texaco* und die *Gulf Oil Company*.

Spindletop war ein Marschlandhügel, etwa 1,5 Kilometer südlich der Stadt Beaumont, und die Geschichte seiner Entdeckung ist eine der traurigsten der Erdölindustrie.

Ihr Hauptakteur war ein Einarmiger mit dem seltsamen Namen Patillo Higgins, der als Holzfäller begann und später Immobilienmakler wurde. Er war überzeugt, daß unter dem Spindletop Öl lagere. Doch Spindletop war ein Salzdom, und man hatte nie zuvor Erdöl unter einem solchen gefunden. Alle Fachleute sagten ihm, daß dies unmöglich wäre. Higgins hielt dennoch an seiner Überzeugung fest und opferte zehn Jahre seines Lebens und 30.000 Dollar, um seine Theorie unter Beweis zu stellen. Als er kein Geld mehr auftreiben konnte, überredete er Anthony Lucas, einen in die Vereinigten Staaten ausgewanderten ehemaligen Kapitän der österreichischen Marine, das Projekt zu übernehmen. Auch Lucas wandte alle seine Mittel vergeblich auf und war gezwungen, das Terrain an ein Syndikat zu verkaufen, das von den Brüdern Mellon, Bankiers aus Pittsburgh, unterstützt wurde, die einige Jahre zuvor eine Rohrleitung durch Pennsylvania verlegt hatten. Diese Gesellschaft fand schließlich Erdöl.

Lucas konnte sich einigen Vorteil aus der Entdeckung sichern und erhielt einen sehr kleinen Anteil an dem Unternehmen. Später verdiente er recht gut als Bergbauingenieur. Aber der arme Higgins hatte weniger Glück. Seine Pionierarbeit war in Vergessenheit geraten, und für den Rest seines Lebens durchstreifte er Texas auf der Suche nach anderen Ölvorkommen, fand aber keine und starb 1955 arm und vergessen mit 92 Jahren. Sein einziger Trost war ein von 32 angesehenen Bürgern von Beaumont unterzeichnetes und vom Kreissekretär bestätigtes Dokument, das lautete: „Mr. Higgins kommt die gesamte Ehre der Entdeckung und Erschließung des Erdölfeldes von Beaumont zu. Er bezeichnete genau die Stellen, wo alle großen ‚Springer' gefunden wurden."[16]

Diese „Springer" waren etwas bis dahin noch nie Dagewesenes. In einem einzigen Jahr brachte die erste Bohrung von Spindletop ebensoviel Rohöl wie 37.000 Bohrungen in den östlichen Bundesstaaten. Eine Menge neuer Gesellschaften entstand, um die neuen Vorkommen zu erschließen. Die meisten waren so desorganisiert und kapitalarm wie jene, die Rockefeller in den alten Erdölgebieten herauszufordern versucht hatten. Einige hatten jedoch eine solide Grundlage. In Texas gab es bereits reiche Männer, die ihr Vermögen durch Rinderzucht und Landwirtschaft gemacht hatten, und es fehlte nicht an Kapital von außerhalb des Staates. Durch einen glücklichen Zufall war dies gerade jene Zeit, als Andrew Carnegie und seine Gesellschaften ihre Stahlfabriken an J. P. Morgan verkauft hatten, und ein Großteil des Kaufertrages gelangte geradewegs nach Texas.

Spindletop war zu schön, um von langer Dauer zu sein. Am 10. August 1902 versiegte das Bohrloch, und innerhalb eines Jahres sank sein Ertrag von 3 Millionen auf 250.000 Tonnen jährlich. Eine Zeitlang schien es, als ob die neuen Gesellschaften ruiniert wären, aber es gelang ihnen, innerhalb weniger Monate anderswo in Texas neue Felder zu finden, und bald danach wurde auch in Louisiana und in Oklahoma, das zu jener Zeit noch Indianerreservation war, Erdöl entdeckt.

Die Ölfunde im Südwesten der USA fielen zeitlich mit den wichtigsten Veränderungen zusammen, die sich in der Nachfrage nach Erdölerzeugnissen seit Beginn der Ölindustrie im Jahre 1859 ergaben. Vierzig Jahre lang war Petroleum das weitaus bedeutendste Erzeugnis und damit auch die Grundlage für das Wachstum der *Standard* gewesen. Doch in den ersten Jahren des 20. Jahrhunderts machte die rasche Verbreitung der Elektrizität eine bessere Beleuchtungsweise möglich als die Petroleumlampen, so daß die Kurve der Petroleumverkäufe erst zu schwanken und dann zu sinken begann.

Gleichzeitig öffnete sich ein neuer großer Absatzmarkt für Benzin, das man bisher fast nur als ein Abfallprodukt angesehen hatte. 1902 gab es nur 23.000 Motorfahrzeuge auf den Straßen Amerikas, und die Benzinverkäufe betrugen nur etwas mehr als 800.000 Tonnen. Zehn Jahre später war die Zahl der Personen- und Lastkraftwagen auf über eine Million und der Benzinbedarf auf fast 3 Millionen Tonnen gestiegen.[17] 1914/15 wurde mehr Benzin als Petroleum verkauft, und es war das wichtigste Erdölprodukt geworden.[18] Auch die Nachfrage nach Heizöl, das sowohl in der Industrie als auch im Schiffs- und Bahnverkehr immer mehr an Stelle der Kohle eingesetzt wurde, wuchs ständig. Die meisten der maßgebenden technischen Erfindungen auf diesen neuen Gebieten waren in Europa und Rußland gemacht worden, aber wie so oft waren es die Vereinigten Staaten, die die Führung bei der wirtschaftlichen Auswertung neuer Verfahren übernahmen.

Das Anwachsen dieser neuen Märkte gab den neuen Gesellschaften Gelegenheit, die gesicherte Marktposition der *Standard* anzugreifen und sich weit schneller auszudehnen, als wenn Petroleum das Hauptprodukt geblieben wäre. Sie neigten auch dazu, neue Gelegenheiten viel schneller zu erfassen als die *Standard*-Direktoren, die in einer anderen Zeit groß geworden waren. 1908 hatte die *Texas Company* (heute *Texaco)* ihre Tätigkeit aus ihrem Heimatstaat auf 43 andere Staaten ausgedehnt, und die *Gulf Oil*, das Unternehmen der Brüder Mellon, wuchs beinahe ebenso rasch.

Die *Standard* war in zu schlechter Verfassung, um diesen vielfältigen Herausforderungen die Stirn zu bieten. 1897 übergab Rockefeller die Leitung der Gesellschaft John D. Archbold, und eine neue Generation von Direktoren übernahm die führenden Posten. Sie waren als Rockefellers Schützlinge fähige und arbeitsame Männer, doch konnten sie sich zuwenig auf Geschäftsangelegenheiten konzentrieren, da sie viel Zeit bei Gericht oder beim Studium von Gesetzesproblemen verloren. Zwischen 1904 und 1909 strengten die Regierungen von über zwanzig Bundesstaaten Prozesse gegen die *Standard* an, um sie aus ihrem Gebiet zu weisen.

Das Zeitalter des wirtschaftlichen Liberalismus nahte seinem Ende, und die öffentliche Meinung war gegen die vielen großen Industrietrusts, die seit dem Bürgerkrieg immer mehr das amerikanische Leben beherrschten. Es gab dafür viele Gründe: die kleinen Unternehmer und Geschäftsleute fürchteten für ihre Zukunft in einem sozusagen darwinistischen System, das auf das Überleben des Tüchtigsten eingestellt war, und die landwirtschaftlichen Gemeinden des Südens und Westens fühlten sich durch die Fabrikanten und Bankiers des Nordens und Ostens ausgebeutet. Diese Gefühle kamen selbstverständlich im Kongreß und in den gesetzgebenden Körperschaften der Bundesstaaten zum Ausdruck, und sie erhielten zusätzliche Nahrung durch die eigenen Befürchtungen der Politiker. Einige der Weitsichtigeren wie Theodore Roosevelt, der 1901 Präsident wurde, merkten, daß wirtschaftliche Macht der Ursprung der politischen ist und daß das politische System Amerikas Gefahr lief, unter die Herrschaft der großen Industriebarone zu fallen, ähnlich wie die Könige von England ihren mittelalterlichen Baronen erlagen.

Die zunehmende Feindseligkeit gegen die Trusts wurde durch Enthüllungen ihrer Arbeitsmethoden angefacht. Bücher von Schriftstellern wie Upton Sinclair, Lincoln Steffens, John Spargo und Ida Tarbell und Berichte des *Bureau of Corporations* der Regierung legten erstmals der breiten Öffentlichkeit Berichte über die Vorgänge in den Trusts vor. Die Liste der Skandale war fast endlos. Die Amerikaner erfuhren, daß die Bedingungen in den Fabriken oftmals schlimmer waren als auf Sklavenplantagen, daß angesehene Geschäftsleute vor Betrügereien in großem Maßstab nicht zurückschreckten. In einem einzigen Jahr hinterzog der Zuckertrust der Regierung etwa vier Millionen Dollar an Zollgebühren, während die Versicherungsgesellschaften so gewaltige Gewinne aus ihren Prämien zogen, daß sie ihren Direktoren über 100.000 Dollar jährlich zahlen konnten.

Im Vergleich mit einigen ihrer Zeitgenossen waren die Vergehen der *Standard* relativ gering. Ihr Verhältnis zu den Arbeitnehmern war beispielhaft, und ihre Sicherheitsvorkehrungen waren ihrer Zeit weit voraus. Die Konkurrenzmethoden der *Standard* waren zweifellos rücksichtslos bis zur Verderbtheit, aber sie waren nicht ärger als die jedes anderen Unternehmens, und ihr Monopol war ohnehin infolge der neuen Erdölfelder im Südwesten im Zusammenbrechen. Nichtsdestoweniger war sie der größte, älteste und bekannteste aller Trusts und darum auch in der exponiertesten Lage.

Mitte 1907 hatte die Regierung sieben Prozesse gegen die Gesellschaft anhängig gemacht, von denen der wichtigste im Bundeskreisgericht von Eastern Missouri forderte, daß die Gruppe der *Standard*-Gesellschaften aufgelöst werde. Drei Jahre hindurch ließ dieser Fall das Geld in die Taschen der Juristen fließen, bis das Gericht im November 1909 entschied, daß die *Standard* dem Sherman-Gesetz zufolge eine ungesetzliche Vereinigung darstelle. Dieses Gesetz stammte aus dem Jahre 1889 und erklärte „Trusts und Vereinigungen zur Einschränkung des Handels und der Produktion für ungesetzlich". Die Gesellschaft legte Berufung ein, doch sie verlor wiederum, und am 15. Mai 1911 entschied der Oberste Gerichtshof, daß alle großen Tochtergesellschaften von der Holdinggesellschaft getrennt und als vollkommen selbständige Unternehmen neu gegründet werden müßten.

Als Rockefeller sah, wie sich seine Schöpfung auflöste, verzichtete er auf seinen nominellen Vorsitz in der Holdinggesellschaft, der *Standard Oil Co. of New Jersey*. Ende desselben Jahres war sie nach den geographischen Gegebenheiten auf mehr als 30 Gesellschaften mit jeweils eigenen Leitungen zersplittert. Ihr Stammkapital wurde auf die Aktionäre der früheren Holdinggesellschaft prozentual aufgeteilt, so daß das gemeinschaftliche Modell der Eigentumsrechte weiterhin bestand, und die Gesellschaften behielten ihre alten Namen. Als Ergebnis davon war die Konkurrenz zwischen ihnen für einige Jahre weit weniger intensiv, als es das Gericht gerne gesehen hätte. Doch dies war bloß eine Frage der Zeit, bis die historischen und persönlichen Bande zerrissen waren. Die Auflösung ließ die neuen Gesellschaften als unstabile Unternehmen zurück, von denen einige für ihren Bedarf zu große Raffineriekapazitäten hatten, andere wiederum Absatzgebiete, die sie nicht versorgen konnten. Um 1920 begannen sie die gegenseitige Durchdringung ihrer Gebiete, und um 1930 führten sie so heftig Konkurrenz untereinander wie gegen jedes andere Unternehmen.

Im großen und ganzen waren die *Standard*-Gesellschaften erfolgreich. Die *Standard Oil Company (N. J.)*, die *Esso*, ist nach wie vor die größte Erdölgesellschaft der Welt. Die *Mobil Oil Company*[19] ist die drittgrößte, und die *Standard Oil of California*, die *Standard Oil of Indiana* und die *Continental Oil* gehören zu den zehn größten.

Rockefeller selbst lebte weiter und wurde einer der größten Philanthropen aller Zeiten. Als er 1937 starb, hatte er 550 Millionen Dollar für wohltätige Zwecke ausgegeben. Obwohl er noch immer ein sehr reicher Mann mit einem eigenen Vermögen von über 26 Millionen Dollar war, stammte nichts von diesen Geldern aus den von *Standard* losgelösten Gesellschaften. Sein einziger Anteil an einer *Standard*-Gesellschaft war eine Aktie der *Standard Oil of California*, die er aus sentimentalen Gründen behalten hatte, denn sie trug die Nummer eins.[20]

4. Kapitel
Der Triumph Deterdings

Während die Regierung der Vereinigten Staaten die Auflösung der *Standard* betrieb, wurde ein anderes Erdölreich in London und Den Haag geschaffen, das sich sogar mit dem Rockefellers messen konnte. Es entstand im Jahre 1907 durch die Fusion der zwei größten europäischen Gesellschaften, der *Royal Dutch* unter Henri Deterding und der *Shell* unter Marcus Samuel, und erhielt den Namen *Royal Dutch/Shell.*

Ihre Tätigkeit umspannte die Welt, und die neue Gruppe war die internationalste, die je bestanden hatte. Ihr Erdöl stammte von den Feldern in Rußland, Osteuropa und Niederländisch-Ostindien (jetzt Indonesien); das Verkaufsnetz umspannte Europa, Afrika, Asien und Australien; ihre Tankerflotte war größer als die Handelsmarine vieler großer Länder. Die Niederländer waren mit 60 Prozent der Aktien die Hauptteilhaber, und Deterding wurde nach der Fusion die beherrschende Figur der internationalen Erdölindustrie; diese Stellung behielt er bis kurz vor seinem Tod im Jahre 1939.

Mit seiner feurigen und schillernden Persönlichkeit war Henri Deterding der vollkommene Gegensatz der gesetzten und nüchternen von Rembrandt porträtierten Bürger, die als Personifizierung des niederländischen Charakters gelten. Er hätte von einem jener Lebemänner abstammen können, deren üppige Mätressen von Rubens gemalt wurden. Zweifellos teilte er die Begeisterung dieses Künstlers für schöne und sinnliche Frauen. Seine Liebesaffären waren in allen

Hauptstädten Europas bekannt, und er belohnte seine Favoritinnen zuweilen mit einem Ungestüm und einer Großzügigkeit, die sogar seine großen finanziellen Mittel überstiegen. Bei einer denkwürdigen Gelegenheit schenkte er Lydia Pawlowna, der Gemahlin eines weißrussischen Generals, einen Smaragdschmuck von Cartier im Wert von 300.000 Pfund, wobei er feststellen mußte, daß er ihn erst einige Monate später, nach dem Eintreffen seines Direktorengehalts, bezahlen konnte. Glücklicherweise waren die Juweliere bereit zu warten, und bald danach wurde Lydia seine Frau. Die prunkhafte Lebensführung ihres neuen Gemahls mit seinen großen Autos, Landhäusern und Sonderzügen mußte in ihr viele glückliche Erinnerungen an den Zarenhof geweckt haben.

Aber Deterding war kein Playboy. Bis zu seinem Lebensende pflegte er vor dem Frühstück in kaltem Wasser zu schwimmen. Oft hackte er zu diesem Zweck das Eis auf. Einmal hörte man ihn sagen: „Wenn ich Diktator wäre, ließe ich alle Faulenzer erschießen.“[21] Trotz seiner Jagd nach dem Vergnügen konnte er unglaublich schwer arbeiten, und trotz ihrer gewaltigen Größe traf er bis Mitte der dreißiger Jahre in der *Royal-Dutch/Shell*-Gruppe alle bedeutenderen Entscheidungen mehr oder weniger allein. Er war jener Unternehmertyp, der, abgesehen von seinen sinnlichen Vergnügungen, vollkommene Erfüllung in seiner Arbeit fand. „Ich sehe im Erdöl weit mehr eine Erholung als ein Geschäft; ich bin schon so lange dabei, daß es mich unterhält, es ist eine Art Sport, und um das übrige kümmere ich mich nicht viel“, sagte er einmal einem königlich-britischen Untersuchungsausschuß.[22]

War er auch in seinem Charakter nicht typisch holländisch, so doch in seinen Vorstellungen über die Führung eines Unternehmens und die Rolle des Wettbewerbs. Es gibt ein altes niederländisches Sprichwort, das besagt: „Zusammenarbeit verleiht Macht.“ Es entstammt den Erfahrungen der niederländischen Provinzen im 16. Jahrhundert, als sie gegen Spanien, die stärkste Macht Europas, um ihre Unabhängigkeit kämpften. Sie erkannten, daß einer nach dem anderen besiegt werden würde, wenn sie getrennt blieben, und daß ihre einzige Überlebenschance in einer einheitlichen Front gegen den Feind lag. Deterding war überzeugt, daß dasselbe für die Erdölindustrie zutraf, in der die *Standard* die Stelle Spaniens einnahm. Sogar nachdem die Macht der *Standard* gebrochen und die *Shell* eine der mächtigsten Gesellschaften der Welt geworden war, sehnte sich Deterding weiter nach einem System der eingeschränkten Konkurrenz. Im Gegensatz zu Rockefeller wollte er kein persönliches Monopol schaffen oder seine

Konkurrenten eliminieren. Aber er wollte, daß die Erdölindustrie in übersichtlicher und gewinnbringender Weise geführt werde. Er glaubte, daß dies nur durch eine vielfältige Zusammenarbeit aller Gesellschaften erreicht werden könne, wenn man einige Regeln einhielte, die die Handlungsfreiheit einschränkten.

Er verachtete vor allem Preiskriege: „Man kann sie als eine verfeinerte Form der Halsabschneiderei, ein Erdrosselungsmanöver, ein Handgemenge oder mit jedem geeigneten und beliebigen Schimpfnamen bezeichnen."[23] Deterding argumentierte, daß, abgesehen von der Gewinnsenkung, Preiskriege auch die Erdölnachfrage verminderten. Er war der Auffassung, daß die Kunden bei festen Preisen jederzeit einen großen Vorrat halten, während sie in Erwartung einer Preissenkung sowenig wie möglich kaufen würden.

1907 trug er diesen Gedankengang John D. Archbold vor, der von Rockefeller die Leitung der *Standard* übernommen hatte, obwohl Rockefeller weiterhin Vorsitzender des Aufsichtsrates blieb. Archbold erwiderte, daß die *Standard* gerade vom Gegenteil überzeugt und der Auffassung sei, daß Preisschwankungen Verkäufe begünstigen. Da der eigene Erfolg der *Standard* aus rücksichtslosen Preiskriegen und rücksichtsloser Konkurrenz stammte, ist es nicht verwunderlich, daß Deterding sie nicht bekehren konnte. Aber die Unterhaltung hatte später weitreichende Folgen. Es war nämlich auch ein junger Mann mit Namen Walter C. Teagle anwesend, der einige Jahre danach die Leitung der *Standard Oil Co. (N. J.)* übernahm, die die größte der aus der Zerstörung von Rockefellers Werk hervorgegangenen Gesellschaften war. Teagle war von Deterdings Darlegungen sehr beeindruckt, und in den zwanziger und frühen dreißiger Jahren versuchten die beiden Männer, die von Archbold verworfenen Pläne zu realisieren.

Bei dieser Zusammenkunft war Deterding 41 Jahre alt und bereits Chef der neugegründeten *Royal-Dutch/Shell*-Gruppe. Doch war er erst seit elf Jahren in der Erdölindustrie tätig. Als junger Mann wurde er, nachdem er die Schule mit sechzehn Jahren verlassen hatte, zuerst Bankangestellter in Amsterdam; dieses Leben war ihm zu langweilig, und er ging nach Ostindien. Dort wurde er Angestellter der *Niederländischen Handelsgesellschaft*, die sich sowohl mit dem Handel als auch mit dem Bankwesen befaßte, und brachte es schließlich zum Geschäftsführer der Zweigniederlassung in Penang.

Er hätte den Rest seines Lebens im Fernen Osten verbracht, wenn er nicht J. B. Augustus Kessler, den Direktor der *Royal Dutch*, getroffen hätte. Trotz ihres eindrucksvollen Namens[24] war sie nur eine der kleinen Gesellschaften, die entstanden waren, um die Ölvorkommen auf Sumatra auszubeuten. Wie die anderen Gesellschaften litt auch sie unter ständiger Geldknappheit, und Kessler beschwerte sich bei Deterding, daß er, da die Bank kein Erdöl als Garantie für ein Darlehen annehmen wollte, seine Förderung nie so rasch verkaufen konnte, wie er Geld benötigte. Deterding regte an, die Niederländische Handelsgesellschaft als Treuhänder der *Royal Dutch* zu berufen. Als dies gelang, bot Kessler Deterding eine Stellung an, und im Mai 1896 wurde Deterding Verkaufsleiter der *Royal Dutch.* Bald war er unentbehrlich, und als Kessler 1900 starb, wurde Deterding sein Nachfolger.

Damals war die *Royal Dutch* bereits eindeutig die führende niederländische Ölgesellschaft im Fernen Osten, aber ihre Lage schien im Vergleich zu ihren Konkurrenten, *Standard* und *Shell,* immer noch unsicher. Die Arbeitsbedingungen im ostindischen Dschungel waren äußerst schwierig, und es gab einen ständigen Kampf, um genug Geld aus niederländischen Quellen aufzutreiben, um die notwendigen Kapitalinvestitionen für ein mit den Engländern und Amerikanern konkurrenzfähiges Verkaufsnetz durchzuführen.

Die *Royal Dutch* hatte auch mit ihren Ölfeldern Schwierigkeiten. Am Neujahrstag 1898, während einer Feier in Anwesenheit des örtlichen Herrschers, des Sultans von Langkat, anläßlich des Stapellaufes eines neuen, nach ihm benannten Tankers, erhielt die Geschäftsführung die Nachricht, daß ihr wichtigstes Ölfeld Salzwasser statt Erdöl fördere. Kessler brachte es fertig, genügend Petroleum aus Rußland zu kaufen, um das Geschäft in Gang zu halten. Aber das war eine verzweifelte Maßnahme, und wäre man 1899 nicht auf andere Ölvorkommen gestoßen, hätte Deterding sich nach einem anderen Posten umsehen müssen.

Während dieser ersten Zeit fühlte Kessler, daß ein Bündnis mit der *Shell* auf lange Sicht die beste Lösung seiner Probleme sei, und in den neunziger Jahren hatte er einige Besprechungen mit Marcus Samuel. Deterding opponierte ständig gegen diesen Plan. Er wußte, daß die Gesellschaft nach der Vereinigung mit der *Shell* viel stärker sein würde, aber er erkannte auch, daß die Engländer der Seniorpartner wären. Er war daher der Ansicht, die *Royal Dutch* sollte versuchen, ihre Freiheit zu erhalten, bis sie leistungsfähig genug wäre, um über eine Vereinigung aus einer Position der Stärke verhandeln zu können.

Jedem anderen mußte die Vorstellung einer die *Shell* beherrschenden *Royal Dutch* als Größenwahn erscheinen. Während Deterding noch Bankangestellter in Amsterdam war, hatte sich Marcus Samuel bereits als führende Persönlichkeit in fernöstlichen Handelskreisen eingeführt und besaß seit 1893 eine mächtige Position in der internationalen Erdölindustrie.

Marcus Samuel war wie Deterding ein Selfmademan, aber er hatte weiter oben auf der Stufenleiter begonnen. Sein Vater, Marcus Samuel senior, hatte seine Karriere als kleiner jüdischer Kaufmann im East End von London begonnen. Er kaufte von heimkehrenden Matrosen exotischen Trödelkram. Er interessierte sich vor allem für Seemuscheln, und als sie das beliebteste ornamentale Motiv der viktorianischen Epoche wurden und einen Wert wie Halbedelsteine erlangten, konnte er ein kleines Handelsreich mit Verbindungen im ganzen Orient gründen. Der junge Marcus und sein jüngerer Bruder Sam wurden nach ihrem Abgang von der Schule auf eine Reise in diese Gebiete geschickt, und 1878 gründeten sie eine eigene Handelsgesellschaft.

Das am raschesten wachsende Absatzgebiet war Japan, wo das Europäisierungsprogramm des Kaisers Meiji eine unersättliche Nachfrage nach Manufakturwaren jeder Art schuf. Während Marcus in London blieb, gründete Sam eine Niederlassung in Yokohama, und innerhalb von zehn Jahren war aus ihrer Handelsgesellschaft eines der führenden ausländischen Unternehmen in Japan geworden. Sie versorgte das Land mit Maschinen und importierte wiederum Muscheln, Porzellan, Lackarbeiten und Schnitzereien nach Europa. Sie exportierte auch japanische Kohle überall nach Asien und erweiterte allmählich ihr Programm durch die Aufnahme verschiedener anderer fernöstlicher Waren wie Tee, Reis und Jute.

Die Brüder Samuel führten ihre Geschäfte mittels eines Agentennetzes in den Haupthandelszentren, und statt selbst Reeder zu sein, charterten sie Schiffe durch eine Londoner Maklerfirma namens *Lane and MacAndrew.* Einer der Gesellschafter war Fred Lane, der auch der Londoner Agent für das Ölgeschäft der Pariser Rothschild war. Er suchte auch nach einer Verkaufsmöglichkeit für ihr russisches Petroleum im Fernen Osten, und irgendwann zwischen 1885 und 1888 machte er Marcus Samuel den Vorschlag, Petroleum in sein Verkaufsprogramm aufzunehmen.

Die Märkte im Fernen Osten wurden damals von der *Standard* beherrscht. Jeder, der neu hinzukam und in dieses Gebiet einzudringen versuchte, wäre ein leichtes Opfer der gezielten Preissenkungen geworden, durch die die *Standard* ihre Vorrangstellung in den Vereinigten Staaten hielt. Nur eine Gesellschaft, die imstande war, gleichzeitig auf jedem Markt Fuß zu fassen, hatte Überlebenschancen. Lane führte aus, daß die Samuel dies durch ihr Agentennetz erreichen könnten, aber Marcus Samuel war skeptisch. Petroleum konnte wegen seiner Feuergefährlichkeit nur in Kanistern durch den Suezkanal verschifft werden, und es wurde auf Segelschiffen in der Art der großen Teefrachter transportiert. Das aus Wales stammende Dosenblech und das Holz für die Kanisterkisten waren sehr teuer, und Samuel fragte sich, ob es möglich wäre, dem Preis der *Standard* standzuhalten. 1890 war sein Interesse dennoch soweit geweckt, daß er Lane auf einer Reise zur russischen Erdölindustrie begleitete.

Im Schwarzmeerhafen Batum, von wo das russische Erdöl exportiert wurde, fand Samuel die Lösung seines Problems. Die Russen waren die ersten, die seetüchtige Tanker konstruierten, welche Öl in großen Mengen transportieren konnten. Diese Tanker waren recht unsicher und flogen oft in die Luft, aber Samuel erkannte, daß die Tanker den Fernosthandel vollkommen revolutionieren könnten. Wenn es gelänge, Tanker zu bauen, die den Sicherheitsbestimmungen der Suezkanalgesellschaft entsprachen, könnten sie Petroleum durch den Kanal transportieren und, nach Reinigung der Tanks, mit Reis, Tee oder anderen Frachten nach Europa zurückkehren. Unter diesen Umständen könnten seine Agenten die Amerikaner leicht unterbieten.

Die Samuel verglichen immer gerne ihre neuen Ideen miteinander, und als Marcus nach London zurückgekehrt war, wurde Sam ausgesandt, um die Annahmen seines Bruders zu überprüfen. Als auch er mit einem günstigen Bericht zurückkehrte, begannen sie ihren Coup zu planen. Das wichtigste war der Entwurf eines entsprechenden Tankers. Diese Aufgabe wurde Fortescue Flannery, einem der führenden Schiffbauingenieure seiner Zeit, übertragen, und im August 1891 erteilten die Kanalbehörden seinem Plan ihren Segen. Mit dieser Garantie waren die Rothschild zur Unterzeichnung eines Vertrags auf neun Jahre bereit, man bestellte eine Flotte, und zwei junge Neffen der Samuel, Mark und Joe Abrahams, wurden nach dem Osten gesandt, um die Lagereinrichtungen zu bauen, an denen die Tanker ihre Fracht löschen sollten. Für diese verantwortungsvolle Aufgabe, von der der Erfolg des gesamten Unternehmens abhing, erhielten sie wöchentlich nur fünf Pfund, ein sogar für die Begriffe jener Zeit bescheidenes Gehalt.[25]

Während die Vorbereitungen fortschritten, sickerten Gerüchte über das, was im Gange war, durch. Die *Standard,* die walisischen Kanisterblecherzeuger und die Reeder erhoben im Parlament und in der Presse ein Geschrei. Man versuchte, die britische Regierung und die Kanalbehörden zu einem Veto zu veranlassen. Und eine Zeitlang sah es aus, als ob das Unternehmen mißlingen würde. Aber Samuel setzte den Bau seiner Tanker fort, und 1892 war die Gefahr vorbei; der Kanal brauchte eine zusätzliche Einnahmequelle, und die britische Regierung sah keinen Grund einzugreifen. Im nächsten Monat lief das erste 4000-Tonnen-Tankschiff, die „Murex", von der Werft in West-Hartlepool nach dem Schwarzen Meer aus. Am 24. August passierte sie den Suezkanal, und einige Wochen danach löschte sie ihre Ladung in den neuen Anlagen Mark Abrahams' in Singapur und Bangkok.

Die Kostenvoranschläge der Samuel erwiesen sich als richtig. Das Petroleum kam um die Hälfte billiger als das der *Standard*. Man hatte erwartet, daß die Nachfrage unersättlich sein würde, aber trotz seines niedrigen Preises schien es niemand haben zu wollen. Man hatte einen wichtigen Umstand übersehen. In Europa waren die Käufer gewohnt, ihre eigenen Behälter mitzubringen, in denen sie sich das Petroleum holten, und die Samuel hatten von den Asiaten das gleiche erwartet. Aber in Asien spielten die verbeulten alten Kanister, in denen das Petroleum der *Standard* aus den Vereinigten Staaten verkauft wurde, eine große Rolle im Leben der Einheimischen: Man konnte daraus Häuser bauen oder sie zu Schüsseln, Tellern und Eimern umformen und sie für endlose Zeiten für häusliche Verrichtungen benützen. Vielen Leuten waren die Kanister kostbarer als ihr Inhalt, und ohne sie konnte Petroleum nicht verkauft werden. So verlor man noch einige Monate, bis Behälterfabriken neben den Lagerdepots fertiggestellt waren.

Von Anfang an war vor allem Marcus Samuel für das Ölunternehmen verantwortlich, während Sam sich mit anderen Bereichen ihrer Geschäfte befaßte. Es ist immer noch ungeklärt, wie er den für den Coup notwendigen Kredit aufgenommen hatte. Ende 1893 liefen elf Tanker vom Stapel, und ihre Gesamtkosten müssen hoch gewesen sein. Er brauchte jedoch kein Arbeitskapital. Wenn er die Öllieferung der Rothschild übernahm, legten sie eine Rechnung mit einem Ziel von drei oder vier Monaten vor; bis dahin war das Petroleum verkauft, und das Geld wurde telegraphisch nach Paris überwiesen.

Die Tanker waren der einzige Teil des Unternehmens, den Samuel eigentlich selbst besaß. Für das übrige betrieb er ein Syndikat, *Tank-Syndicate* genannt, im Verein mit seinen Agenten in den Häfen des Fernen Ostens; alle Transaktionen, sowohl der Transport des Petroleums auf der Hinfahrt als auch die Frachten für die Rückreise, wurden auf gemeinsame Rechnung aller Mitglieder durchgeführt. Auf diese Weise wurde die *Standard* daran gehindert, sie einzeln durch selektive Preissenkungen oder Übernahme anzugreifen. Erst 1897 gründete Samuel die *Shell Transport and Trading Company*, um den gesamten Betrieb zu übernehmen, und die Mitglieder des Syndikats wurden die ersten Aktionäre. Die Wahl des Namens war naheliegend. Zum Andenken an die Grundlage des Reichtums seiner Familie hatte Samuel bereits allen seinen Schiffen die Namen verschiedener Muscheln gegeben, und sein Petroleum wurde unter dem Namen *Shell* verkauft.

Nach seinem dramatischen Eintritt in die internationale Erdölindustrie wuchsen die Verkaufsziffern Samuels rasch. Um 1895 war er stark genug, um ein Angebot der *Standard* abzulehnen, obwohl er wußte, daß dies einen Preiskrieg mit den Amerikanern bedeutete. Der Versuch mißlang, und um die Jahrhundertwende war die *Shell* bereits ein äußerst erfolgreiches Unternehmen. Bei der Hauptversammlung am 21. Juni 1900 verkündete Samuel, daß die Gewinne im vergangenen Jahr um 60 Prozent auf 369.475 Pfund gestiegen wären und daß die 100-Pfund-Aktien der Gesellschaft mit 300 Pfund notierten. Obwohl der Petroleumhandel im Fernen Osten noch immer die weitaus wichtigste Einkommensquelle war, begann die Gesellschaft, sich eine Position auf dem neuen Markt aufzubauen, der sich für Heizöle und Schiffe und Lokomotiven entwickelte. Sie hatte gerade einen wichtigen Vertrag mit der mächtigen deutschen Hamburg-Amerika-Linie geschlossen, und es wurden Schritte unternommen, um eine Kette von Bunkerstationen in Häfen an den wichtigsten Seewegen zu errichten.

Als Samuel den Aktionären mitteilte, daß er den Tag kommen sehe, an dem die Aktienkurse 500 oder sogar 1000 Pfund erreichen würden, löste er nur Heiterkeit aus, aber der Optimismus schien seinen guten Grund zu haben. Dennoch — als Deterding einige Monate später von Kessler die Direktion der *Royal Dutch* übernahm, war er kein bloßer Phantast, wenn er erwartete, die britische Gesellschaft zu beherrschen. Für den, der hinter die eindrucksvolle äußere Fassade blicken konnte, war die *Shell* bedeutend schwächer als es den Anschein hatte.

Der wichtigste Faktor war Samuels Charakter. Im Gegensatz zu Rockefeller war er kein Mann, der sich ausschließlich für das Geschäft aufopferte und bereit war, sein Leben dem Wachstum seiner Gesellschaft zu widmen. Sein größter Ehrgeiz war es, eine Stellung und Aufnahme in jenen Kreisen zu erreichen, aus denen seine Familie immer ausgeschlossen gewesen war. Er wollte die Samuel aus dem

East End herausführen und eine Dynastie von Landedelleuten in der klassischen englischen Tradition gründen. Sobald seine Ölgeschäfte Erfolg hatten, kaufte er ein großes Landhaus — The Mote bei Maidstone —, schickte seinen Sohn nach Eton und wurde Stadtrat. Seither nahmen die Angelegenheiten des öffentlichen Dienstes und der städtischen Verwaltung immer mehr von seiner Zeit in Anspruch, und er begann das Erdöl nur noch als ein Mittel anzusehen, durch das er das zur Erfüllung seines gesellschaftlichen Ehrgeizes notwendige Geld erlangen konnte.

Die Folge war, daß er nicht die Energie besaß, seinen anfänglichen Plan konsequent durchzuführen und eine eigene Organisation aufzubauen. Die *Shell* wurde auf unglaublich dilettantische Weise geführt; sie hatte nicht einmal einen eigenen Angestelltenstab, sondern wurde mehr oder weniger als eine Abteilung der ursprünglichen Handelsgesellschaft *M. Samuel and Co.* betrieben. Die Auswirkungen dieser Schwäche in der Firmenzentrale kamen in der weltweiten Strategie der *Shell* zum Ausdruck. Während der neunziger Jahre blieb sie trotz ihrer wachsenden Gewinne in ihrer Versorgung beinahe vollkommen von ihrem Vertrag mit den Rothschild abhängig.

Samuel unternahm nun einen zögernden Versuch, eigene Ölvorkommen in Holländisch-Ostindien zu erschließen. Die nachlässige Weise, in der diese Unternehmung aufgezogen wurde, war für die gesamte Haltung der Gesellschaft symptomatisch. Der unerfahrene Mark Abrahams wurde nach Kutei auf Borneo gesandt, um die Leitung zu übernehmen, nachdem er sich nur zwei Wochen auf den russischen Ölfeldern umgesehen hatte. Als er 1897 dennoch Erdöl fand, waren alle von London gesandten Ausrüstungen für die Verarbeitung russischen Öls ausgelegt. Man hatte den andersartigen Eigenschaften des Erdöls in Kutei keine Rechnung getragen, so daß Abrahams die Raffinerie nur unter größten Schwierigkeiten in Betrieb nehmen konnte. Dabei stellte man fest, daß sich dieses Erdöl nicht zur Petroleumgewinnung eignete.[26] Samuel blieb wie zuvor von Rothschild abhängig, und 1899 stand es fest, daß er seinen Vertrag verlängern mußte.

Um seine Schwäche zu verschleiern, entschloß er sich, seine Stärke zur Schau zu stellen, bestellte soviel Petroleum wie möglich von anderen russischen Gesellschaften und versprach Käufern in aller Welt große Lieferungen. Bei Ausbruch des Burenkrieges gab es einen Boom auf dem Petroleummarkt, und es schien, als ob das Spiel Erfolg haben würde.

Im Oktober 1900 wurde der Vertrag mit Rothschild ordnungsgemäß verlängert, dann aber platzte die Seifenblase. Der Boxeraufstand und die Belagerung von Peking hatten den Zusammenbruch des chinesischen Marktes zur Folge, für den die *Shell* große Lagerbestände angelegt hatte. Außerdem zwang die schlechte Konjunktur in Rußland die dortigen Raffinerien, ihren Export zu steigern. Als der Überschuß stieg, sanken überall die Preise, und die *Shell* mußte ihre teuer eingekauften Bestände mit Verlust abstoßen.

Samuels Lage wäre hoffnungslos gewesen, hätte man nicht im Januar 1901 das große Ölfeld Spindletop in Texas entdeckt. Sobald er die Neuigkeit erfuhr, verhandelte er mit den Ölförderern und bereitete einen anderen Coup vor, der die *Shell* in Europa ebenso mächtig wie im Fernen Osten machen sollte. Ein Vertrag, der eine Mindestlieferung von 10.000 Tonnen jährlich vorsah, wurde mit der Gesellschaft der Mellon unterzeichnet, und Fortescue Flannery bekam den Auftrag, vier neue 10.000-Tonnen-Tanker zum Transport des Erdöls über den Atlantik zu entwerfen. Samuel hoffte, die britische Kriegsmarine davon überzeugen zu können, texanisches Heizöl als Treibstoff zu verwenden, während er in Deutschland einen großen Importeur auftrieb und mit der Deutschen Bank eine Partnerschaft einging. Die *Shell* schien stärker denn je, und die *Standard* erneuerte ihr Angebot zur Übernahme. Im Dezember 1901 schlug sie nach monatelangem Feilschen einen Preis von 8 Millionen Pfund (400 Millionen DM in heutigem Geld) unter der Bedingung vor, daß sie vollkommene Kontrolle bekäme. Obwohl das mehr als das Doppelte des in die *Shell* investierten Kapitals war, lehnte Samuel ab. Er wollte seine Schöpfung nicht nur zu einem weiteren Zahnrad in der großen amerikanischen Maschinerie werden lassen.

Er war jedoch bereit, viel von seinen Verantwortungen abzutreten, falls die *Shell* ihre Unabhängigkeit in Verbindung mit einem passenden Partner behalten könnte. Er erkannte, daß die Erdölindustrie zu umfassend geworden war, um als Zweig einer Handelsgesellschaft geführt zu werden, und er wollte mehr Zeit, um sich auf das öffentliche Leben konzentrieren zu können. Im nächsten November sollte er Oberbürgermeister von London werden; bis dahin hatte kein Jude dieses Amt innegehabt, und das bedeutete die Erfüllung seines gesellschaftlichen Ehrgeizes.

Deterding sah seine Chance. Er hatte die Werbung zwischen *Shell* und *Standard* mit zunehmender Sorge beobachtet. Falls es zu einer Verbindung gekommen wäre, dann wäre diese stark genug gewesen, jeden Konkurrenten im Fernen Osten auszuschalten, und die Pläne der *Royal Dutch* in Europa wären vereitelt worden. Die einzige sichere Art zur Beseitigung der Gefahr war eine Partnerschaft mit der *Shell*, und obwohl die *Royal Dutch* noch immer kleiner war als die englische Gesellschaft, war Deterding überzeugt, daß sein Unternehmen eine Position erreicht hatte, in der es sich behaupten konnte. Statt an Samuel direkt heranzutreten, war Deterding klug genug, die Dienste Fred Lanes als Vermittler in Anspruch zu nehmen. Sie machten Samuel schon vor Beendigung der Verhandlungen mit der *Standard* Vorschläge, und das Bewußtsein, die *Royal Dutch* in Reserve zu haben, mag einen Einfluß auf Samuels Ablehnung des amerikanischen Angebots gehabt haben.

Es wurde bald klar, daß die *Shell* und die *Royal Dutch*, wenn sie keine vollständige Fusion beabsichtigten, eine gemeinsame Verarbeitungs- und Vertriebsgesellschaft zur Fortführung des beiderseitigen Petroleumgeschäftes gründen mußten. Das gab Anlaß zur Schlüsselfrage, wer der Direktor sein sollte, da derjenige, der diese Stellung innehatte, offensichtlich eine entscheidende Rolle bei den Geschäften beider Partner spielen würde.

Diese Frage wurde erstaunlich leicht gelöst, als Deterding und Samuel im April 1902 zum zweitenmal zusammentrafen. Obwohl der sechsunddreißigjährige Holländer dreizehn Jahre jünger war und nur einen Bruchteil Samuels geschäftlicher Erfahrung besaß, war dieser einverstanden, daß Deterding die Leitung übernehmen sollte. Samuel begann gerade seine Einführung als Oberbürgermeister im November zu planen, und er erkannte, daß er es mit einem professionellen Geschäftsmann zu tun hatte, „dessen Ziel es war, Geld zu verdienen“,[27] und der seine ganze beachtliche Energie in den Dienst des neuen Unternehmens stellen würde.

Sein Urteil über Deterdings Charakter war selbstverständlich richtig, doch übersah er den Umstand, daß die Interessen der *Shell* und der *Royal Dutch* durchaus nicht immer gleich sein würden. In erster Linie war ihre Partnerschaft nur in Asien und Afrika vorgesehen; in Europa, wo Samuel mit seinem texanischen Öl einen großen Anteil des Marktes für sich zu gewinnen hoffte, sollten beide Unternehmen nach wie vor im Wettbewerb stehen. Zweitens gab es auch innerhalb des Vertragsgebietes noch genug Gelegenheiten, wo der Direktor der gemeinsamen Unternehmung zwischen den Interessen der beiden Stammfirmen die Wahl zu treffen hatte: während die *Royal Dutch* über große Ölvorkommen verfügte, war sie in Vertrieb und Transport relativ schwach; bei der *Shell* verhielt es sich umgekehrt. Unter diesen Umständen hätte der Posten an einen Neutralen vergeben werden müssen, dem beide Seiten trauen konnten.

Im Hinblick auf Deterdings enge Verbindung zu Lane ist es nicht erstaunlich, daß man auch die Rothschild zur Teilnahme an der Gruppe einlud, um ihre Basis zu vergrößern. Am 27. Juni kamen die drei Partner überein, eine britische Gesellschaft mit Namen *Asiatic Petroleum Company* zu gründen, die eine Kontrolle über die Stammfirmen ausüben und alle ihre Raffinerien und Einrichtungen im Osten pachten sollte. Die Gesellschaft wurde jedoch nicht wirklich gegründet. Deterding begann indessen sofort zu handeln, als ob sie gegründet worden wäre, und das gesamte Geschäft in seinem Namen durchzuführen. Samuel akzeptierte diese befremdliche Situation und stellte ihm bei einer britischen Bank einen großen Kredit zur Verfügung, bevor er auf das Land ging und eine Zeitlang das Erdöl vergaß, um einen Bericht über den Zustand der Docks für den Londoner Hafenausschuß vorzubereiten. Der Holländer ergriff mit beiden Händen die Gelegenheit, eröffnete in der Billiter Street neben der englischen Tochtergesellschaft der *Standard*, der *Anglo-American Petroleum CO. Ltd.*, sein Büro und ging ans Werk.

Bereits während der Verhandlungen über das Asienübereinkommen hatte sich das Kräfteverhältnis zugunsten der *Royal Dutch* verändert. Am Tag bevor er der Zulassung der Rothschild zustimmte, fuhr Samuel nach Portsmouth, um zuzusehen, wie die „Hannibal" die Treibstofftests der britischen Marine durchführte. Der Treibstoff wurde von der *Shell* mit der Garantie, daß er neben vielen anderen Vorzügen auch rauchlos sei, geliefert. Samuel war überzeugt davon, daß er sich auf jeden Fall der Kohle überlegen zeigen werde und daß die *Shell* zum offiziellen Lieferanten der Marine werden würde. Aber es kam zu einem Debakel. Das Schiff war mit falschen Brennerdüsen ausgestattet worden, und sobald seine Maschinen zu arbeiten begannen, war es in dichte Rauch- und Rußwolken gehüllt. In den Augen der Admiralität war das Öl durchgefallen, und Samuels Hoffnungen, den größten sicheren Markt in der Welt zu erobern, schwanden.

Während er sich im August auf dem Land befand, traf die Nachricht von einem weitaus größeren Übel ein: Spindletop hatte seine Förderung eingestellt. Nach wenigen Monaten brach die Versorgung der *Shell* aus Texas vollkommen ab und hinterließ die Gesellschaft mit großen Lieferverträgen, zu deren Erfüllung sie keine Ware besaß. Es gab keine Arbeit mehr für die 10.000-Tonnen-Tanker, den Stolz ihrer Flotte, und diese mußten zu Viehtransportern umgebaut werden, bevor sie wieder Verwendung finden konnten.

Samuel konzentrierte sich jedoch noch immer auf Kosten seiner geschäftlichen Verantwortungen auf öffentliche Angelegenheiten. Als im November die Rothschild und Nobel Spitzenvertreter nach London schickten, um einen Vorschlag zum gemeinsamen Absatz des galizischen Erdöls zu machen, das die durch den Ausfall von Spindletop entstandene Lücke füllen konnte, war er viel zu beschäftigt, um sie zu empfangen. Man ließ die Abgesandten sechs Tage lang warten, während Samuel endlose Bankette, Reden und Umkleidungen absolvierte, mit denen Oberbürgermeister ihre Zeit verbringen, und die Gelegenheit war verpaßt. Die *Shell* kaufte weiterhin teures russisches und fernöstliches Petroleum, um ihren europäischen Verpflichtungen nachkommen zu können, und drei Jahre später zahlte sie den Preis für die Sorglosigkeit Samuels. Sie wurde zu einem erniedrigenden Rückzug von den Kontinentalmärkten gezwungen und mußte sechs ihrer besten Tanker an die Deutsche Bank als Preis für ihr Ausscheiden aus dem Partnerschaftsvertrag verkaufen.

Indessen wurde die *Royal Dutch* in Asien immer stärker, da Deterding die kleineren niederländischen Gesellschaften aufkaufte und die übrigen zu einer Vereinigung unter seiner Führung zusammenschloß. Mit reichen billigen Rohölvorkommen war er imstande, in dem Maß in Europa Fuß zu fassen, in dem die *Shell* an Terrain verlor, und bei den internen Transaktionen der *Asiatic* bevorzugte er immer seine eigene Gesellschaft. Eine Zeitlang erwog Samuel einen Schiedsspruch, und es wurde sogar ein Schiedsrichter bestimmt, bevor er nachgab. Aber trotz dieser Mißstände war er eher damit einverstanden, der *Asiatic* einen gemeinschaftlichen Status zu geben, als die Partnerschaft zu beenden, damit *Shell* allein weiterarbeiten könne.

Obwohl er die *Shell* beherrschen wollte, hatte Deterding keineswegs den Wunsch, sie zu vernichten. Die Partnerschaft war für ihn die einzige Möglichkeit, unter dem Union Jack zu arbeiten und zu gleichen Bedingungen wie eine britische Gesellschaft einen Zugang zu den Geldquellen der Londoner City zu gewinnen. Die Niederlande waren zu jenem Zeitpunkt für seinen Ehrgeiz bereits zu klein. Nur das britische Reich auf dem Höhepunkt seiner Macht konnte für ihn eine entsprechende Operationsbasis abgeben. Darum wollte er die *Shell* durchaus nicht zerstört wissen, sondern wollte sie nur bis auf den Punkt zurückdrängen, wo sie eine totale Fusion zu seinen Bedingungen anstreben würde.

Ende 1905 war die *Shell* in einer verzweifelten Lage. Ihre einzigen Überlebenshoffnungen bestanden in neuen Ölvorkommen und Märkten außerhalb der *Asiatic*, die sie in die Lage versetzen sollten, mit der *Royal Dutch* auf gleichem Fuß zu verhandeln. Samuel wandte sich an die britische Regierung um Hilfe und bat um Konzessionen in Burma, wo es kleine Ölfelder gab, die von der *Burmah Oil Company*[28] ausgebeutet wurden, und um neuerliche Gelegenheit, einen Vertrag für Treibstofflieferungen von der Admiralität zu erhalten. Die Regierung lehnte jede Hilfe ab, da beides nur britischen Gesellschaften vorbehalten wäre; die *Shell* mit ihren Verträgen und anderen Interessen in Holländisch-Ostindien war nicht britisch genug.

Die letzten Aktivposten der Gesellschaft waren nun jene innerhalb der *Asiatic;* so wandte sich Samuel mit dem Vorschlag der Fusionierung der beiden Gesellschaften an Deterding. Er schlug eine Fifty-fifty-Teilhaberschaft vor, „damit keine Partei einen Vorteil gegenüber der anderen habe".[29] Deterding war damit nicht einverstanden; er kannte die Schwäche der *Shell* besser als sonst jemand, und er schlug ein 60 : 40-Übereinkommen zugunsten seiner Gesellschaft vor. Samuel suchte einige Monate nach einer Alternativlösung, da sich aber keine bot, mußte er im April 1906 die Bedingungen Deterdings akzeptieren. Um sich von seiner Enttäuschung zu erholen, ging er mit seiner neuen Jacht, der „Lady Torfrida", auf eine viermonatige Kreuzfahrt und ließ Deterding freie Hand bei der Durchführung der Fusion. Mitte 1907 waren alle gesetzlichen Formalitäten erfüllt, und die *Royal-Dutch/Shell*-Gruppe wurde offiziell mit Zwillingsdirektionen in London und Den Haag geschaffen.

Die *Royal Dutch* und die *Shell* wurden als Holdinggesellschaften neu gegründet, die alle Anteile, Gewinne und Kosten auf einer 60 : 40-Grundlage teilten. Im gemeinsamen Direktionsausschuß erhielten die Holländer selbstverständlich eine gesicherte Majorität, aber da sich Deterding nicht um Angelegenheiten des Nationalstolzes kümmerte und London das Geschäftszentrum der Welt war, richtete er dort seinen Sitz ein, und weil er den Firmennamen der *Shell* jenem der *Royal Dutch* vorzog, wurde dieser für alle Erzeugnisse der Firma genommen. So kam es, daß man die Gruppe bald für eine rein englische Firma hielt.

Die Fusion wurde in dem für die Ölindustrie entscheidenden Augenblick durchgeführt, als sich der Automobilmarkt kräftig zu entwickeln begann. 1909 betrug der Benzinverbrauch in Großbritannien 160 Millionen Liter jährlich, und 1912 gab es über eine Million Kraftwagen auf den Straßen der Vereinigten Staaten. Seit 1860 hatte die Ölindustrie keiner so vielversprechenden Zukunft mit so vielen Expansionsmöglichkeiten entgegengesehen.

Deterding machte sich daran, sie alle wahrzunehmen. Für den zunehmenden europäischen Bedarf erschloß er neue Felder in Rumänien, und als sich die Rothschild 1913 zum Verkauf ihrer russischen Interessen entschlossen, erwarb er auch diese. Doch er wollte seine Aktivitäten nicht nur auf die östliche Hemisphäre beschränken; wohin er sich auch wandte, immer befand er sich in Konkurrenz mit amerikanischen Gesellschaften. Er beschloß, sie in ihrem eigenen Gebiet herauszufordern: 1912 begann er mit dem Verkauf nach Amerika, und zwei Jahre später erwarb er dort auch Ölfelder.

Die Bedeutung dieses Schrittes blieb den amerikanischen Gesellschaften nicht verborgen, aber sie erkannten nicht, daß die *Shell* in ihrer neuen Form ein vollkommen neues Phänomen in der Erdölindustrie darstellte. Die *Standard* hatte ihre Kraft durch die gewaltigen amerikanischen Ölreserven erhalten, die in jeden Teil der Welt versandt werden konnten. Rockefeller hatte niemals die Notwendigkeit der Suche nach neuen Ölquellen in Übersee empfunden, und er konnte immer mit einem kleineren Konkurrenten fertig werden, indem er den Markt überschwemmte und gezielte Preissenkungen vornahm. Im Gegensatz dazu hatte die *Shell* keine starke Versorgungsbasis in ihrer Heimat. Deterdings Politik bestand darin, immer Ölquellen in größtmöglicher Nähe seiner Märkte zu erwerben. Dadurch war er imstande, die Transportkosten niedrig zu halten und eine Kette von Ölfeldern in der ganzen Welt zu erschließen, die ihm auf lange Sicht mehr Bewegungsfreiheit als seinen amerikanischen Konkurrenten verliehen.

Mit seinen kurz zuvor in den Vereinigten Staaten vorgenommenen Investitionen war es nur natürlich, daß Deterding seine Aufmerksamkeit Mexiko zuwandte, wo bald nach Texas und Oklahoma Erdöl gefunden worden war. Sowohl der englische Ingenieur Sir Weetman Pearson (später der erste Lord Cowdray) als auch der amerikanische Geologe Edward L. Doheny besaßen so ertragreiche Ölvorkommen, daß ihre Felder „Golden Lane“[30] genannt wurden. 1914 fand die *Shell* ebenfalls einen solchen „Springer“. Deterdings wichtigste Vorkriegsentscheidung auf lange Sicht war indessen der Erwerb der Ölkonzessionen in Venezuela um eine Million Dollar von einer kleinen amerikanischen Gesellschaft namens *General Asphalt*. Venezuela ist jetzt das größte Ölausfuhrland der Welt; als Rußland die *Shell* und die anderen westlichen Gesellschaften nach der kommunistischen Revolution enteignete, retteten die venezolanischen Erdölfelder Europa vor der vollkommenen Abhängigkeit von den USA, und in jüngster Zeit bildeten sie ein Gegengewicht zum Nahen Osten.

5. Kapitel
Gulbenkians Traum

Rückblickend scheint es verwunderlich, daß Samuel auf seiner Suche nach Wegen, sich von seiner Abhängigkeit von den Rothschild und der *Asiatic* zu befreien, nicht die Möglichkeiten des Nahen Ostens auskundschaftete. Bereits 1871 hatte eine Gruppe deutscher Geologen die Gebiete von Bagdad und Mosul in Mesopotamien (dem heutigen Irak) besucht und begeisterte Berichte von den durch den lokalen Herrscher oder Wali, Midhat Pascha, betriebenen Teerkuhlen mitgebracht. In Persien schienen die Schürfungen ebenso aussichtsreich, und 1872 erwarb Baron Julius de Reuter, der Gründer der Nachrichtenagentur, dort eine Erdölkonzession.

Beide Gebiete waren jedoch wild und schwierig, und ihre Regierungen waren nicht danach, um die für die Ölerschließung notwendige große Kapitalinvestition anzulocken. Die Gebiete standen unter der Herrschaft des türkischen Sultans in Stambul, während Persien ein unabhängiges Reich mit dem Sitz des Schah in Teheran war. Die türkische Regierung war korrupt, willkürlich und erpresserisch, und der Schah war so schwach, daß seine Erlasse außerhalb der Hauptstadt kaum zur Kenntnis genommen wurden.

Schließlich übernahmen die Deutschen die Initiative. Eines der Hauptziele der deutschen Außenpolitik im ausgehenden 19. Jahrhundert war der Bau einer Bahnlinie von Berlin nach Bagdad, und 1888 erwarb die Ottomanische Eisenbahngesellschaft, die von der Deutschen Bank kontrolliert wurde, zu diesem Zweck Konzessionen in Anatolien und Mesopotamien. Die Bedingungen schlossen alle Schürfrechte 20 Kilometer beiderseits der projektierten Trasse ein, und die Bank war an diesen bald ebenso interessiert wie an der Eisenbahn selbst. Es gab eine Unmenge von Ölaustritten und anderen Anzeichen an der Erdoberfläche, die auf das Vorhandensein von Erdölvorkommen schließen ließen, und dieser Anschein wurde durch historische Berichte bestätigt. Nahe der am Euphrat gelegenen Stadt Hit war 5000 Jahre lang eine Bitumenquelle bekannt, und Herodot schrieb, daß es zum Bau der Mauern von Babylon verwendet worden war. Auch das Pech, mit dem Noahs Arche abgedichtet wurde, kann Öl gewesen sein, und die Genesis erwähnt „Erdharz", das als Mörtel beim Turmbau von Babel verwendet wurde.

DER NAHE OSTEN 1914

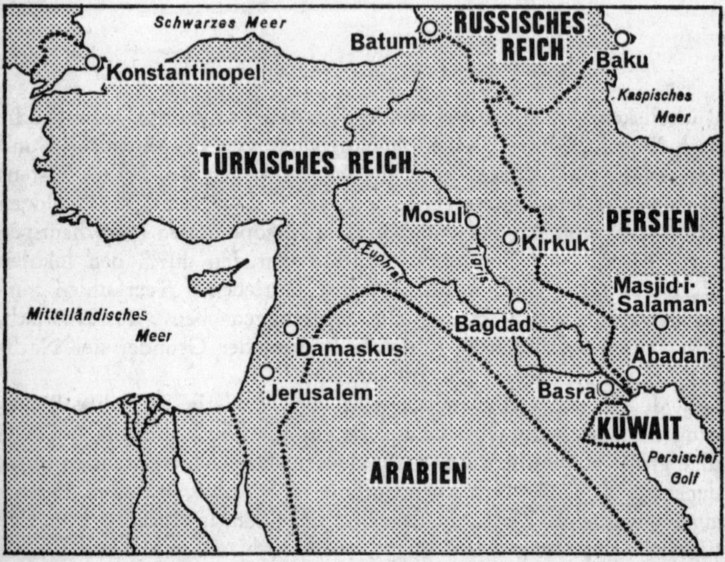

Das Interesse der Deutschen am Erdöl weckte das Mißtrauen der türkischen Regierung. Hagop Pascha, der Finanzminister und Bewahrer der Privatschatulle des Sultans, und Selim Effendi, der Bergbauminister, beschlossen, den Ursachen all dieser Aufregungen nachzuspüren. Wenn irgend etwas Wertvolles im Reich gefunden werden konnte, dann sollte es ihrer Auffassung nach dem Sultan und nicht einem ausländischen Konzessionär gehören. Aber es gab niemand in der Regierung, der genügend technische Kenntnisse besaß, um ein klares Urteil zu fällen, und einem Fremden wollte man nicht vertrauen. Deshalb holte man Rat bei dem einundzwanzigjährigen Caloust Sarkis Gulbenkian, dem Sohn eines angesehenen Geschäftsmannes in Konstantinopel.

Gulbenkian war eine Art Wunderkind. Trotz seiner Jugend kannte er bereits die Welt außerhalb der Türkei sehr gut und hatte sich einen Ruf als internationaler Erdölfachmann erworben. Mit nur sechzehneinhalb Jahren war er im King's College in London als Student aufgenommen worden und schloß mit neunzehn seine Studien mit Auszeichnung als Ingenieur mit einer Diplomarbeit über Bergbau, vor allem über Mineralöle, ab. Bevor er sich wieder in Konstantinopel niederließ, besuchte er die russische Erdölindustrie und schrieb eine Artikelserie über seine Erfahrungen in der *Revue des Deux Mondes,* einer der bedeutendsten Zeitschriften von Paris.

Er behandelte die Anfrage der Minister mit lässigem Selbstvertrauen. Er schrieb in seinen Memoiren: „Hagop Pascha und Selim Effendi forderten von mir, alle Informationen zu sammeln, die ich über die Erdölschürfungen in Mesopotamien erhalten könnte ... Ich arbeitete einen umfassenden Bericht aus, der nichts anderes war als eine Sammlung von verschiedenen Reiseberichten, vor allem der Berichte des Obersten Chesney über seine ostindischen Missionen, und insbesondere von Berichten, die ich von verschiedenen Ingenieuren der Anatolischen Eisenbahn, die in Mesopotamien gewesen waren, gehört hatte." Dennoch war Hagop Pascha beeindruckt, und die Provinzgouverneure wurden angewiesen, offizielle Zertifikate, *Tapus* genannt, auszustellen, die das Land ohne Zahlung der Zivilliste des Sultans übertrugen. Die Deutschen fanden ihre Rechte übergangen und konnten nichts weiter tun, als eine Zusicherung zu verlangen, daß sie den Vorrang vor anderen Ausländern hätten.

Kennzeichnenderweise tat Sultan Abdul Hamid nichts, um seine neugefundenen Reichtümer auszubeuten; die Anstrengungen der Enteignung hatten die Energien seiner zerfallenden Verwaltung erschöpft. Wenn Hagop Pascha dieselbe Tatkraft, die er bei der Übernahme der Gebiete entfaltet hatte, auch zu deren Erschließung aufgewendet hätte, dann wäre die Geschichte des Nahen Ostens im 20. Jahrhundert anders verlaufen. Das türkische Reich wäre dann vor dem Ersten Weltkrieg stark genug gewesen, um nicht auf das Bündnis mit Deutschland angewiesen zu sein. Wenn es neutral geblieben wäre, hätten die Engländer nach 1914 nicht den Aufstand der Araber unterstützt, und wenn es dennoch einen gegeben hätte, wären die Türken wahrscheinlich reich und stark genug gewesen, um ihn niederzuschlagen.

Gulbenkian erhielt keinen Lohn für seine Bemühungen: „Mein Junge, du solltest stolz darauf sein, dem Schatzamt Seiner Majestät einen Dienst erwiesen zu haben, denn dem Schatzamt Seiner Majestät dienen bedeutet deinem Gewissen dienen“,[31] sagte Hagop Pascha zu ihm und schickte ihn fort. Gulbenkian ging, aber er nahm sein Wissen mit sich und den Traum, eines Tages aus der Ausbeute des mesopotamischen Erdöls Nutzen zu ziehen. Es war ihm bestimmt, an der Erfüllung des Traums in London und Paris, aber nicht in Konstantinopel zu arbeiten.

1896 ließ Sultan Abdul Hamid das letzte und grausamste der Armeniermassaker des 19. Jahrhunderts zu, und Gulbenkian mußte aus dem Land fliehen. Seine Reise ins Exil wurde zum Wendepunkt seiner Karriere. Auf dem Schiff, das ihn und seine Familie von Konstantinopel nach Ägypten brachte, traf er zu seinem Glück Alexander Mantaschoff, einen Armenier aus Rußland und eine der führenden Persönlichkeiten der russischen Erdölindustrie. Gulbenkian verstand es, sich dem großen Mann sogleich unentbehrlich zu machen. Obwohl seine Gemahlin Nevarte ihren Sohn stillte, mußte sie ihre Kabine Mantaschoff überlassen, und als sie in Ägypten ankamen, blieb Gulbenkian als eine Art Kombination von Sekretär und Butler bei Mantaschoff.[32]

Die Familie Gulbenkian ließ sich eine Zeitlang in Kairo nieder, wo der Vetter Nevartes, Nubar Pascha, lebte, der viele Jahre hindurch Premierminister des Khediven gewesen war. Gulbenkians Biograph Ralph Hewins erläutert: „Gulbenkian war keiner, der eine so einflußreiche Verbindung ungenutzt ließ. Er hielt sich ebenso dicht an den Pascha wie an Mantaschoff.“ Der Pascha war offensichtlich von den Fähigkeiten seines Verwandten so beeindruckt, daß er gerne die Patenschaft von Gulbenkians Sohn übernahm, der zu seinen Ehren Nubar getauft wurde. Gulbenkian selbst wurde eine Art Schützling, was ihn in die Lage versetzte, sich eine Stellung in der Gesellschaft aufzubauen. Das brachte ihn mit dem britischen Generalkonsul, Sir Evelyn Baring (später Lord Cromer), in Kontakt, mit dem Nubar Pascha eng befreundet war, und durch Sir Evelyn konnte er eine Empfehlung für die Londoner City erhalten, wo die Brüder Baring eine führende Handelsbank besaßen.

Trotz seiner einflußreichen Verbindungen in Kairo war ihm Ägypten für einen längeren Aufenthalt viel zu abgelegen, und so übersiedelte er 1897 nach London. Durch Mantaschoff konnte er sich eine Stellung als Vertreter einiger russischer Erdölförderer sichern, und nach wenigen Jahren war er in Londoner Erdölkreisen eine prominente Persönlichkeit. Auch hier wußte er, wen er sich zum Freund wählte, und zu seinen unmittelbaren Freunden zählten Fred Lane und Henri Deterding.

Damals aber machte Gulbenkian einen seiner wenigen Fehler. 1900 trat der Generaldirektor der persischen Zollbehörde, General Antonine Kitabgi — zufällig wieder ein Armenier — mit dem Vorschlag an ihn heran, er solle eine Erdölkonzession in Persien erwerben. Gulbenkian suchte den Rat Lanes, und als Lane ihm empfahl, den Plan fallenzulassen, befolgte er den Ratschlag und stieg nicht in das Geschäft ein. Innerhalb weniger Jahre wurden in jenem Gebiet große Ölvorkommen entdeckt, aber sie waren bereits in den Händen eines Mannes namens William Knox D'Arcy, des Gründers der *British Petroleum Company*.

1900 war D'Arcy nach England zurückgekehrt, nachdem er durch den Goldbergbau in Australien ein Vermögen gewonnen hatte, und schien die Absicht zu haben, London durch seinen neuerworbenen Reichtum zu blenden. Er hatte die einzige Privatloge in Epsom außer der königlichen Familie, und in seinem Stadthaus am Grosvenor Square bewirtete er in großem Stil. Bei einer denkwürdigen Gelegenheit sangen Caruso und die Melba am selben Abend vor seinen Gästen, und er gab Dienern nie ein kleineres Trinkgeld als einen goldenen Sovereign. Mit seinem Seehundschnauzbart und seiner gewaltigen Fülle erschien er als der typische Hedonist der Edwardischen Ära, aber als echter Vertreter seiner Epoche war er der Auffassung, daß Geld, ebenso wie es ausgegeben werde, auch arbeiten solle. Als er den Vorschlag Kitabgis hörte, war er beeindruckt, und nach wenigen Wochen wurden sein Sekretär, Alfred Marriott, und ein Geologe nach Persien gesandt, um den Handel endgültig perfekt zu machen.

Als Marriott 1901 in Teheran ankam, stand Persien auf dem Tiefpunkt. Der britische Botschafter Sir Arthur Hardinge verglich es mit einem „lange Zeit hindurch schlecht verwalteten Gut, das jederzeit von einer beliebigen fremden Macht übernommen werden könnte, wenn diese nur seinen degenerierten und wehrlosen Herrschern am meisten bot oder am lautesten drohte".[33] Die nördlichen Provinzen gerieten in die russische und die südlichen in die englische Einflußsphäre, und in weiten Gebieten plünderten einheimische Stämme nach Belieben. Der Schah, Muzaffar-ed-Din, war bei beiden Großmächten verschuldet, und da die Privatschatulle und der Staatsschatz ein und dasselbe waren, waren das persönliche Schulden.

Die kaiserlichen Minister verhandelten mit Marriott so, als ob sie eher die Diener eines verarmten und verschwenderischen Gutsbesitzers, der auf seinen Besitz Geld aufnehmen wollte, als die Vertreter eines unabhängigen Staates wären. Sie hatten kaum eine Ahnung vom Wert des Erdöls und kein Interesse an seiner Zukunft. Es lag ihnen mehr daran, Geld von D'Arcy zu erhalten, als seinen Unternehmungen Bedingungen aufzuerlegen. Außer den Bestechungsgeldern erhielt die persische Regierung 20.000 Pfund in bar und das Versprechen weiterer 20.000 Pfund in Aktien sowie 16 Prozent Anteil am künftigen Gewinn. Als Gegenleistung erhielt D'Arcy die ausschließlichen Rechte über ein Gebiet von 1,243.000 Quadratkilometer — also über das ganze Land außer den fünf nördlichen Provinzen an der russischen Grenze — und vollkommene Steuer- und Abgabenfreiheit. Die 16 Prozent Gewinnanteil der Perser waren großzügig im Vergleich zu den 12,5 Prozent Förderzinsen, die den Landeigentümern gewöhnlich in den Vereinigten Staaten gezahlt wurden, aber beide Seiten waren überzeugt, richtig gehandelt zu haben; die Gesellschaft, weil diese Vereinbarung sie in schlechten Jahren schützen würde, und die Perser, weil sie dachten, daß die Gewinne ständig steigen würden.

Die Bohrungen begannen 1902 unter der Leitung von C. B. Reynolds, einem früheren Beamten des *Indian Public Works Department*, der einmal in Sumatra Ölbohrungen vorgenommen hatte. Die Bedingungen waren sogar schlechter als jene, mit denen er im Fernen Osten hatte kämpfen müssen. Im Sommer stieg die Temperatur vor sieben Uhr morgens bis 43,3 Grad Celsius im Schatten; die gesamte Ausrüstung mußte aus England über Basra und Bagdad antransportiert werden, was große Verzögerungen mit sich brachte. Die Stammesfürsten, die die Oberhoheit des Schah nicht immer anerkannten, mußten ständig bestochen werden, damit sie Schutz gewährten. Schließlich wurde im Januar 1904 nach einer Heuschreckenplage und einer Pockenepidemie in der angrenzenden Siedlung, aus der die Expedition Nahrung und Wasser bezog, Erdöl gefunden. Aber die Aufregung war nur von kurzer Dauer. Im Mai versiegte die Quelle, und das Unternehmen war wieder so weit wie zu Beginn.

Zu diesem Zeitpunkt wurde die Lage D'Arcys prekär. Er hatte bereits 225.000 Pfund von seinem eigenen Geld verloren, seine Bankiers wurden unruhig, und alle Anstrengungen, mehr Kapital aufzunehmen, schlugen fehl. Die Zweifel über den Sinn von Investitionen im Nahen Osten waren so wach wie zuvor, und die Geldgeber wollten mit der Angelegenheit nichts zu tun haben, ehe nicht Öl gefunden wurde.[34]

Da kam die britische Regierung zu Hilfe. Trotz des Fehlschlages, als Heizöl auf der „Hannibal" als Treibstoff getestet worden war, waren nun immer mehr Offiziere der britischen Kriegsmarine davon überzeugt, daß schließlich das Heizöl wegen seiner technischen Überlegenheit die Kohle ersetzen werde. An der Spitze dieser Gruppe stand Admiral Lord Fisher, und als dieser 1904 First Sea Lord (Marineminister) wurde, setzte man einen Erdölausschuß unter dem Vorsitz von E. G. Pretyman zur Untersuchung der Angelegenheit ein. Nach Ansicht von Fisher und Pretyman war es entscheidend wichtig, daß von einer britischen Gesellschaft Erdöl in einer vernünftigen Entfernung und in einem Gebiet gefunden werde, das von England kontrolliert werden konnte. Persien gehörte zwar nicht zum Empire, aber es schien äußerst geeignet, und einer der ersten Schritte Pretymans war, D'Arcy bei der *Burmah Oil Company* einzuführen, die zwar nicht groß war, aber sehr viel Erfahrungen in Burma gesammelt hatte. Im Mai 1905 kamen beide Seiten mit Pretyman als Vermittler überein, ein gemeinsames Unternehmen zu bilden, wobei sich die *Burmah* verpflichtete, das notwendige Arbeitskapital zur Verfügung zu stellen und jedes Erdölfeld, das gefunden wurde, zu erschließen.

Die britische Regierung versuchte auch in Persien helfend einzugreifen, aber mit weitaus weniger Erfolg. Als das Expeditionslager an einen neuen Platz verlegt wurde und die Einwohner des Gebietes, die Bachtiaren, sich noch widerspenstiger zeigten als jene an der vorigen Stelle, schlug der Konsul vor, ein Kanonenboot anzufordern. Die Admiralität sandte die „Comet" stromaufwärts zum Schauplatz der Unruhen, aber bevor sie von Nutzen sein konnte, lief sie auf Grund.

Auch die Erschließung war erfolglos. Zwei weitere Bohrungen wurden niedergebracht, und als eine dritte im Januar 1908 an einem Ort namens Masjid-i-Salaman im Zagrosgebirge begonnen wurde, war es klar, daß die Tage der Expedition gezählt waren, wenn man nicht bald Erfolg hatte. Als die Bohrung im Mai 350 Meter tief und noch nicht fündig war, erhielt Reynolds ein Telegramm mit der Aufforderung, zurückzukommen, da die Mittel der Gesellschaft erschöpft waren.

Das war zuviel. Nach sechsjähriger Ölsuche glaubte er, nun doch wenigstens seine Arbeit fortsetzen zu müssen, bis der bestätigende Brief aus London einträfe, was weitere vier Wochen Gnadenfrist bedeutete. Doch es genügten zwei. Am 26. Mai 1908 um 4.30 Uhr morgens schoß ein 15 Meter hoher Erdölstrahl aus der Bohrung und durchnäßte die Bohrmannschaft: endlich war ein ertragreiches Ölfeld gefunden worden[35]; es war die Geburtsstunde der Erdölindustrie im Nahen Osten.

In England war die Aufregung groß, und eine neue Gesellschaft, die *Anglo-Persian* — 1935 wurde ihr Name in *Anglo-Iranian Company* und 1954 in *British Petroleum Company* geändert —, wurde zur Ausbeutung der Entdeckung gegründet, wobei die *Burmah* eine Million Pfund für das Grundkapital zur Verfügung stellte und dafür Vorzugsaktien bekam. In Glasgow, wo die Aktien ausgegeben wurden, war die Begeisterung so groß, daß sich eine Schlange in Fünfer- und Zehnerreihen vor dem Bankschalter drängte, und unter den angesehenen Persönlichkeiten, die eine Bevorzugung forderten, befand sich auch Feldmarschall Lord Kitchener, der von einem aus Persien zurückgekehrten Korrespondenten des *Daily Telegraph* über die Erdölfelder informiert worden war. D'Arcy erhielt sein investiertes Geld zurück und als Belohnung Aktien der *Burmah* im Werte von 900.000 Pfund.

Persien sollte sich jedoch wieder als viel teurer erweisen, als man angenommen hatte. Man mußte eine Rohrleitung zu der 210 Kilometer entfernten Küste legen und eine Raffinerie bauen, bevor Petroleum exportiert werden konnte. 1913 war noch kein Tropfen davon verkauft, und die Gesellschaft sah einer neuen finanziellen Krise entgegen.

Gerade zu dieser Zeit fand im britischen Parlament eine kritische Debatte über Planung und Strategie der Marine statt. Winston Churchill, seit 1911 Marineminister, wollte ein neues Kriegsschiffgeschwader bauen, das stärker bewaffnet und schneller sein sollte als alles, was die deutsche Marine besaß. Wenn man weiterhin Kohle als Brennstoff beibehielt, konnte man die notwendige Geschwindigkeit zwar erreichen, aber nur, wenn man einen Panzerturm opferte, um die notwendigen Kessel unterzubringen. Obwohl die britische Marine bereits einige mit Öl- und Dieselkraftstoff betriebene Zerstörer und Unterseeboote hatte, wurde noch vielfach die Meinung vertreten, Schlachtschiffe nicht auf Öl umzustellen, weil es in Kriegszeiten sicherer sein würde, sich auf englische Kohle als auf ausländisches Öl zu verlassen.

Churchill war überzeugt, daß die Marine aus Gründen der technischen Wirksamkeit zu ölbeheizten Kesseln übergehen müsse:

„Die durch flüssigen Brennstoff erzielten Vorteile waren unschätzbar. Vorerst die Geschwindigkeit: in gleichen Schiffen erzielte man mit Öl eine weit höhere Geschwindigkeit als mit Kohle. Es ermöglichte eine bedeutend größere Beschleunigung. Es ergab einen 40 Prozent größeren Aktionsradius als die gleiche Menge Kohle. Es ermöglichte einer Flotte, sich ohne Schwierigkeiten auf offener See mit Treibstoff zu versorgen. Eine Flotte mit Ölfeuerung kann notfalls bei ruhigem Wetter ihre Position auf See bewahren und sich aus Tankern versorgen, ohne ein Viertel ihrer Stärke ständig in den Hafen zum Bunkern von Kohle zu schicken und dabei auf der Hin- und Rückfahrt Brennstoff zu vergeuden. Die Arbeit der Kohlenübernahme erschöpfte die gesamte Schiffsbesatzung. In Kriegszeiten blieb den Leuten keine Zeit zum Ausruhen, und jedermann war äußersten Unannehmlichkeiten ausgesetzt. Bei Öl wurden einige Schläuche an ein Tankschiff angeschlossen, das Schiff nahm seinen Brennstoff auf, wobei fast niemand einen Finger zu rühren brauchte. Heizöl ermöglichte bei jeder Schiffstype stärkere Bestückung und größere Schnelligkeit bei geringerer Größe und verminderten Kosten. Nur Öl konnte bestimmte Schiffstypen jene hohen Geschwindigkeiten erreichen lassen, die für deren taktischen Zweck notwendig waren."

Obwohl Churchill davon überzeugt war, daß Heizöl der Kohle technisch überlegen war, beunruhigten ihn die Konsequenzen, die eine solche Umstellung mit sich brachte. Er wollte nicht von einem Brennstoff abhängig sein, der nicht auf den britischen Inseln gewonnen wurde, und es gefiel ihm auch nicht, daß die Marine fast ihren gesamten Bedarf von der *Standard* und der *Shell* beziehen müßte. Er war der Ansicht, daß beide, da sie in ausländischem Besitz waren, ihre geschäftlichen Vorteile über die strategischen Interessen Großbritanniens stellen würden, und verdächtigte sie der Preistreiberei.

Er sah die Lösung all dieser Probleme in der Möglichkeit, die *Anglo-Persian* unter die Kontrolle der Regierung zu bringen. Ein Ausschuß unter John (später Sir John) Cadman, Professor für Bergbau an der Universität von Birmingham und Ratgeber des Kolonialamtes in Erdölfragen, wurde nach Persien gesandt, um die Lage zu erkunden. Da sein Bericht ermutigend war, konnte Churchill das Kabinett davon überzeugen, daß die Regierung Teilhaber der Gesellschaft werden solle. Der Vorschlag wurde im Mai 1914 dem Unterhaus vorgelegt und gerade noch sechs Tage vor Ausbruch des Krieges vom König unterzeichnet.

Dieses Abkommen ist noch immer das einzige dieser Art: Die Regierung übernahm Aktien im Werte von 2 Millionen Pfund für ein Stimmrecht von über 50 Prozent und das Recht, zwei Direktoren mit Vetorecht in allen wesentlichen Belangen zu ernennen. Obwohl das Vetorecht niemals ausgeübt wurde und die Gesellschaft ihre geschäftliche Unabhängigkeit immer stark betonte, besteht kein Zweifel, daß ihr durch den Umstand, das auserwählte Werkzeug der britischen Regierung in internationalen Erdölfragen zu sein, in der Vergangenheit gewaltige Vorteile erwuchsen. Die Vorteile dieser Lage wurden sogar noch vor Formalisierung dieses Verhältnisses offenkundig, als sich die britische Regierung für die Möglichkeiten der Erdölgewinnung im türkischen Reich zu interessieren begann.

Die Lage in der Türkei hatte durch den Sturz Abdul Hamids bei der Revolution der Jungtürken einen dramatischen Wechsel erfahren. Die Jungtürken betrachteten sich als liberal und erwarteten Unterstützung von England. Um diese Gelegenheit zu nutzen, gründeten drei Londoner Finanzleute, Sir Ernest Cassel, Lord Revelstoke und Sir Alexander Henderson, 1910 die Türkische Nationalbank, in deren Vorstand auch Caloust Gulbenkian vertreten war.

Trotz seiner unangenehmen Erfahrungen während des Massakers der Armenier im Jahre 1896 hatte Gulbenkian enge Kontakte mit Konstantinopel aufrechterhalten und brachte es zuwege, der finanzielle Berater der türkischen Gesandtschaften in London und Paris zu werden. Durch seine türkischen Verbindungen, seine Freundschaft mit Deterding und seine eigene Stellung im russischen Petroleumexport fühlte sich Gulbenkian endlich in der Lage, etwas für das mesopotamische Erdöl zu unternehmen. Er erklärt in seinen Memoiren, daß seine Kollegen eine Weile brauchten, bis sie die bescheidenen Aussichten für Bankgeschäfte in der Türkei erkannten. Als sie das aber schließlich einsahen, „spielte ich auf einen Plan für Erdölkonzessionen und -monopole in der Türkei an“.

Die Bank ließ sich dafür gewinnen, aber ehe Gulbenkian mit der Arbeit richtig beginnen und eine Expedition organisieren konnte, mußte er eine Einigung mit der Deutschen Bank suchen. Man wird sich daran erinnern, daß die Deutsche Bank bereits 1890 an den Möglichkeiten der Ölsuche entlang der Strecke der geplanten Bahn von Berlin nach Bagdad interessiert war und daß ihr — nach Gulbenkians Bericht an Hagop Pascha — die Konzessionen entzogen worden waren. Damals war jedoch den Deutschen zugesichert worden, daß sie vor allen anderen Ausländern den Vorzug hätten, und sie hatten nicht die Absicht, sich dieses Recht nehmen zu lassen.

Die *Anglo-Persian* dachte ebenfalls, daß sie ein Recht auf Berücksichtigung hätte. D'Arcy hatte nämlich wie in Persien auch in Mesopotamien große Summen aufgewendet, um Ölkonzessionen zu erwerben; und seine Rechte waren bei der Gründung der *Anglo-Persian* auf diese übertragen worden. Die Gesellschaft berief sich darauf, daß sie am Vorabend der Revolution der Jungtürken vor der Unterzeichnung eines Vertrages gestanden hätte und daß ihre Rechte demnach vor allen anderen Ansprüchen den Vorrang hätten.

Gulbenkian beschloß, die *Anglo-Persian* zu übergehen und sich darauf zu konzentrieren, die Türkische Nationalbank und die Deutsche Bank zur Zusammenarbeit zu bewegen, die auch seinen alten Freund Deterding und die *Shell* einschließen würde. Die entsprechende Gesellschaft wurde 1911 in London gegründet und nannte sich 1912 *Turkish Petroleum Company (TPC)*. Die Hälfte der Aktien erhielt die Türkische Nationalbank einschließlich 15 Prozent des persönlichen Anteils Gulbenkians, und der Rest wurde gleichmäßig zwischen der *Shell* und der Deutschen Bank aufgeteilt. Es ist nicht erstaunlich, daß die *Anglo-Persian* ihre Forderungen weiterhin verfocht, und die türkische Regierung folgte ihrer traditionellen Politik und spielte eine Seite gegen die andere aus.

Die britische und die deutsche Regierung beschlossen, daß eine allgemeine Bereinigung aller noch bestehenden Ansprüche vorgenommen werden müßte, ehe man eine Konzession erlangen könnte. Demnach wurde im März 1914 eine Sitzung im Foreign Office in London einberufen. Auf Betreiben der britischen Regierung mußte die Türkische Nationalbank zugunsten der *Anglo-Persian* ausscheiden, und Gulbenkian verlor beträchtlich an Verhandlungsstärke. Als eine neuerliche Verteilung der Aktien vorgenommen wurde, behielten die *Shell* und die Deutsche Bank je ihre 25 Prozent, während die *Anglo-Persian* die restlichen 50 Prozent erhielt, aber die *Shell* und die Deutsche Bank kamen überein, je 2,5 Prozent ihres Anteils an Gulbenkian wegen seiner aufgewandten Bemühungen und seines Einflusses in der Türkei abzutreten. Auf diese Weise erwarb er seine 5 Prozent und seinen berühmten Spitznamen „Mister Five Per Cent".

Alle bei dieser Vereinbarung Beteiligten verpflichteten sich, keinerlei Erdölkonzessionen im türkischen Reich unabhängig von der *Turkish Petroleum Company* zu erwerben, der der Großwesir am 28. Juni 1914 eine Konzession für die Gebiete von Bagdad und Mosul zusicherte. Damit war schließlich der Weg zu einem großen englisch-deutschen Unternehmen im Nahen Osten offen. Aber bevor noch etwas getan werden konnte, brach der Erste Weltkrieg aus, und die Anteile der Deutschen Bank wurden von der Regierungsstelle zur Verwaltung von Feindvermögen übernommen. Gulbenkians Traum mußte neuerlich auf Eis gelegt werden.

6. Kapitel
Krieg und Frieden

> Die Nachwelt wird mit Recht sagen, daß die Alliierten dem Sieg auf einer Welle von Öl entgegengeschwommen sind.
>
> *Lord Curzon*

Der Krieg verwandelte das Erdöl von einer Einkommensquelle für Industriemagnaten und Spekulanten zu einem lebenswichtigen industriellen und strategischen Rohstoff. Seine Bedeutung wurde in den ersten Kriegswochen offenbar, als die Pariser Taxis Truppen zur Schlacht an der Marne transportierten und die alliierten Armeen danach immer mehr vom Verbrennungsmotor abhängig wurden. Bei Kriegsschluß besaß die britische Armee allein 79.000 Personen- und Lastkraftwagen und weiters 34.000 Motorräder, während es bei Beginn des Krieges nur 827 Automobile und 15 Motorräder gewesen waren. Tanks lösten die Kavallerie als Angriffsspitze ab, während die Kampfflieger dem Schmutz der Gräben noch einen Hauch von Glanz hinzufügten.

Abgesehen von Rußland mit seinen kaukasischen Ölfeldern befand sich England in einer besseren Situation als irgendeine andere der kriegführenden Nationen. Obwohl die *Shell* mehr als zur Hälfte niederländisch war — die Niederlande waren neutral —, arbeitete sie während des Krieges mit Großbritannien zusammen, dem sie freien Zugang zu den Ölfeldern in Ostindien und in Venezuela sicherte. England konnte weiters auf Ölfelder in Mexiko, Burma und auch in Persien zurückgreifen, wo die Raffinerie der *Anglo-Persian* in Abadan kurz vor Beginn der Kämpfe zu arbeiten begonnen hatte. Und die britische Seeherrschaft war Garant dafür, daß die Importe aus den USA ohne Unterbrechung weitergehen konnten.

Deutschland und Österreich-Ungarn befanden sich in einer viel schwierigeren Lage. Eine Zeitlang konnten sie ihre Käufe bei den Amerikanern fortsetzen, die durch ihren Handel mit beiden Seiten große Gewinne erzielten, aber die englische Blockade feindlicher Häfen machte das bald unmöglich. Dann waren die Mittelmächte auf ihre geringe bodenständige Förderung und auf jenes Erdöl angewiesen, das sie in Rumänien sicherstellen konnten, wo Bohrstellen und andere Einrichtungen angesichts der eindringenden deutsch-österreichischen Armeen in die Luft gesprengt wurden.

Als der Krieg weiterging, wurde ihre Ölknappheit ein immer ernstlicheres Hindernis. Obwohl Angst der Hauptgrund des Stillsitzens der deutschen mit Heizöl betriebenen Marine nach der Skagerrakschlacht war, trug der Treibstoffmangel zu ihren strategischen Nachteilen bei. Im Feld waren die Truppen der Mittelmächte anstelle von Lastwagen und Motorrädern auf Pferde angewiesen; fielen die Pferde aus, wurde die Verbindung zu den Truppen und deren Versorgung äußerst verlangsamt. Im Hinterland war die Situation weitaus schlechter. In den Fabriken wurde die Produktion aus Mangel an Schmiermitteln herabgesetzt; Leute, die noch auf Petroleumlampen angewiesen waren, blieben ohne Licht, und der zivile Verkehr kam schließlich fast zum Stillstand. Im Gegensatz dazu verschwanden die roten Autobusse Londons nie von den Straßen, und in den Vereinigten Staaten wurde auch nach Kriegseintritt der private Autoverkehr nicht eingeschränkt.

Die Situation Frankreichs wäre ebenso schlecht gewesen, wenn England nicht geholfen hätte. Bereits 1870 hatten die Franzosen dar-

DIE GRÖSSTEN ÖLFÖRDERLÄNDER 1913

	In Millionen Tonnen
USA	33,0
Rußland	8,6
Mexiko	3,8
Rumänien	1,9
Holländisch-Ostindien	1,6
Burma und Indien	1,1
Österreich-Ungarn	1,1

auf bestanden, ihre eigenen Raffinerien zu bauen, so daß Erdöl aus den Vereinigten Staaten als Rohöl und nicht in Form von Produkten eingeführt werden konnte. Aber sie verabsäumten es, ihre Ölindustrie weiterzuentwickeln. Im Gegensatz zu britischen und holländischen Unternehmern steckten französische Investoren nur ungern Kapital in riskante Erschließungsunternehmungen in Übersee; sie zogen sichere Regierungs- und Industrieanleihen vor, vor allem russische, und das Land war in seiner Erdölversorgung auf *les trusts* angewiesen, wie die englischen und amerikanischen Gruppen genannt wurden.

Als der Krieg zeigte, wie gefährlich das sein konnte, glaubten Deterding und Gulbenkian, eine Gelegenheit zu erkennen, die Initiatoren einer neuen französischen Erdölpolitik zu werden. Keinem der beiden hatte das Abkommen des Foreign Office über die *Turkish Petroleum Company (TPC)* gefallen; Gulbenkian, weil sein Anteil von 15 auf 5 Prozent herabgesetzt worden war, und Deterding, weil er sich über die Folgen der Unterstützung der *Anglo-Persian* durch die britische Regierung Sorgen machte. Demgemäß regte Gulbenkian bei dem Senator Henri Berenger, dem Senator von Guadeloupe und Direktor des Commissariat Général aux Essences,[37] an, daß Frankreich den Anteil der Deutschen Bank an der *Turkish Petroleum* fordern solle. Man kam überein, daß die *Shell* diesen Anteil verwalten sollte, und Deterding gründete zu diesem Zweck mit der Banque de L'Union Parisienne eine Aktiengesellschaft.

Diese Forderung durchschnitt das bereits komplizierte Gewebe von britischen, französischen, jüdischen und arabischen Ansprüchen im Nahen Osten. Aber schließlich gelangte man im April 1920 bei der Konferenz von San Remo zu einem zufriedenstellenden Abkommen, als Großbritannien und Frankreich die arabischen Gebiete als Mandate des Völkerbundes unter sich aufteilten. Das bedeutete, daß die Araber nominell unabhängig waren, während sie in Wirklichkeit unter der Vormundschaft der Großmächte standen. Mesopotamien, das bald danach Irak genannt wurde, fiel in den britischen und Syrien in den französischen Bereich. Als Ausgleich erhielten die Franzosen 25 Prozent der *Turkish Petroleum Company* und gestatteten ihr den Bau einer Rohrleitung durch Syrien zum Mittelmeer.

Doch die Pläne Deterdings verwirklichten sich nicht. Als Raymond Poincaré Premierminister wurde, war er ebenso der festen Überzeugung, daß Frankreich eine eigene Erdölgesellschaft haben müsse, wie es Churchill im Falle Englands gewesen war. Das Unternehmen der *Shell* wurde ignoriert, und die Aufgabe der Wahrnehmung der Erdölinteressen Frankreichs wurde Ernest Mercier, einem führenden

Industriellen, übertragen. Er gründete 1923 das *Syndicat National d'Etude des Pétroles*, das im folgenden Jahr zur *Compagnie Française des Pétroles (CFP)* wurde. Vom ersten Augenblick an hatte sie die Zusicherung offizieller Unterstützung, und 1929 folgte die französische Regierung Churchills Beispiel, indem sie sich am Kapital der *CFP* direkt beteiligte. Die Beteiligung lag 1931 bei 35 Prozent; das entsprach einem Stimmrecht von 40 Prozent.

Die Verhandlungen, die zum Erdölabkommen von San Remo führten, wurden vor den Amerikanern geheimgehalten, und als sie von dem Vertrag hörten, kam es zu Unstimmigkeiten zwischen dem Foreign Office und dem State Department. 1919 hatten englische Beamte der *Mobil Oil* die Erlaubnis verweigert, ihre Vorkriegserschließungen in Palästina weiterzuführen, während in Mesopotamien Geologen der *Shell* ungehindert arbeiteten. Das State Department war überzeugt, daß England seine militärische Anwesenheit im Nahen Osten dazu benützen wollte, um eine totale Kontrolle über dieses Gebiet zu erlangen, mit dem Ziel, die amerikanischen Interessen in den vielversprechenden Erdölgebieten auszuschalten; und die Konferenz in San Remo bestätigte diese Ansicht.

Das State Department war der Ansicht, daß — da der Krieg von allen alliierten und verbündeten Mächten, die gemeinsam gekämpft hatten, gewonnen war — sie in gleichem Maße Zugang zu den Früchten des Sieges haben sollten. Als Antwort darauf behauptete das Foreign Office, daß, obwohl dieser Standpunkt im Grunde genommen richtig wäre, die Amerikaner keine Berechtigung hätten, Rechte zu verletzen, die bereits vor dem Krieg erworben waren, wie jene der *Turkish Petroleum Company*. Das State Department erwiderte, daß das Versprechen des Großwesirs an die Gesellschaft noch keine gültige Konzession bedeute.

Hinter der diplomatischen Höflichkeit stand auf beiden Seiten Angst als Triebfeder. Wohl wissend, daß ihre Macht und ihr Einfluß im 19. Jahrhundert auf der heimischen Kohle und dem Eisen beruht hatte, waren die Briten entschlossen, so viele Erdölvorkommen wie möglich in der Welt unter ihre Kontrolle zu bringen. Mit dem Zusammenbruch der russischen Ölindustrie in der Revolution von 1917 befanden sich 65 Prozent der Weltförderung innerhalb der Grenzen der Vereinigten Staaten, und es gab keinen Grund, anzunehmen, daß die Engländer in einem künftigen Krieg imstande sein würden, aus dieser Versorgungsquelle zu schöpfen. Das Empire mußte seine eigenen Ölreserven haben, und der Nahe Osten war der beste Platz, um danach zu suchen.

Den Amerikanern erschien dies wie der durchtriebene Versuch, alle erreichbaren Ölreserven aufzukaufen, um damit zu spekulieren. Trotz ihres überwiegenden Anteils an der Weltförderung waren die Amerikaner überzeugt, daß ihre Ölreserven bald erschöpft sein würden. Zwischen 1914 und 1920 war die inländische Nachfrage in den Vereinigten Staaten von 30 Millionen Tonnen jährlich auf mehr als 60 Millionen Tonnen gestiegen, und es schien unmöglich, daß die inländischen Erdölfelder weiterhin einen solchen Zuwachs befriedigen könnten.

1920 stiegen die Preise für Rohöl um 50 Prozent auf das Dreifache ihres Niveaus von 1913, und Dr. George Otis Smith, der Leiter des Geologischen Überwachungsdienstes der Vereinigten Staaten, teilte mit, daß das Land entweder weniger Erdöl verbrauchen müsse oder von ausländischen Quellen abhängen werde. Den Verbrauch bei fast 10 Millionen Kraftfahrzeugen auf den Straßen zu verringern war undenkbar; und ausländisch bedeutete in diesem Zusammenhang britisch.

Die *Shell* war bereits eine der größten Gesellschaften in den Vereinigten Staaten. Während die Nachfolgegesellschaften des *Standard*-Trustes ihre Unternehmungen voneinander trennten und mit *Texaco, Gulf Oil* und den zahlreichen anderen neuen Gesellschaften, die zur Deckung der wachsenden Nachfrage nach Erdöl aus dem Boden geschossen waren, um Marktstellung rangen, war die Tochtergesellschaft der *Shell* schnell gewachsen. In den frühen zwanziger Jahren überzog ihr Vertriebsnetz den Großteil des Landes, und ihre Ölfelder waren von Kalifornien bis Oklahoma über den Kontinent verstreut.

In Mexiko war sie der größte Einzelkonzern nach dem Aufkauf des Anteils Lord Cowdrays im Jahre 1919, und in Venezuela, das auf dem Seeweg den großen Häfen der Ostküste näher liegt als Texas, schienen sich die meisten der aussichtsreichen Konzessionen unter der Kontrolle von *Shell* zu befinden.

Die Amerikaner fragten sich allmählich, wie sie je einem solchen Koloß standhalten könnten, wenn sie von England und Frankreich aus dem Nahen Osten ausgeschlossen würden. Es schien, als ob die Engländer das, was Rockefeller in den Vereinigten Staaten getan hatte, im Weltmaßstab durchführen wollten, und von englischen Fachleuten und Publizisten gemachte Feststellungen vertraten häufig diese Auffassung. Ein im September 1919 im Londoner *Sperling's Journal* erschienener Artikel von E. Mackay Edgar erlangte, nachdem er im Kongreß zitiert wurde, besonders breite Publizität. „Die Zeit ist tatsächlich bereits in Sicht", schrieb er, „in der die Vereinigten Staaten am Ende ihrer verfügbaren Rohstoffreserven stehen werden, auf denen ihre industrielle Überlegenheit zum Großteil beruht ... Amerika hat seine eigenen Öllager erschöpft und muß sich nun in Übersee nach künftigen Reserven umsehen ... Die britische Stellung ist unerschütterlich. Alle bekannten oder auch aussichtsreichen Erdölfelder außerhalb der Vereinigten Staaten selbst befinden sich in den Händen der Engländer oder unter englischer Leitung oder Kontrolle, oder sie werden von englischem Kapital finanziert."

Für die Kongreßabgeordneten war dies eine Aussicht, die ihnen das Blut zum Stocken brachte, und im Mai 1920 unterbreitete der Senator Phelan von Kalifornien den beinahe „sozialistischen" Vorschlag, ein staatliches Unternehmen nach dem Modell des Vertrages der *Anglo-Persian* zu gründen, um in Übersee nach Erdöl zu suchen. Dieser Plan wurde abgelehnt, aber Herbert Hoover, der spätere Präsident, der 1921 Handelsminister wurde, erkannte, daß die Ölindustrie der Vereinigten Staaten der Welt eine einige Front bieten müßte. Im November desselben Jahres veranlaßte er sieben der größten Gesellschaften — *Standard Oil Co. (N. J.), Mobil Oil, Gulf Oil, Texaco, Sinclair, Atlantic* und *Mexican* —, ein Syndikat zu bilden, um die amerikanischen Interessen im Nahen Osten wahrzunehmen.

Was immer die Zukunft bringen mochte, Amerika war zu jener Zeit immer noch die stärkste einzelne Macht auf dem Weltölmarkt und besaß eine Reihe von Trümpfen. Dazu gehörte vor allem die *Anglo-American Petroleum Co. Ltd.*, die Tochtergesellschaft der früheren *Standard,* nach der *Shell* die zweitgrößte Gesellschaft auf dem britischen Markt. Es ist nicht bekannt, ob der Vorstand der *Standard Oil Co. (N. J.)* damals tatsächlich mit dem Abbruch der Ölversorgung gedroht hat, aber er hatte zweifellos die Möglichkeit erwogen, und solche Nachrichten verbreiten sich rasch.[38] Auf jeden Fall waren die Engländer und Franzosen, angestachelt vom allgegenwärtigen Gulbenkian, in immer wachsendem Maße bemüht, die Entwicklung im Irak voranzutreiben, und es lag im Interesse aller, einen Kompromiß zu schließen. Als demnach der Vorsitzende der *Anglo-Persian,* Sir Charles Greenway, im Juni 1922 das amerikanische Syndikat zu Verhandlungen aufforderte, um der *Turkish Petroleum Company* beizutreten, wurde seine Einladung prompt angenommen.

7. Kapitel
Neue Entdeckungen

Hätten die Engländer und Franzosen noch ein weiteres Jahr den Amerikanern standgehalten, dann hätte der Druck auf sie vielleicht nachgelassen. In der Geschichte des Erdöls hatten die Menschen immer Angst davor, was geschehen würde, wenn sich die Vorräte erschöpften oder wenn sie von anderen abhängig zu werden drohten. Aber diese Krise tritt niemals ein. Sobald ein neuer Bedarf entsteht, werden große neue Reserven gefunden, um ihn zu decken. Das erste Ölfeld von Pennsylvanien wurde entdeckt, als die Nachfrage nach Leucht- und Schmiermitteln den verfügbaren Vorrat übertraf und den Fortschritt der industriellen Revolution Amerikas bedrohte. Die russischen Felder wurden erschlossen, als Europa eine Versorgungsbasis neben den Vereinigten Staaten brauchte; und die großen Ölfunde in Texas und Oklahoma kamen gerade rechtzeitig für das Zeitalter der Motorisierung.

Dasselbe wiederholte sich nach dem Ersten Weltkrieg. Als die amerikanischen Befürchtungen, von den Engländern abhängig zu werden, ihren Höhepunkt erreicht hatten, gab es eine neue Serie größerer Ölfunde.

Am 14. Dezember 1922 bohrten die *Venezuelan Oil Concessions (VOC)* in einem bereits aufgegebenen Bohrloch, *Barrosa 2*, in der Nähe des Maracaibosees. Man erwartete nichts Außergewöhnliches; die Gesellschaft wollte bloß die Gewißheit haben, daß jede Möglichkeit geprüft worden sei. Als der Bohrmeißel bereits auf Öl stieß, erkannte man noch nicht, daß ein reiches Lager gefunden war. Dann schwoll die Flut plötzlich an, und ein 60 Meter hoher Strahl schoß in die Luft. Der Bohrturm wurde zerstört. 500 Männer wurden herbeigeholt, um die Flut zurückzustauen, aber das Bohrloch sprudelte neun Tage lang, wobei fast 150.000 Tonnen Öl verlorengingen. Obwohl die *VOC* eine englische, von der *Shell* kontrollierte Firma war, besaßen verschiedene amerikanische Gesellschaften einschließlich der *Standard Oil of Indiana* und der *Gulf Oil* die angrenzenden Konzessionen, und viele andere kamen rasch in das Gebiet. Von knapp 300.000 Tonnen im Jahre 1922, die alle *Shell* gehörten, stieg die Förderung Venezuelas 1924 auf fast 1,3 Millionen, 1926 auf mehr als 5 Millionen und 1928 auf 15 Millionen Tonnen, wodurch es die Stelle Rußlands als zweitgrößter Ölförderer der Welt einnahm.

Dieser starke Zuwachs war nicht nur auf den Ertragreichtum der Bohrlöcher zurückzuführen, sondern zum Großteil auch auf die Politik des venezolanischen Diktators General Juan Vincente Gomez und auf Ereignisse, die sich in Mexiko abspielten.

1910 war der mexikanische Diktator Porfirio Diaz gestürzt worden, und seit dieser Zeit verfiel das Land in Unordnung und Bürgerkrieg. Es schien nur einen Punkt zu geben, in dem sich alle Parteien einig waren: sie haßten die ausländischen Gesellschaften, die Diaz hereingelassen hatte, um das Land zu erschließen. Teilweise deshalb, weil die Fremden Diaz bis zum äußersten unterstützt hatten; wichtiger jedoch war, daß sie einen Brennpunkt für die Frustrationsgefühle der Mexikaner und eine Zielscheibe ihrer Ressentiments gegen die Vereinigten Staaten abgaben. Erdölgesellschaften verlassen nur widerwillig ein Land, nachdem sie einmal ihre großen Anfangsinvestitionen gemacht haben; sie nehmen lieber — in der Hoffnung auf bessere Tage — den Kampf auf. In Mexiko änderte sich jedoch die Lage in dramatischer Weise, als man in den Bohrungen entlang der Golden Lane Salzwasser fand. Die Gesellschaften bohrten weiterhin in den nicht betroffenen Gebieten und förderten Öl, soviel sie nur konnten, aber geologische und politische Unsicherheit veranlaßten sie schließlich, nach einem anderen Versorgungsgebiet zu suchen.

Sie wandten sich nach Venezuela, wo Gomez sie mit offenen Armen willkommen hieß. Er liebte es, die Amerikaner gegen die *Shell* und andere englische Interessenten auszuspielen, wenn er glaubte, daß er dies ungestraft tun könnte. Sobald aber die Gefahr bestand, die Ölindustrie als Ganzes zu vergrollen, gab er nach. Als der Entwicklungsminister Gumersindo Torres ein Erdölgesetz erlassen wollte, das den Gesellschaften zu streng erschien, wurde er gestürzt und durch Rafael Hidalgo Hernandez, einen ehemaligen Rechtsberater einer Ölgesellschaft, ersetzt. Zusammen mit den Vertretern der Ölindustrie formulierte Hernandez das Gesetz von 1922, das den Gesellschaften das günstigste Investitionsklima in der damaligen Welt gewährte. Die Förderzinsen wurden mit 10 Prozent angesetzt, außer für Felder südlich des Maracaibosees oder 160 Kilometer von der Küste, wo sie 7,5 Prozent betrugen. Den Gesellschaften wurden verschiedene Rechte zugestanden, wie das Recht, Grundstücke, die sie für Straßen, Camps und anderes brauchten, zu erwerben, und das Recht, ihre Materialien zollfrei einzuführen. Als Gegenleistung waren sie verpflichtet, eine Kranken- und Unfallversicherung für ihre Arbeiter zu bezahlen.

Dieses Gesetz blieb mit geringen Änderungen bis zum Tod von Gomez im Jahre 1935 in Kraft; danach wurde es allgemein als ein Ausverkauf an die Gesellschaften kritisiert, da die vergleichsweisen Förderzinsen in den Vereinigten Staaten 12,5 Prozent betrugen, und die großen, später von den Gesellschaften gemachten Gewinne zeigten, daß man bessere Bedingungen hätte aushandeln können. Es ist jedoch einfach, im nachhinein klug zu sein. Die Kritiker scheinen zu vergessen, daß Venezuela vor der Entdeckung von *Barrosa 2* geologisch eine unbekannte Größe war und notorisch unsichere politische Verhältnisse aufwies. Niemand hatte einen Begriff, wieviel Erdöl vorhanden war. Die einzige Gewißheit war, daß große Summen aufgewendet werden mußten, um im Urwald und in der Mitte des Maracaibosees Ölfördereinrichtungen zu schaffen; nur großzügige Bedingungen konnten die Gesellschaften dazu bringen, solche Risiken auf sich zu nehmen.

Die Kritiken sollten sich nicht gegen das Gesetz richten, sondern gegen die Art, wie Gomez es handhabte. Sogar nach zeitgenössischem südamerikanischem Brauch war er außerordentlich korrupt, und die Zuteilung von Ölkonzessionen gab ihm Möglichkeiten, die die habgierigsten Erwartungen übertrafen. Nach seinem Tod wurde sein persönliches Vermögen auf über 200 Millionen Dollar geschätzt, wovon das meiste von den Erdölgesellschaften stammte, während viele weitere Millionen in die Taschen seiner Freunde und Familienmitglieder geflossen waren. Den Gesellschaften erschien das ein geringer Preis für Stabilität, billige Arbeitskräfte und Schutz vor lästigen Einschränkungen durch die Regierung. Solange das Geld in seine Taschen floß, ließ ihnen Gomez freie Hand, ihre Konzessionen zu betreiben, wie sie wollten, und gestattete ihnen sogar, ihre Raffinerien auf den benachbarten holländisch-westindischen Inseln Aruba und Curaçao zu bauen, statt zur Erweiterung der venezolanischen Wirtschaft beizutragen. Die Erdölindustrie wurde praktisch ein Staat im Staate, und ihre Leiter vergaßen die Lektion, die sie in Mexiko erhalten hatten, daß eine zu enge Identifizierung mit dem Diktator bei dessen Abgang zu Schwierigkeiten führen muß.

Die Ölgesellschaften machten jedoch nicht den Fehler, für ihre gesamte Versorgung von Venezuela abhängig zu werden. Obwohl die Ölfelder Venezuelas in unmittelbarer Nähe der amerikanischen Atlantikhäfen lagen und die Förderkosten viel niedriger waren als in Texas, suchten sie weiterhin in Nordamerika nach Lagern, und trotz aller düsteren Prophezeiungen, daß bald kein Erdöl mehr auf dem Kontinent zu finden sein würde, waren sie erfolgreicher denn je. In Kalifornien, Wyoming und an Dutzenden anderen Orten sowie im Südwesten wurden neue Reserven entdeckt. Es zeigte sich, daß 1921 das letzte Jahr der Knappheit war; ab 1922 förderten die Vereinigten Staaten mehr Erdöl, als ihre Raffinerien verarbeiten konnten, und die Raffinerien brachten mehr Produkte auf den Markt, als dieser aufnehmen konnte.

Der Höhepunkt war im Oktober 1930, als ein alter Mann namens Columbus M. Joiner, gewöhnlich Dad genannt, auf der Farm der Witwe Daisy Bradford im Rusk County im östlichen Texas bohrte. Es war ein Gebiet, in dem nach Ansicht der Geologen der großen Gesellschaften niemals Erdöl gefunden werden konnte, und die ersten zwei Bohrungen Dads blieben trocken. Aber er konnte sich Geld verschaffen, indem er an die benachbarten Farmer Aktien verkaufte, und mit Hilfe von Mrs. Bradford und des Leiters der Bank des Ortes, der in seiner Freizeit an der Bohrstelle arbeitete, hielt Dad durch. Als junger Mann hatte er zweimal ein Vermögen verdient und wieder verloren, und sein Erfolg, neue Lager an unerwarteten Stellen zu finden, hatte ihm den Titel eines Königs der Ölsucher eingebracht. Obwohl er über 70 Jahre alt war, wollte er noch einmal Erfolg haben, um sich reich in den Ruhestand zu begeben. Am 3. Oktober stieß der Bohrer schließlich auf Erdöl, und mit gewaltigem Getöse schoß ein dicker schwarzer Strahl aus der Bohrung. Dad, seine Mannschaft und die Aktionäre tanzten und wälzten sich im Erdöl.

Doch dieser Fund hatte keinen glücklichen Ausgang. Dad verursachte ein solches Überangebot, daß die Preise überall fielen, und der Großteil der Förderung kam aus Gebieten, die sich außerhalb seiner Kontrolle befanden. Sein eigener Grund bedeckte nur einige Quadratkilometer, und auch der war nur schwer verkäuflich, da er wegen seiner chaotischen Buchhaltung seinen rechtmäßigen Besitz nicht nachweisen konnte. Bis Haroldson Lafayette Hunt, ein anderer angesehener Ölsucher und einer der berühmtesten Pokerspieler im Südwesten, im Rusk County eintraf, konnte Dad keinen Käufer finden. Unter diesen Bedingungen erschien Hunts Preis von 30.000 Dollar in bar, 45.000 Dollar in kurzfristigen Wertpapieren und eine Garantie über 1,2 Millionen Dollar aus zukünftigen Gewinnen sehr großzügig.[39]

Rückblickend kann man feststellen, daß Hunt eines der besten Geschäfte aller Zeiten gemacht hatte. Das von Dad entdeckte Vorkommen hat bereits über 500 Millionen Tonnen Öl gefördert, und es gibt noch keine Anzeichen eines Versiegens. Man schätzt die Gewinne Hunts auf über 100 Millionen Dollar, und er gilt jetzt als der reichste Mann Amerikas. Dad verarmte wieder und zog sich nach Dallas zurück, wo er 1947 starb.

Zusätzlich zu diesen neuen Erdölreserven lernten die Vereinigten Staaten auch erstmals die Verwendung von Erdgas kennen, wodurch sie eine weitere gewaltige Energiequelle erschlossen. Erdgas gehört zur selben Gruppe der Kohlenwasserstoffverbindungen wie Erdöl, und beide werden gewöhnlich zusammen gefunden, obwohl sie auch getrennt vorkommen können. Bereits 1824 begann die Stadt Fredonia im Norden des Staates New York ein örtliches Vorkommen zu Heiz- und Kochzwecken zu verwenden, aber im allgemeinen wurde Erdgas bis zur Zwischenkriegszeit als nutzlos angesehen.

Sein wirtschaftliches Potential wurde erst durch die Entwicklung von dünnwandigen, äußerst widerstandsfähigen Rohren voll wirksam, und das elektrische Schweißen Anfang der dreißiger Jahre ermöglichte den Bau langer Rohrleitungen zum Transport großer Erdgasmengen aus Texas und dem Südwesten zu den großen Industriezentren im Osten der USA. Zur Zeit des Angriffs auf Pearl Harbor fand das Erdgas bereits wachsende Verwendung zum Kochen, zur Heizung von Wohnhäusern und als Brennstoff in der Industrie.[40]

8. Kapitel
Die USA erobern den Nahen Osten

Vor diesem wechselnden Hintergrund fanden die Verhandlungen zwischen Herbert Hoovers[41] amerikanischem Syndikat und den anglofranzösischen Interessentengruppen über den Eintritt der Amerikaner in die *Turkish Petroleum Company* statt. Als sie 1922 begannen, dachte man, daß nichts weniger als eine Regelung über den Besitz der letzten großen Erdölreserven zur Debatte stand. Als die Verhandlungen aber sechs Jahre später abgeschlossen wurden, lag das Hauptproblem der Ölindustrie darin, die überschüssige Förderung einzuschränken. An die Stelle der Furcht vor einer Ölknappheit war ein Überfluß getreten.

Die Verhandlungen bildeten einen Wendepunkt in der Geschichte der Ölindustrie. Zum erstenmal brachten sie die größten Gesellschaften der Welt zusammen, und den Franzosen wurde schließlich klar, was dies bedeutete: „Es war der Anfang eines langfristigen Plans der weltweiten Kontrolle und des Vertriebs von Erdöl im Nahen Osten."[42] Das Ergebnis waren das berühmte Red-Line-Abkommen, das zum Grundschema für die heutigen Ölkonzessionen im Nahen Osten wurde, und die *Iraq Petroleum Company*, die erste jener gemeinsamen bedeutenden Unternehmungen, durch welche die großen internationalen Ölgesellschaften heute die meisten Erdölreserven der Welt kontrollieren.

Bei den Verhandlungen wurden die britischen und französischen Gesellschaften von ihren Regierungen unterstützt. Bei jeder Wendung mußten auch die Interessen von Calouste Gulbenkian berücksichtigt werden. Er war entschlossen, an jenem 5-Prozent-Anteil festzuhalten, der ihm von der *Shell* und der *Anglo-Persian* 1914 bei der Konferenz des Foreign Office zugesichert worden war, und dank seiner Erfahrung, die bis zu seinem für Sultan Abdul Hamid 1890 abgefaßten Bericht zurückreichte, kannte er die gesamte Angelegenheit besser als jeder andere. Auch war er durch eigene Kraft zu einer Schlüsselfigur in der internationalen Erdölindustrie geworden. Niemand konnte genau sagen, wie das geschehen war. Gulbenkian hatte niemals ein Unternehmen geleitet und schien kein Realkapital zu besitzen; aber überall bei Konzessionsverhandlungen war er ein unentbehrlicher Vermittler geworden. Seine Kenntnis der Industriepolitik, der Stärken und Schwächen jeder Gesellschaft, und sein Gedächtnis für die Aktionen und Versprechungen der Gesellschaften und Regierungen waren einmalig. Bei all diesem Engagement hatte er weitaus weniger Macht als die anderen Verhandlungspartner, aber sein wirksamstes Druckmittel war die Drohung, ihre Händel und Verträge vor Gericht aufzurollen — und das half ausgezeichnet.

Drei Hauptpunkte standen zur Diskussion: 1. der Aktienanteil jeder Gesellschaft, 2. das Ausmaß der Konzession und das Verhältnis der Mitglieder zueinander und 3. Steuerfragen.

Über die Frage des Aktienanteils, den wichtigsten Verhandlungspunkt, kam es zu harten Auseinandersetzungen zwischen den Gesellschaften. Deterding und Gulbenkian erinnerten sich beide schmerzlich an die Art und Weise, wie die britische Regierung 1914 bei der Konferenz des Foreign Office 50 Prozent für die *Anglo-Persian* erworben hatte, und sie waren entschlossen, deren Einfluß zu verringern. Indessen verlangte die amerikanische Gruppe unter der Führung von Walter C. Teagle von der *Standard Oil Co. (N. J.)*, daß sie aus Prestigegründen keine geringere Beteiligung als die *Shell* oder die *Compagnie Française des Pétroles* annehmen könnte. Diesem doppelten Druck konnte die *Anglo-Persian* nicht standhalten. Am Ende mußte sie das Gleichheitsprinzip anerkennen: jede Gruppe erhielt 23¾ Prozent der Aktien, den Rest bildeten Gulbenkians 5 Prozent. Der *Anglo-Persian* wurden als Entschädigung 10 Prozent der Förderung zugestanden, die 1931 auf 7,5 Prozent reduziert wurden.

Komplizierter war die Auseinandersetzung über den Umfang der Konzession und über das Verhältnis der Mitgliedsgesellschaften untereinander. 1914 war im Brief des Großwesirs deutlich festgestellt worden, daß sich die Konzession auf die Gebiete von Bagdad und Mosul erstrecken sollte. Bei der Konferenz des Foreign Office im Juli desselben Jahres waren die Ölgesellschaften übereingekommen, daß sie unabhängig voneinander im türkischen Reich keinerlei Konzessionen erwerben würden. Die amerikanischen Gesellschaften führten nun ins Treffen, daß das türkische Reich nicht mehr bestehe; sie betonten, daß jegliche restriktive Maßnahme im Gegensatz zur offiziellen amerikanischen Politik der „offenen Tür“ im Nahen Osten stünde. Sie betonten auch, daß jede Einschränkung des Wettbewerbs sie mit den Behörden in Washington in Konflikt brächte.

Da sich die *Turkish Petroleum Company* vor allem in ausländischem Besitz befand, wollten die amerikanischen Ölgesellschaften ihren Einfluß soweit als möglich einschränken. Sie waren bereit, der *TPC* beizutreten, um Zugang zu wertvollen Erdölvorkommen zu gewinnen, die sonst außerhalb ihrer Reichweite lagen; aber ein Kräftemessen aller mit allen, bei dem sie eigene Ölreserven im Nahen Osten erwerben konnten, war ihnen lieber.

Nach Auffassung der französischen Regierung und Gulbenkians trafen die amerikanischen Argumente direkt in das Herz der *Turkish Petroleum* und drohten ihren Sinn und Zweck zunichte zu machen. Beide wollten sie eine Konzession, um die größtmögliche Menge Erdöl im größtmöglichen Gebiet zu fördern — die Franzosen, um Frankreich in seiner Versorgung von den internationalen Gesellschaften unabhängig zu machen, und Gulbenkian wegen seiner Profite — und sie wußten, daß sie in einem allgemeinen Kräftemessen nie imstande sein würden, sich zu behaupten. Die *Anglo-Persian* und die *Shell,* die als große Gesellschaften jedem die Stirn bieten konnten, begünstigten den amerikanischen Standpunkt. Die französische Regierung drohte mit einem Prozeß, übte auf London Druck aus und gewann in diesem Punkt.

Das Ergebnis war das Red-Line-Abkommen, das berühmteste Beispiel einer Vereinbarung zur Einschränkung der Konkurrenz, das es je in der internationalen Erdölindustrie gegeben hat. Es erhielt diesen Namen im Oktober 1927, als die französische Delegation eine Landkarte vorlegte, auf der sie das Gebiet, das ihrer Auffassung nach zum türkischen Reich gehört hatte, rot umrandete. Die Engländer sagten, daß es historisch nicht ganz stimme, aber sie akzeptierten es dennoch, und die Amerikaner folgten ihrem Beispiel. Die „Rote Linie“ umgab praktisch die ganze arabische Halbinsel. Die Ölgesellschaften kamen überein, in diesem Gebiet nicht miteinander um Konzessionen zu kämpfen und keine eigenen Konzessionen zu erwerben, ohne vorher die Erlaubnis ihrer Partner einzuholen. Auf diese Weise sicherte sich jede Gesellschaft ein Vetorecht über die Aktionen der übrigen.

GRENZEN DES RED-LINE-ABKOMMENS

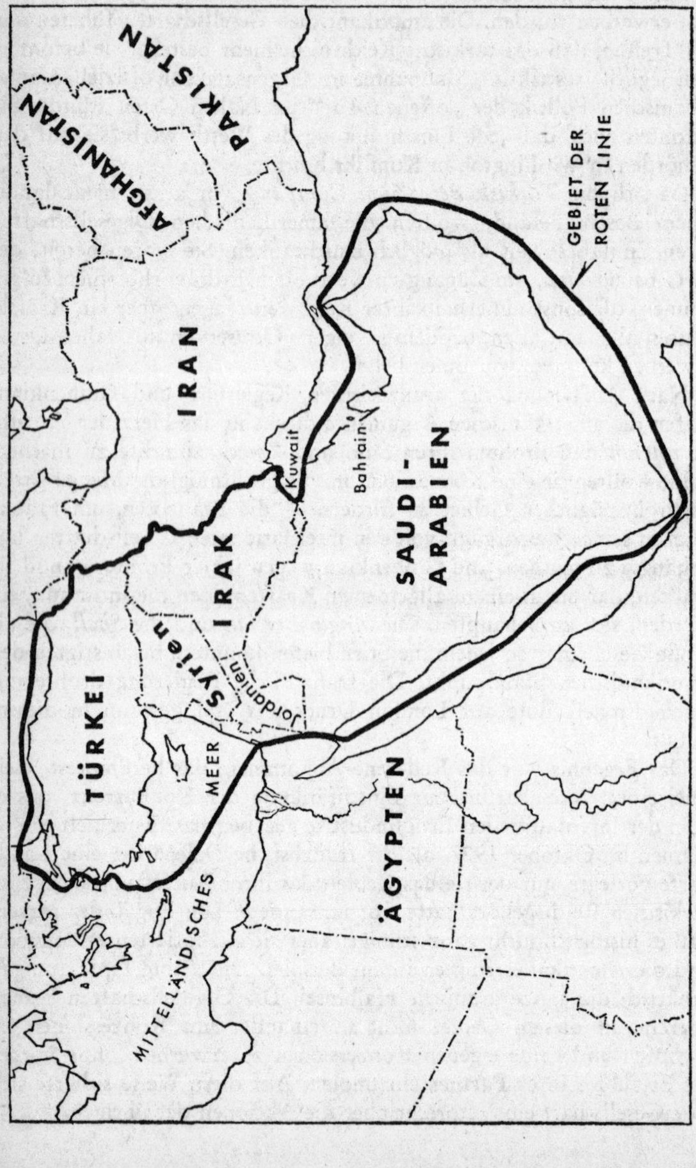

Bei der Steuerfrage stand Gulbenkian allen anderen Verhandlungspartnern allein gegenüber. In den zwanziger Jahren hatten die Doppelbesteuerungsabkommen noch nicht ihre heutige Kompliziertheit erreicht. Da die *Turkish Petroleum Co.* eine in Großbritannien eingetragene Gesellschaft war, waren die französische und die amerikanische Gruppe bestrebt, die Zahlung von Steuern sowohl an die britische Regierung als auch an ihre eigene zu umgehen. Um dies zu bewerkstelligen, einigten sich die Ölgesellschaften, eine nicht auf Gewinn abgestellte Gesellschaft zu gründen und von ihr ihren jeweiligen Förderanteil zu kostendeckenden Preisen zu kaufen. Da sie alle eigene Raffinerien besaßen, denen sie das Rohöl zuführen konnten, war dies offensichtlich eine gute Idee. Für Gulbenkian aber war sie mehr als nutzlos. Er wollte nicht in die Ölindustrie einsteigen — alles, was er wollte, war Geld; und er sah in diesem Plan nichts anderes als einen sorgfältig ausgearbeiteten Versuch, ihn um seine Rechte zu bringen. Die amerikanische und die englische Gruppe versuchten, ihre Regierungen zu einer Einflußnahme auf Gulbenkian zu bewegen, doch die britische Regierung anerkannte seinen Rechtsanspruch. Als er den Ölgesellschaften mit einem Prozeß drohte, teilte Guy Wellman, der Justiziar der *Standard Oil Co. (N. J.)*, Teagle mit, daß sie wahrscheinlich verlieren würden.

Schließlich erbot sich die *Compagnie Française des Pétroles*, die von Gulbenkian als sein Hauptverbündeter betrachtet wurde, ihm seinen Anteil an der Erdölförderung abzukaufen, wenn er für die *Turkish Petroleum Co.* den Status einer nicht auf Gewinn abgestellten Gesellschaft akzeptiere. Nubar Gulbenkian verhandelte im Auftrag seines Vaters mit Louis Tronchère, der, wie er annahm, nicht von den anderen Ölgesellschaften beeinflußt war. Als dieser jedoch Sir William Fraser von der *Anglo-Persian* als Schiedsrichter vorschlug, merkte Gulbenkian, daß die Franzosen in Wirklichkeit heimlich im Auftrag der anderen Gruppe vorgingen.

Als sich die Verhandlungen in die Länge zogen, verloren die Amerikaner allmählich das Interesse; die neuen Ölfelder in den Vereinigten Staaten und Lateinamerika deckten überreichlich ihren Bedarf. Als das Abkommen endlich am 21. Juli 1928 bei einem Sektfrühstück im Royal Palace Hotel in Ostende zur Unterzeichnung bereitlag, war die Mitgliederzahl des amerikanischen Syndikats von sieben auf fünf gesunken. 1930 waren nur mehr zwei übrig: die *Standard Oil Co. (N. J.)* und die *Mobil Oil*, die beide einen großen Marktanteil in Europa und im Fernen Osten hatten.

Für die Europäer hielt der Irak jedoch sein Versprechen. Die Bohrungen wurden lange hinausgezögert, während die Details des Konzessionsvertrages ausgearbeitet wurden, aber schließlich traf ein Bohrtrupp in Baba Gurgur, unweit von Kirkuk, ein. Der Optimismus war groß, da die Ewigen Feuer des Feuerofens des Nebukadnezar nur zwei Kilometer entfernt waren, und man glaubte, daß diese Ausbisse aus einer großen Lagerstätte stammen mußten. Dennoch war niemand auf das dramatische Ereignis vorbereitet, als am 27. Oktober der Bohrmeißel in das Ölreservoir einbrach und ein Strahl, der im Umkreis von fast 20 Kilometer gesehen werden konnte, durch die Sondenmündung schoß. Zum erstenmal in der Geschichte mußten alle Feuer gelöscht werden, um eine Explosion zu vermeiden, als das Erdöl in der unglaublichen Menge von 12.500 Tonnen pro Tag aus dem Bohrloch sprühte und sich über das umgebende Land ergoß. Es gelang schließlich, die Ölflut einzudämmen. Nach Abschluß der Probebohrungen stand fest, daß das Ölfeld 100 Kilometer lang und somit eines der größten der Welt war.

Für Gulbenkian war Baba Gurgur der Höhepunkt von 37 Jahren voller Verhandlungen, Pläne und Träume. Aber es lag ihm nie etwas daran, es zu sehen, er zog es vor, in Paris zu bleiben, umgeben von seinen Kunstwerken und Mätressen. Es war eine hinreichende Belohnung, die 5 Prozent Tantiemen für jede geförderte Tonne einzustreichen, und die Verkehrsstockungen um die Place de la Concorde waren eine ständige Versicherung dafür, daß der Absatz nicht zurückgehen würde.

Die irakische Regierung unter König Feisal fand sich plötzlich im Mittelpunkt ungewohnter Aufmerksamkeit. Während der komplizierten Verhandlungen über den Konzessionsvertrag war sie zuweilen kaum beachtet worden, und man hatte ihre Forderung nach einem zwanzigprozentigen Aktienanteil an der *Turkish Petroleum* abgelehnt. Ihre „Beteiligung“ an dem Unternehmen wurde auf einen Förderzins von 4 Goldshilling für jede geförderte Tonne beschränkt, aber dies war mehr als genug, um sie eines weit größeren Reichtums zu versichern, als es je zuvor möglich geschienen hatte. Außerdem umfaßte die Konzession nur 500 Quadratkilometer, und nach Baba Gurgur wollte die Gesellschaft, die ihren Namen taktvollerweise in *Iraq Petroleum Company (IPC)* geändert hatte, natürlich noch mehr. Als Gegenleistung für weitere 83.000 Quadratkilometer zahlte sie an die Regierung 400.000 Goldpfund, von denen nur die Hälfte als vorausgezahlter Förderzins galt.

Die große Ironie der komplizierten Abkommen zur Erschließung des irakischen Erdöls liegt darin, daß sie für ihr Hauptziel belanglos waren. Dieses bestand darin, die Vereinigten Staaten im Nahen Osten Fuß fassen zu lassen, und man dachte, daß der Irak die einzige Möglichkeit dafür bot. Wenn jedoch jemand einem Neuseeländer namens Frank Holmes Gehör geschenkt hätte, so hätte man — während die Verhandlungen über den Irak noch immer im Gang waren — noch größere Ölreserven in Kuweit und Saudi-Arabien finden können.

Wie Higgins und Lucas, die Entdecker von Spindletop, war auch Holmes kein Geologe, und seine Ideen wurden von den Fachleuten mißachtet. Er war als Bergwerksingenieur Autodidakt, und sowohl sein militärischer Rang als sein Interesse für Erdöl stammten aus dem Krieg. Er hatte den Auftrag gehabt, für die britische Armee in Mesopotamien Fleisch aufzukaufen; dazu unternahm er viele Reisen am Persischen Golf. Es gab in dem Gebiet auf der Erdoberfläche unzählige Anzeichen für das Vorhandensein von Erdöl, wie zum Beispiel die Bitumensickerungen in Bahrain, und was er sah und hörte, beflügelte seine Phantasie. Nach seiner Entlassung aus der Armee kehrte er nach London zurück und überredete seine früheren Arbeitgeber, Sir Edmund Davies, Percy Tarbutt und Edmund Janson, das *Eastern and General Syndicate* zu gründen, um sich nach Ölkonzessionen und anderen geschäftlichen Möglichkeiten in den Staaten am Persischen Golf umzusehen.

Das erforderte erhebliches Vertrauen in Holmes' Urteil. Einige große Ölgesellschaften hatten detaillierte geologische Gutachten über dieses Gebiet erstellen lassen, und sie waren trotz der Oberflächenanzeichen davon überzeugt, daß dort keine bedeutenden Ölvorkommen vorhanden waren. Sie sorgten aber dafür, daß keine Außenseiter herumschnüffelten und den Herrschern dieser Gebiete irgendwelche Ideen einflüsterten. Die mächtigste Ölgesellschaft war kraft ihres Monopols in Persien die *Anglo-Persian.* Ihre Haltung wurde durch ihren Vorsitzenden, Sir Charles Greenway, in einer Note an den Vorstand am 9. September 1924 formuliert. Er schrieb: „Obwohl auf Grund der geologischen Informationen, die wir augenblicklich haben, keine große Hoffnung besteht, Erdöl auf Bahrain und in Kuweit zu finden, sind wir, wie ich annehme, alle einig, daß — selbst bei einer Chance von 100 : 1 — wir eher weitersuchen sollten, als andere in den Persischen Golf kommen zu lassen, wo sie uns nur Schwierigkeiten bereiten können." Diese Ansicht wurde vom britischen Kolonialministerium geteilt, das für die Beziehungen Großbritanniens mit den Emiraten verantwortlich war, die alle in irgendeiner Form unter britischem Schutz standen. Das Ministerium machte sich zur Aufgabe, die Herrscher vor „skrupellosen Konzessionsjägern“ zu schützen und ausländische Geschäftsinteressen aus dem Golf fernzuhalten. Holmes war selbstverständlich kein Ausländer, aber er war Ölfachmann, und diesen begegnete das Kolonialministerium mit besonderem Mißtrauen.

Die Herrscher selbst waren ebenfalls skeptisch angesichts der Beweggründe der Fremden, die kamen und ihnen erzählten, daß ihre Wüsten eine schwarze Flüssigkeit enthielten, die man in unbegrenzten Reichtum verwandeln konnte. Die einzige Flüssigkeit, für die sie sich interessierten, war frisches Wasser, das zu jener Zeit am Golf kostbarer war als selbst das Leben, und der einzige Reichtum, den sie außer ihren Frauen und Herden gelten ließen, war Gold. Sogar dieses jedoch, glaubte man, konnte zuweilen mehr Ungelegenheiten verursachen, als es wert war — wenn es nämlich zu politischen Unruhen führte. Der relativ wohlhabende Scheich Ahmad al Jabir Sabah von Kuweit war beispielsweise der Ansicht, die Aussicht auf eine Erdölkonzession sei wenig verlockend, wenn man die Beschwerde seiner Kaufleute berücksichtige, daß dies eine Dauerbeschäftigung für die Arbeiter abgeben und demnach zu einem Mangel an Arbeitskräften in der Perlenfischerei führen würde.

Von den Orten, für die sich Holmes interessierte, lag nur El Hasa im heutigen Saudi-Arabien außerhalb des britischen Einflusses. Hier herrschte Ibn Saud, der große Krieger, der damals gerade dabei war, in einer Reihe von Feldzügen die ganze arabische Halbinsel — mit Ausnahme der unter britischem Protektorat stehenden Küstengebiete — unter seine Herrschaft zu bringen. Ibn Saud mißtraute den Engländern von Herzen; er verdächtigte sie ständig, seine Unabhängigkeit untergraben zu wollen. Als Holmes und die *Anglo-Persian* 1922 an ihn mit dem Ansuchen um Konzessionen herantraten, intervenierte der britische Hochkommissar, Sir Percy Cox, für die *Anglo-Persian.* Das beeinflußte Ibn Saud sofort zugunsten von Holmes; am 6. Mai 1923 wurde der *Eastern and General* eine exklusive Option für Erdöl- und Schürfrechte über El Hasa zugesichert. Während seine Arbeitgeber den hervorragenden Schweizer Geologen Dr. Arnold Heim mit der Untersuchung des neuerworbenen Gebietes betrauten, ging Holmes nach Kuweit und auf die Insel Bahrain, um nach neuen Konzessionen Ausschau zu halten.

In Kuweit hatte er keinen Erfolg, aber auf Bahrain hatte er mehr Glück. Die Insel litt unter akutem Wassermangel. Ihr Hauptbedarf wurde durch eine Süßwasserquelle auf dem Meeresboden gedeckt, und heftige Stürme machten es Tauchern oft unmöglich, zu ihr zu gelangen. Holmes wohnte bei einem angesehenen Kaufmann des Ortes, Mohammed Yateem, und regte an, artesische Brunnen zu bohren. Yateem teilte diese Idee dem Herrscher mit, und Scheich Hamad bin Isa gab seine Zustimmung. Als man auf Wasser stieß, war Scheich Hamad so dankbar, daß er Holmes zur Belohnung am 2. Dezember 1925 eine exklusive Erdölkonzession gab.

Damals bedurfte Holmes sehr der Ermutigung. Er hatte Optionen auf die heute wertvollsten Ölkonzessionen der Welt erworben, aber das Geld des Syndikats ging zu Ende, und man mußte unter den großen Gesellschaften einen Käufer finden. Obwohl Heims Bericht von El Hasa enttäuschend war, war Professor George Magdwick von der Birmingham University von den geologischen Nachweisen beeindruckt. Mit seiner Unterstützung machte die *Eastern and General* den drei führenden englischen Gesellschaften *Shell*, *Anglo-Persian* und *Burmah Oil* ein Angebot. Als alle drei abschlägig antworteten, wandte sich Holmes zögernd an die Vereinigten Staaten. Dort begegnete er beinahe dem gleichen Mangel an Begeisterung. Es fanden Besprechungen mit der *Gulf Oil* und der *Standard Oil Co. (N. J.)* statt; die geologischen Berichte Madgwicks erschienen zwar interessant, jedoch nicht überzeugend. Außerdem erschien die Aussicht der Ölerschließung in einem so entlegenen und isolierten Ort wie Bahrain ganz und gar nicht anziehend, vor allem im Hinblick auf die ablehnende Haltung der britischen Regierung. Erst als das Syndikat versprach, auch die Rechte auf dem Festland neben denen auf Bahrain abzutreten, konnte die *Gulf Oil* zum Abschluß bewogen werden, und erst am 6. November 1927, eine knappe Woche vor dem Erlöschen der Option, wurde der Vertrag von Bahrain unterzeichnet.

Während ein Vortrupp der *Gulf Oil* die Bohrungen vorbereitete, entstand ein neues und ernstes Problem. Bahrain gehörte zum Gebiet innerhalb der „Roten Linie"; nach den Bedingungen des *Iraq-Petroleum*-Abkommens war die *Gulf* verpflichtet, die Konzession ihren Partnern in dieser Gruppe anzubieten, und falls diese ablehnen sollten, um die Erlaubnis der alleinigen Ölerschließung nachzusuchen. Beide Male sagten die europäischen Gesellschaften nein; sie wollten weder Bahrain für sich selbst, noch wollten sie es der *Gulf Oil* lassen.

Das Syndikat stand wieder am Anfang, nur daß es jetzt die Berichte der Geologen von *Gulf* hatte, die das Gutachten Madgwicks bestätigten, sowie das Versprechen dieser Gesellschaft, bei der Suche nach einem anderen Käufer behilflich zu sein. Das genügte, um die *Standard Oil of California*, die an der *IPC* nicht beteiligt war, zu einem neuen Versuch zu überreden. Ende 1928 übernahm sie die Option von Bahrain, obwohl die Rechte der *Eastern and General* in El Hasa auf dem Festland abgelaufen waren, da man die Pachtbeträge nicht regelmäßig gezahlt hatte. Ein anderes offenes Problem war das der Nationalität, da das britische Kolonialministerium es nicht gern sah, daß Amerikaner in seiner Einflußsphäre tätig waren. Diese Schwierigkeit wurde überwunden, indem die *Standard Oil of California* eine eigene Gesellschaft in Kanada gründete.

Innerhalb von drei Jahren wurde der Glaube Holmes' an den Persischen Golf belohnt: am 31. Mai 1932 fand man auf Bahrain Erdöl. Die großen Gesellschaften im Irak vernahmen diese Neuigkeit mit Schrecken. Sie dachten, sie hätten ein Monopol über die Ölreserven im Nahen Osten erworben, und nun kam da eine Gesellschaft, die außerhalb ihres magischen Kreises stand, und begann eine neue und unabhängige Versorgungsquelle zu erschließen. Wenn es daneben auch noch auf Bahrain Erdöl gab, dann bestand große Wahrscheinlichkeit, daß sich die Berichte ihrer Fachleute über den restlichen Persischen Golf ebenfalls als falsch erweisen würden, und ein Wettlauf um Konzessionen war unausbleiblich.

Die *Gulf Oil* war über das Geschehene besonders erbittert. Nachdem man sie an der Erschließung von Bahrain gehindert hatte, war sie aus der *Iraq-Petroleum*-Gruppe ausgeschieden und auf diese Weise von beiden Ölfeldern im Nahen Osten abgeschnitten. Sie war jedoch entschlossen, dort ebenfalls Erdöl zu finden, und entschied sich für Kuweit. Deshalb wurde der jetzt zweiundfünfzigjährige Holmes in das Scheichtum gesandt, um die Verhandlungen mit Scheich Achmed zu führen, der bereits Angebote von der *Anglo-Persian* erhalten hatte.

Holmes ging in die Unterredungen mit zwei großen Vorteilen: sein Ansehen als „Abu el Naft", Vater des Erdöls, stand auf dem Höhepunkt, und er kannte den Scheich Achmed bereits seit vielen Jahren. Doch in einem Punkt konnte er es mit seinem dreißigjährigen Gegner von der *Anglo-Persian,* Archie Chisholm, nicht aufnehmen: Der Scheich war vertraglich verpflichtet, an niemand außer einer von der britischen Regierung beauftragten Person eine Konzession zu vergeben.[43] Die beiden Männer verbrachten in Kuweit über ein Jahr damit, Vorschläge und Gegenvorschläge zu unterbreiten. An Sonntagen trafen sie sich in der kleinen amerikanischen Missionskirche. Mittlerweile besprachen britische und amerikanische Regierungsvertreter den Fall. Der Standpunkt der Amerikaner wurde durch ihren Botschafter in London vertreten. Ein glücklicher Zufall wollte es, daß dies Andrew Mellon war, ein früherer Vorsitzender der *Gulf Oil.*

Ende 1933 waren beide Seiten zu einem Kompromiß bereit, und man kam überein, eine gemeinsame, in London eingetragene *Kuwait Oil Company (KOC)* ins Leben zu rufen.

Jeder wußte, daß die Konzession aussichtsreich war, aber nicht einmal Holmes hatte einen Begriff von ihrem tatsächlichen Wert. Er hielt sie für nicht ergiebiger als Bahrain, und das *Eastern and General Syndicate* verkaufte der *Gulf Oil* sein Recht auf eine kleine Zusatzabgabe für ein paar tausend Pfund. In Wirklichkeit schwimmt Kuweit buchstäblich auf Erdöl und umfaßt etwa ein Fünftel der bekannten Reserven der Welt. Die Zusatzabgabe wäre heute über 5 Millionen Pfund jährlich wert, während der Förderzins von Bahrain, der der *Eastern and General* erhalten blieb, nur 136.000 Pfund jährlich einbringt.

In Saudi-Arabien, wo Holmes' Rechte in El Hasa erloschen waren, gab es ebenfalls zwei Hauptanwärter auf Ölkonzessionen: die in der *Iraq Petroleum* vereinten großen Ölgesellschaften und die *Standard Oil of California.* Ibn Saud, der eben die Königswürde erlangt hatte, bevorzugte zwar instinktiv die amerikanische Gesellschaft, da sie weniger mächtig schien als ihr Konkurrent und keine Beziehung zu Großbritannien hatte, aber sein Hauptinteresse war es, sich soviel Geld wie möglich zu sichern. Seine wichtigste Einnahmequelle war die Hedschra, die Pilgerfahrt nach Mekka, und wegen der Weltwirtschaftskrise hatte die Zahl der Gläubigen, die die Reise machten, jäh abgenommen. Bei Beginn der Verhandlungen forderte der König 50.000 Goldpfund. Die *Iraq Petroleum Company* blieb bei ihrem Angebot von 30.000 Pfund Sterling. Die *Standard Oil of California* verlegte sich nicht aufs Feilschen. Innerhalb von 48 Stunden hinterlegte sie die volle Summe in Gold und schloß den Vertrag.

9. Kapitel
Last des Reichtums

In gewissem Sinn hat die Ölindustrie nie genug Erdöl. Wenn es an Rohstoff mangelt, verlieren die Ölgesellschaften ihren Unterhalt, während es bei einem Überschuß immer möglich ist, neue Märkte zu erschließen und neue Verwendungsmöglichkeiten zu entwickeln. Dennoch hätte die Erschließung des Nahen Ostens für die kleine Gruppe der großen Gesellschaften, die die Kontrolle über die Ölreserven in die Hände bekommen wollte, zu keinem ungünstigeren Zeitpunkt erfolgen können. Neue Erdölvorkommen waren Anfang der dreißiger Jahre, zur Zeit der großen Wirtschaftskrise, das letzte, was sie sich wünschten.

In den zwanziger Jahren drückte die unaufhörliche Folge neuer Ölvorkommen in den Vereinigten Staaten die Preise ständig herunter, und 1929 beschleunigte der Zusammenbruch der Wallstreet den Preissturz. 1930 sank in den Vereinigten Staaten erstmals die Nachfrage nach Erdöl, und mit Dad Joiners Entdeckung des Erdölfeldes im östlichen Texas im Oktober desselben Jahres brach der Markt zusammen; die Preise fielen von etwa 30 DM auf 1,50 DM je Tonne. Nach jahrelangen großen Gewinnen standen die Ölgesellschaften plötzlich vor Verlusten. 1931 verlor die Tochtergesellschaft der *Shell* in den Vereinigten Staaten allein 27 Millionen Dollar, während die *Gulf Oil* 23 Millionen Dollar verlor und damit ihr erstes Defizit hatte. Dasselbe wiederholte sich überall in der Welt: In Persien, wo die Regierung einen Förderzins von 16 Prozent auf die Förderung der *Anglo-Persian* erhielt, sank zwischen 1929 und 1931 dessen Wert von 1,4 Millionen Pfund jährlich auf 307.000 Pfund.

In den Vereinigten Staaten wurde man mittels gemeinsamer Maßnahmen des Bundes und der Einzelstaaten Herr der Lage. Im Rahmen seines Programms zur nationalen Gesundung führte Präsident Roosevelt einen amerikanischen Ölkodex ein, der den Rohölpreis anheben sollte, indem er mit dem Benzinpreis der Vormonate in Beziehung gesetzt wurde. Die Regierungen der Bundesstaaten ihrerseits verhängten gesetzliche Förderkontrollen, und als diese dann eingeführt waren, verabschiedete die Bundesregierung 1934 das „Hot-Oil"-Gesetz Connallys, das den Transport von illegal produziertem Erdöl über die Grenzen der einzelnen Staaten zu einem Vergehen machte. Es regelte auch die in das Land kommende Menge ausländischen Erdöls.

In anderen Gebieten konnten die großen Ölgesellschaften entsprechende Maßnahmen auf eigene Rechnung durchführen: Im Irak wurde die Erschließung verlangsamt, und in Venezuela senkten die drei dort tätigen Erzeuger, *Shell, Gulf Oil* und *Standard Oil of Indiana*, ihre Förderung um 15 Prozent. Die Ölgesellschaften trafen auch gegenseitige Abmachungen, um zu verhindern, daß eine Flut von neuem Öl auf den Markt komme. Das geschah zweimal in Venezuela. Die erste Gelegenheit bot sich, als die Vereinigten Staaten Importbeschränkungen einführten und damit die venezolanischen Ölfelder der *Standard Oil of Indiana* von ihrem Hauptmarkt abschnitten. Also mußte die *Indiana* neue Märkte in Europa suchen, wo die *Standard Oil Co. (N. J.)* stark war. Ehe sie eine neue Konkurrenz riskierte, kaufte sie selbst die Felder auf. Als die *Gulf Oil* später ein neues Ölfeld fand, verkaufte sie die Hälfte ihres Anteils an *Shell* und *Standard Oil Co. (N. J.)*; das erschien ihr zweckmäßiger als die Suche nach neuen Absatzgebieten.

In Saudi-Arabien und auf Bahrain machte das Red-Line-Abkommen eine ähnliche Abmachung zwischen der *Iraq Petroleum* und der *Standard Oil of California* ohne Zustimmung der *Compagnie Française des Pétroles* und Gulbenkians unmöglich. Die *Anglo-Persian*, die *Shell* und die amerikanischen Gesellschaften *Standard Oil Co. (N. J.)* und *Mobil Oil* versuchten zuerst ihre Partner zu überreden, Saudi-Arabien und Bahrain aus dem Gebiet der „Roten Linie" zu streichen, damit sich beide Unternehmen in die neuen Konzessionen einkaufen könnten. Als ihnen dies mißlang, ersuchten sie um die Erlaubnis zum Kauf der Produktion der *Standard Oil of California;* wiederum lehnten die Partner ab.

Die Franzosen und Gulbenkian gebrauchten ihr Vetorecht nicht bloß, um Ungelegenheiten zu bereiten; die Meinungsverschiedenheit spiegelte einen prinzipiellen Interessenkonflikt zwischen beiden Seiten wider. Die großen Gruppen sahen in den Konzessionen der *Standard Oil of California* eine Bedrohung ihrer Interessen im Nahen Osten und in der östlichen Hemisphäre, und sie befürchteten einen katastrophalen Preissturz, sobald die Gesellschaft nach Absatzmärkten für ihr Erdöl suchte. Im Gegensatz dazu und mit Rücksicht auf die französische Zahlungsbilanz wünschte die *Compagnie Française* niedrige Preise, während Gulbenkian wollte, daß sich die großen Gesellschaften soweit wie möglich auf die *Iraq Petroleum Company* stützten, um den Wert seiner 5 Prozent zu erhöhen.

Die *Standard Oil of California* war sich der Gefahr, den Markt zu ruinieren, vollkommen bewußt, aber sie konnte nicht endlos warten, bis die Irak-Gruppe ihre internen Streitigkeiten beigelegt hatte. Sie verkaufte deshalb 1936 die Hälfte ihrer Anteile an die *Texaco*, die ein Vertriebsnetz in der östlichen Hemisphäre besaß und so das Erdöl aus Saudi-Arabien und Bahrain übernehmen konnte, ohne die Preise zu sehr aus dem Gleichgewicht zu bringen. Dennoch blieben die Vorteile eines Zusammengehens mit den großen Ölgesellschaften bestehen, und 1939 kam es schließlich zu einem solchen Abkommen, das sowohl die *Compagnie Française* als auch die Briten und Amerikaner einschloß.

Durch den Kriegsausbruch trat es nie in Kraft, und es hätte die amerikanischen Gesellschaften auch nicht lange befriedigt. Die „Red Line“ hatte sich als gewinnbringende Investition erwiesen, die beispielsweise der *Standard Oil Co. (N. J.)* 10 Dollar Rendite für jeden im Irak investierten Dollar einbrachte. Aber nun war sie nicht mehr nützlich, und die Gesellschaften hatten genug von den Einschränkungen ihrer Aktionsfreiheit. Um 1941 war es offenkundig, daß Saudi-Arabiens Ölvorräte größer waren, als man angenommen hatte, und die amerikanischen Gesellschaften waren entschlossen, sich in dieses Land einzukaufen.

Der Krieg gab ihnen Gelegenheit, auf die gesamte *Iraq Petroleum* Anspruch zu erheben. Durch die Niederlage Frankreichs wurden die *Compagnie Française* und Gulbenkian, der in Vichy geblieben war,[44] zu feindlichen Ausländern erklärt und von ihrem Erdöl abgeschnitten, während selbst die alliierte Gruppe ihre Arbeit nicht normal fortsetzen konnte. Das nahmen *Standard Oil Co. (N. J.)* und *Mobil Oil* als Anlaß zur Behauptung, daß folglich das Red-Line-Abkommen aufgehoben sei. Sie meinten, daß seine Wiedereinführung ein Verstoß gegen das amerikanische Antitrustgesetz wäre. Ohne auf die Zustimmung der Franzosen und Gulbenkians zu warten, begannen sie, die Bedingungen für einen neuen Vertrag mit der *Standard Oil of California* und der *Texaco* auszuarbeiten. Im März 1947 erwarb die *Standard Oil Co. (N. J.)* für 76,5 Millionen Dollar einen dreißigprozentigen Anteil an der *Aramco*,[45] der saudiarabischen Fördergesellschaft, und die *Mobil Oil* für 25,5 Millionen einen Anteil von zehn Prozent.

Der Zusammenschluß in der *Aramco* bedeutete, daß die gewaltigen Ölreserven in Saudi-Arabien mittels bestehender Verkaufssysteme auf den internationalen Markt gebracht werden konnten, wodurch sich die *Standard Oil of California* und die *Texaco* beträchtliche Kapitalinvestitionen ersparten, während gleichzeitig die *Standard Oil Co. (N. J.)* und die *Mobil Oil* vor neuer Konkurrenz geschützt wurden. Ein ähnliches Arrangement war in Kuweit nötig, wo die *Anglo-Iranian* — die ehemalige *Anglo-Persian* — und die *Gulf Oil* auf großen Ölreserven saßen, ohne die notwendigen Absatzmöglichkeiten zu besitzen. Die *Standard Oil Co. (N. J.)* und die *Mobil Oil* schlossen deshalb langfristige Verträge über den Ankauf von Öl mit der *Anglo-Iranian* ab, desgleichen die *Shell* mit der *Gulf Oil*. So wurden die Interessen aller großen anglo-amerikanischen Gruppen im Nahen Osten harmonisch aufeinander abgestimmt.

Die *Compagnie Française des Pétroles* und Gulbenkian protestierten heftig, aber die Franzosen befanden sich in einer schwachen Verhandlungsposition. Frankreich benötigte dringend Erdöl, um seine durch den Krieg geschädigte Wirtschaft wiederaufzubauen, und der Irak war das einzige Land, wo eine französische Gesellschaft an der Ölförderung beteiligt war. Die Franzosen befürchteten, daß im Falle eines Widerstandes gegen die großen Gruppen diese die Erschließung der Erdölfelder im Irak verzögern würden. Als der *Compagnie Française des Pétroles* daher eine rasche Ausweitung der Ölausbeute im Irak garantiert wurde und man ihr versprach, sie könne mehr als ihren prozentuellen Anteil an der Förderung erhalten, wenn sie der Annullierung der „Roten Linie" zustimme, hatte sie keine andere Wahl, als anzunehmen.

Gulbenkian, der sich in das Hotel Aviz in Lissabon zurückgezogen hatte, war weniger nachgiebig. Er beauftragte Sir Cyril (jetzt Lord) Radcliffe mit der Wahrnehmung seiner Interessen und unternahm in London rechtliche Schritte. Wieder erwies sich die Drohung mit Enthüllungen vor Gericht als mächtige Waffe; am Tag des Prozesses gingen die Gesellschaften auf seine Forderungen ein. Das Red-Line-

Abkommen wurde mit Wirkung vom November 1948 formell aufgehoben, und Gulbenkian erhielt als Entschädigung zusätzlich zu seinen 5 Prozent 14 Jahre hindurch 3,8 Millionen Tonnen Erdöl jährlich.

Obwohl Caloust Gulbenkian im Juli 1955 starb, gibt es noch immer seine 5 Prozent. Sie dürften eine der einträglichsten Investitionen aller Zeiten sein. Sein Sohn Nubar schätzt, daß zwischen 1914 und 1953 die Beteiligungen der Gulbenkian im Nahen Osten niemals mehr als eine Million Pfund betragen haben; allein seit 1955 haben sie jährlich einen Gewinn von 5 bis 6 Millionen Pfund abgeworfen.[46]

10. Kapitel
Wie das Kartell arbeiten sollte

Zu den Bemühungen der großen Gesellschaften, ein Monopol — oder eher Oligopol — für die Erdölförderung zu errichten, kam verständlicherweise ein ähnlicher Versuch zur Kontrolle des Vertriebs. Ziel war die Gründung eines internationalen Kartells, das die Preise und die Wettbewerbsbedingungen regeln sollte, um allen Mitgliedern einen Gewinn zu sichern. Zu dem einen oder anderen Zeitpunkt waren alle führenden Ölgesellschaften in die Sache verwickelt, vor allem die *Standard Oil Co. (N. J.)*, die *Shell* und die *Anglo-Persian*, die Firmen mit den weitestgestreuten Geschäftsinteressen. Die *Shell* und die *Standard* hatten schon vor 1914 zusammengearbeitet, und sofort nach Kriegsende schloß sich ihnen die *Anglo-Persian* an. In den vier Kriegsjahren war die Förderung ihrer persischen Ölfelder rasch angewachsen, und bei Friedensschluß hatte die Gesellschaft ein Vertriebssystem aufgebaut, das als Abnehmer nun an die Stelle der Armee treten sollte. Die britische Regierung unterstützte die *Anglo-Persian* durch Überantwortung mehrerer deutscher Erdölbeteiligungen, die als Feindeigentum beschlagnahmt worden waren.[47]

Der Ruf nach dem Kartell kam nicht von heute auf morgen. Zunächst waren die Gesellschaften viel zu sehr damit beschäftigt, den rasch anwachsenden Bedarf, der sich zwischen 1919 und 1926[48] mehr als verdoppelte, zu befriedigen und ein modernes Verkaufsnetz zu schaffen. Der Anfang dazu wurde in den Vereinigten Staaten gemacht, wo die erste Tankstelle wahrscheinlich 1913 von der *Gulf Oil* in Pittsburgh eröffnet wurde. 1920 gab es in ganz Amerika ähnliche Tankstellen, und 1929 zählte man allein in Großbritannien bereits über 29.000. In manchen Ländern, wie beispielsweise Großbritannien, waren sie gewöhnlich im Besitz selbständiger Händler, in anderen wieder Eigentum der Ölgesellschaften.

In einigen Ländern hielten die Gesellschaften Preisabsprachen ein, aber man nahm sie nicht sehr ernst. Immer wenn ein Unternehmen durch einen Preiskrieg Vorteile erringen zu können glaubte, wurden die Abmachungen gebrochen. In den Niederlanden gab es zum Beispiel ein Abkommen zwischen den führenden Gesellschaften, einander beim Geschäft mit bereits vorhandenen Kunden nicht zu unterbieten. Das sicherte der dortigen Tochtergesellschaft der *Standard Oil Co. (N. J.)* fast 80 Prozent des Marktes. Deterding betrachtete diese Situation in seiner Heimat als eine Zumutung, und 1924 begann die *Shell* einen Preiskrieg, um den Markt an sich zu reißen.

Anderswo war die Konkurrenz noch härter. 1922 erfuhr die *Standard Oil Co. (N. J.)* mit Schrecken, daß in Island, einem Land, das sie dreißig Jahre hindurch beliefert hatte, ein Staatsmonopol auf Erdölimport und -verkauf errichtet worden war. Ihr dortiger Geschäftsführer konnte nicht begreifen, was geschehen war. Der Grund für diese Entscheidung wurde erst offenbar, als die Regierung einen dreijährigen Exklusivvertrag für Öllieferungen mit der *Anglo-Persian* unterzeichnete.

Im großen und ganzen jedoch artete der Wettbewerb nicht aus — bis zum September 1927, als ein Preiskrieg zwischen *Shell* und *Mobil Oil* entfacht wurde. Es begann mit einem Streit über das russische Erdöl; ein Thema, das Deterding naheging. Seine Gemahlin Lydia Pawlowna — jene Frau, der er vor der Hochzeit den Smaragdschmuck für 300.000 Pfund geschenkt hatte — war eine emigrierte russische Aristokratin und haßte die Kommunisten. Auch Deterding selbst hatte gute Gründe, sie nicht zu mögen, da sie alle Förderanlagen der *Shell* im Kaukasus verstaatlicht hatten. Als schließlich jede Hoffnung auf eine Entschädigung geschwunden war, verlangte Deterding, daß die *Mobil Oil* den Bezug russischen Erdöls zum Wiederverkauf in Indien unterlasse; und als die Amerikaner sich weigerten, versuchte er, sie durch einen Preiskrieg vom Markt zu verdrängen.

Was als lokale Auseinandersetzung begonnen hatte, weitete sich rasch auf Europa und die Vereinigten Staaten aus. Immer mehr Länder wurden hineingezogen, und andere Ölgesellschaften kamen zu Schaden, da sie die Preissenkungen mitmachen mußten, um ihren Marktanteil zu halten. Der Kampf konnte nicht endlos fortdauern, und schließlich kam es Ende 1928 zur Aufteilung des indischen Marktes zwischen der *Shell*, der *Mobil Oil* und der *Anglo-Persian*. An sich wäre das nicht besonders wichtig gewesen, wenn es nicht der erste Schritt zu weit umfassenderen Abmachungen gewesen wäre.

Alle internationalen Ölgesellschaften waren zutiefst darüber betroffen, wie sich ein anscheinend lokaler Streit über die Welt ausgebreitet hatte; dies sollte nicht wieder vorkommen. Es wurde damals gerade die letzte Hand an die Konzessionsverträge im Irak gelegt, und die Gesellschaften beschlossen, auch im Vertrieb enger zusammenzuarbeiten.

Abgesehen von den Vereinigten Staaten, wo es zahllose kleine Ölgesellschaften und strenge Antitrustgesetze gab, war der Vertrieb bereits in so wenigen Händen konzentriert, daß die Bildung eines Kartells eine vernünftige Lösung schien. Über 50 Prozent aller Verkäufe wurden von den drei großen Ölgesellschaften kontrolliert — 23 Prozent von der *Standard Oil Co. (N. J.)*, 16 von der *Shell* und 11,5 von der *Anglo-Persian*. Die Russen hatten ungefähr 6,5 Prozent, und die restlichen 43 Prozent gehörten zum Großteil amerikanischen Gesellschaften wie der *Mobil Oil* und der *Texaco*. Die Zahl der echten Außenseiter war etwa so bedeutend wie die Armee eines Balkanstaates in einem Krieg zwischen Rußland und Deutschland.

Während des Sommers 1928 kamen die Großen Drei zu Geheimkonferenzen zusammen. Als endlich alles bereit war, lud Deterding den Vorsitzenden der *Standard Oil Co. (N. J.)*, Walter Teagle, und den Leiter der *Anglo-Persian*, Sir John Cadman,[49] in das Jagdschloß Achnacarry im schottischen Hochland, das er nach außen hin zum Schneehuhnschießen gemietet hatte. Das Schloß liegt in einem weiten Moorgebiet, und als die drei mächtigsten Männer der Erdölindustrie dort zusammenkamen, könnte diese Szene aus einem der Thriller von John Buchan stammen, wo mächtige Männer, die anonym bleiben, Wochenenden auf schottischen Schlössern verbringen und große Coups zur Vernichtung der Feinde Großbritanniens planen.

Deterding war bei diesem Treffen die dominierende Figur. Er war nun über dreißig Jahre lang eine führende Persönlichkeit der internationalen Erdölindustrie, und die *Shell* war unter seiner Leitung rascher gewachsen als jede andere Ölgesellschaft. Von allem Anfang an hatte er in der *Royal Dutch* gepredigt, „Zusammenarbeit bedeutet Stärke". Obwohl er einen Preiskrieg führen konnte wie kaum ein anderer, hatte er nie seine Meinung geändert, daß stabile Preise und enge Zusammenarbeit zwischen den großen Ölgesellschaften die beste Methode zum Erzielen größerer Verkäufe und höherer Gewinne wären. Zweifellos erinnerten sich sowohl Deterding als auch Teagle daran, wie Deterding 1907 John D. Archbold, der damals Leiter des gesamten *Standard*-Reiches gewesen war, diese Ansichten vortrug. Damals waren sie abgelehnt worden. Jetzt aber hatten Deterding und Teagle die Generation Archbolds abgelöst und die Industrie nach ihren eigenen Ideen geprägt.

Das Ergebnis der Konferenz von Achnacarry war ein Abkommen über ein internationales Erdölkartell. Sein offizieller Titel lautete *Pool Association* vom 17. September 1928, aber es wird einfacher das Achnacarry-Abkommen genannt. Es umfaßte die ganze Welt außer den Vereinigten Staaten und der Sowjetunion, und nach wenigen Monaten hatte die Jagdgesellschaft eine große Anzahl anderer amerikanischer Ölgesellschaften[50] mit bedeutenden Geschäftsinteressen in Übersee dazu gebracht, die wesentlichen Vereinbarungen des Abkommens zu akzeptieren. Diese wurden in sieben Punkten zusammengefaßt, nach denen sich, wie man hoffte, alle Beteiligten richten würden. Da diese sieben Punkte die Grundlage verschiedener Bemühungen zur Kontrolle des Weltmarkts in den dreißiger Jahren bildeten, werden sie hier vollständig wiedergegeben:

1. Die Teilnehmer akzeptieren ihren gegenwärtigen Geschäftsumfang und ihren entsprechenden Anteil beim künftigen Anwachsen der Nachfrage.

2. Da die vorhandenen Vertriebseinrichtungen zur Deckung der augenblicklichen Nachfrage mehr als ausreichen, sollen sie den Ölförderern zur Verfügung gestellt werden, die dafür einen Betrag zahlen, der geringer sein soll als die Kosten, die der Ölförderer für den Bau solcher Einrichtungen hätte aufwenden müssen, jedoch nicht geringer als die tatsächlichen Kosten für den Besitzer dieser Anlagen.

3. Nur diejenigen Vertriebsanlagen sollen neu gebaut werden, die nötig sind, um auf rationellste Weise die steigende Nachfrage des Verbraucherpublikums nach Erdölprodukten zu befriedigen. Der jetzt übliche Neubau von Vertriebseinrichtungen seitens der Ölförderer, ohne Rücksicht darauf, ob solche Maßnahmen überhaupt zur Befriedigung der Nachfrage nötig sind oder ob sie ein Wachsen der Nachfrage bewirken, ist zu unterlassen.

4. Die Ölförderung soll die Vorteile ihrer geographischen Lage wahrnehmen. Unter der Annahme, daß der Wert des Rohprodukts bei gleicher Spezifikation an allen Entstehungs- oder Verschiffungsorten gleich ist, ergibt sich für jedes Fördergebiet ein natürlicher Vor-

teil bei der Versorgung des ihm am nächsten gelegenen Verbrauchergebietes, das dementsprechend auch von dort versorgt werden soll.

5. Um größtmögliche Leistungsfähigkeit und Wirtschaftlichkeit im Transportwesen zu gewährleisten, sollen die Märkte aus dem am nächsten gelegenen Fördergebiet versorgt werden.

6. In dem Ausmaß, in dem die Förderung den Verbrauch in dem ihr zugeteilten Gebiet übersteigt, entstehen Überschüsse, denen man nur auf zwei Arten begegnen kann: Entweder drosselt der Produzent die Förderung oder er bietet die Überschüsse zu einem Preis an, der sie mit der Förderung eines anderen Gebietes konkurrenzfähig macht.

7. Den Interessen der Verbraucher und der Erdölindustrie wird am besten dadurch gedient, daß man von Maßnahmen absieht, welche eine Erhöhung der Preise und folglich einen Konsumrückgang bewirken.

Diese Punkte sprechen für sich selbst. Die drei großen Gesellschaften versuchten, die wachsende Konkurrenz einzudämmen, und kamen überein, den Markt in seiner bestehenden Form zu zementieren. Sie wollten ihre Geschäftsinteressen miteinander vereinen und ihre Anlagen und Einrichtungen — Raffinerien, Lager, Tanker und anderes — miteinander teilen, um eine einheitliche Front gegenüber den Unternehmen zu bilden, die in ihre Märkte einzudringen versuchten, die Preise unterboten und sonstwie störten. Auf diese Weise hofften sie den größtmöglichen Nutzen aus ihrer Kontrolle über die neuen Ölfelder im Irak und in Venezuela sowie über ihre anderen über die ganze Welt verstreuten Felder zu ziehen; jedes Ölfeld sollte die ihm am nächsten gelegenen Märkte versorgen und dadurch die Kosten unnötig langer Tankerfahrten einsparen. Wenn eine Gesellschaft an keinem ihren Märkten nahe gelegenen Ölvorkommen beteiligt war, schloß sie mit einem anderen, dort tätigen Unternehmen einen Tauschvertrag.

Im Grunde genommen kamen die Gesellschaften überein, praktisch als *ein* gemeinsames Unternehmen zu arbeiten, wobei jeder Teilhaber einen bestimmten Anteil an Öl und Kapital beisteuerte und als Gegenleistung einen Gewinnanteil erhielt. Es war jedoch kein exklusives Kartell. Die Großen Drei erkannten, daß ein streng geschlossener Kreis zu einem Mißerfolg führen müßte, da die Außenseiter schon durch geringe Unterbietungen der Kartellpreise beliebig viele Kunden gewinnen konnten, so daß die Mitglieder nach einiger Zeit aus dem Kartell ausbrechen müßten, um ihren Marktanteil zu sichern. Es war das Ziel der großen Gesellschaften, sich mit allen führenden Unternehmen auf allen Märkten und vor allem mit den anderen großen amerikanischen Ölgesellschaften ins Einvernehmen zu setzen.

Selbstverständlich mußte man daher für jeden einzelnen Markt ein Quotensystem und eine Formel zur Festsetzung der Preise ausarbeiten. Die Verteilung der Quoten, der Transporte, die Festsetzung der Frachtraten und verschiedene andere Verwaltungsfragen wurden einem zentralen Ausschuß übertragen, in dem jedes Mitglied vertreten war. Gleichzeitig wurden zwei amerikanische Exportgesellschaften gegründet, um die gesamte amerikanische Quote unter den verschiedenen Mitgliedsgesellschaften aufzuteilen. Die eine, *Standard Oil Export Corporation,* wurde im Dezember 1928 gegründet und setzte sich aus der *Standard Oil Co. (N. J.)* und fünf ihrer Tochtergesellschaften zusammen. Die Anfang 1929 entstandene *Export Petroleum Association Inc.* umfaßte die *Standard Oil Export Co.* und die übrigen Exporteure der Vereinigten Staaten. Die *Standard Oil Co. (N. J.)* bildete also das Verbindungsglied zwischen der amerikanischen Ölindustrie und ihren europäischen Konkurrenten.

Die Preisfrage wurde durch die Formulierung des „Golf-plus-Fracht"-Preissystems geregelt; danach sollte der Ölpreis in jedem Verschiffungshafen derselbe sein wie in den amerikanischen Häfen am Golf von Mexiko. Der Endpreis dagegen schwankte je nach Entfernung des Bestimmungsortes vom Golf von Mexiko.

Alle Verbraucher und die dem Kartell nicht angeschlossenen Erdölgesellschaften mußten den „Golf"-Preis zuzüglich Transportkosten für das Öl von den Vereinigten Staaten zum betreffenden Markt zahlen. Es machte für den Käufer keinen Unterschied, woher das Öl eigentlich stammte, und wenn er von einem näher gelegenen Gebiet als vom Golf von Mexiko versorgt werden konnte, fielen alle Einsparungen an die dem Kartell angehörige Gesellschaft. Wenn beispielsweise ein Käufer in Bombay eine Bestellung bei einer Gesellschaft des Kartells machte, wurde das Erdöl wahrscheinlich aus Persien oder dem Irak geliefert, doch es wurden ihm Transportkosten verrechnet, als wäre das Erdöl aus den Vereinigten Staaten gekommen.

Wenn Kartellmitglieder einander belieferten, war derartiger Wucher nicht gestattet. Der „Golf"-Preis wurde weiterhin überall in der Welt als Preismaßstab verwendet, aber die durch den Bezug von Lieferungen aus anderen Quellen erzielten Frachtersparnisse wurden einträchtig zwischen Käufer und Verkäufer geteilt. So gab es innerhalb des Kartells viele Käufe und Verkäufe, da die Mitglieder versprochen hatten, ihre Einrichtungen samt den Ölfeldern miteinander zu teilen und, wenn möglich, ihre Märkte von dem jeweils nächstgelegenen Feld zu beliefern. Wenn beispielsweise die *Anglo-Persian* 100.000 Tonnen Öl für Großbritannien brauchte, so sah sie sich nach einer Gesellschaft mit Ölfeldern in den Vereinigten Staaten um, da die Entfernung von Amerika nach Großbritannien geringer ist als die von den Ölfeldern der *Anglo-Persian* im Nahen Osten. Wenn sie unter den Kartellmitgliedern einen Verkäufer fand, konnten sich die beiden die Ersparnis der Transportkosten teilen. Bei anderen Anlässen machten die Kartellgesellschaften glatte Tauschgeschäfte; die *Anglo-Persian* konnte von den amerikanischen Ölfeldern der *Shell* Lieferungen nach Großbritannien abrufen und als Gegenleistung die Absatzgebiete der *Shell* in Italien mit derselben Menge aus dem Nahen Osten versorgen.

Das Golf-plus-Fracht-System war kein vollkommen neues Konzept. Viele Jahre hindurch hatten die Ölgesellschaften ihre Preise zwangsläufig nach den amerikanischen ausgerichtet. Durch den Zusammenbruch der russischen Ölindustrie während der kommunistischen Revolution gingen die USA aus dem Krieg mit einem Anteil von 70 Prozent an der Weltölförderung hervor und hielten 1938 noch immer bei 68 Prozent. Auf jedem Markt würden die Gestehungskosten in einem Gebiet mit einem so hohen Anteil an der Gesamtproduktion die Basis für das internationale Preisniveau bilden. Das erklärt jedoch nicht, warum ein Kunde in Bombay, der seine Lieferungen aus dem Persischen Golf bezieht, denselben Preis für seine Ware bezahlen soll, als ob sie aus den Vereinigten Staaten stammte. Es sollte ihm eigentlich der Vorteil der geringeren Transportkosten vom Persischen Golf gewährt werden. Daß dies nicht der Fall war, erklärt sich daraus, daß sich insgesamt die größten und wertvollsten Investitionen der Ölgesellschaften in den Vereinigten Staaten befanden. Es lag daher in ihrem Interesse, dem amerikanischen Erdöl den größtmöglichen Absatz zu sichern, und wenn man dabei für Lieferungen aus dem Nahen Osten und Venezuela einen hohen Preis festsetzen mußte, dann waren die Gewinnspannen eben höher.

Wären die neuen Felder im Nahen Osten und Venezuela von Gesellschaften ohne Ölvorkommen in den Vereinigten Staaten erschlossen worden, dann wäre die Lage vollkommen anders gewesen. Dann hätten sich die Vorgänge von 1880 wiederholt, als russisches Öl nach Europa strömte, die Herrschaft der *Standard* brach und die Gesellschaft zwang, die Preise für amerikanisches Petroleum zu senken. Im Nahen Osten und in Venezuela waren die Förderkosten halb so hoch wie in den Vereinigten Staaten; trotzdem wurde das Erdöl aus dem Nahen Osten und Venezuela immer zu einem Preis verkauft, als ob es aus den Vereinigten Staaten käme. Für die großen Gesellschaften war die Idee eines Preiskrieges zwischen ihren neuen Feldern in Übersee und ihren alten in den Vereinigten Staaten absurd. Es war weitaus besser für sie, aus allen ihren Unternehmungen Gewinn zu erzielen und die Förderung auf den neuen Feldern zu drosseln. Nur die *Anglo-Persian* hatte keine Investitionen in den Vereinigten Staaten. Sie wäre nicht stark genug gewesen, um den anderen allein die Stirn bieten zu können, und außerdem fand sie die Golf-plus-Fracht-Formel äußerst gewinnbringend.

Die Vergrößerung der Gewinnspanne war jedoch nicht das einzige Ziel der großen Gesellschaften. Wie heute die Regierungen der ölfördernden Länder, betrachten ihre Geschäftsleitungen das Erdöl als Mangelware, mit der man eher sparsam umgehen und sie nicht — nur weil die Konkurrenz nicht in Grenzen gehalten werden konnte — zu einem niedrigen Preis auf den Markt werfen sollte.

Ihre Hauptbemühungen zur Bildung eines Kartells fanden außerhalb der Vereinigten Staaten statt, weil die Konzentration des Vertriebs in Händen einiger weniger Gesellschaften das Ziel klarer erscheinen ließ als in den USA, wo die Ölindustrie sehr zersplittert war und wo strenge Antitrustgesetze herrschten. Aber sogar in den Vereinigten Staaten versuchten die großen Ölgesellschaften, die Preise durch Einschränkung des Wettbewerbs zu stützen. Diese Aufgabe wurde vom *American Petroleum Institute* übernommen, das am 15. März 1929 bei einer Versammlung in Houston einen weitreichenden Plan zur Förderkontrolle bekanntgab. Der Oberstaatsanwalt versagte ihm seine Billigung, und erst als die Entdeckung des Ölfeldes in Osttexas zu einem vollkommenen Zusammenbruch des Marktes während der Depression führte, griff die Regierung den Plan einer Förderkontrolle und der Erhaltung der Ölvorkommen wieder auf.

Bald nach dem Mißerfolg des *American Petroleum Institute* kam die amerikanische Gruppe des internationalen Kartells ebenfalls in Schwierigkeiten. Die *Export Petroleum Association* konnte die kleinen nicht integrierten Gesellschaften, die weiterhin ihr Öl zu niedrigeren Preisen als die Kartellmitglieder exportierten, nicht zur Mitarbeit gewinnen. Gleichzeitig konnten sich die Mitglieder bei der Festlegung des Golf-Preises nicht einigen. Die amerikanische Tochtergesellschaft der *Shell* wollte ihn ziemlich niedrig halten, während die Amerikaner ihn erhöhen wollten. Da keine einstimmigen Beschlüsse gefaßt werden konnten, geriet man in eine Sackgasse, und im November 1930 brach die Vereinigung auseinander.

Obwohl es sich gezeigt hatte, daß das Kartell in der Praxis weit schwieriger zu organisieren war als auf dem Papier, waren die drei großen Ölgesellschaften nicht übermäßig deprimiert. Trotz des allgemeinen Fehlschlages war auf manchen Gebieten ein beachtlicher Fortschritt erzielt worden. In Großbritannien, damals dem zweitgrößten Ölmarkt der Welt, hatte man sogar einen besonderen Erfolg mit dem Abschluß einer Reihe von Verträgen erzielt, die eine drastische Einschränkung des Wettbewerbs, wenn nicht gar seine vollkommene Beseitigung versprachen.

Großbritannien war für Kartelle besonders geeignet, da mehr als 80 Prozent des Marktes in den Händen der „nationalen Gesellschaften" lagen, wie die *Shell*, die *Anglo-Persian* und die Tochtergesellschaft der *Standard Oil Co. (N. J.)*, die *Anglo-American Petroleum Co. Ltd.*, genannt wurden. Einige Zeit vor dem Treffen auf Achnacarry hatten sie untereinander ein Preisstabilisierungsabkommen getroffen und gewisse andere Regeln festgelegt, die einen fairen Wettbewerb garantieren sollten. Aber eine Anzahl von selbständigen Gesellschaften, darunter die im sowjetischen Besitz befindliche *Russian Oil Products*, unterbot weiterhin die Preise und machte sich allgemein störend bemerkbar. Durch das Abkommen vom 1. Januar 1929 wurde alles neu geregelt. Die Großen Drei erklärten sich bereit, allen Zwischenhändlern dieselbe Gewinnspanne zu gewähren; wer Mineralölprodukte der Unabhängigen verkaufte, sollte nicht länger diskriminiert werden. Die Unabhängigen versprachen, sich an das Preisgefüge der Großen zu halten, nur an „legitime" Kunden zu verkaufen und keine neuen Absatzmöglichkeiten anzustreben. Die Russen gaben vorerst nicht nach, aber nach einigen Monaten schlossen sie sich dem Vorgehen der übrigen an.

Unter diesen Umständen begannen die klügeren Köpfe einzusehen, daß die Pläne von Achnacarry vielleicht zu ehrgeizig gewesen waren. E. J. Sadler, der stellvertretende Vorsitzende der *Standard Oil Co. (N. J.)* stellte fest: „Es ist schwieriger, ein weltweites Übereinkommen zustande zu bringen, als das Ergebnis schrittweise zu erreichen. Wirtschaftlich gesehen gibt es örtliche Gegebenheiten, die auf einer wesentlich vernünftigeren wirtschaftlichen Grundlage konsolidiert werden können als durch den plötzlichen Sprung in die Position eines weltweiten Vertriebs."[51] Zwischen 1930 und 1934 wurden weiterhin Anstrengungen unternommen, um nach diesen Richtlinien vorzugehen, und es wurden drei gesonderte Verträge unterzeichnet — 1930 das Memorandum für die europäischen Märkte, im Dezember 1932 das Heads of Agreement for Distribution und im Juni 1934 das Draft Memorandum of Principles. Alle waren Neufassungen der ursprünglichen Prinzipien von Achnacarry und sollten den praktischen Problemen Rechnung tragen, die bei ihrer Verwirklichung aufgetaucht waren. Keiner von ihnen war vollkommen erfolgreich. Sogar das Draft Memorandum, das bis zum Krieg in Kraft blieb, wurde eher wie die Zehn Gebote gehandhabt — wie eine Reihe von Regeln, für die alle ein Lippenbekenntnis ablegen, aber die nur wenige auf den Buchstaben genau befolgen.

Die ersten drei Abkommen standen alle im Schatten der großen Weltwirtschaftskrise. 1931 sank der Erdölverbrauch zum erstenmal im 20. Jahrhundert; 1932 sank er neuerlich, und erst 1934 wurde das Niveau von 1930 wieder erreicht. Gleichzeitig wurde immer mehr Erdöl durch die neuen Entdeckungen in Texas und im Nahen Osten verfügbar. Alle Gesellschaften[52] erlitten große Verluste, und trotz aller prinzipiellen Absprachen konnte man auf die Dauer den Wettbewerb nicht unterbinden. Der Druck der unverkauften Ölvorräte war zu groß, als daß ein Verkaufsleiter der Versuchung hätte widerstehen können, einen Kunden der Konkurrenz zu kapern, wenn sich die Möglichkeit dazu bot — ohne Rücksicht auf die Versprechungen des Vorstandsvorsitzenden. Damals waren die Ölgesellschaften bereits zu Riesenunternehmen mit Tochtergesellschaften in vielen Staaten angewachsen, und die Zentralbüros konnten einfach nicht mehr jedes Marktdetail verfolgen. Auf jeden Fall besitzen im Geschäftsleben der Kassenbericht und das Verkaufsdiagramm größere Überzeugungskraft als ein dem Konkurrenten gegebenes Versprechen. Nur dem Draft Memorandum des Jahres 1934 konnte man gewisse Erfolgschancen einräumen. Die schlimmste Zeit der Wirtschaftskrise war vorüber, und in den Vereinigten Staaten traten gerade die Maßnahmen in Kraft, die der Bund und die einzelnen Staaten zur Drosselung der Ölförderung und zur Hebung der Preise ergriffen hatten.

Das Draft Memorandum wurde unter strenger Geheimhaltung im April und Mai 1934 in London entworfen, bei einem Treffen von Vertretern der *Shell*, der *Standard Oil Co. (N. J.)* und der *Anglo-Persian;* die *Standard* sprach im Namen der amerikanischen Ölindustrie. Sogar gemessen an den strengen Maßstäben der Erdöldiplomatie wurde großes Gewicht auf Geheimhaltung gelegt. Nur die höchsten Angestellten durften alle Details des Plans kennen, und man hatte sie darauf hingewiesen, daß „dieses Memorandum streng vertraulich zu behandeln ist, daß es weder kopiert werden noch zirkulieren soll, außer bei den Chefs der Abteilungen, die durch das Abkommen betroffen werden".[53] Es sollte alle Länder mit Ausnahme der Vereinigten Staaten umfassen. In London wurde ein Ausschuß gegründet, der die Unternehmung leiten sollte, und man plante den Abschluß von Sonderabkommen für jeden einzelnen Markt. Um die Wirksamkeit dieser Abkommen zu sichern, hofften die Teilnehmer, so viele Ölgesellschaften wie möglich zur Mitarbeit zu überreden.

Die gegenseitigen Verpflichtungen der Großen Drei gingen weiter als in früheren Abkommen. Zu den üblichen Regeln für den Verteilungsschlüssel der Quoten und den Strafen, die denen aufgebrummt wurden, die entweder zuviel oder zuwenig verkauften, kam eine Abmachung, in so vertraulichen Angelegenheiten wie Kapitalinvestition und Werbung einander zu Rate zu ziehen. Der Paragraph 21 lautet wörtlich: „Man ist übereingekommen, daß Budgets, die bestimmte Auslagen und Werbevoranschläge umfassen, nach Möglichkeit für jeden einzelnen Markt abgesprochen werden sollten, bevor sie in London zur Begutachtung unterbreitet werden, um eine Doppelarbeit und hiermit auch eine unnötige Belastung des Verbrauchers zu vermeiden."[54]

Theoretisch sollte die Zusammenarbeit in großem Maßstab stattfinden, aber in der Praxis variierte sie beträchtlich von Ort zu Ort. In Großbritannien hatten *Shell* und *Anglo-Persian* 1932 ihre Vertriebsorganisationen fusioniert,[55] und die neue vereinigte Gesellschaft *Shell-Mex and BP* hielt mit der Tochtergesellschaft der *Standard Oil Co. (N. J.)*, der *Anglo-American*, bis zum Kriegsausbruch engen Kontakt. In dieser Zeit hatten die beiden Unternehmen einen Marktanteil von mehr als 80 Prozent. Die kleineren Gesellschaften hielten die Kartellpreise ein, und so hörte die Preiskonkurrenz praktisch auf, außer wenn die Wiederverkäufer selbst in private Fehden verwickelt waren.

Schweden war ein weiteres Land, in dem die Zusammenarbeit besonders eng war. Es bietet auch das beste Beweisstück für die Aktivität des Kartells in dem Bericht des Erdölausschusses des Rijksdag aus dem Jahre 1947. Als 1930 die dortigen Kartellabsprachen in Kraft traten, wurde der Markt von sechs Gesellschaften kontrolliert: den allgegenwärtigen Großen Drei, der *Texaco*, der kleinen inländischen Firma *Nymas* und der russischen *Nafta*. Dazu kam die *Gulf Oil*, die die einheimische Firma *Alfred Olsen* kontrollierte und 1937 die *Nafta* aufkaufte. Die ersten vier arbeiteten einen Plan zur Festsetzung der Preise, Klassifizierung der Kunden und Regelung des Wettbewerbs aus; bald schlossen sich alle anderen, auch die *Nafta*, an.

Das Kartell wurde durch eine wöchentlich stattfindende Direktorensitzung in den Büros der *Shell* geleitet, und ihre Protokolle zeigen, wie eng ihre Zusammenarbeit sein konnte. Am 31. Januar 1936 einigte man sich, daß die Verkehrsbetriebe von Stockholm ihren Treibstoff von *Alfred Olsen* zu billig erhielten und daß die Preise erhöht werden müßten; für den Fall, daß die Verkehrsbetriebe sich nach einem anderen Lieferanten umsehen sollten, versprachen die anderen Gesellschaften, einen noch höheren Preis zu fordern. Im folgenden Jahr wurde dieselbe Taktik wiederholt, als die *Shell,* die die Verkehrsbetriebe mit Dieselöl versorgte, ihre Preise um 20 Prozent erhöhte, nachdem man ihr zugesichert hatte, daß niemand sie unterbieten werde. Doch sogar in Schweden waren zu viele Gesellschaften beteiligt, als daß ein Kartell klaglos funktioniert hätte. Wenn auch die Direktoren bei ihren wöchentlichen Besprechungen sich über dies und das geeinigt haben mochten, es war schwer, ihre Untergebenen davon abzuhalten, manchmal nach eigenem Ermessen zu handeln; später berichtete der Generaldirektor der *Shell* dem Untersuchungsausschuß, daß es tatsächlich nur in 50 bis 60 Prozent der Fälle zu einer Zusammenarbeit kam.

Anderswo lagen die Dinge noch ungünstiger, und einige der Faktoren, die die ersten drei Versuche zur Bildung eines Kartells mißlingen ließen, waren auch weiterhin Anlaß zu Schwierigkeiten. Trotz ihrer Macht konnten die großen Ölgesellschaften niemals eine vollkommenere Herrschaft über die meisten größeren Märkte erringen als Rockefeller im 19. Jahrhundert in den Vereinigten Staaten. In den meisten Gebieten hatten es die drei großen Ölgesellschaften mit mindestens drei oder vier anderen Gesellschaften zu tun, und es war nicht immer möglich, einen Kompromiß zwischen ihrer aller Interessen zu finden.

Für die großen Ölgesellschaften war es auch schwierig, die Geschäftspolitik ihrer Tochtergesellschaften in den verschiedenen Ländern aufeinander abzustimmen. Erdöl läßt sich schwer lagern, und wenn eine Verkaufsorganisation merkt, daß sie nicht alles im eigenen Land verkaufen kann, dann sucht sie anderswo Absatzgebiete.

1936 begann mein Vater, Dr. Georg Tugendhat, gemeinsam mit Dr. Franz Kind in Großbritannien den Betrieb einer selbständigen Raffinerie, der *Manchester Oil Refinery.* Das war gegen die Interessen des Kartells. Ein führender Vertreter der *Shell* warnte sie, daß sie nicht imstande sein würden, Rohöl einzukaufen. Sie fanden jedoch ohne besondere Schwierigkeiten einen amerikanischen Erdölgroßhändler, der bei der Tochtergesellschaft der *Shell* in den Vereinigten Staaten einkaufte und sie belieferte. Die großen Gesellschaften versuchten auch, die *Manchester Oil Refinery* daran zu hindern, ihre Erzeugnisse in Großbritannien zu verkaufen. Dieses Problem wurde gelöst, als die belgische Tochtergesellschaft der *Gulf Oil* den Absatz übernahm.

Ein anderes Problem für das Kartell war die zunehmende Einmischung der Regierungen in die Erdölindustrie. Kohle, Stahl und Eisenbahnen, die traditionellen Angelpunkte der Wirtschaft in den Industrieländern, waren schon immer Gegenstand einer intensiven amtlichen Überwachung. Mit seiner zunehmenden Bedeutung wurde auch das Erdöl ähnlichen Maßnahmen unterworfen.

Unter den größeren Ländern war Frankreich am aktivsten. 1928 führte es ein Quotensystem zur Regulierung der Ölimporte der einzelnen Gesellschaften ein, und 1931 begann es den Bau von Raffinerien zu fördern, damit die Gesellschaften Rohöl statt der teureren Produkte einführten. So wollte Frankreich Devisen sparen. Gleichzeitig versuchte der Staat, der *Compagnie Française des Pétroles* bei der Verarbeitung des Rohöls aus dem Irak durch die Gründung der *Compagnie Française de Raffinage* behilflich zu sein, die sich zu 55 Prozent im Besitz der *CFP*, zu 35 Prozent im Besitz verschiedener selbständiger französischer Firmen und zu 10 Prozent in Staatsbesitz befand. Diesem neuen Unternehmen wurde das Privileg gewährt, 25 Prozent des französischen Mineralölbedarfs zu verarbeiten. Es wurde von der *CFP* beliefert, und die internationalen Ölgesellschaften waren gezwungen — ob sie wollten oder nicht — ihren Bedarf an Raffinerieprodukten bei ihm zu decken.

Die italienische Regierung wollte unter Mussolini den gleichen Kurs wie die Franzosen einschlagen, doch war sie weniger konsequent. 1926 gründete sie die staatseigene *Azienda Generale Italiana Petroli (AGIP)*, die in Italien und im Nahen Osten nach Öl suchte. Im Irak erwarb sie einen Anteil einer kleinen Konzession, aber als Italien im Abessinienkrieg an Devisenmangel litt, verkaufte Mussolini diesen Anteil, um die von der Suezkanalgesellschaft geforderten Gebühren für seine Schiffe, die die Armee in Afrika versorgten, zahlen zu können. Die italienischen Bemühungen waren jedoch nicht ganz vergeblich. Die Staatsbahnen fanden Rohöl von etwas geringerer Qualität in Albanien, während die *AGIP* einige rumänische Erzeuger aufkaufen konnte. 1932 erhielten die italienischen Raffinerien durch die Auferlegung einer Steuer für importierte Mineralölprodukte eine Vorzugsstellung auf dem heimischen Markt, und 1939 deckte die *AGIP* ein Viertel des Inlandbedarfs.

Deutschland hatte mehr Glück als Italien, da es einige kleine Ölfelder im Nordwesten des Landes hatte, die sich größtenteils im Besitz von deutschen Gesellschaften befanden. Wegen der Bedeutung des Erdöls für die Luftwaffe standen sie unter der persönlichen Aufsicht Hermann Görings, und man ließ ihnen bei ihrer Arbeit mehr freie Hand als vielen anderen Wirtschaftszweigen. Aber es bestand kein Zweifel, daß die Interessen der Regierung allen anderen vorangestellt werden mußten: Die inländischen Filialen der großen Ölgesellschaften waren gesetzlich verpflichtet, an Stelle ihrer Aktionäre dem Staat Rechenschaft abzulegen.

In den meisten anderen Ländern wurden Versuche unternommen, dem inländischen Kapital einen Anteil an der Ölindustrie zu geben. Die japanische Regierung förderte, ermutigt durch einige kleine heimische Ölvorkommen, die Bildung inländischer Raffinerie- und Vertriebsgesellschaften. In Argentinien wurde den *Yacimientos Petrolíferos Fiscales Argentinos (YPF)* eine Vorrangstellung auf dem Markt und das Recht eingeräumt, Importquoten zu verteilen. In Chile wurden einer von der Regierung intensiv unterstützten privaten Gesellschaft 20 Prozent Anteil an allen Erdölverkäufen gewährt, während 1928 in Spanien eine von der Regierung geförderte Organisation ein Monopol über den gesamten Verkauf erhielt.

Trotz der Regierungen, des Weiterbestehens selbständiger Ölgesellschaften und ihrer eigenen Mißerfolge, brachte das Kartell den großen Ölgesellschaften mehr Nutzen als Nachteile. Nach wie vor beruhten die gesamten Erdölpreise in der Welt, ohne Rücksicht auf den Herkunftsort, auf der Golf-plus-Fracht-Formel, und auf dieser Grundlage spielte sich der Wettbewerb ab. Unter diesen Umständen mußte jede Gesellschaft mit überall in der Welt verstreuten Ölfeldern — und nicht nur die Großen Drei — letztlich gute Gewinne erzielen.

Deterding hatte die Befriedigung, daß die Idee der Fixpreise und der Zusammenarbeit zwischen den Gesellschaften, die er als junger Mann Archbold vorgetragen hatte, verwirklicht worden waren. Als er im Februar 1939 starb, hatte er guten Grund, mit seinem Erfolg zufrieden zu sein.

11. Kapitel
Erdöl im Zweiten Weltkrieg

> Moderne Kriegführung hängt von der Rüstung ab und die Rüstung vom Erdöl.
>
> *Ralph K. Davies*

Beim Ausbruch des Zweiten Weltkriegs im September 1939 befand sich Deutschland in einer ähnlichen Lage wie 1914. Durch die großen Erdölgesellschaften kontrollierten die Vereinigten Staaten, Großbritannien, die Niederlande und Frankreich über 80 Prozent der Weltölreserven. Die britische Kriegsmarine war stark genug, um zu verhindern, daß viel davon nach Deutschland gelangte. Von den übrigen Ländern stellte die Sowjetunion eine der weitaus wichtigsten Quellen dar, und der einzige andere bedeutende Exporteur war Rumänien. Gemeinsam bestritten diese beiden Länder über 13 Prozent der Weltproduktion.

Erdöl war die Achillesferse der deutschen Wirtschaft bei ihren Kriegsvorbereitungen. 1938 importierte das Deutsche Reich fast

DIE GRÖSSTEN ÖLFÖRDERLÄNDER 1938

	In Millionen Tonnen
USA	161,9
Venezuela	27,7
Iran	10,2
Mexiko	5,5
Irak	4,4

6 Millionen Tonnen, vor allem über die *Standard Oil Co. (N. J.)*, die *Shell* und die *Anglo-Iranian*, während sich seine Inlandförderung auf bloße 600.000 Tonnen belief. Die Zahlen ließen Deutschland schwächer erscheinen, als es wirklich war. Die deutschen Ölförderer vertraten klugerweise den Standpunkt, die beste Art der Lagerung ihres Erdöls wäre, es unter Tage zu lassen, und es gab reichlichen Spielraum für eine gewaltige Steigerung der Förderung bei Kriegsbeginn. Außerdem ging ein Großteil des importierten Erdöls in die Lagertanks, deren Inhalt man zur Zeit der Invasion Polens auf ungefähr 8 Millionen Tonnen schätzte.

Hitler erkannte jedoch, daß, solange die britische Marine die Seewege nach Europa kontrollierte, Deutschland nie genug Erdöl haben werde. Man stellte ein umfassendes Programm für die Entwicklung einer synthetischen Ölindustrie mit Kohle als Grundstoff auf.

Die Herstellung synthetischer Produkte war sehr teuer, und ihre Qualität nicht so gut wie die der aus Erdöl. Das traf vor allem für Flugbenzin zu: Beim Kampf um England verdankten die Spitfires und Hurricanes ihre Überlegenheit vor allem dem Umstand, daß ihnen 100oktaniges Benzin zur Verfügung stand, während die deutschen Flugzeuge minderwertigeren Treibstoff verwenden mußten, was ihre Beschleunigung und Steigfähigkeit verminderte. Synthetische Mineralölerzeugnisse waren jedoch besser als gar keine, und 1939 wurden unter der Leitung der „Wirtschaftsgruppe Kraftstoffindustrie" 25 Anlagen in vollen Betrieb genommen; 1941 betrug ihre Gesamtproduktion über 4,5 Millionen Tonnen jährlich. Deutschlands Erdölknappheit war einer der Gründe für die Entscheidung des Generalstabs, alles auf den Blitzkrieg zu setzen. Die Generale erinnerten sich an die Bemerkung Lord Curzons, daß im Ersten Weltkrieg „die Alliierten auf einer Ölwelle zum Sieg geschwommen seien". Sie gedachten auch Ludendorffs Klage in seinen Memoiren, daß der Erdölmangel eine entscheidende Rolle bei der Niederlage Deutschlands gespielt habe. Sie wußten, daß das Dritte Reich trotz seiner gewaltigen industriellen und militärischen Kraft sich keinen zweiten ausgedehnten Stellungskrieg mit langen Fronten leisten konnte und daß sie nur durch die Anlage von materiellen Reserven und einen plötzlichen Blitzangriff auf sorgfältig ausgewählte Ziele einen Sieg erhoffen durften. Das erklärte sowohl die Flaute zwischen dem Polen- und dem Frankreichfeldzug als auch die ruhigen Wochen zwischen den massiven Angriffen der Luftwaffe auf London und andere englische Städte.

Die deutsche Strategie arbeitete brillant. Zuerst fiel Polen und danach Westeuropa wie ein Kartenhaus zusammen, und Ende 1940 besaß Deutschland mehr Erdöl als bei Kriegsbeginn. Die Wehrmacht und die Luftwaffe errangen ihre Siege mit einem Verbrauch von knapp 2 Millionen Tonnen Mineralöl (das entsprach etwa der Fördermenge von drei Tagen in den Vereinigten Staaten), während sie in Frankreich und den anderen besetzten Ländern doppelt soviel an Lagerbeständen vorfanden.

Wenn Großbritannien ebenso rasch gefallen wäre, hätten alle Probleme Hitlers eine Lösung gefunden. Es wäre nicht notwendig gewesen, die britischen Inseln zu besetzen: Ein ehrenvoller Friede und die Aufhebung der Blockade hätten genügt. Da Großbritannien entschlossen war durchzuhalten, wurde Deutschland gerade zu jener Art von Krieg gezwungen, den der Generalstab vermeiden wollte.

Der Erfolg seiner Armeen auf dem Kontinent machte Hitlers Kampf gegen Großbritannien so schwierig; durch die Besetzung so vieler Länder mußte er nun mit deren Problemen fertig werden, vor allem mit der Unfähigkeit aller dieser Volkswirtschaften ohne Importe einwandfrei zu funktionieren. Es mochte recht schön sein, Europa in einer neuen Ordnung zu reorganisieren und die eroberten Länder für den Bedarf Deutschlands aufkommen zu lassen. Aber weder Deutschland noch das übrige Europa konnten die ihnen zugedachte Rolle spielen, wenn die Wirtschaft nicht mit Energie, Nahrungsmitteln und Rohstoffen versorgt wurden; Hitler konnte diese nicht beschaffen, solange die britische Kriegsmarine die Seewege kontrollierte.

Erdöl gehörte zu den dringendsten Bedürfnissen, und sein Mangel zeigte Hitlers Probleme in ihrer deutlichsten Form. Unter normalen Verhältnissen hatten Polen und Ungarn eine für ihren eigenen bescheidenen Bedarf ausreichende Inlandsförderung, und die kleinen von Italien besetzten Felder Albaniens waren eine weitere Versorgungsquelle. Aber sogar nach der Drosselung des Verbrauchs in den besetzten Ländern auf weniger als ein Drittel ihres Friedensniveaus und der Auferlegung strenger Rationierungen in Deutschland und Italien gab es durchaus nicht genügend Erdöl. Hitler war — wie Napoleon, als er von der britischen Blockade eingekreist war — gezwungen, den Krieg auszudehnen. Er besetzte im Oktober 1940 Rumänien, dessen Ölförderung sich jährlich auf rund 7 Millionen Tonnen belief, was Deutschlands Import im Jahre 1938 entsprach. Aber der Transport des rumänischen Öls zu den deutschen Raffinerien war nicht einfach, und die Knappheit dauerte weiterhin an.

Es blieben nur noch zwei Alternativen: der Nahe Osten, den die Engländer in Nordafrika verteidigten, und die Sowjetunion. Auf

Grund des Molotow-Ribbentrop-Paktes lieferten die Russen beträchtliche Mengen Erdöl (von Januar 1940 bis Juni 1941 über 3 Millionen Tonnen) und anderer Industrierohstoffe.[56] Dennoch kam man im Frühjahr 1941 in Berlin zur Überzeugung, daß die deutsche Wirtschaft noch größere Lieferungen benötigte. Am 23. Mai 1941 schlug Hitler in einer Geheimbotschaft Stalin die gemeinsame Ausbeutung der russischen Ölfelder vor, und Stalins ablehnender Bescheid war mit einer der Gründe des deutschen Angriffs auf Rußland. Natürlich waren da andere Überlegungen, die Hitler zu diesem verhängnisvollen Schritt bewogen; der Entschluß zum Angriff auf die Sowjetunion muß im Zusammenhang mit Hitlers Furcht vor dem Kommunismus und dem Streben nach Weltherrschaft gesehen werden. Es besteht jedoch kein Zweifel, daß auch das Erdöl ein wichtiger Faktor bei seinen Überlegungen war, und es ist bezeichnend, daß die Spitze des deutschen Vormarsches eher auf die kaukasischen Ölfelder als auf Moskau gerichtet war.

Wenn es den deutschen Armeen gelungen wäre, die russischen Ölfelder unversehrt zu übernehmen und ihre Verbindungen mit dem Westen aufrechtzuerhalten, wären alle Ölprobleme Deutschlands gelöst worden. 1940 förderte Rußland etwa 35 Millionen Tonnen Rohöl, was genügt hätte, Deutschlands Gesamtbedarf von 1938 und den der okkupierten Länder zu decken; und die deutschen Ingenieure hätten den Ertrag noch bedeutend steigern können. Als der Feldzug fehlschlug, erlitt Hitler demnach einen wirtschaftlichen Rückschlag, der nur durch das Ausmaß der militärischen Katastrophe übertroffen wurde.[57]

Auf der anderen Seite der Erdkugel sah sich Japan ähnlichen Problemen wie Deutschland gegenüber; obwohl es die weitaus größte Militärmacht Asiens war, fehlten ihm Reis und Industrierohstoffe wie Kautschuk und Erdöl, die für seine ehrgeizigen Pläne lebenswichtig waren.

Nach der Niederlage Frankreichs gelang es Japan, die faktische Kontrolle über Indochina zu gewinnen; dies verringerte zwar die Reisknappheit, doch war man nach wie vor auf Erdölimporte über die internationalen Gesellschaften angewiesen. Im Juli 1941 wurde Japan von seiner Ölversorgung abgeschnitten, als die Vereinigten Staaten und in ihrem Gefolge Großbritannien und Holland eine Liefersperre verhängten. Mit dieser Maßnahme wollte man der Bedrohung der amerikanischen, britischen und holländischen Interessen in Asien durch Japan begegnen; leider aber stärkte sie die Kriegsbereitschaft und nicht den Friedenswillen. „Es ist leicht möglich“, meint Harold Macmillan, „daß die kaiserliche Marine, die bekanntlich zu einer Politik der Mäßigung neigte, erst durch das Erdölembargo dazu gebracht wurde, alles zu wagen.“[58]

Sobald der Krieg beschlossene Sache war, wurde die Einnahme der Ölfelder und Produktionsanlagen in Holländisch-Ostindien und Burma zum wichtigsten strategischen Ziel der Japaner. Trotz ihrer gewaltigen Erfolge nach den Überraschungsangriffen auf Singapur und Pearl Harbor am 7. Dezember 1941 konnten sie dieses Ziel nicht erreichen. In Holländisch-Ostindien zerstörten die Holländer 88 Prozent der Anlagen im Wert von mehr als 500 Millionen Dollar, und in Burma sprengten die Engländer soviel sie konnten in die Luft, ehe der Feind eintraf. Einige der Anlagen wurden schließlich wieder betriebsfähig gemacht, aber Japan war wie Deutschland gezwungen, bei Fortschreiten des Krieges immer mehr auf synthetische Ölprodukte zurückzugreifen.

Wohl waren der Verlust von Singapur und die militärischen Niederlagen in Südostasien eine große Erniedrigung für die Briten; doch nun hatte der japanische Angriff endlich den Kriegseintritt der Vereinigten Staaten bewirkt, und dies machte die Verluste mehr als wett. Man hat die Vereinigten Staaten mit einem gewaltigen Heizkessel verglichen. „Wenn einmal das Feuer darunter brennt, ist die erzeugte Energie ohne Grenzen.“ Für Großbritannien bedeutete 1941 diese Energie nicht nur eine fast unbegrenzte Militärmacht, sondern auch den Zugang zu den Rohstoffen Amerikas und zu seiner Handelsflotte.

Urplötzlich waren nun die Aussichten Großbritanniens auf einen Endsieg ganz bedeutend gestiegen. Davon wurde, wie alles übrige, auch das Erdöl betroffen. Schon vor dem Kriegseintritt der USA war Großbritannien mit seiner Seeherrschaft und dem Besitz von Ölfeldern in aller Welt natürlich in einer besseren Lage als Deutschland. Die Schwierigkeit bestand nur darin, das Erdöl aus den Häfen von Nordamerika und dem Nahen Osten zu den britischen Inseln zu bringen, und seit September 1939 konzentrierte deshalb die deutsche Admiralität die ganze Stärke der U-Boot-Angriffe auf Tanker.

Die Wirkung war verheerend. In den ersten sechs Monaten verlor Großbritannien 21 Tanker — volle 5 Prozent seiner Flotte[59] —, und bis Juli 1941 wurde über die Hälfte der britischen Handelsflotte versenkt. Das war nicht ganz so schlimm, als es hätte sein können, da zahlreiche Schiffe aus Norwegen, Holland und anderen europäischen Staaten in britische Dienste traten, als ihre Staaten von den Deutschen überrannt wurden. Ferner halfen die Amerikaner durch Bereitstellung von 50 Tankern, die das Öl aus der Karibischen See nach dem kanadischen Hafen Halifax beförderten; dadurch wurde die Route über den Atlantischen Ozean um rund 1000 Seemeilen verkürzt. Trotzdem wurde 1941 die Versorgungslage immer ernster.

Als die Vereinigten Staaten in den Krieg eintraten, verloren die von Venezuela und dem Golf von Mexiko nach New York und den nordöstlichen Staaten fahrenden Tanker ihre Neutralität, und die U-Boote verstärkten ihre Angriffe. Eine Zeitlang waren sie sogar erfolgreicher als je zuvor, und im Winter 1942/43 sah es aus, als ob es gelungen wäre, die Neuenglandstaaten von der Benzin- und Heizölzufuhr abzuschneiden. Es kam zu Demonstrationen und Unruhen, der Pöbel warf Tankwagen um, um sich ihres Inhalts zu bemächtigen, und die Amerikaner lernten damals, was Rationierung bedeutete. Aber die Krise dauerte nicht lange; Mitte 1943 wurde die gewaltige „Big Inch Pipeline" von der Küste des Golfs von Mexiko nach dem Nordosten innerhalb von 350 Tagen fertiggestellt, und Ende des Jahres wurden mehr Tanker gebaut, als von den U-Booten versenkt wurden. Im Laufe des Jahres 1944 wurde schließlich die Schlacht im Atlantik gewonnen, und Ende des Krieges war jede Tonne alliierten Tankschiffraums, die von den Achsenmächten versenkt worden war, allein aus den amerikanischen Werften doppelt ersetzt worden. Die Flotte der Vereinigten Staaten zählte über 800 Tanker[60] — eine Kapazität, die der gesamten Tankerflotte der Welt vor dem Krieg gleichkam.

1944 war auch auf anderen Kriegsschauplätzen eine Wende eingetreten. In Westeuropa errichteten die Vereinigten Staaten und Großbritannien mit der Invasion Frankreichs die zweite Front, während im Osten die Russen stetig gegen die deutsche Grenze vorrückten. In Asien machte der amerikanische Vorstoß über die pazifischen Inseln gegen Japan ebenfalls gute Fortschritte, und nach der Einnahme von Saipan konnten die Amerikaner selbst Tokio bombardieren.

Die intensiven Luftangriffe mußten Deutschland und Japan überzeugen, daß sie in Kürze über kein Mineralöl mehr verfügen würden. Keiner der beiden Staaten konnte Erdöl aus Übersee einführen, und sie waren immer mehr auf ihre Hydrieranlagen angewiesen. Diese waren äußerst leistungsfähig; 1944 wurden über 90 Prozent des Kraftstoffbedarfs der deutschen Luftwaffe aus Kohle hergestellt. Die Hydrieranlagen waren jedoch Luftangriffen besonders ausgesetzt, und zwischen Juni 1944 und Mai 1945 reduzierten die alliierten Luftangriffe die deutsche Produktion von Flugzeugtreibstoff von monatlich 170.000 Tonnen auf praktisch Null.

Die Japaner entwickelten mit ihrer üblichen Erfindungsgabe ein Verfahren zur Herstellung von Flugzeugtreibstoff aus Kiefernwurzeln, was jedoch ein armseliger Ersatz war. Anfang 1945 war ihre Lage so hoffnungslos, daß sie das Angebot machten, einige ihrer wenigen übriggebliebenen Kreuzer in der Sowjetunion gegen Öl einzutauschen. Das Angebot wurde abgelehnt, aber die Tatsache, daß es überhaupt gemacht wurde, zeigte, wie recht Admiral Nimitz hatte. Als er im Dezember 1941 die Pazifikflotte der Vereinigten Staaten übernahm, sagte er, der Sieg werde eine Angelegenheit von „Bohnen, Kugeln und Öl" sein; 1945 stellte er fest, daß die richtige Reihenfolge „Öl, Kugeln und Bohnen" gewesen wäre.

12. Kapitel
Neue Horizonte

Bei Friedensbeginn befand sich die Erdölindustrie an der Schwelle eines neuen Goldenen Zeitalters. Sie hatte für den Sieg eine entscheidende Rolle gespielt, und sie konnte einer noch maßgebenderen Stellung in der internationalen Nachkriegswirtschaft sicher sein. Die übrige Welt brauchte nur auf die Entwicklung während der vergangenen 20 Jahre in den Vereinigten Staaten zu blicken, um zu verstehen, was kommen würde: Bei den Eisenbahnen waren Dampflokomotiven durch Diesellokomotiven ersetzt worden; in der Luftfahrt hatte die Einführung der DC 3 zur Schaffung eines Fluglinienнetzes geführt; und in den Privathäusern wurden um die Zeit von Pearl Harbor bereits jährlich eine Million Zentralheizungen installiert, die mit Heizöl oder Erdgas betrieben wurden. Europa war ein Trümmerhaufen; aber sobald es sich erholt hatte, würden seine Völker dieselben Annehmlichkeiten und denselben Komfort wie die Amerikaner genießen wollen.

Auch in der chemischen Industrie eröffneten sich neue Horizonte. Bis 1939 waren die Erdölgesellschaften so sehr damit beschäftigt, den ständig wachsenden Bedarf an Benzin, Heizölen und Schmiermitteln zu decken, daß sie sich kaum darum kümmerten, die Möglichkeiten des Erdöls als Chemierohstoff voll zu nützen. Die chemische Industrie ihrerseits war zufrieden gewesen, sich auf ihre traditionellen Rohstoffe — Kohle, Salz und tierische sowie pflanzliche Stoffe verschiedener Art — zu stützen und nur kleine Mengen von Erdölprodukten zu verwenden. Die Kriegsknappheit setzte diesem Zustand ein Ende und zwang die beiden Industrien zu einer Zusammenarbeit, die zuweilen verblüffende Resultate zeitigte.

Das bemerkenswerteste war Synthesekautschuk. Als die Japaner Malaya überrannten, wären Großbritannien und die Vereinigten Staaten ohne eine andere Versorgungsquelle geblieben, wenn es den Chemikern nicht gelungen wäre, aus Styrol und Butadien ein neues synthetisches Material herzustellen. Sie gewannen das Butadien aus Butan, das im Erdgas und bei der Rohölverarbeitung anfällt, zusammen mit Propan, Äthan und anderen wertvollen Rohstoffen. Die Anzahl der verwendbaren Produkte, die man bei entsprechender Behandlung auf diesem Weg gewinnen konnte, war fast unbegrenzt: da war Toloul, das Rohmaterial für den Sprengstoff TNT,[61] da waren Kunststoffe; außerdem Reinigungsmittel, die die Seife ersetzen konnten, Düngemittel zur Erhöhung der Nahrungsmittelproduktion und synthetische Fasern wie Nylon. Ein Großteil der Arbeit war schon vor dem Krieg geleistet worden, doch ist es fraglich, ob die chemischen Produkte aus Erdöl so rasch in so großen Mengen hergestellt worden wären, wenn kein Notstand geherrscht hätte.

Obwohl man nun in der Geschichte der verschiedenen Ölgesellschaften mit Stolz auf diese Neuerungen hinweist, ist es verwunderlich, daß es so lange gedauert hatte, bis solche Erfindungen gemacht wurden. Schon 1872 berichtete der berühmte russische Chemiker Mendelejew nach einem Besuch der Ölfelder in Pennsylvanien seiner Regierung: „Dieses Material (Erdöl) ist viel zu kostbar, um verbrannt zu werden. Wenn wir Erdöl verbrennen, verbrennen wir Geld. Es sollte als chemischer Grundstoff verwendet werden."[62] Es besteht allerdings ein großer Unterschied zwischen einem erfolgreichen Laborversuch und einem wirtschaftlichen großtechnischen Verfahren, und es war eine Weltkrise nötig, um die Kluft zu überbrücken. Die Überlegenheit des Erdöls[63] als chemischer Rohstoff rührt daher, daß es hauptsächlich aus Verbindungen von Kohlenstoff und Wasserstoff, zwei der vielseitigsten chemischen Grundelemente, besteht. Bei der Rohölverarbeitung werden sie aufgeschlossen und gehen neue Synthesen ein. In den früheren Anlagen verschwanden sie entweder als Gas in der Luft oder sie bildeten Flüssigkeiten, die man ableitete, wenn man keine Verwendung für sie fand. Die petrochemische Industrie entstand, als man den Eigenwert der Abfallprodukte unabhängig von den mit ihnen hergestellten Heizölen, Benzin und Schmiermitteln erkannte. Die vielseitigsten waren Äthylen und Propylen, wovon einige Verwendungsmöglichkeiten in den Tabellen auf S. 126 und 127 gezeigt werden.

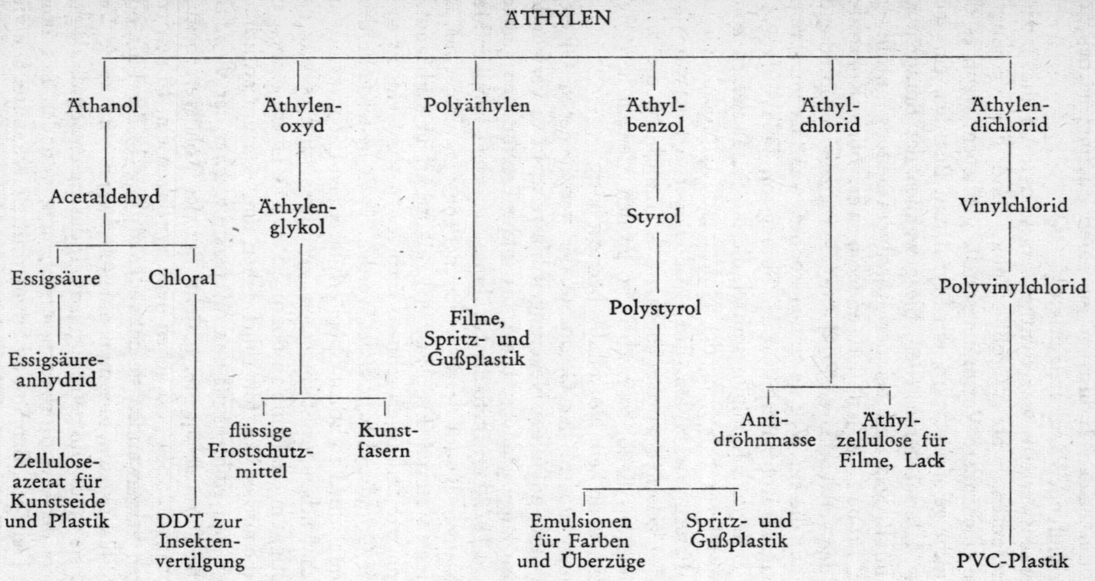

Quelle: *Our Industry*, zusammengestellt und veröffentlicht von der *British Petroleum*.

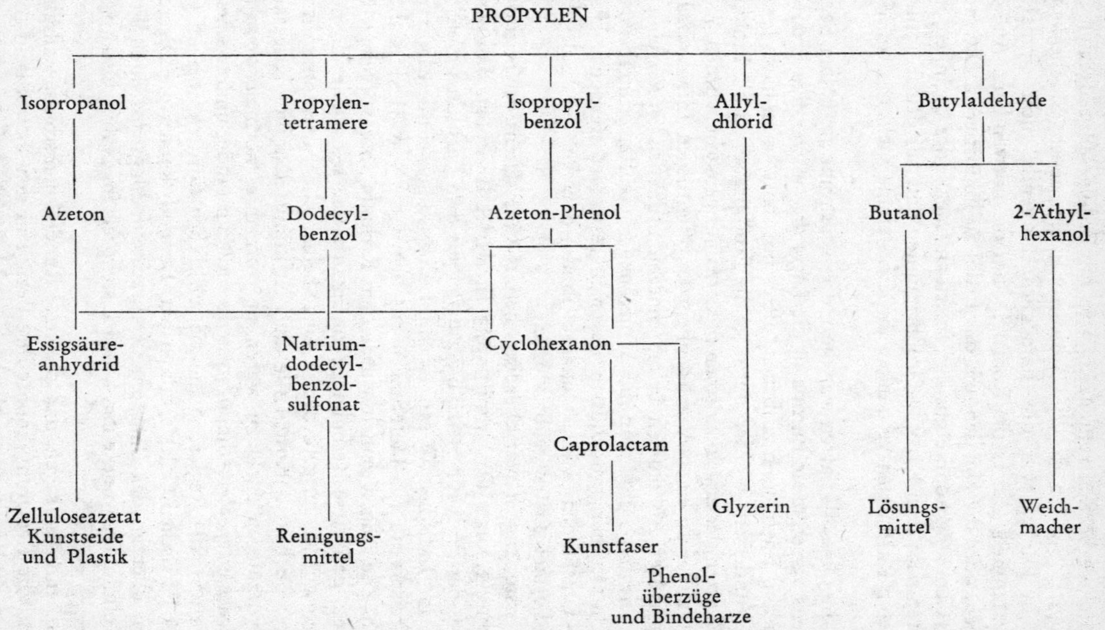

Quelle: *Our Industry*, zusammengestellt und veröffentlicht von der *British Petroleum.*

Sobald die Waffen ruhten, konnten die Erdölgesellschaften in den Vereinigten Staaten an die Auswertung der neuen Möglichkeiten gehen. In Europa war dies unmöglich. Nirgends, nicht einmal in Großbritannien, gab es die Rohstoffe, um die notwendigen Anlagen zu bauen, oder die Devisen, um das Erdöl zu importieren. Die industrielle Genesung konnte nur mit amerikanischer Hilfe beginnen, und die ersten nach dem Krieg in Großbritannien und auf dem Kontinent errichteten Raffinerien verdanken ihre Entstehung vielfach dem Marshallplan.

Für die Ölgesellschaften war die Hilfe jedoch nur ein halber Segen. Einerseits versetzte sie Europa in die Lage, das notwendige Erdöl zu kaufen und Raffinerien zu bauen, die es sich sonst kaum hätte leisten können; anderseits wurden durch sie die Erdölpreise, da die Einkäufe ja auf Kosten der amerikanischen Steuerzahler gemacht wurden, mehr denn je zuvor zu einer Angelegenheit des öffentlichen Interesses. Die Tage privater Abkommen beim Schneehuhnschießen waren endgültig vorbei; nun mußte man die Abmachungen vor Regierungsbeamten oder Untersuchungsausschüssen des Kongresses rechtfertigen. Unter diesen Umständen war es unausbleiblich, daß an der Golf-plus-Fracht-Formel Kritik geübt wurde.

Der erste Angriff war allerdings bereits 1943 seitens der britischen Regierung erfolgt. Das Ministerium für Kriegstransporte fand heraus, daß der Preis für Heizöllieferungen aus dem Persischen Golf für Schiffe im Indischen Ozean einen Frachtzuschlag enthielt, um ihn dem Preisniveau für Lieferungen aus dem Golf von Mexiko anzugleichen. Die Angelegenheit wurde dem Rechnungshof vorgelegt, der entschied, daß diese Rechnungen zurückzuweisen seien. Die Ölgesellschaften wurden aufgefordert, „Einzelheiten über ihre tatsächlichen fob-(free on board-)Kosten für die Zeit unmittelbar vor Kriegsausbruch vorzulegen“.[64] Dazu waren sie trotz ihres normalerweise bewundernswerten Verrechnungssystems nicht imstande, und es scheint, daß die britische Regierung nie die wirklichen Förderkosten im Gebiet des Persischen Golfs erfahren hat. Dennoch kamen die Ölgesellschaften überein, das Phantom des Frachtaufschlags aus ihren Preisen zu eliminieren und einen neuen Listenpreis im Nahen Osten festzusetzen.

Man kann also sagen, daß die erste Runde unentschieden ausging. Die britische Regierung konnte ihre Bezüge in dem Bewußtsein fortsetzen, daß keine Transportkosten für nicht stattgefundene Atlantiküberquerungen verrechnet würden. Die Ölgesellschaften ihrerseits konnten sich dazu beglückwünschen, daß der neue Listenpreis wenigstens auf derselben Höhe wie die Preise im Golf von Mexiko festgesetzt wurde. So blieb die Verbindung zwischen dem auf den hohen amerikanischen Förderkosten beruhenden Golf-Preis und der übrigen Welt mit ihren weitaus niedrigeren Förderkosten bestehen, obwohl die von den alliierten Streitkräften unterzeichneten Verträge in Wirklichkeit oft niedrigere Preise enthielten.

In den ersten Nachkriegsjahren trug die Verbindung zwischen den zwei Lieferbasen den Ölgesellschaften beachtliche Gewinne ein. Ein typisches Beispiel waren die Öllieferungen aus Saudi-Arabien und Bahrain durch die *Aramco* an die US-Kriegsmarine und an Frankreich im Rahmen des Lend-lease-Abkommens. Obwohl die Förderkosten (einschließlich der Förderzinsen für die arabische Regierung) nur 11 DM je Tonne in Saudi-Arabien und 7 DM in Bahrain[65] betrugen, verrechnete die Gesellschaft Preise von 29 DM aufwärts. Als diese Transaktion 1947 bis 1948 durch einen Kongreßausschuß untersucht wurde, tadelte man die für die Verhandlungen verantwortlichen Marineoffiziere, weil sie „durchaus keinen Eifer" gezeigt hatten, Kostenaufstellungen der Lieferfirma anzufordern.

In der Zwischenzeit stiegen die Gewinne weiter an. Die Vereinigten Staaten standen unter dem Druck der Nachkriegsinflation und machten wieder eine ihrer periodisch wiederkehrenden Ängste durch, daß sich ihre Ölreserven erschöpfen könnten. Sobald im November 1946 die Kontrollen der Kriegszeit aufgehoben wurden, begannen die Preise im Golf von Mexiko zu steigen. Die Preise im Persischen Golf folgten, und in der Vertragsperiode Dezember 1946 bis März 1947 zahlte die US-Kriegsmarine für die United Nations Relief and Rehabilitation Agency (UNRRA) 33,80 bis 34,50 DM je Tonne Öl an die *Aramco*. Weitere Erhöhungen folgten, und im März 1948 betrug der Rohölpreis im Persischen Golf mehr als 62 DM je Tonne.

Damals belief sich die Jahresförderung im Nahen Osten auf 57 Millionen Tonnen, etwa zweieinhalbmal soviel wie 1938, und die Lage begann sich zu ändern. Nachdem das Erdöl aus dem Nahen Osten auf vielen europäischen Märkten die Lieferungen aus den USA abgelöst hatte, begannen die Ölgesellschaften selbst Nahostöl in die Vereinigten Staaten zu importieren. Unter diesen Umständen mußten der Golf-Preis und mit ihm auch alle internationalen Preise fallen. Diese Entwicklung wurde im April 1948 durch die Verwirklichung des Marshallplanes, der zur Gründung der European Co-operation Administration (ECA) führte, noch beschleunigt.

Unter ihrem Leiter Paul Hoffman war es Aufgabe der ECA, den Import von Erdöl und anderen lebenswichtigen Produkten nach

Europa zu finanzieren. Hoffman stellte fest, daß das Nahostöl auf die amerikanischen Inlandpreise einen Druck ausübte, und schloß daraus, daß die internationalen Ölgesellschaften ihre Tochtergesellschaften in den USA zu niedrigeren Preisen belieferten, als dies bei den von der ECA finanzierten Transaktionen der Fall war. Am 14. Februar 1949 sandte er den Geschäftsleitungen der *Standard Oil Co. (N. J.)*, *Gulf Oil*, *Mobil Oil* und *Caltex* (einer gemeinsamen Verarbeitungs- und Vertriebsgesellschaft der *Standard Oil of California* und der *Texaco*) ein Schreiben, in welchem er sie der unterschiedlichen Preisbildung beschuldigte. Zur Untersuchung der Angelegenheit wurde ein Ausschuß von Fachleuten bestellt. Die Preise für Nahostöl waren bereits etwas von ihrem Höchststand abgesunken, aber der Umstand, daß innerhalb weniger Monate nach Hoffmans Aktion weitere Preissenkungen bis auf etwa 52 DM je Tonne stattfanden, dürfte mehr als bloßer Zufall gewesen sein. Bald danach erfolgten zusätzliche Preissenkungen, und Ende des Jahres 1949 wurde Öl aus dem Persischen Golf um rund 49 DM je Tonne angeboten. Auf diesem Preisniveau finanzierte die ECA weitere Lieferungen bis zum Jahre 1952, dem Ende der weltweiten Erdölknappheit.

Sogar bei diesem Preis waren die Gewinne gewaltig, da nach Beendigung der großen Anfangsinvestitionen, wie Bohrausrüstungen, Rohrleitungen, Verladevorrichtungen und dergleichen, die Förderkosten zurückgingen. Verschiedene Schätzungen wurden vorgenommen, und vielleicht sind die der Ölgesellschaften selbst am beredtesten, da diese wohl am wenigsten übertreiben. Laut *Standard Oil of California* und *Texaco* hatten die Aktionäre der *Aramco* 1948 einen Reingewinn von rund 25,50 DM je Tonne; und 1950, als sich die Förderung auf mehr als 25 Millionen Tonnen belief, erzielten sie noch immer fast 24 DM je Tonne.

Es ist kein Wunder, daß die Regierungen der Ölförderländer immer mehr darauf drängten, einen größeren Anteil an dem aus ihrer Erde geförderten Reichtum zu erhalten.

13. Kapitel
Venezuela und das 50:50-Abkommen

Venezuela setzte die Bewegung in Gang, und das dortige Beispiel wurde sogleich im Nahen Osten nachgeahmt. In den Jahren nach dem Zweiten Weltkrieg war Venezuela das größte und klügste der Ölexportländer. Es hatte auch die meiste Erfahrung im Verhandeln mit den Ölgesellschaften. Es begann damit ernsthaft im Jahre 1936, nach dem Tod des Diktators General Gomez, der die ersten Ölkonzessionen vergeben hatte. 1948 führte es eine Einkommensteuer ein, die die Gewinne der Erdölindustrie gleichmäßig zwischen Staat und Gesellschaften aufteilte. Dieses Gesetz ging aus den Verhältnissen in Venezuela hervor und hatte den Zweck, den Bedürfnissen dieses Landes gerecht zu werden, aber seine wesentlichen Punkte bilden immer noch die Grundlage für die meisten wichtigen Konzessionsverträge der Welt.

Der bedeutendste Dienst, den Gomez seinem Land erwies, war die Rückzahlung der Auslandsschulden und der Aufbau einer der stabilsten Währungen und größten Geldreserven der Welt. Aber in dem „reichen Staat“ lebte ein „erschöpftes Volk“.[66] Gomez ließ die Wohlfahrt der großen Masse der Bevölkerung vollkommen außer acht. Er vernachlässigte das Erziehungswesen aus Angst, daß es politische Opponenten schaffen würde; trotz großer Verbreitung von Tuberkulose, Dysenterie, Malaria und anderer Tropenkrankheiten wurde wenig für das Gesundheitswesen getan. Die auffallendsten Bemühungen der Regierung galten der Polizei und dem Heer.

Nach Jahren der Vernachlässigung und Unterdrückung begrüßte das Volk Gomez' Tod mit Unruhen und Jubel. In der Hauptstadt Caracas und in der Erdölstadt Maracaibo stürmte der Pöbel die Regierungsgebäude und plünderte das Eigentum der Familie des Diktators. Besonders aufs Korn genommen wurden die Ausländer, die sein Regime finanziert hatten. Der Ausländerklub wurde zerstört, und auf den Erdölfeldern mußten Frauen und Kinder evakuiert werden, da die Demonstranten versuchten, Feuer an die Bohrstellen zu legen und die übrigen Einrichtungen zu zerstören.

Eine Zeitlang schien es, als ob sich in Venezuela die Ereignisse nach dem Sturz des Präsidenten Profirio Diaz in Mexiko wiederholen würden, die das Land in einen langwierigen Bürgerkrieg gestürzt hatten. Aber es zeigte sich, daß die Sorgfalt, die Gomez der Armee hatte angedeihen lassen, nicht umsonst gewesen war. Der Kriegsminister General Eleazer Lopez Contreras unterdrückte bald die Unruhen. Innerhalb weniger Wochen war die Ruhe wiederhergestellt, und der General ließ sich im Präsidentenpalast nieder. Es schien, als ob die alte Ordnung weiterbestehen könnte, und der General Isaias Medina Angarita faßte seine Gedanken in der Feststellung zusammen, das „Gott weiß, was geschehen hätte können, wenn die Armee nicht einig gewesen wäre“. Bei diesem Ereignis war Medina einer der Hauptnutznießer der Einigkeit: 1941 folgte er Lopez Contreras als Präsident nach.

Doch nichts war genauso wie früher. Wenn ein Diktator nach vielen Jahren der Macht stirbt, ist es für seinen Nachfolger unmöglich, so fortzufahren, als wäre nichts geschehen. Das Volk verliert seinen Fatalismus und das Gefühl für das Unabänderliche. Allein schon der Tod des Diktators zeigt, daß ein Wechsel möglich ist, und die Regierung ist gezwungen, eine Entspannung zuzulassen oder noch eine Revolution zu riskieren. In Venezuela wünschte das Militärregime keine grundlegenden Änderungen in der Gesellschaftsstruktur. Es versuchte jedoch, durch die Forderung nach mehr Geld und anderen Zugeständnissen von den Ölgesellschaften dem Wunsch des Volkes nach einer Veränderung zu entsprechen und gleichzeitig das Nationaleinkommen zu heben. Die meisten gebildeten Venezolaner erkannten, daß die Erdölvorkommen nicht ohne Hilfe der internationalen Gesellschaften erschlossen werden konnten, aber wenn sich die nationalistischen Gefühle auf ihrem Höhepunkt befinden, möchte niemand von Ausländern abhängig sein. Je mehr das der Fall ist, desto größer sind die Ressentiments, und eine Regierung, die diesen Gefühlen Rechnung trägt, kann einer weitgehenden Unterstützung durch das

Volk sicher sein, auch wenn es weit wichtigere Probleme zu lösen gibt.

Die Regierung von Lopez Contreras ging sofort an zwei Fronten gegen die Ölgesellschaften vor. Sie überreichte ihnen eine Liste von höheren Steuerforderungen und verfügte die Aufhebung gewisser Privilegien wie ihrer Zollfreiheit; gleichzeitig erließ sie ein neues Arbeitsgesetz. Die Gesellschaften mußten vor Gericht gehen, um sich gegen die neuen finanziellen Forderungen zu wehren. Damit erbrachten sie den klarsten Beweis, daß Ölindustrie und Regierung nicht mehr gut Freund waren wie in den Tagen des General Gomez. Das Arbeitsgesetz bewies eine bisher nicht gekannte Sorge um das Wohlergehen des Volkes.

Diese Sorge war nichts als ein Vorwand. Die Ölgesellschaften waren zwar große Arbeitgeber, doch die 25.000 Leute, die sie beschäftigten, machten nur 2 Prozent der arbeitenden Bevölkerung aus. Die große Mehrheit war nach wie vor in der Landwirtschaft beschäftigt — ihren Bedürfnissen hätte der Vorrang gebührt.

Das soll nicht heißen, daß die Arbeiter in der Erdölindustrie nicht der Unterstützung bedurft hätten. Eine Untersuchung zeigte, daß nach nordamerikanischen Maßstäben ihre Lebensverhältnisse manches zu wünschen übrigließen. Die Häuser einiger Camps der *Shell* hatten keine Badezimmer, für die Arbeiter der *Gulf Oil* im Gebiet von El Tigre gab es kein Krankenhaus, und die Arbeiterwohnungen der *Standard Oil Co. (N. J.)* in Quiriquire wurden als zu klein befunden. Aber in den meisten Gebieten Venezuelas hatte noch niemand ein Badezimmer gesehen oder etwas von hygienischen Einrichtungen gehört, und medizinische Einrichtungen waren unbekannt. Den Bauern erschien sogar das schlechteste Camp luxuriös. In der Hoffnung, Arbeit zu finden und die von den Ölgesellschaften gebotenen Vorteile zu genießen, strömten sie aus allen Teilen des Landes herbei, bis die Ölfelder von Elendssiedlungen umgeben waren.

Statt diesen armen Teufeln oder der Landbevölkerung auf den großen Gütern zu helfen, konzentrierte sich die Regierung darauf, die Ölgesellschaften zu zwingen, das, was sie ohnehin schon taten, noch besser zu machen. Zusätzlich zu Bestimmungen über Löhne, Arbeitsstunden und Unfallversicherung umfaßte das Gesetz von 1936 auch Angelegenheiten, die die meisten wohldotierten Regierungen normalerweise als ihre eigene Aufgabe betrachten würden. Die Ölgesellschaften mußten moderne Häuser bauen, ärztliche Dienstleistungen sichern und für die Erziehung der Arbeiterkinder aufkommen. Die Arbeiter selbst waren mehr an höheren Löhnen interessiert und wollten Gewerkschaften organisieren. Aber wenn ein Streik aufgerufen wurde, der die Ölförderung zum Stillstand brachte und dadurch das Einkommen des Staates verringerte, ergriff Lopez Contreras die Partei der Gesellschaften. Nichts war erlaubt, was den Geldstrom in die Staatskasse unterbrechen konnte, und die Gewerkschaften wurden aufgelöst.

In der Wirtschaft wollte die Regierung viel weitreichendere Reformen durchführen. Unter Gomez war die Stellung des Erdöls in der Wirtschaft wie die eines Kuckucks in einem Nest voller Sperlinge. „Zwischen 1913 und 1935 gingen, abgesehen vom Erdöl, Venezuelas Exporte um beinahe 40 Prozent im Umfang und über 50 Prozent im Wert zurück, während sich die Importe verdoppelten und ihr Wert um drei Fünftel stieg . . . 1935 umfaßte das Erdöl über 99 Prozent des Ausmaßes und vier Fünftel des Wertes der Exporte von Venezuela.“[67] Der Wohlstand des Landes hing zur Gänze vom Erdöl ab und indirekt von der Industrieproduktion der hochentwickelten Länder. Dies bedeutete eine wirtschaftliche Zwangsjacke, die viel schwerer abzuschütteln war als irgendein politisches Regime.

Auf kurze Sicht konnte nichts unternommen werden, um diese Situation zu ändern, aber auf lange Sicht konnten die Einkünfte aus dem Erdöl zur Finanzierung eines umfassenden und ausgeglichenen Entwicklungsprogramms verwendet werden. Diese Politik nannte man „Sembrar el petroleo“, die Aussaat der aus dem Erdöl gewonnenen Früchte in andere Unternehmungen. Vernünftigerweise legte man das Hauptgewicht auf die Landwirtschaft; die Erzeuger der traditionellen Produkte, wie Kaffee, Kakao und Tierhäute, erhielten besondere Subventionen, und ein beträchtlicher Teil der Mittel wurde für die Verbesserung der Ernteerträge aufgewandt. Die Ölgesellschaften waren bereit, in großem Maßstab an einer solchen Reform mitzuwirken, und finanzierten selbst verschiedene Projekte.

Das geschah teilweise aus Furcht. 1938 endete ihr langer Kampf in Mexiko mit der Enteignung aller ausländischen Firmen. Wenn das an die Vereinigten Staaten angrenzende Mexiko ohne weiteres eine Verstaatlichung durchführen konnte, so konnte man in anderen Ländern diese Gefahr nicht länger ignorieren. Einige der Reformen Contreras’ machten zwar das Leben etwas schwerer als unter Gomez, aber schließlich konnte man unter seiner Regierung ungestört weitermachen; es war also viel besser, mit ihr zusammenzuarbeiten, als ihren Umsturz und eine noch viel radikalere Regierung zu riskieren.

Furcht war jedoch nicht das einzige Gefühl, das die Ölgesellschaften bewegte. Mit ihren Erfahrungen aus der europäischen und amerikanischen Geschichte begriffen sie besser als die meisten venezolanischen Beamten die Notwendigkeit, der Wirtschaft eine vielfältigere Struktur zu geben und den Wohlstand des Volkes zu heben. Sie gehörten zu den aufgeklärtesten Arbeitgebern; sie boten höhere Gehälter, bahnbrechende Pensionsregelungen und kürzere Arbeitszeiten, weil sie wußten, daß ein zufriedener Arbeiter besser arbeitet und damit höhere Gewinne einbringt.[68] Sie waren bereit, dieselben Ideen in Venezuela zu verwirklichen, wo sie auf jeden Fall mehr geschulte Einheimische brauchten, und sie überschritten den Rahmen ihrer Verpflichtungen nach dem Arbeitsgesetz durch Bereitstellung von Stipendien und technischer Schulung für Einheimische, die zu Bohrarbeitern, Ingenieuren, Geologen und für ähnliche Berufe ausgebildet wurden. Die Ölgesellschaften erkannten auch die Vorteile einer ihnen wohlwollenden öffentlichen Meinung und waren deshalb auch bereit, viele Projekte zu unterstützen, die mit Erdöl sichtlich nichts zu tun hatten. Die *Standard Oil Co. (N. J.)* spendete beispielsweise Material für den Bau einer Kirche und einer Wasserleitung in Quiriquire, während die *Shell* der Stadt Maracaibo eine Erdgasleitung zum Geschenk machte und sie kostenlos mit Erdgas versorgte.

Die Ölgesellschaften waren bereit, alles zu tun, um ihre Lage zu festigen, bis auf eines: höhere Steuern zu zahlen. Es herrschte in der Welt noch immer ein Überfluß an Öl, und die kürzlich entdeckten saudiarabischen Ölvorkommen drohten noch mehr zu liefern. In Venezuela selbst wurden Bohrungen stillgelegt, weil der Markt ihre Förderung nicht aufnehmen konnte, und es schien keine Hoffnung auf ein Steigen der Preise in unmittelbarer Zukunft zu bestehen. Die Ölgesellschaften glaubten daher, daß sie es sich nicht leisten könnten, höhere Steuern zu zahlen, und daß es von der Regierung unvernünftig wäre, dies zu fordern.

Den Venezolanern schien die Lage etwas anders. Sie konnten nur den unermeßlichen Reichtum der Gesellschaften sehen, der sich, wie es schien, auf venezolanisches Erdöl gründete, und sie wollten einen größeren Gewinnanteil. Ihrer Haltung wurde 1938 bei einer Senatsdebatte durch Rivas Vasquez Ausdruck verliehen: „Wir wollen den Erdölgesellschaften nicht die ihnen zukommenden vernünftigen und gerechten Gewinne nehmen, aber wir wollen unser Land und das venezolanische Volk durch die Erlangung eines gerechten Anteils verteidigen, der uns durch die Ausbeute unseres nationalen Reichtums zusteht.“ Lopez Contreras teilte diese Ansicht, aber die Ölgesellschaften weigerten sich nachzugeben.

Das Problem blieb ungelöst, bis Mitte des Krieges der dringende

Ölbedarf der Alliierten der venezolanischen Regierung unter ihrem neuen Präsidenten General Isaias Medina Angarita eine viel stärkere Verhandlungsposition gab. 1943 wurde ein neues Abkommen unterzeichnet, das der Regierung eine achtzigprozentige Steigerung ihrer Einkünfte sicherte. Der General war mit Recht stolz auf seinen Erfolg und sah darin eine Gelegenheit, der zunehmenden Kritik der Linken am Militärregime zu begegnen. Er legte den neuen Förderzins und die Steuerabkommen der Nationalversammlung vor und behauptete, daß Venezuela nach Jahren der Ausbeutung durch Ausländer von jetzt ab den gleichen Anteil an den Gewinnen der Erdölindustrie haben werde. Das Prinzip der Gleichheit wurde selbstverständlich mit Begeisterung begrüßt, aber statt der Regierung zu helfen, lieferte es der Opposition Acción Democratica neue Argumente für ihren Angriff: Sie behauptete wiederum, daß die Ölgesellschaften noch immer den größeren Anteil erhielten.

Während der Jahre 1944 und 1945 erwiesen sich die Erwartungen der Acción Democratica als richtig, und im Herbst 1945, nach einem erfolgreichen Coup gegen die Militärregierung, erlangte die Partei die Macht, ihre Ideen zu verwirklichen. Der Coup stand in keinem Zusammenhang mit dem Erdöl. Das Land war einfach der Militärherrschaft müde und sehnte sich nach rascherem sozialem und wirtschaftlichem Fortschritt. Dennoch mußte sich aus einem Regierungswechsel auch ein Wechsel in der Erdölpolitik ergeben. Das Prinzip einer gleichmäßigen Teilung der Gewinne zwischen Regierung und Gesellschaften war ein Hauptpunkt im Programm der Acción Democratica, und die Verbesserung des Abkommens von 1943 stand an erster Stelle.

Der neue Entwicklungsminister Perez Alfonso handelte rasch: er legte den Ölgesellschaften eine Sondersteuer auf, die ihre Zahlungen auf 50 Prozent ihrer Gewinne steigen ließ. Obwohl sie das 27 Millionen Dollar kostete, zahlten die Ölgesellschaften ohne formellen Protest, und 1946 wiederholte sich dieser Vorgang. Die Erinnerung an die Enteignung haftete noch frisch im Gedächtnis der Ölgesellschaften, und sie fürchteten die Möglichkeit eines noch extremeren Vorgehens; außerdem konnten sie sich keine Unterbrechung der venezolanischen Ölförderung leisten. Nachdem 1948 die Acción Democratica durch die ersten freien Wahlen in der Geschichte Venezuelas im Amt bestätigt worden war, begannen beide Seiten mit der Ausarbeitung eines Einkommensteuergesetzes, das der Regierung ihre 50 Prozent garantieren sollte. Die Besprechungen dauerten einige Monate, und am 12. November trat das Gesetz schließlich in Kraft.

Innerhalb von kaum zwei Wochen fand ein neuerlicher Staatsstreich statt, und die Acción Democratica wurde gestürzt.

Wieder hatte der Staatsstreich nichts mit Erdöl zu tun. Die Armee war unter der Zivilregierung unruhig und mit der zunehmenden Macht der Gewerkschaften unzufrieden geworden. Sie vertrat die Meinung, daß das demokratische Experiment weit genug gegangen sei und daß es an der Zeit sei, zur „Normalität" eines Militärregimes zurückzukehren.

Die Erdölgesellschaften atmeten erleichtert auf, als die Führer der Acción Democratica im Exil untertauchten. Während der letzten Monate ihrer Amtszeit war es offenkundig geworden, daß ihre Vorstellungen die fünfzigprozentige Gewinnteilung weit überstiegen. Sie wollten auch eine unabhängige venezolanische Ölgesellschaft ins Leben rufen. Sie hatten auch bereits mit dem Verkauf von Erdöl an Abnehmer in anderen lateinamerikanischen Ländern sowie in Amerika und Europa begonnen, und es gab Pläne zur Gründung einer staatseigenen Raffinerie. Den Ölgesellschaften erschien dies wie die ersten Schritte zur Bildung eines Staatsmonopols. Nach der Rückkehr der Militärs wurden die Projekte in die Archive gelegt und verstaubten. Aber nicht für lange Zeit. Ende der fünfziger Jahre wurden ähnliche Ideen in allen Förderländern laut, als die Venezolaner und die neue Generation der arabischen Erdölfachleute, Beamten und Politiker zusammenzuarbeiten begannen.

Solange das Einkommensteuergesetz nicht in das venezolanische Gesetzbuch aufgenommen war, opponierten die Gesellschaften ständig gegen die formelle Verlautbarung des 50 : 50-Prinzips. Sie waren der Auffassung, daß ihre Investitionen bei der Erschließung der Vorkommen nicht Rechnung getragen wurde und die Formel daher falsch sei; sie erkannten, daß es sich leicht in ein Verhältnis von 60 : 40 oder in ein noch ungünstigeres verwandeln könnte, wie es auch später in der Tat an vielen Orten der Fall war.

Als das Prinzip jedoch einmal angenommen war, wurden sie seine eifrigsten Verfechter. Sie nahmen wahr, daß es — da es leicht verständlich und in so selbstverständlicher Weise für beide Seiten gerecht schien — viel dazu beitragen könnte, ihre Beziehungen zu den Regierungen zu verbessern. Sie sahen auch, daß ein derartiger revolutionärer Wandel nicht auf ein Land allein beschränkt bleiben könne, ohne bei den anderen Ressentiments zu wecken, und daß sie durch die Anwendung des neuen Abkommens auf den Nahen Osten Vertrauen erringen würden — wie ein Arbeitgeber, der höhere Löhne bietet, bevor sie gefordert werden.

Im Nahen Osten standen die Ölgesellschaften in den ersten Nachkriegsjahren unter Druck, ihre Zahlungen an die einheimischen Regierungen zu erhöhen. Diese wußten, wie sehr der Wert der Konzessionen gestiegen war, und sie sahen die großen Gewinne, die aus dem in ihren Ländern geförderten Erdöl erwuchsen. Gleichzeitig nahmen sie es übel, daß die amerikanische, britische, holländische und französische Regierung sich mittels Steuern einen größeren Anteil an den Gewinnen der Ölgesellschaften verschafften als sie selbst. Die Gesellschaften erkannten das Gewicht dieser Argumente an und waren — zur Erhaltung der guten Beziehungen — bereit, ihnen stattzugeben. Die Gefahren einer Unterlassung wurden deutlich, als zwei neue Ölgesellschaften im Nahen Osten ihre Tätigkeit aufnahmen und den lokalen Herrschern bessere Bedingungen boten als die in den Konzessionen der großen Gesellschaften üblichen.

Im Juni 1948 erteilte der Scheich Ahmad von Kuweit der *Aminoil*, einem Konsortium kleinerer amerikanischer Ölgesellschaften, eine Konzession für sein Gebiet in der neutralen Zone[69] zwischen Kuweit und Saudi-Arabien; die Konzession für den saudiarabischen Teil der Zone wurde J. Paul Gettys *Pacific Western Company* erteilt, und zwar zu Bedingungen, die man damals für weit günstiger als das Abkommen mit der *Aramco* hielt.

Eine Möglichkeit für die großen Ölgesellschaften hätte in der Erhöhung der Förderzinsen an die einheimischen Regierungen gelegen, aber Förderzinsen konnten von den Steuern in ihren Heimatländern nicht abgesetzt werden. Wenn aber eine Gesellschaft im Ausland Einkommensteuer zahlte, konnte sie diese Zahlung in ihrer Heimat von ihrer dortigen Einkommensteuer abziehen. Man kam daher überein, daß die Ölgesellschaften zwar weiter Förderzinsen pro geförderter Tonne (die Rate wurde auf 12,5 Prozent festgesetzt) zahlten, daß aber der Großteil der Erhöhung in Form von Einkommensteuern erfolgen sollte. Da die Länder im Nahen Osten keine Einkommen- oder Körperschaftssteuer kannten, setzten die Gesellschaften einen offiziellen Exportpreis fest, den Listenpreis. Davon wurden Förderkosten und -zins abgezogen und der verbleibende Gewinn gleichmäßig zwischen beiden Partnern aufgeteilt. Die Regierungen waren damit einverstanden. Saudi-Arabien war 1950 das erste Land, in dem das neue System angewendet wurde, und bis 1952 folgten alle wichtigen Förderländer im Nahen Osten, außer dem Iran, diesem Beispiel.

Diese Abmachungen erwiesen sich für die Regierungen weitaus günstiger, als man 1950 hatte ahnen können. Als die Steuerabkommen unterzeichnet wurden, entsprachen die Nahostlistenpreise dem USA-Listenpreis gemäß der Golf-plus-Fracht-Formel. Außerdem bestand überall Knappheit, und der Preis für Mineralölerzeugnisse war entsprechend hoch. Als sich jedoch Mitte der fünfziger Jahre ein Ölüberschuß auf dem internationalen Markt bemerkbar machte und die Preise für Ölerzeugnisse zu sinken begannen, gestatteten die Regierungen keine Senkung der Listenpreise. Die Ölgesellschaften waren gezwungen, inoffizielle Rabatte zu gewähren, mußten aber nach wie vor ihre Steuern auf der Basis der offiziellen Listenpreise zahlen. Die Folge davon war, daß sich der tatsächliche Gewinnanteil der Gesellschaften von 50 : 50 auf etwa 40 : 60 verringerte.

14. Kapitel
Der Streit von Abadan

1952 war der Iran nicht nur das einzige Land ohne Abkommen über eine 50 : 50-Gewinnteilung. Er war auch das einzige Land, wo die Regierung ihre Zwistigkeiten mit den Konzessionären, in diesem Fall mit der *Anglo-Iranian*, bis zur letzten Konsequenz, der Verstaatlichung, getrieben hatte. Das folgende Kräftemessen zwischen der von der britischen Regierung unterstützten Ölgesellschaft und der iranischen Regierung unter dem bemerkenswerten Dr. Mohammed Mossadegh zeigte, wo das Gleichgewicht der Kräfte zwischen den internationalen Erdölgesellschaften und den Regierungen der Förderländer lag.

Der Streit von Abadan — wie er gewöhnlich genannt wird — wirkte sich tiefgreifend auf die weiteren Beziehungen zwischen den beiden Parteien aus. Der angerichtete Schaden war allen ein warnendes Beispiel; er verhinderte, daß in anderen Ländern die Streitigkeiten ausarteten. Und sowohl die Regierungen als auch die Ölgesellschaften waren von nun an bemüht, sich aus der gegenseitigen Abhängigkeit zu lösen.

Es war eigentlich immer schon vorauszusehen, daß es im Iran oder in Venezuela eher als anderswo zu einem Zusammenstoß kommen würde. In den arabischen Ländern war die Ölindustrie ein allzu neues Element; dementsprechend war die wirtschaftliche und politische Entwicklung weniger fortgeschritten.

Aber warum geschah es im Iran und nicht in Venezuela? Zweifellos spielte die Geschichte des Landes eine große Rolle. Der Iran ist eines der ältesten und stolzesten Länder der Welt; er hat eine über 25 Jahrhunderte alte kontinuierliche Geschichte und Zivilisation. Wie China war er oftmals Großmacht gewesen, und wie China fühlte sich sein Volk erniedrigt, als es Ende des 19. Jahrhunderts unter westliche Herrschaft geriet. Der Umstand, daß dies hauptsächlich seiner eigenen Unfähigkeit zuzuschreiben war, stärkte nur das Ressentiment. Dieses erhielt in der ersten Hälfte des 20. Jahrhunderts reichliche Nahrung, als die *Anglo-Iranian* die Wirtschaft des Staates immer mehr beherrschte.

Die Zwistigkeiten zwischen Regierung und Ölgesellschaft waren denen in Venezuela sehr ähnlich — es ging um Steuern, Förderzinsen, Zollprivilegien und dergleichen —, aber sie waren stets potentiell gefährlicher. In Venezuela wurde die Ölindustrie von einigen Gesellschaften verschiedener Nationalität getragen, deren Interessen und Beziehungen zur Regierung niemals ganz übereinstimmten. Demzufolge boten sie dem allgemeinen Groll nie eine einheitliche Zielscheibe. Im Iran hingegen gab es nur die *Anglo-Iranian Company*. Selbst der Umstand, daß sie eine britische Gesellschaft war, trug zu ihren Schwierigkeiten bei. Großbritannien war durch seine Herrschaft in Indien in Asien tonangebend, und nach dem Zusammenbruch des türkischen Reiches wurde es zur stärksten Macht im Nahen Osten; als solche wurde es selbstverständlich von den regionalen Machthabern als Bedrohung ihrer Unabhängigkeit gefürchtet und abgelehnt. Deshalb wollte auch König Ibn Saud keiner britischen Gesellschaft eine Ölkonzession geben. Für die Perser waren die *Anglo-Iranian* und die britische Regierung praktisch identisch, und wirtschaftliche und politische Streitigkeiten hatten eine untrennbare Wechselwirkung.

Die schlimmste Meinungsverschiedenheit war in der Tat politischer Natur: Im August 1941 besetzten ohne Kriegserklärung britische und russische Truppen das Land, um die Versorgung der sowjetischen Armeen im Kaukasus durch Großbritannien zu sichern. Reza Schah mußte abdanken und wurde auf einem britischen Kriegsschiff nach Mauritius ins Exil gebracht; sein Sohn, der gegenwärtige Schah, bestieg den Pfauenthron, unabhängig nur dem Namen nach.

Der Rückzug der ausländischen Truppen nach Kriegsende schien ein neues Zeitalter einzuleiten, in dem die Perser wenigstens Herren im eigenen Haus werden konnten. Die USA mit ihrer wohlbekannten Ablehnung aller Formen des Imperialismus lösten Großbritannien als führende Weltmacht ab. Gleichzeitig erhoben sich überall in Asien — in Holländisch-Ostindien, Indochina und in ganz Indien — die einheimischen Nationalisten mit Erfolg gegen die Europäer. Unter diesen Umständen bedurfte es keines demagogischen Politikers oder kommunistischer Untergrundverschwörungen, um den Iran gegen die Ölgesellschaft aufzubringen. Sie galt als Symbol der britischen Macht und der Unterwerfung des Iran unter ausländischen Einfluß, und ein Angriff auf sie war unter jeder Regierung unvermeidlich.

Die *Anglo-Iranian* war sich der Gefahr bewußt, und schon 1948 — fast zwei Jahre bevor die Amerikaner das 50 : 50-System im Nahen Osten einführten — begann sie Verhandlungen mit der persischen Regierung. Der unmittelbare Anlaß dazu war die Taktik der britischen Regierung, die Dividende der Gesellschaft niedrig zu halten. Nach den Konzessionsbedingungen, die inzwischen einige Male revidiert worden waren, zahlte die Gesellschaft nicht nur einen Förderzins von 4 Shilling pro Tonne wie die Ölunternehmer im Irak und in Saudi-Arabien, sondern auch einen Betrag in Höhe von 20 Prozent der Dividendenausschüttung an die Aktionäre, soweit diese den Betrag von 671.250 Pfund pro Jahr überschritt. Auf diese Weise standen die Einnahmen des Iran in direktem Verhältnis zu jenen der Aktionäre, und als die Labour-Regierung in Großbritannien die Dividenden der *Anglo-Iranian* künstlich niedrig hielt, erlitten die Perser dadurch Gewinneinbußen. Die Gesellschaft machte das Angebot, dies durch eine Barzahlung auszugleichen, aber die Perser waren der Auffassung, daß dies nur im Rahmen von viel umfassenderen Änderungen des gesamten Abkommens geschehen sollte.

Während der Unterhandlungen erwog man ein 50 : 50-Abkommen nach venezolanischem Vorbild. Aber als die Perser eine traditionelle Forderung aufleben ließen und darauf bestanden, daß ein solches Abkommen sich auf alle innerhalb oder außerhalb des Landes erzielten Gewinne der Gesellschaft erstrecken sollte, lehnte die *Anglo-Iranian* ab. Statt dessen wurde über ein „Zusatzabkommen" zur vorhandenen Konzession verhandelt. Als es am 17. Juli 1949 von Mr. (später Sir Neville) Gass im Namen der Gesellschaft und dem persischen Finanzminister Golshayan unterzeichnet wurde, pries man seine Bedingungen als die großzügigsten im Nahen Osten. Die Förderzinsen wurden auf 6 Shilling je Tonne erhöht, es wurde eine Garantie abgegeben, daß der Anteil der persischen Regierung niemals unter 4 Millionen Pfund jährlich sinken dürfe; außerdem leistete die Gesellschaft eine sofortige Zahlung von 5 Millionen Pfund als Kompensation für die Auswirkungen der Dividendenbeschränkung.

Die persische Nationalversammlung jedoch war unzufrieden. Es blieben ihr nur zehn Tage Zeit, über die Vorlage zu debattieren, bevor sie wegen Neuwahlen aufgelöst werden sollte. Doch dies genügte einer Gruppe von oppositionellen Abgeordneten unter der Führung Mossadeghs, das neue Abkommen zu diskreditieren. Seine Argumente waren verheerend einfach: die Gesellschaft beraube Persien seiner Rohstoffe und solle dafür zahlen, damit der Reichtum des Landes dem eigenen Volk und nicht Ausländern zugute käme.

Mossadegh war bereits über 70 Jahre alt und hatte eine lange und bewegte Karriere hinter sich, während der er mehrmals Finanz-, Justiz- und Außenminister gewesen und von Reza Schah wegen konspirativer Tätigkeit gegen die Regierung gefangengehalten worden war. Er war Großgrundbesitzer, mit dem früheren Herrscherhaus der Kadscharen verwandt, und zeigte nie besonderes Interesse für soziale Angelegenheiten; aber er war immer ein leidenschaftlicher Nationalist mit einer unklaren, romantisch-konservativen Vorstellung, wie der Iran regiert werden müßte, um seine Unabhängigkeit zu wahren. Das hatte ihn einmal dazu geführt, gegen den Bau einer Eisenbahn zu opponieren, aus Furcht, sie könnte das Land in einen engeren Kontakt zu Großbritannien und Rußland bringen. Als ausländische Gesellschaft, die die Wirtschaft beherrschte und fremde Sitten einführte, versinnbildlichte die *Anglo-Iranian* alles, was Mossadegh verabscheute. Unter den herrschenden Umständen wäre der Nationalismus Mossadeghs genug gewesen, ihm eine starke Position in der persischen Politik zu sichern; doch die Lage hatte sich bereits verschlimmert. Der Iran hatte zu jener Zeit eine große Ähnlichkeit mit der Vierten Französischen Republik, mit der großen kommunistischen Tudeh-Partei und Politikern, die sich im Amt des Premierministers der Reihe nach ablösten. Der Schah hatte sich noch nicht als der starke Mann erwiesen, der er heute ist, und das Feld war für Politiker, die sich eine eigene Machtstellung schaffen wollten, weit offen. Mossadegh nahm die Gelegenheit wahr, und indem er die Ölfrage geschickt mit dem Nationalismus und den Forderungen nach einer Sozialreform verband, war er einfach unwiderstehlich.

Bei der Eröffnung des Parlamentes im Februar 1950 war seine Stellung scheinbar schwach; seine neue, acht Monate zuvor gegründete Partei der Nationalen Front konnte nur acht Vertreter entsenden. Aber durch seinen Vorsitz im Erdölausschuß der Nationalversammlung, wegen der starken Anziehungskraft seiner Argumente und seiner wachsenden Macht über das Volk von Teheran wurde er rasch zu einer Schlüsselfigur. „Wie konnte jemand gegen Mossadegh sein?“ fragte der Schah später.[70] „Er wollte alle reich machen, er wollte die Ausländer bekämpfen und unsere Rechte festigen. Kein Wunder, daß

Studenten, Intellektuelle und Leute aus allen Schichten unter seine Fahnen eilten.“ Wenn sie es nicht taten, riskierten sie, in der zunehmend hysterischen Atmosphäre von Teheran zusammengeschlagen oder als Verräter gebrandmarkt zu werden.

Die Regierung unter dem rechtsstehenden General Ali Razmara wollte den Streit mit der Gesellschaft durch Revision des Zusatzabkommens friedlich beilegen, um ihr Verfassungsreformprogramm durchzusetzen. Das alles erschien Mossadegh zu vorsichtig, und Ende des Jahres hatte er eine vollkommene Ablehnung des Abkommens erzwungen. Im Januar 1951 wurde seine Position durch die offizielle Bekanntmachung des 50 : 50-Abkommens in Saudi-Arabien weiter gestärkt. Da er das Erdöl aus der Politik heraushalten wollte, hatte Razmara die Gesellschaft gebeten, die Vorteile des Zusatzabkommens nicht publik zu machen, und die meisten Perser hatten keine Ahnung, daß diese einem 50 : 50-Abkommen gleichgekommen wären. Sie wußten nur, was sie von den Gegnern des Abkommens hörten, und das Arrangement in Saudi-Arabien bestätigte nur ihren Verdacht, daß Großbritannien sie nicht gerecht behandle.

Die *Anglo-Iranian* schlug sogleich Verhandlungen vor, die zu einer 50 : 50-Regelung im Iran zusätzlich einer Anzahlung von 5 Millionen Pfund und Monatsraten von 2 Millionen Pfund als Vorschuß auf Förderzinsen führen sollten. Doch es war zu spät. Am 19. Februar 1951 beantragte Mossadegh formell die vollkommene Enteignung. Aus Furcht vor der wachsenden Macht Mossadeghs und im Bewußtsein der Unfähigkeit Persiens, die Industrie ohne ausländische Hilfe zu betreiben, versuchte Razmara Zeit zu gewinnen und leitete den Vorschlag an ein Expertenteam weiter, das ihn als undurchführbar und vielleicht sogar gesetzwidrig ablehnte.

In der Folge kam es zu chaotischen Zuständen in Teheran, und die Nationale Front hielt eine Reihe von Demonstrationen gegen die Regierung ab. Am 7. März wurde Razmara auf seinem Weg zur Moschee von einem religiösen Fanatiker ermordet; danach überstürzten sich die Ereignisse. Am nächsten Tag unterstützte der verängstigte Ölausschuß Mossadeghs Nationalisierungsplan, und am 15. März wurde eine einfache, neun Punkte umfassende Gesetzesvorlage zur Verstaatlichung der Erdölindustrie von der Nationalversammlung gebilligt. Der Schah, der die Befürchtungen Razmaras vollkommen teilte, bestellte den bejahrten Hussein Ala zum Premierminister — ein letzter, verzweifelter Versuch, eine Kompromißlösung zu finden. Zu jenem Zeitpunkt war jedoch die Situation bereits vollkommen seiner Kontrolle entglitten: Streiks und Unruhen griffen auf die Ölfelder und die Raffinerie in Abadan über. Am 1. Mai mußte der Schah dem Gesetzentwurf zur Nationalisierung seine kaiserliche Genehmigung erteilen und Mossadegh zum Premierminister ernennen.

Die meisten Perser hatten kaum eine Idee von den Folgen dieser Tat. Sie teilten Mossadeghs Glauben, daß die britische Wirtschaft ohne das persische Erdöl zusammenbrechen würde und daß deshalb Großbritannien die Käufe fortsetzen müßte; sie dachten auch, daß die amerikanischen Gesellschaften nur allzugern Vorteile aus der Niederlage der *Anglo-Iranian* ziehen würden. Wenn erst einmal eine staatliche Erdölgesellschaft gegründet war und die *Anglo-Iranian* jene Entschädigung erhalten hatte, welche die Regierung in ihrer Weisheit festgesetzt hatte, würde — so glaubten sie — alles wie zuvor weitergehen, nur daß es keine Ausländer mehr geben würde, die ein Vorrecht auf die Gewinne hätten.

Mossadegh und seine Ratgeber hatten weder einen Begriff von den Problemen, die der Betrieb einer großen Erdölgesellschaft mit sich bringt, noch die blasseste Ahnung, wie sie ihr Erdöl ohne Tankerflotte oder eigenes Vertriebssystem auf den internationalen Märkten verkaufen könnten. Da sie der Überzeugung waren, daß das persische Erdöl für seine Abnehmer sogar noch lebenswichtiger als für den Iran war, glaubten sie, vollkommen willkürlich handeln zu können, und wiesen alle Kompromißvorschläge zurück. Dieses übermäßige Selbstvertrauen war ihr Verderben. Sie erkannten nicht, daß Großbritannien auf andere Vorkommen im Nahen Osten, Venezuela und den Vereinigten Staaten zurückgreifen konnte, während der Iran neben dem Öl keine andere nennenswerte Einkommensquelle besaß.

Die Engländer waren dennoch zu einem Kompromiß bereit, und sowohl die Gesellschaft als auch die Regierung machten verschiedene Vorschläge, wobei man sich mit dem Prinzip der Nationalisierung abfand. Der erste Vorschlag wurde von der *Anglo-Iranian* im Juni gemacht, als ihr stellvertretender Vorsitzender, Basil Jackson, nach Teheran kam. Er eröffnete seine Verhandlungen mit dem Angebot einer Prämie von 10 Millionen Pfund und 3 Millionen Pfund monatlich als Vorschuß auf Förderzinsen, bis man eine endgültige Regelung gefunden hätte; dann detaillierte er seinen Vorschlag. Im wesentlichen beinhaltete dieser die Gründung einer neuen Gesellschaft durch die *Anglo-Iranian* mit Persern im Vorstand zum Betrieb der Ölindustrie des Landes im Auftrag der jungen staatseigenen *National Iranian Oil Company*. Die persischen Delegierten wiesen den Plan nach einer halbstündigen Beratung zurück und beantragten, daß die Nationalversammlung und der Senat allein über die Entschädigung für die

Enteignung entscheiden sollten. Nach Besprechungen des Sonderbevollmächtigten des Präsidenten Truman, Averell Harriman, mit Mossadegh brach im August eine Delegation der britischen Regierung unter der Führung des Lordsiegelbewahrers Richard Stokes mit einem im wesentlichen ähnlichen Plan nach Teheran auf. Er schlug die Gründung einer Gesellschaft zum Betrieb der Ölindustrie im Auftrag der *National Iranian Oil Company* vor; diese Gesellschaft sollte ihr Erdöl an die *Anglo-Iranian* zu einem bestimmten, beiden Seiten den gleichen Gewinn sichernden Preis zum Export verkaufen. Wiederum lehnten es die Perser ab, den Vorschlag zu prüfen.

Es blieb nichts mehr übrig, als sich an den Internationalen Gerichtshof in Den Haag zu wenden, dessen Gerichtsbarkeit von den Persern ohnehin nicht anerkannt wurde. Als Mossadegh darauf bestand, daß das englische Personal im Iran entweder für seine Gesellschaft arbeiten oder das Land verlassen sollte, wurde es abberufen. Der letzte englische Mitarbeiter der *Anglo-Iranian* verließ das Land am 3. Oktober, ironischerweise auf einem Kriegsschiff namens „Mauritius". Die Tätigkeit auf den Ölfeldern und in Abadan kam praktisch zum Stillstand. Mit geringer ausländischer Hilfe hätte man sie in Betrieb halten können. Aber darum handelte es sich nicht: Die Perser erkannten zu ihrem Entsetzen, daß sie von ihren Märkten abgeschnitten waren. Niemand mehr wollte ihr Öl.

Die Zeiten, in denen die Engländer ein Kanonenboot zur Verteidigung ihrer wirtschaftlichen Interessen schicken konnten, waren vorbei. Aber durch seine Weigerung, auf jeglichen vernünftigen Kompromiß einzugehen oder irgendeinen befriedigenden Entschädigungsplan vorzuschlagen, hatte Mossadegh sein Land einer weitaus schlimmeren Gefahr ausgesetzt: einem Embargo, das kein anderes Land brechen wollte. Am Tag nach der Abfahrt des letzten Engländers aus Abadan erklärte das Foreign Office in London, daß es alles unternehmen werde, um den Verkauf des persischen Öls zu verhindern. Als italienische und japanische Firmen kleine Käufe bei der *National Iranian Oil Company* tätigten, strengte die *Anglo-Iranian* einen Prozeß gegen sie an, und das genügte, um weitere Lieferungen zu unterbinden.

Persien wurde buchstäblich langsam erdrosselt. In den beiden Jahren vor der Enteignung exportierte es 54 Millionen Tonnen Öl; in den folgenden zwei Jahren belief sich die Ausfuhr auf 132.000 Tonnen und warf damit weniger ab als die Förderzinsen eines einzigen Tages unter der alten Gesellschaft. Gleichzeitig mußte die Regierung viele der früher von der Gesellschaft getragenen Lasten übernehmen. Manche davon standen in direktem Zusammenhang mit dem Erdöl, wie die 70.000 persischen Ölarbeiter, denen jährlich 20 Millionen Pfund gezahlt wurden; andere, wie die mehr als 2000 Kilometer Straßen und die 40 großen, von der Gesellschaft auf ihre Kosten erbauten und erhaltenen Brücken hatten kaum etwas mit der Ölindustrie zu tun.

Im Gegensatz dazu erholten sich Großbritannien und die *Anglo-Iranian* erstaunlich rasch von dem ersten Schock. Als der Schlag sie traf, befanden sich drei Viertel der Ölförderung und Raffineriekapazität der *Anglo-Iranian* im Iran, aber die Gesellschaft war ja auch noch zur Hälfte an der *Kuwait Oil Company* und zu 23¹/₃ Prozent an der *Iraq Petroleum Company* beteiligt, die ihre Interessen vom Irak aus auf das Scheichtum Qatar ausgedehnt hatte. Das füllte ohne Schwierigkeiten die durch den Iran verursachte Lücke. Allein in Kuweit stieg die Förderung von 17 Millionen Tonnen im Jahre 1950 auf 42 Millionen im Jahre 1953, während im Irak zur gleichen Zeit die Produktion von 8,1 Millionen Tonnen auf 27 Millionen wuchs. In Großbritannien und anderen normalerweise vom Iran belieferten Ländern mußten kostbare Dollar ausgegeben werden, um Rohöl und Fertigprodukte aus den USA und Venezuela zu kaufen. Aber Ende 1952 war es bereits klar, daß die Fördersteigerung im Nahen Osten und der Bau von neuen Raffinerien Europa bald in die Lage versetzen würde, auch ohne Hilfe der Vereinigten Staaten auszukommen.

Mossadegh lehnte jedoch immer noch jeden Kompromiß ab. Anfang 1952 bot die Weltbank eine provisorische Geschäftsführung für die persische Ölindustrie an, so daß Verhandlungen für eine endgültige Regelung stattfinden könnten. Diese Initiative zerschlug sich am Beharren des Iran, daß die Weltbank Vertreter seiner Interessen und nicht ein neutraler Vermittler sein sollte, sowie an seiner Weigerung, britische Techniker zu akzeptieren. Gemeinsame, im August 1952 und Februar 1953 vorgetragene anglo-amerikanische Vorschläge hatten ebensowenig Glück, da man sich nicht auf die Prinzipien der Entschädigung der *Anglo-Iranian* einigen konnte. Hätte man sich im Februar 1953 in diesem Punkt geeinigt, so wäre die amerikanische Regierung bereit gewesen, dem Iran ein sofortiges Darlehen in bar zu gewähren, das in Erdöl zurückgezahlt werden sollte, um die Industrie wieder in Gang zu bringen. Großbritannien hatte sich inzwischen weit von seinem Standpunkt von 1951 entfernt. Es forderte nicht mehr ein Monopol der *Anglo-Iranian* für den Vertrieb des persischen Erdöls auf dem Weltmarkt. Die Gesellschaft war bereit, diese Aufgabe in die Hände eines internationalen Konsortiums zu legen, in dem sie nur einer unter vielen Aktionären sein würde.

Zu jener Zeit war es Mossadegh gelungen, sich die meiste Unterstützung im Iran zu verscherzen. Die Wirtschaft des Landes lag darnieder, Arbeitslosigkeit und Inflation nahmen zu. Die politische Lage war noch schlechter: der Oberste Gerichtshof war aufgelassen, der Senat aufgehoben und die Nationalversammlung suspendiert. Mossadegh und der von der Tudeh-Partei unterstützte Pöbel regierten. Das Land ging einer Diktatur entgegen, die wahrscheinlich nur ein Vorspiel zum Kommunismus gewesen wäre. Im Juli versuchte der Schah, Mossadegh seines Amtes zu entheben, und sah sich selbst gezwungen, nach Rom zu fliehen. Unterwegs mußte er in Bagdad haltmachen; die Stellung der Monarchie schien so wankend, daß der dortige persische Botschafter versuchte, ihn verhaften zu lassen. Das war eine unkluge Tat. Mossadegh war zu weit gegangen: Innerhalb weniger Tage hatte ein von General Zahedi angeführter Staatsstreich des Militärs ihn gestürzt, und der Schah kehrte im Triumph zurück.[71]

Die Wiederherstellung der Erdölindustrie konnte nicht so rasch betrieben werden, obwohl fast sofort Besprechungen unter der Voraussetzung begannen, daß ein Konsortium internationaler Ölgesellschaften gebildet werden sollte, um die Stelle der *Anglo-Iranian* einzunehmen und für die *National Iranian Oil Company* zu arbeiten. Erst am 29. Dezember 1954 trat das neue Abkommen in Kraft, aber bereits einen Monat danach floß das Erdöl in einem Ausmaß von 6 Millionen Tonnen jährlich durch Abadan.

Auf dem Papier schien die Lage des Iran viel besser zu sein als 1951. Das Prinzip der Verstaatlichung war anerkannt worden, und die *National Iranian Oil Company* behielt weiter die früheren englischen Konzessionen. Das neue Konsortium förderte das Erdöl in ihrem Auftrag, aber dieses blieb Eigentum der *National Iranian Oil Company*, die es dann an einzelne Mitglieder des Konsortiums verkaufte und die Gewinne gleichmäßig mit ihnen teilte. Das Konsortium umfaßte alle acht führenden Erdölgesellschaften der Welt: die *Anglo-Iranian* unter ihrem neuen Namen *British Petroleum Company (BP)*, *Shell*, *Standard Oil Co. (N. J.)*, *Mobil Oil*, *Standard Oil of California*, *Gulf Oil*, *Texaco* und die *Compagnie Française des Pétroles*.[72]

Es konnte daher nicht mehr die Rede davon sein, daß sich der Iran in übermäßiger Abhängigkeit von Großbritannien befand. Aber trotz seiner Umständlichkeit konnte das Abkommen dem Iran keinen größeren Gewinnanteil einbringen als die 50 : 50-Abkommen, die einige Jahre zuvor der Irak, Saudi-Arabien und Kuweit ausgehandelt hatten. In der Zwischenzeit hatte der Iran wertvolle Absatzgebiete an jene Länder verloren, und seine Stellung als führendes Förderland im Nahen Osten war von Kuweit übernommen worden. Zudem gab es keinen Ersatz für den Verdienstausfall während des Stillstandes.

Die Position der *Anglo-Iranian* gegenüber der persischen Regierung und den anderen Mitgliedern des Konsortiums, die einverstanden waren, ihr eine Entschädigung zu zahlen, hatte sich jedoch sehr verändert. Sie erhielt von der Regierung des Iran ein Versprechen über 25 Millionen Pfund, zahlbar ab 1956 in zehn Jahresraten, um die Beschlagnahmung ihrer Aktiva zu decken, und von ihren Partnern 32,4 Millionen Pfund plus einer Zusatzabgabe von 10 Cent je exportierter Tonne Öl, bis eine Gesamtsumme von 510 Millionen Dollar erreicht wäre. „Es ist ein furchtbarer Schock, aufzuwachen und zu sehen, daß man den Großteil seines Erdöls verloren hat“,[73] sagte der Vorsitzende der Gesellschaft, Lord Strathalmond, 1951 unmittelbar nach dem Verstaatlichungsdekret. Auf lange Sicht gesehen, war der Schock für die Gesellschaft jedoch nicht ohne Nutzen; Mossadegh zwang sie, nicht alles auf eine Karte zu setzen, sondern neue Erdölfelder im Nahen Osten — vor allem Kuweit — zu erschließen und sich nach neuen Reserven außerhalb dieses Gebietes in Nordafrika, Kanada und anderswo umzusehen, so daß sie nie mehr wieder von einer einzelnen Regierung unter Druck gesetzt werden konnte.

Die übrige Ölindustrie zog aus dem Streit von Abadan dieselben Schlüsse. Obwohl es Anfang der fünfziger Jahre klar war, daß der Nahe Osten die größten Ölfelder der Welt und die niedrigsten Förderkosten hatte, wollte keine große Gesellschaft für ihre Versorgung nur von diesem Gebiet abhängig sein; denselben Standpunkt vertraten die Regierungen der Erdölimportländer. Als Folge davon begann die Ölindustrie Milliarden auszugeben, um in anderen Teilen der Welt nach neuen Feldern zu suchen — eine Suche, die intensiviert wurde, nachdem die Suezkrise von 1956 gezeigt hatte, wie leicht die Versorgung aus dem Nahen Osten unterbrochen werden konnte.

Die Regierungen der Ölförderländer zogen aus dem Streit von Abadan wertvolle Lehren. Der Schah definierte die Lage sehr richtig, als er ausführte, daß Mossadeghs „große Fehlrechnung in dem beharrlichen Bestehen darauf lag, daß er unser Erdöl ohne Hilfe der Ausländer verkaufen könne. Wir besaßen zu jener Zeit weder ein einziges Tankschiff noch auch nur Ansätze einer internationalen Absatzorganisation“.[74]

Auf die eine oder andere Weise haben seither alle Regierungen der Ölförderländer Maßnahmen ergriffen, um solchen Mängeln vorzubeugen. Darum gründeten sie staatliche Erdölgesellschaften, um sich Erfahrung in der Ölindustrie von der Förderung des Rohöls bis zum Verkauf der Fertigprodukte anzueignen. Gleichzeitig suchten die Regierungen — ebenso wie die großen internationalen Ölgesellschaften danach strebten, ihre Versorgungsquellen zu erweitern — nach neuen Bewerbern für Ölkonzessionen, um ihre Einkommensquellen zu streuen. Demnach hießen sie die Gelegenheit willkommen, amerikanischen Ölunternehmern und staatlichen europäischen Organisationen, die gegen Ende 1950 auf dem internationalen Erdölmarkt auftauchten, Konzessionen zu gewähren.

15. Kapitel
Das Auftauchen der „Newcomer“

Wenn man im Ölgeschäft jemand sein will, muß man einen Stützpunkt im Nahen Osten haben.

J. Paul Getty

Eine der großen Stärken der freien Marktwirtschaft ist ihre Selbstkorrektur. Das gilt für die internationale Erdölindustrie ebenso wie für jeden anderen Wirtschaftszweig. Immer wenn ein Verkäufermarkt besteht und die Preise hoch sind, werden neue Gesellschaften von den Verdienstmöglichkeiten angezogen. Das führt zur Entdekkung neuer Ölfelder, zu verstärkter Konkurrenz und zu niedrigeren Preisen. So geschah es in den achtziger Jahren des 19. Jahrhunderts in Europa, als das russische Erdöl ein fast ausschließliches Monopol der Amerikaner verhinderte, und wiederum nach dem Ersten Weltkrieg, als die Amerikaner neue Ölfelder entdeckten, gerade als es schien, als ob fast alle übriggebliebenen Ölreserven der Welt von den Engländern kontrolliert würden. Dieses Schema wiederholte sich Ende der vierziger und Anfang der fünfziger Jahre.

Die Neuankömmlinge teilten sich in zwei Gruppen: kleinere amerikanische Gesellschaften wie *Continental Oil*, *Marathon*, *Phillips* und *Signal;* sowie Organisationen aus den Verbraucherländern, entweder rein verstaatlichte Betriebe — wie die italienische *ENI*[75] oder die französische *BRP*[76] — oder Gesellschaften, die von ihrer Regierung unterstützt wurden, wie die japanische *Arabian Oil Company*. Welche Herkunft diese Unternehmen auch hatten, ihre Motive waren im Grunde gleich. Einerseits fürchteten sie und ihre Protektoren die ungeheure Machtfülle der großen Erdölgesellschaften, die sich auf dem Besitz fast unerschöpflicher Reserven billigen Öls im Nahen Osten und Venezuela stützten; anderseits wollten sie selbst ähnliche Gewinne erzielen. Die amerikanischen Gesellschaften waren mehr am Gewinn interessiert, während die Organisationen aus den Verbraucherländern, denen die Unterstützung ihrer Regierungen zuteil wird, mehr Wert darauf legten, die Vorrangstellung der großen Ölgesellschaften auf den Märkten zu brechen.

Sowohl was ihre Anzahl betrifft als auch in bezug auf den Umfang ihrer Unternehmungen waren die kleineren amerikanischen Ölgesellschaften die wichtigere Gruppe. Schon viele Jahre vor dem Zweiten Weltkrieg hatten einige von ihnen außerhalb der Vereinigten Staaten gearbeitet; *Standard Oil of Indiana* war beispielsweise eine der größten Ölgesellschaften in Venezuela, bevor sie ihren dortigen Besitz während der Depression[77] an die *Standard Oil Co. (N. J.)* verkaufte. 1945 besaßen dreizehn solcher Gesellschaften Ölvorkommen im Ausland, vor allem in Kanada und Südamerika. Als Gruppe jedoch waren sie neben den sieben großen Ölgesellschaften praktisch bedeutungslos. 1958 hatte sich die Lage vollkommen verändert: die Zahl der kleineren amerikanischen Ölgesellschaften, die auch im Ausland arbeiteten, war auf mehr als zweihundert gestiegen. Anfang der sechziger Jahre waren einige von ihnen, vor allem *Continental Oil* und *Marathon*, die in Libyen über große Ölreserven verfügen, auf dem besten Weg, selbst internationale Großunternehmen zu werden.

Die Ölgesellschaften hatten sich im Ausland aus verschiedenen Ursachen und zu verschiedenen Zeitpunkten engagiert. Aber da sie alle in den USA mit den großen international tätigen Ölgesellschaften in Wettbewerb standen und auf deren Geschäftstätigkeit reagieren mußten, war die Atmosphäre, in der sie ihre Entscheidungen trafen, grundsätzlich immer dieselbe. Den ersten Vorstoß auf der internationalen Bühne unternahmen Getty und die *Aminoil*-Gruppe, die beide im Jahre 1948 Konzessionen in der Neutralen Zone zwischen Saudi-Arabien und Kuweit erwarben; auf lange Sicht jedoch erwies sich die *Continental Oil Company* als die bedeutendste.

Als 1948 der Vorstand der Gesellschaft unter dem neuen Vorsitzenden Leonard F. McCollum die Entscheidung traf, die Ölsuche auf Gebiete außerhalb der Vereinigten Staaten auszudehnen, nahm sich die *Continental* neben der *Standard Oil Co. (N. J.)*, der *Shell* oder der *Gulf Oil* eher klein aus; aber eine „relativ kleine“ Gesellschaft der Erdölindustrie ist, mit anderen Maßstäben gemessen, oft sehr groß: *Continental* gehörte zu den fünfzig größten Unternehmen der Vereinigten Staaten mit einem Anlagevermögen von mehr als einer Milliarde DM und einem Reingewinn von mehr als 130 Millionen DM im Jahr. Das Verhältnis zwischen Rohölförderung und Absatz von Fertigprodukten war ausgeglichener als das jeder anderen Ölgesellschaft in den Vereinigten Staaten, und da die Wirtschaft florierte und der Erdölbedarf rasch zunahm, konnte sie — soweit das Auge reichte — hohen Gewinnen entgegensehen.

Trotz dieser Stärke stellte die Geschäftsleitung in der Struktur der Gesellschaft deutliche Schwächen fest. 1948 glichen sie feinen, kaum wahrnehmbaren Sprüngen in einem Metallstück, aber auf lange Sicht konnten sie sich zu einem breiten Riß entwickeln und die Konkurrenzfähigkeit der Firma in Frage stellen. Es handelte sich lediglich darum, die Statistiken zu verfolgen: Da waren die steigenden Kosten der Suche und Erschließung neuer Ölreserven in den USA. 1946 betrug der Durchschnittspreis 25,30 DM, 1948 bereits über 28 DM je Tonne, und man hatte allen Grund zur Annahme, daß der Preis weiter steigen würde. Gleichzeitig importierten die international tätigen Gesellschaften immer größere Mengen billigen ausländischen Erdöls in die Vereinigten Staaten, das unter dem Preis des im Inland geförderten Öls verkauft wurde, worauf Paul Hoffman von der ECA hingewiesen hat.[78] 1948 fanden sich die Vereinigten Staaten in der ungewohnten Lage, Öl einführen zu müssen, und es war klar, daß — da die Förderkosten im Nahen Osten nach Beendigung der Anfangsinvestitionen sanken — der Umfang der Importe noch schneller zunehmen würde, wenn die Regierung nichts unternähme. Die *Continental Oil* kam daher zu der Überzeugung, daß sie — und wäre es nur, um ihre bestehenden Absatzmärkte zu schützen — ebenfalls eine billige ausländische Rohölquelle finden mußte. „Da saß ich nun“, berichtete McCollum, „und hatte keine Hoffnung, die Flut des ausländischen Öls eindämmen zu können. Ich wollte mich nicht auf die Politik verlassen. Warum sollte ich mir daher Sorgen machen, wenn ich zehn Tonnen von auswärts kaufte und dafür zehn Tonnen zu Hause verlor? Ich erkannte klar, daß wir der Gefahr einer Isolierung ausgesetzt wären“,[79] wenn wir nicht ins Ausland gingen.

Da die Rohölpreise im Nahen Osten und in Venezuela durch die Golf-plus-Fracht-Formel von den international tätigen Ölgesellschaften an die in den USA gebunden waren, erzielten die internationalen Gesellschaften aus ihren ausländischen Unternehmungen gewaltige Gewinne. Man mußte auch die aussichtsreichen Entwicklungsmöglichkeiten der Märkte in Übersee in Betracht ziehen. Sobald der Marshallplan in Kraft getreten war, gab es allen Grund zu der Annahme, daß die Zuwachsrate des Ölverbrauchs in Europa schneller ansteigen werde als in den Vereinigten Staaten. Alle kleineren amerikanischen Ölgesellschaften, die ins Ausland gingen, beabsichtigten zwar, den Großteil des von ihnen dort entdeckten Öls auf den einheimischen Markt zurückzubringen; aber sie hofften auch, in Übersee jede sich ihnen bietende Gewinnmöglichkeit nutzen zu können.

Dennoch waren diese Argumente nicht vollkommen überzeugend. Die Kosten der Ölerschließung in den USA mochten zwar steigen, aber man wußte wenigstens, daß es hier Öl gab. Fremde Länder mochten zwar aussichtsreich erscheinen, aber dennoch keinen Gewinn abwerfen, obwohl man dort große Summen aufwandte. Außerdem waren viele dieser Länder politisch unzuverlässig und standen ausländischem Kapital mit Mißtrauen gegenüber.

Es überrascht daher nicht, daß die kleineren amerikanischen Ölgesellschaften sich zuerst nach Kanada, das 1947 nach der Entdeckung eines großen Erdölfeldes bei Leduc in Alberta erfolgversprechend schien, und nach Venezuela wandten, während sie sich anderen Gebieten nur mit Vorsicht näherten. Es kam zur Bildung von Gemeinschaftsunternehmen, um die Risken zu vermindern: die *Continental Oil* verband sich mit der *Marathon Oil* und der *Amerada.* 1948 begannen sie in Venezuela zu bohren, und nachdem sie einigen Erfolg gehabt hatten, breiteten sie ihre Tätigkeit auf Nordafrika aus, wo sie schließlich 1959 in Libyen, vor der Haustür Europas, große Ölvorkommen entdeckten.

Viele andere Ölgesellschaften schlugen — wenn auch nicht immer mit demselben Erfolg — einen ähnlichen Weg ein, während andere Firmen besonderes Glück hatten: Ihnen nahm die Regierung die schwere Arbeit ab. Denn obwohl die amerikanischen Ölleute stets behaupten, daß sie nichts anderes von ihrer Regierung wünschten, als in Ruhe gelassen zu werden, rechnen sie in Wirklichkeit stark mit ihr, sowohl in bezug auf Steuerprivilegien als auch hinsichtlich verschiedenster Hilfeleistungen. Eines der offenkundigsten Beispiele dafür ereignete sich 1954 nach der Bildung des internationalen Konsortiums im Iran. Die amerikanischen Behörden befürchteten, daß die Anwesenheit so vieler großer international tätiger Ölgesellschaften in einem einzigen Unternehmen als Kartell angesehen werden könne. Sie veranlaßten die fünf amerikanischen Mitglieder, je ein Prozent ihrer Anteile an neun zu diesem Zweck in der *Iricon*-Gruppe zusammengeschlossene kleinere Ölgesellschaften zu verkaufen.[80]

Das Öl war bereits da, und wie von Gulbenkian in der *Iraq-Petroleum*-Gruppe erwartete man von ihnen nicht, daß sie etwas für den Betrieb des Unternehmens taten. Sie hatten sich lediglich ihrer Gewinne zu erfreuen, und ihre Erfahrungen trugen viel dazu bei,

bei anderen derartigen Ölgesellschaften das Interesse an den Überseegebieten anzuregen.

Die Organisationen der Verbraucherländer hatten einen langsameren Start als die Amerikaner, da ihre Regierungen nach dem Krieg an Kapitalmangel litten. Die Deutschen und Japaner waren selbstverständlich überhaupt nicht in der Lage, etwas zu unternehmen, und so ging die erste Runde an die Franzosen und Italiener.

Dabei waren die Fanzosen in der stärkeren Position, da sie mit der *Compagnie Française des Pétroles* bereits über eine eigene große Ölgesellschaft verfügten. Aber die *CFP* brauchte alle ihre Mittel, um ihren Anteil an der *Iraq Petroleum Company* auszubauen und ihre durch den Krieg zerstörten Anlagen in Europa wiederherzustellen. Sie konnte nichts für Ölerschließungen an anderen Plätzen aufbringen. Die Regierung ihrerseits war darauf bedacht, sich aus ihrer Abhängigkeit vom Nahen Osten zu befreien und Erdöl auf französischem Gebiet, vor allem in der Sahara, zu finden. Ihre Überlegungen waren dieselben wie die Churchills, als er 1914 die britische Regierung zur Beteiligung an der *Anglo-Persian* bewegte. Erdöl war jetzt für die Wirtschaft so lebenswichtig, daß Frankreich eine Versorgungsquelle unter eigener politischer und wirtschaftlicher Kontrolle besitzen mußte. In der *Iraq Petroleum Company* konnte die *Compagnie Française des Pétroles* nichts ohne Zustimmung ihrer Partner unternehmen. Sie war praktisch bei jeder Meinungsverschiedenheit mit Gulbenkian zusammen den Angelsachsen gegenüber in der Minorität. Außerdem hatte Frankreich im Nahen Osten keinen direkten politischen Einfluß mehr.

1945 gründete der neue Directeur des Carburants, Pierre Guillaumat, das staatliche *Bureau des Recherches du Pétrole (BRP)*, um Kapital in Unternehmen zu investieren, die bereit waren, an beliebigen Stellen der Franc-Zone nach Erdöl zu bohren. Die großen Ölgesellschaften zweifelten am Erfolg dieses Vorhabens. Aber wie in Texas und am Persischen Golf behielten die Schwärmer außerhalb der eingesessenen Erdölindustrie recht, die da meinten, daß Öl auch in einem nicht erforschten Gebiet gefunden werden könne. 1955, ein Jahr nach Beginn der algerischen Revolution, wurde in der Sahara bei Edjeleh der erste Ölfund gemacht, und im folgenden Jahr wurde ein neues Feld bei Hassi Messaoud gefunden sowie ein gewaltiges Erdgasvorkommen bei Hassi r'Mel. Trotz des Krieges, der den Bau und die Verteidigung der Rohrleitungen zur Küste sehr erschwerte, wurden die Öl- und Erdgasreserven in der Sahara äußerst schnell erschlossen, und als Algerien 1962 seine Unabhängigkeit erhielt, übernahm die neue Regierung eine blühende Ölindustrie mit einer Förderung von 20,7 Millionen Tonnen jährlich.

Während die Franzosen sich auf die Franc-Zone konzentrieren konnten, ohne eine Störung auf dem übrigen internationalen Erdölschauplatz hervorzurufen, mußten die Italiener die Gelegenheit nutzen, wo sie sich bot. Enrico Mattei, der Chef des staatlichen Erdöl- und Erdgaskonzerns *ENI*, hatte während des Streites von Abadan mit den international tätigen Ölgesellschaften zusammengearbeitet und Öllieferungen aus dem Iran abgelehnt. Als das Konsortium gegründet wurde, erwartete er, durch eine Einladung dafür belohnt zu werden. Es kam jedoch keine, und auf seine Anfrage teilte man ihm mit, daß die Mitgliedschaft auf jene Ölgesellschaften beschränkt sei, die bereits Konzessionen im Nahen Osten besäßen. Nach wenigen Monaten wurde die Bildung der *Iricon*-Gruppe bekanntgegeben, von der kein einziges Mitglied Konzessionen im Nahen Osten hatte. Mattei erschien dies wie eine absichtliche Brüskierung. Er verzieh den großen Gesellschaften diese Zurückweisung niemals und beschloß, daß Italien durch die *ENI* aus eigener Kraft einen gebührenden Platz in der internationalen Ölwirtschaft einnehmen sollte. Wie ihm dies gelang,[81] machte ihn zu einer weltbekannten Berühmtheit, zu einer Art modernem David, der den größten aller zeitgenössischen Industrie-Goliaths herausgefordert hatte, bevor er am 27. Oktober 1962 bei einem Flugzeugunglück ums Leben kam.

Die Leiter der internationalen Erdölgesellschaften betrachteten Mattei etwa so, wie eine Gruppe römischer Senatoren auf einen Barbarenhäuptling geblickt haben mochte: Mattei war ein Rückfall in ihre eigene, kaum noch bewußte Vergangenheit. 1950 hatten diese Gesellschaften schon seit langem das heroische Zeitalter vergessen, wo sie von rücksichtslosen Persönlichkeiten wie John D. Rockefeller und Henri Deterding gelenkt worden waren — Männern, deren Macht und Vermögen auf ihrem Geschick beruhte, neue Ideen zu verwirklichen und die feststehende Ordnung umzustoßen. Sie wurden nun von Technokraten und Managern geleitet, die ihren Weg durch ein allgemein anerkanntes Beförderungsschema genommen hatten und gewohnt waren, ihre Geschäfte in der geordneten Stille von Direktorenzimmern mit Klimaanlagen zu führen — mit Abteilungen für Public Relations, die sie vor der Neugierde der Außenwelt schützen sollten.

Mattei hatte mehr mit den Gründern der großen Ölgesellschaften als mit deren Nachfolgern gemeinsam. Er war ein Außenseiter, ein ehemaliger Führer der Résistance, der durch Zufall nach dem Krieg in die Erdölindustrie geraten war, als er zum Regierungsbevollmächtigten für Norditalien der *Azienda Generale Italiana Petroli (AGIP)* ernannt wurde, des wichtigsten der von den Faschisten gegründeten Erdöl- und Erdgasunternehmen. Sein Ruf wurde 1949 durch die Entdeckung von Erdgas in der Poebene durch die *AGIP* begründet. 1953 bewog er die Regierung, die verstaatlichten Erdöl- und Erdgasunternehmen in der *Ente Nazionali Idrocarburi (ENI)* unter seiner Leitung zusammenzuschließen. Als früherer Abgeordneter der Democristiani war Mattei in der Politik ebenso zu Hause wie im Geschäftsleben, und als Besitzer der Tageszeitung *Il Giorno* hatte er direkten Zugang zur Öffentlichkeit. Dies erleichterte ihm, seinen Kampf mit den Erdölgesellschaften als einen Kreuzzug für Italien darzustellen. Wie Deterding war er eine Art unabhängiger Industriepirat, der zufällig mit Öl zu tun hatte. Aber ebensogut hätte er auch ein Cecil Rhodes sein können, der einen Kontinent erschloß, oder ein David Lloyd George, der die Liberale Partei Englands zerstörte, um seinen persönlichen Ehrgeiz zu befriedigen.

Wie Deterding war auch Mattei ein Revolutionär, der einen neuen Weg fand, um seine eigentliche Schwäche zu besiegen. Die Schwäche Deterdings war sein Mangel an heimischen Ölreserven, die es ihm erlaubt hätten, mit den Amerikanern in Wettbewerb zu treten. Daher baute er ein System aus, immer in größtmöglicher Nähe zu seinen Märkten weitere Ausweichölvorkommen zu erwerben. Das Problem Matteis bestand darin, daß Italien sehr spät und ohne internationalen Einfluß auf der Bildfläche des internationalen Erdölgeschäftes erschienen war. Als Churchill 1914 die *Anglo-Persian* mitgründen half, war Persien praktisch eine englische Kolonie, und als in der Zwischenkriegszeit englische und amerikanische Gesellschaften sich die Ölvorkommen im Nahen Osten brüderlich teilten, wurde die Konzessionsvergabe zwischen den Regierungen direkt geregelt. Die *Compagnie Française des Pétroles* verdankte ihren Anteil im Irak ebenfalls den Bemühungen der französischen Regierung, und die *BRP* und ihre Teilhaber konnten in der Sahara auf französischem Boden nach Öl suchen. Die *ENI* mußte ohne alle diese Begünstigungen beginnen, und um die Sache noch schwieriger zu machen, waren die großen Ölgesellschaften mächtiger denn je. Wie der Iran zu seinem Schaden gelernt hatte, konnten nur die Großen bedeutende Ölmengen in der Welt absetzen; und die *ENI* hatte auch nicht die finanziellen Mittel, die anderen Ölgesellschaften beim Erwerb von Konzessionen zu überbieten.

Mattei konnte dieses Dilemma nur überwinden, indem er bei seinen

Angeboten von einer völlig anderen Grundlage ausging als seine Konkurrenten. Und das tat er: Er appellierte an die nationalistischen Gefühle der Förderländer. „Die islamischen Völker sind es satt, von Ausländern ausgebeutet zu werden", verkündete er. „Die großen Erdölgesellschaften müssen ihnen mehr als bisher für ihr Öl bieten. Ich habe nicht nur die Absicht, die islamischen Völker stärker am Gewinn zu beteiligen; ich will sie auch zu meinen Geschäftspartnern bei der Erschließung und Förderung des Erdöls machen."[82] Im August 1957 setzte er diese Ideen in die Wirklichkeit um: er unterzeichnete einen Vertrag mit der iranischen Regierung, der als erster vom traditionellen 50 : 50-Schema abwich und der als erster eine einheimische Regierung vom bloßen Steuereinnehmer zum Partner im Ölgeschäft machte. Seine Bedingungen waren sehr einfach: die *ENI* bildete mit der *National Iranian Oil Company* eine Dachgesellschaft mit dem Namen *SIRIP*,[83] in der sowohl die Beschlüsse der Geschäftsleitung als auch die zukünftigen Einnahmen gleichmäßig unter den Partnern geteilt werden sollten. Außerdem verpflichtete sich die *ENI*, 50 Prozent Steuern aus ihren Gewinnen zu zahlen. Da die *National Iranian Oil Company* ein Staatsbetrieb war, würde damit die Regierung des Iran 75 Prozent der Gesamtgewinne der *SIRIP* erhalten. Die großen Ölgesellschaften waren schnell mit der Erklärung zur Hand, daß diese Bedingungen durchaus nicht so großzügig wären, wie es den Anschein hatte. Zuallererst hätte eine große Ölgesellschaft für eine so vielversprechende Konzession eine große Prämie, etwa 40 Millionen Dollar, gezahlt, während die *ENI* nichts zu bezahlen brauchte. Zweitens kam bei dem bisher üblichen Konzessionsvertrag die ausländische Gesellschaft für alle Erforschungs- und Erschließungskosten auf, während die *ENI* von der *National Iranian Oil Company* erwartete, daß sie die Hälfte dieser Aufwendungen zurückzahle, allerdings nur, wenn Öl oder Erdgas gefunden würde.

Dennoch betrachteten die Großen das *SIRIP*-Abkommen als eine gefährliche Neuerung, und der amerikanische Gesandte in Teheran stattete dem Schah einen Besuch ab, „um uns davon abzubringen, sich in diese neue Art von Abkommen einzulassen".[84] Die großen Ölgesellschaften hatten immer großen Wert auf ihre wirtschaftliche Unabhängigkeit gelegt, die nun bei der Partnerschaft mit einem staatlichen Unternehmen eingeschränkt würde. Sie erkannten auch, daß dieser Präzedenzfall — sobald er einmal verwirklicht war — rasch Schule machen werde und daß die Bedingungen dann wieder zugunsten der Regierungen verbessert werden müßten. Der Schah stimmte dieser Analyse ganz und gar zu. Er hatte wenig Vertrauen in die Fähigkeiten der *ENI*, ein großes Ölvorkommen zu entdecken, und sein Urteil erwies sich bald als richtig. Sein Ziel war jedoch, einfach einen Präzedenzfall zu schaffen, nach welchem sich die großen Ölgesellschaften richten müßten, und er wollte die „Newcomer" zum Nutzen des Iran gegen sie ausspielen.

Der Plan funktionierte tadellos. Die Aussichten auf große Ölfunde im Nahen Osten waren so verlockend, daß eine im Rahmen der Vernunft bleibende Änderung der Konzessionsverträge einen Neuankömmling nie davon hätte abhalten können, in dem Gebiet nach Öl zu suchen. Im Dezember 1957 unterzeichnete die japanische *Arabian Oil Company* einen Vertrag nach dem Modell der *SIRIP* mit den Regierungen von Saudi-Arabien und Kuweit für Konzessionen in den Küstengewässern vor der Neutralen Zone zwischen den beiden Ländern. Einige Monate später schloß die *Standard Oil of Indiana* ein Abkommen mit der Regierung des Iran ab. Beide Vereinbarungen enthielten weitere wichtige Neuerungen zugunsten der heimischen Regierungen. Die *Arabian Oil Company* verpflichtete sich, die Gewinne aus der Verarbeitung und dem Vertrieb außerhalb des Fördergebietes mit den Regierungen von Kuweit und Saudi-Arabien zu teilen; die *Standard Oil of Indiana* zahlte an die Regierung des Iran eine Prämie von 25 Millionen Dollar in bar bei Vertragsunterzeichnung. Sie versprach weiters, innerhalb von zwölf Jahren 82 Millionen Dollar für die Ölerschließung auszugeben und alle Einsparungen mit der *National Iranian Oil Company* zu teilen, wenn sie vor der Aufwendung der vollen Summe auf Öl stoßen sollte.

Nicht einmal die großen Ölgesellschaften konnten dieser Entwicklung ewig standhalten. In ihren Jahresberichten wetterten sie gegen die Ungerechtigkeit und Torheit der Änderungen und stellten die 50 : 50-Formel als Muster für ein gerechtes Abkommen dar. Dennoch konnten sie es nicht zulassen, daß alle neuen aussichtsreichen Konzessionsgebiete in die Hand von Außenseitern fielen. Die *British Petroleum*, die *Gulf* wie die *Texaco* und andere Gesellschaften, die genug Erdöl zur Deckung ihres Bedarfes hatten, konnten es sich leisten, fest zu bleiben — andere Unternehmen waren dazu nicht in der Lage. So hatte die *Shell* seit dem Zweiten Weltkrieg bemerkenswert wenig Glück bei der Ölsuche gehabt, und Ende der fünfziger Jahre waren ihr neue Ölvorkommen wichtiger als geschäftliche Prinzipienreiterei. So wurde die *Shell* die erste große Ölgesellschaft, die eine einheimische Regierung als Partner akzeptierte, als sie 1960 eine Konzession für die Gebiete der Küstengewässer vor Kuweit erwarb. Sie sagte dem Scheich von Kuweit bei einer erfolgreichen Erschließung eine Option auf 20 Prozent der Anteile an dem Unternehmen und damit das Recht auf 20 Prozent der Förderung zu. Die *Shell* erklärte sich bereit, für den Absatz dieses Öls zu sorgen; aber man war sich darüber einig, daß in der Folge die neugegründete *Kuwait National Petroleum Company* mit diesem Öl auf dem Weltmarkt auftreten werde. 1964, vier Jahre später, ging die *Shell* einen Schritt weiter, übertraf die von Mattei eingeführten Bedingungen und verband sich mit der *National Iranian Oil Company* zur Erschließung der persischen Küstengewässer. Die Revolution von 1957 war hoffähig geworden.

16. Kapitel
Die Gründung der OPEC

Sowohl die alten als auch die neuen Ölgesellschaften hatten bei der Ölsuche einen Erfolg, der ihre kühnsten Erwartungen übertraf. Als die neuen Ölgesellschaften Ende der vierziger Jahre auf der internationalen Szene erschienen, herrschte immer noch schleichende Angst vor einer Erdölknappheit; die Ölreserven reichten bei der damaligen Förderung für weniger als 15 Jahre. 1960 hingegen war, trotz des gewaltigen Anstiegs im Verbrauch, genug Öl für die nächsten 40 Jahre vorhanden; die Ölindustrie stand nun vor dem Problem, wie man verhindern könnte, daß die Flut der neuen Ölfunde das ganze Preis- und Gewinngefüge unterminiere.

Die von den großen Ölgesellschaften vor dem Krieg im Nahen Osten erworbenen Konzessionen erwiesen sich als weitaus fündiger als man jemals erwartet hatte, und in vielen der Nachkriegskonzessionen wurden ebenfalls große Ölvorkommen entdeckt. Einige befanden sich in den traditionellen Fördergebieten am Persischen Golf und in Venezuela, andere in vollkommen neuen Gebieten. In Afrika erschlossen die Franzosen in Algerien gewaltige Ölreserven, und im benachbarten Libyen war eine ganze Reihe von Ölgesellschaften sehr erfolgreich. Auch Nigeria entwickelte sich zu einem Ölexportland. Es ist eigentlich nicht erstaunlich, daß in Afrika Erdöl gefunden wurde, da dieser Kontinent nie sorgfältig erforscht worden war. Aber auch in Gebieten, die man schon einige Male genau untersucht hatte, wie in Kanada und Australien, fand man nun reiche Ölfelder.

Als die Preise unter der Wucht des neu auf den Markt kommenden Erdöls zu sinken begannen, nahm man in manchen Kreisen an, daß die großen Ölgesellschaften sich wieder um die Bildung eines internationalen Kartells bemühen würden. Es gibt Anhaltspunkte, daß Enrico Mattei dieser Ansicht war, und man kann die Aggressivität der *ENI* teilweise damit erklären, daß Mattei sich eine genügend starke Position für die Mitgliedschaft in einem solchen Kartell schaffen wollte. Es scheint, daß diese Idee in den mittleren Verwaltungsschichten einiger Ölgesellschaften erörtert wurde, aber es bestand keine Chance für ihre Annahme auf höchster Ebene. Im August 1952 veröffentlichte die *Federal Trade Commission* der Vereinigten Staaten einen detaillierten und feindseligen Bericht[85] über die Tätigkeit der Ölindustrie in den dreißiger und vierziger Jahren. Die amerikanischen Ölgesellschaften wußten also, daß jede ihrer Bemühungen zur Einschränkung des Wettbewerbs zu einem verheerenden Zusammenstoß mit der Regierung führen würde.

Außerdem unterschieden sich die Ansichten innerhalb der Ölindustrie sehr von denen in den dreißiger Jahren. Im Gefolge der Depression waren natürlich alle Unternehmer in der Defensive und fürchteten die Folgen allzu großer Konkurrenz. In den fünfziger Jahren hingegen blühte die Weltwirtschaft, und in fast allen Wirtschaftskreisen herrschte ein Gefühl der Zuversicht. Besonders dieÖlleute hatten Grund zum Optimismus, da die Nachfrage nach ihren Produkten gewaltig anstieg. Allein in Westeuropa wuchs der Ölverbrauch von 97 Millionen Tonnen im Jahre 1954 auf 201 Millionen Tonnen im Jahre 1960, und gleichzeitig stieg der Anteil des Erdöls am gesamten Energieverbrauch von weniger als 20 auf 35 Prozent.

Unter diesen Umständen waren die Vorstände der großen Ölgesellschaften mehr darauf bedacht, den Umsatz ihrer Unternehmen zu heben als den Wettbewerb einzuschränken, und der Umstand, daß die Förderung die Nachfrage übertraf, verstärkte nur diesen Wunsch. Anstatt ihr Rohöl zu den offiziellen Listenpreisen zu verkaufen, boten sie inoffizielle Rabatte an und begannen die Preise der Fertigprodukte zu senken. Mit der Suezkrise verschwanden die Preisnachlässe, und die Listenpreise wurden erhöht. Aber sobald der Kanal wieder geöffnet war, vergrößerte dies nur die Kluft zwischen offiziellen und inoffiziellen Preisen.

Die einzige Chance der Ölindustrie, ernste Schwierigkeiten zu vermeiden, lag in der Möglichkeit, die Zuwachsrate auf den großen Märkten weiter zu steigern. In diesem entscheidenden Augenblick wurden jedoch die Vereinigten Staaten, der weitaus wichtigste aller

Ölmärkte, von der übrigen internationalen Ölwirtschaft abgeschnitten. Bereits seit einigen Jahren war die amerikanische Regierung durch das ständige Wachstum der Ölimporte beunruhigt. Die für die Sicherheit der USA Verantwortlichen behaupteten, daß sie die Vereinigten Staaten im Kriegsfall im gefährlichen Ausmaß von Lieferungen aus Übersee abhängig machen würden. Die kleinen Ölförderer in Texas und den anderen Bundesstaaten der USA behaupteten, sie stünden vor dem Ruin. 1957 griff die Regierung ein und führte freiwillige Importbeschränkungen ein, die 1959 zu Zwangsbeschränkungen wurden.

Diese Maßnahme war eines der wichtigsten Ereignisse in der Erdölindustrie seit 1945. Durch sie wurde allen jenen amerikanischen Unternehmen, die in Übersee nach Öl gesucht hatten, um es in den USA abzusetzen, die Tür vor der Nase zugeschlagen. Sie mußten sich rasch nach neuen Märkten umsehen. Allein in Venezuela hatten sie zwischen 1956 und 1967 rund 500 Millionen Dollar an Vorauszahlungen für Ölkonzessionen zu leisten. Sie mußten deshalb ihre Ölfunde mit geringstem Zeitverlust ausbeuten.

Die Entdeckung und Erschließung eines Ölvorkommens kostet ein Vermögen. Nach diesen Anfangsinvestitionen jedoch sind die Förderkosten relativ gering. Die neuen amerikanischen Ölgesellschaften hatten ihre Investitionen großteils vor 1959 vorgenommen, so daß der Absatz um jeden Preis noch immer besser war, als auf dem Öl sitzenzubleiben, und sie wandten sich den großen europäischen Märkten zu. Die Folge war ein Preissturz in Europa. In Deutschland fiel zum Beispiel der Preis für schweres Heizöl von 152 DM je Tonne im Februar 1957 auf 60 DM Ende 1959. Eine weitere Schwierigkeit für die großen Ölgesellschaften ergab sich aus der wachsenden Konkurrenz seitens der Sowjetunion, die ihre Vorkriegsposition auf dem Weltmarkt wiederzuerobern versuchte. Russisches Öl machte zwar nur einen kleinen Anteil des Ölverbrauchs in der nichtkommunistischen Welt aus (2 Prozent einschließlich der USA, 4 Prozent ohne sie), aber es war klar, daß die Russen einen äußerst starken Einfluß auf die Preisstruktur nehmen könnten.

Das Fallen der Preise für Mineralölprodukte war für die Ölgesellschaften nicht nur ein wirtschaftliches, sondern auch ein politisches Problem. Normalerweise führt ein Sinken der Preise für Fertigprodukte zu einer Herabsetzung des Rohstoffpreises. Unter diesen Umständen hätten die Ölgesellschaften also die Preise herabsetzen müssen, zu denen ihre Produktionsgesellschaften in den Förderländern das Rohöl an die Vertriebsgesellschaften in den Verbraucherländern verkaufen. Auf dem Papier erscheint das sehr einfach: die *BP-AG* in Deutschland müßte lediglich ihrer Konzernleitung in London mitteilen, daß der Marktpreis gesunken war, und London müßte nun wiederum die Tochtergesellschaft in Kuweit veranlassen, den Rohölpreis entsprechend zu senken. Aber in der Praxis des Erdölgeschäftes geht es nicht so einfach zu. Auf Grund der Steuerabkommen Anfang der fünfziger Jahre galten die offiziellen Listenpreise, zu denen das Öl aus ihren Ländern exportiert wurde, für die Regierungen der Förderländer als Bemessungsgrundlage der Steuererhebung.[86] Die Förderländer waren daher zu einer Senkung der Listenpreise nicht bereit.

Die Vertriebsorganisationen in den Verbraucherländern mußten also einen hohen Preis für ihre Rohölimporte zahlen und die Fertigprodukte zu einem niedrigen Preis verkaufen. Das störte die Ölgesellschaften kaum, da ihre Gewinne aus der Förderung die Verluste beim Verkauf weit übertrafen. Aber die Regierungen der Verbraucherländer hielten dieses System für ungerecht. Auf diese Weise nämlich waren die Devisenaufwendungen für Rohölimporte höher, als es die Marktlage rechtfertigte; außerdem erlitten die Vertriebsorganisationen Verluste, was ihr Steueraufkommen verminderte. Der Groll der Regierungen wurde dadurch verstärkt, daß die Ölgesellschaften oft überschüssiges Rohöl mit beträchtlichen inoffiziellen Rabatten an selbständige Verkaufsorganisationen absetzten.

Die Ölgesellschaften hatten für diese Einwände Verständnis und versuchten 1959, durch eine Senkung ihrer Listenpreise das Gleichgewicht wiederherzustellen. Die Regierungen der Förderländer erhoben darauf ein solches Protestgeschrei, daß keine Ölgesellschaft diese Maßnahme wiederholen wollte — obwohl bald auch die neuen Listenpreise mit den wirklichen Gegebenheiten nicht mehr übereinstimmten. Da versprachen die Sowjets im Mai 1960, der indischen Regierung bei Rohöllieferungen einen Rabatt von 14 Prozent auf den Listenpreis zu gewähren. Für die *Standard Oil Co. (N. J.)* war dies der Tropfen, der das Faß zum Überlaufen brachte. Am 9. August 1960 setzte sie ihre Rohölpreise im Persischen Golf um 4,5 Prozent herab. Eine Zeitlang gab es noch verschiedene Listenpreise für ein und dasselbe Rohöl, das von den großen Ölgesellschaften in ihren verschiedenen gemeinsamen Unternehmungen gefördert wurde. Dies hielt jedoch nicht lange an, und als sich die Unruhe gelegt hatte, fanden die Regierungen der Förderländer, daß der Rohöllistenpreis allgemein um 2 bis 5,5 Prozent gesunken war.

Das war kein großer Preissturz, aber für ein Land, dessen gesamtes Budget auf Öleinkünften beruht, war dies eine äußerst ernste Angelegenheit. Um das Maß voll zu machen, waren die Ölförderländer vor vollendete Tatsachen gestellt worden. Man hatte mit den Preissenkungen ihren Stolz verletzt und ihre Einnahmen verringert. Der ganze aufgestaute Groll gegen die „ausländischen Ausbeuter" machte sich in einem Sturm der Gefühle Luft, und zum erstenmal waren sie imstande, ihre politischen Streitigkeiten zu begraben und vereint zur Tat zu schreiten.

Am 6. September 1960 berief die Regierung des Irak unter General Kassem eine Konferenz der Erdölförderländer nach Bagdad ein. Als sie fünf Tage später eröffnet wurde, hatten sich trotz der kurzfristigen Einladung die fähigsten und erfahrensten Regierungsvertreter im Rathaus als Delegierte versammelt: Perez Alfonso, der wieder in Venezuela für Ölfragen zuständig war, kam aus Caracas; Fuad Rouhani, Generaldirektor der *National Iranian Oil Company*, kam aus Teheran; die saudiarabische Delegation wurde von Scheich Abdullah Tariki, die aus Kuweit von Feisal Mezidi, einem Vorstandsdirektor der *Kuwait Oil Company*, angeführt.

Die Delegierten waren im internationalen Ölgeschäft beschlagen und wußten, warum die Ölgesellschaften ihre Preise gesenkt hatten. Trotz mancher öffentlicher Verlautbarung wußten sie auch, daß diese Preissenkungen nicht rückgängig zu machen waren. Ziel der Versammlung war, in Zukunft einseitige Aktionen zu unterbinden und sicherzugehen, daß die Ölgesellschaften stets vor allem die Interessen der Förderländer im Auge behielten. Nach Ansicht der Delegierten war dies am besten durch Bildung einer gemeinsamen Front zu bewerkstelligen, so daß die Ölgesellschaften nie mehr ein Land gegen das andere ausspielen könnten, wie sie es während des Streites von Abadan getan hatten. So kam es zur Gründung der *OPEC*.[87] Diese Organisation ist eigentlich ein Kartell der Förderländer mit dem Zweck, dem Sinken der Rohölpreise entgegenzuwirken und die widerstrebenden Interessen seiner Mitglieder unter einen Hut zu bringen. Das war eine Wende von 180 Grad seit den Tagen von Achnacarry, und die Ölgesellschaften haben seither nicht mehr versucht, die Listenpreise zu senken.

Leute, die im Ölgeschäft alt geworden sind, hört man oft sagen, daß die Industrie heute ganz anders sei als in den Tagen, da sie bei ihr ihre ersten Sporen verdienten. In einem gewissen Sinn haben sie recht. Obwohl die „Sieben Schwestern" immer noch den Schauplatz beherrschen, ist ihr Einfluß heute weit geringer als zuvor. Immer wieder mußten sie den Forderungen der Regierungen nachgeben, während ihre Märkte durch den Wettbewerb anderer Firmen und staatlicher Konzerne unterwandert wurden. Unter diesen ungünstigen Verhältnissen konnten sie nur dank ihrer erstaunlichen Leistungsfähigkeit, dem schnellen Anstieg des Ölbedarfs und der ebenso raschen Ausweitung der Verwendungsmöglichkeiten für Mineralölerzeugnisse ihre Position halten.

Dennoch ist die heutige Struktur der Ölindustrie und ihre Verhaltensweise das Ergebnis ihrer Vergangenheit. Vieles, was sonst unerklärlich wäre, kann im Licht der Ereignisse verstanden werden, die zwischen der Errichtung des ersten Bohrturms im Jahre 1859 und der Gründung der *OPEC* hundert Jahre später stattgefunden haben. Die Geschichte der Erdölindustrie weist eine größere innere Geschlossenheit auf als die Geschichte vieler Länder, und nur von dieser Sicht her kann man das Verhalten der Ölgesellschaften zueinander und gegenüber den Regierungen verstehen.

Öl ist Geld ...

... und das Öldorado hat die Suche nach dem Eldorado, dem Goldland, abgelöst. Aber nicht jeder Garten wird zum Ölysium, nicht jeder, der bohrt, kann hinterher Öl auf seine finanziellen Wunden gießen. Schon mancher mußte mit Plautus sagen: «Öl und Mühe habe ich verschwendet.»

Immerhin: Das Ölgeschäft hat gezeigt, wie reich man mit fünf Prozent werden kann. (Nebenbei bemerkt: Pfandbriefe, prämienbegünstigt angelegt, bringen über zehn Prozent.)

Teil II

Die Mineralölindustrie heute

17. Kapitel
Warum man nach Öl sucht

Es klingt widersprüchlich: seit Mitte der fünfziger Jahre stöhnt die internationale Ölindustrie unter dem Ölüberschuß, und die Preise sinken tiefer und tiefer. Trotzdem wenden die Gesellschaften jährlich etwa die Hälfte ihrer Kapitalinvestitionen für die Erschließung neuer Ölquellen auf. Dabei ist genug Öl vorhanden, um den gegenwärtigen Bedarf für rund vierzig Jahre zu decken.

Dies läßt sich aus dem Umstand erklären, daß über 60 Prozent der Ölreserven der Welt und über 27 Prozent der Förderung aus dem Nahen Osten stammen. Wenn man von den Vereinigten Staaten und der Sowjetunion absieht — die beide Selbstversorger sind —, dann ist die Bedeutung des Nahen Ostens einfach überwältigend: 75 Prozent der Ölreserven und 46 Prozent der Förderung. Über die Hälfte des Öls im internationalen Handel stammt aus den paar Ländern rund um den Persischen Golf; 20 Prozent kommen aus Venezuela und etwa 13 Prozent aus Nordafrika. Das meiste Öl geht nach Westeuropa und Japan; diese Länder haben praktisch keine eigenen Ölvorkommen und sind völlig auf den Import angewiesen.

Der Ölexport ist keine Einbahnstraße. Die Förderländer können ihr Öl nicht trinken, und wenn sie es auf dem Weltmarkt nicht absetzen könnten, hätten sie keine anderen Einnahmequellen. Nichtsdestoweniger ist es unmöglich, Öl und Politik voneinander zu trennen. Als die Araber glaubten, Großbritannien und die USA hätten Israel bei seinem Angriff auf die arabischen Staaten im Juni 1967 unterstützt, war ihre erste Reaktion ein Lieferstopp gegen diese beiden Staaten. Bald danach wurde der Suezkanal gesperrt, und ganz Europa sah einer Krise entgegen, als die Tankschiffe ihren Weg um das Kap der Guten Hoffnung nehmen mußten. Die Preise zogen überall stark an. Eine Rationierung wurde gerade noch vermieden, indem man auf Lagerbestände und zusätzliche Lieferungen aus anderen Fördergebieten zurückgriff.

Diese Krise war die dritte ihrer Art innerhalb von sechzehn Jahren. 1951, während des Streits von Abadan, wurden die Öllieferungen aus dem Iran unterbrochen; 1956 wurde nach der englisch-französischen Invasion Ägyptens der Suezkanal blockiert. Jede Krise hatte also eine andere Ursache. Und bei keiner wollten die Förderländer ganz Westeuropa darunter leiden lassen. Aber gerade *das* trat jedesmal ein, und jede europäische Regierung besteht nun darauf, daß die Ölgesellschaften ihre Lieferquellen soweit als möglich streuen.

Diese Forderung deckt sich mit den eigenen Wünschen der Ölgesellschaften. Obwohl sie 1967 einen Großteil der zusätzlichen Kosten der Versorgung Europas durch höhere Preise ausgleichen konnten, haben alle Geschäftsleitungen den Ehrgeiz, sich so weit abzusichern, daß sie von keiner Regierung unter Druck gesetzt werden können. Die Erfahrung der *British Petroleum* in Abadan, die über Nacht von 75 Prozent ihrer Ölreserven abgeschnitten wurde, ist ein Trauma für alle anderen Gesellschaften. Außerdem widerstrebt es vielen großen Kunden, sich mit Gesellschaften einzulassen, deren Ölvorkommen in politisch unsicheren Gebieten liegen.

Doch ganz abgesehen von allen Krisen würden die Gesellschaften immer noch Riesensummen für die Ölsuche ausgeben. Die Ölindustrie ist kein monolithischer Block: sie ist eine Ansammlung verschiedener Firmen mit widerstrebenden Interessen, die miteinander im Wettbewerb stehen, um ihre Gewinne zu erzielen. Manche, wie die *British Petroleum* und die *Gulf Oil* mit ihren gewaltigen Ölreserven in Kuweit, verfügen über mehr als genug Öl für den eigenen Bedarf. Dies ist jedoch kein Trost für die *Shell*, die bei ihren Konkurrenten einkaufen muß, um ihr großes Verkaufsnetz zu beliefern, und auch nicht für die staatlichen Organisationen der Verbraucherländer, wie die italienische *ENI* oder die französische *ERAP*. Diesen ist es völlig gleichgültig, daß es auf der Welt einen Ölüberschuß gibt; dieses Öl gehört anderen Leuten, und sie wollen ihr eigenes Öl haben.

Aber nicht einmal die Gesellschaften mit reichlichen Ölreserven können auf ihren Lorbeeren ausruhen. Wie Deterding vor dem ersten Weltkrieg nachgewiesen hat, liegt im internationalen Ölgeschäft der

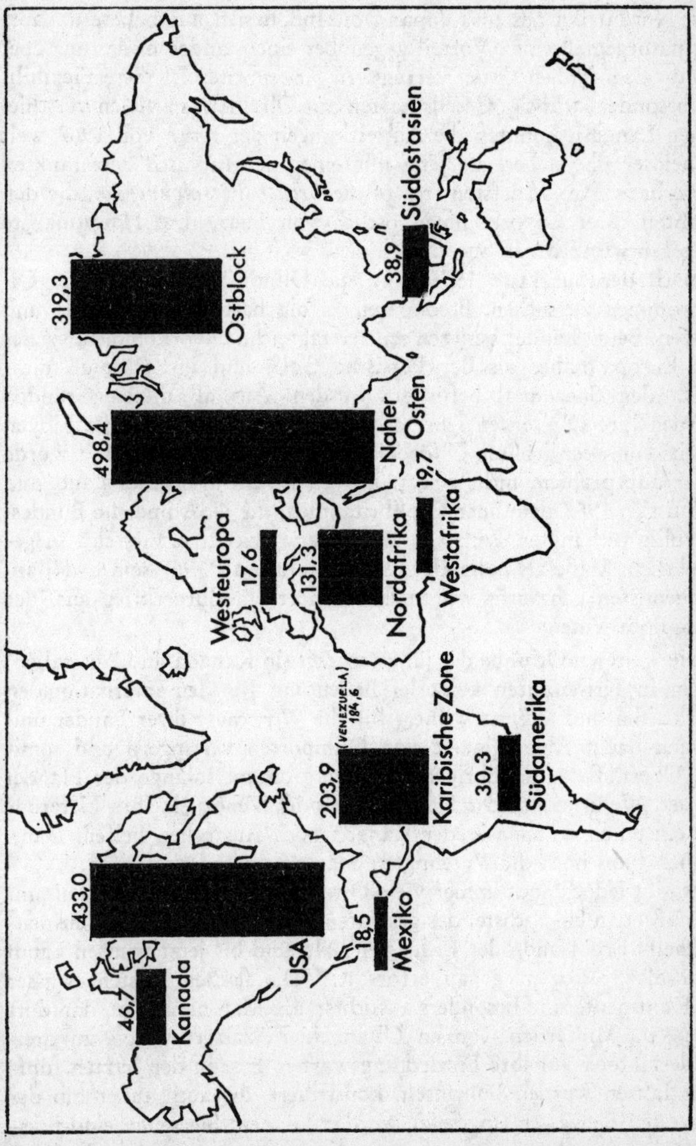

WELTERDÖLFÖRDERUNG 1966 (HAUPTGEBIETE)

Schlüssel zur Rentabilität darin, eine Versorgungsquelle so nahe wie möglich bei jedem Markt zu besitzen. Ein Unternehmen, das Europa von Nordafrika aus und Japan von Indonesien aus beliefern kann, hat naturgemäß einen Vorteil gegenüber einem anderen, das nur über Öl aus dem Nahen Osten verfügt. In Krisenzeiten ist diese Flexibilität besonders wichtig. Gesellschaften mit Ölfeldern in vielen verschiedenen Ländern konnten die Auswirkungen der Krise von 1967 weit müheloser überstehen als jene mit einer geographisch beschränkten Lieferbasis. Am schärfsten traf es die *British Petroleum Co.*, die den Großteil ihrer Ölvorkommen östlich von Suez, ihre Hauptmärkte hingegen westlich von Suez hat.

Nach der Suezkrise 1956 ging die Ölindustrie daran, neue Ölvorkommen zu suchen. Besonderen Erfolg hatte sie in Nigeria und Libyen. Beide Länder besitzen sehr ertragreiche Ölvorkommen, sie liegen Europa näher als der Persische Golf, und ihr Öl muß nicht durch den Suezkanal befördert werden. Aus all diesen Gründen wurden ihre Ölreserven sehr rasch erschlossen, und heute ist Libyen bereits eines der größten Ölförderländer der Welt. Aber damit wurde das Hauptproblem nicht gelöst. Libyen ist ein arabisches Land und schloß sich 1967 dem über Großbritannien, die USA und die Bundesrepublik verhängten Embargo an. Nigeria wieder erwies sich in gefährlichem Maße als politisch unsicher: gerade als 1967 sein Erdöl am dringendsten gebraucht wurde, brach dort ein Bürgerkrieg aus, der heute noch wütet.

Die weiteren Ölfunde der jüngsten Zeit (in Kanada und Australien) haben in Krisenzeiten keinerlei Bedeutung für den internationalen Markt. Sie sind äußerst wichtig für die Wirtschaft ihrer Länder und werden deren Abhängigkeit von Ölimporten verringern und somit den Überfluß in der übrigen Welt vergrößern, solange der Handel frei ist. Wenn jedoch der Nahe Osten oder Venezuela ihre Lieferungen einstellen, können weder Kanada noch Australien helfen. Dann können bloß noch die Vereinigten Staaten rettend eingreifen.

Es gibt jedoch noch immer viele Ölfelder zu entdecken. Man nimmt an, daß etwa ein Sechstel des gesamten Festlandes und des Kontinentalschelfs Erdöl und/oder Erdgas enthält, und bis jetzt wurden kaum mehr als 5 Prozent genau erforscht.[88] Die flachen Küstengewässer der Kontinente sind besonders aussichtsreich. Man nimmt an, daß dort etwa 100 Milliarden Tonnen Öl in einer Wassertiefe bis zu dreihundert Meter auf ihre Entdeckung warten. Erst in den letzten fünfzehn Jahren wurden Bohrinseln konstruiert, die auch außerhalb der seichtesten Gewässer eingesetzt werden können. Sie sehen eindrucksvoll und widerstandsfähig aus, sind aber noch immer entwicklungsbedürftig. In den zehn Jahren bis Anfang 1966 kamen dreiundzwanzig Bohrinseln zu Schaden, von denen zehn vollkommen zerstört wurden. Eine davon kam schon in der Werft zum Kentern, und eine andere brach aus unerklärlichen Ursachen auf dem Transport im Südchinesischen Meer auseinander. Aber trotz ihrer Mängel haben diese Bohrinseln zur Entdeckung vieler bedeutender neuer Öl- und Gasfelder im Golf von Mexiko, im Persischen Golf, den Randmeeren um Alaska und Nigeria, vor Australien und in der Nordsee geführt.

Es werden zweifellos neue Ölvorkommen außerhalb der traditionellen Fördergebiete gefunden werden. Sie werden die Abhängigkeit Westeuropas, Japans und der anderen Importländer von der gegenwärtigen kleinen Gruppe der Förderländer verringern. Aber die aussichtsreichsten Projekte bieten sich immer noch in den traditionellen Gebieten, und niemand glaubt ernstlich daran, daß man jemals Ölreserven finden wird, die so groß und so billig zu erschließen sind wie die des Nahen Ostens. Auch die Ölsandvorkommen von Athabasca im nördlichen Kanada und die Ölschieferlager in den USA bieten keine entsprechende Alternative. Von beiden weiß man, daß sie gewaltige Ölmengen enthalten — sogar mehr als der Nahe Osten —, aber die Trennung des Öls vom Sand in Athabasca oder seine Extraktion aus dem Schiefergestein dürfte heute noch viel teurer sein als die Förderung aus konventionellen Ölfeldern.

Unter diesen Umständen wird der Nahe Osten die wichtigste und billigste Versorgungsquelle der internationalen Erdölindustrie bleiben. Es besteht jedoch ein Unterschied zwischen Wichtigkeit und Unersetzlichkeit. Die Ölgesellschaften und die Regierungen der Verbraucherländer haben sich zum Ziel gesetzt, sich einer ausreichenden Anzahl anderer Lieferquellen zu versichern, die es ihnen ermöglichen, jeder kurzfristigen Unterbrechung der Ölversorgung aus dem Nahen Osten zu begegnen.

18. Kapitel
Konzessionsprobleme

Es ist erstaunlich, daß bis heute niemand genau weiß, wie das Erdöl entstanden ist. Erdöl und Erdgas bewegen sich unter der Erdkruste wie andere Flüssigkeiten oder Gase. Dies macht es — im Gegensatz zur Kohle — unmöglich, die genauen Umstände ihrer Entstehung exakt festzustellen. Es wurden verschiedene Theorien aufgestellt, und heute nehmen die meisten Geologen an, daß Erdöl sich in tropischen Meeren durch die Ablagerung von Millionen winziger Meerespflanzen und -organismen auf dem Meeresboden gebildet hat, die in der Folge von dem durch die Flüsse angeschwemmten Schlamm bedeckt wurden. Da sich dieser Vorgang durch viele Millionen Jahre fortsetzte, änderten sich Druck und Temperatur des Gemisches, und die organischen Substanzen wurden langsam in Erdöl und Erdgas verwandelt.

Unter normalen Bedingungen stiegen sie langsam zur Oberfläche empor. Oft jedoch waren die Bedingungen nicht normal. Die Erdkruste veränderte sich, an einer Stelle wölbten sich Gebirgsketten auf, während sich anderswo Sprünge und Risse bildeten. Wie Wasser sich in einem Schwamm sammelt, so wurden Erdöl und Erdgas manchmal in porösem Sand- und Kalkgestein unter einem harten Sattel — kuppelförmigen Formationen aus Salz, Schiefer, Ton oder anderen undurchlässigen Deckgesteinen — eingeschlossen. Diese Lager können fast jede Ausdehnung und Gestalt annehmen, und eine einzige Bohrung kann auf mehrere Lager — jeweils in einer anderen Tiefe — stoßen. Auf dem großen Burgan-Feld in Kuweit wird aus drei verschiedenen Horizonten gefördert, zwischen denen nicht ölführende Gesteinsschichten liegen, und in kleinerem Maßstab hat sich dasselbe bei den Erdgasvorkommen in der Nordsee gezeigt.

Gewöhnlich findet man Erdgas immer zusammen mit Erdöl, aber manchmal treten sie auch gesondert auf, wie in Groningen in Holland und in der Nordsee, wo man Gas ohne Öl fand. Dies mag durch eine Faltung oder einen Bruch in den Gesteinsformationen bedingt sein, die das Öl vom Gas trennten und eins von den beiden zur Oberfläche entweichen ließen. Eine andere Ursache für die Entstehung reiner Erdgasvorkommen ist, daß Erdgas auch aus Kohle entstehen kann. Kohle ist wie Erdöl organischen Ursprungs und stammt aus abgestorbener pflanzlicher Materie. Der Hauptbestandteil des Erdgases, Methan, kommt häufig in Kohlengruben vor, und es ist bezeichnend, daß sich die Erdgasfelder in den Niederlanden und in der Nordsee über tiefliegenden Kohlenflözen befinden.

In den bereits bekannten Fördergebieten sucht man so lange nach Anzeichen für Öl- und Gaslagerstätten, bis man sicher ist, jede Möglichkeit ausgeschöpft zu haben. Um sich Mühe zu ersparen, verkaufen die Ölgesellschaften einander oft Informationen über ihre Untersuchungen, und in der Nordsee können Angaben über eine einzige Bohrung mehrere Millionen DM wert sein.

Ein unerwarteter Ölfund kann die Aussichten eines Gebietes mit einem Schlag verändern. So war es Anfang der dreißiger Jahre, als in Bahrain Öl gefunden wurde und sich plötzlich jedermann — trotz vorheriger ungünstiger geologischer Befunde — für Schürfungen im benachbarten Saudi-Arabien interessierte. Dasselbe geschah kürzlich in der Nordsee. *Shell* und *Esso* hatten bereits jahrelang gemeinsam in den Niederlanden gebohrt, ohne mehr als ein kleines Ölfeld zu finden, bis sie im August 1959 auf das sagenhafte Groningen, das zweitgrößte Erdgasfeld der Welt, stießen. Da kleinere Erdgasmengen auch in der Nähe von Whitby an der englischen Ostküste gefunden worden waren, kam die ganze Ölindustrie sogleich zu dem Schluß, daß sich die gashaltigen Formationen unter dem Kontinentalschelf in die See erstrecken müßten. Bis dahin hatte man die Nordsee so gering eingeschätzt, daß nicht einmal die oberflächlichsten geologischen Untersuchungen vorgenommen worden waren. Als man dies nun nachholte, fand man auf dem Meeresboden eine erfolgversprechende Struktur nach der anderen, und als die britische Regierung 1964 endlich die ersten Suchlizenzen vergab, hatten sich fast hundert Gesellschaften aus aller Welt in einunddreißig Gruppen zusammengefunden, um sich darum zu bewerben.

Ein solcher Andrang ereignet sich in regelmäßigen Zeitabständen. Ölsuchgebiete sind „in Mode“ — so wie Teenagerboutiquen. Ende der fünfziger Jahre war Libyen der „große Schlager“: danach zogen Alaska und Nigeria die Aufmerksamkeit auf sich, nun sind es die Nordsee und Australien. Sobald eine neue Entdeckung in einem vorher nicht beachteten Gebiet bekannt wird, beginnt die Balgerei um die Konzessionen. Jede Gesellschaft will nämlich sichergehen, daß keiner ihrer Konkurrenten einen entscheidenden Vorteil gewinnt.

Das führt gewöhnlich innerhalb kurzer Zeit zur Auffindung neuer großer Ölreserven. Aber bei den meisten Suchunternehmungen müssen sich die Gesellschaften mit vielen Jahren schwerer Arbeit abfinden, ehe sie ein lohnendes Öl- oder Gasvorkommen finden. Der klassische Fall, daß Beharrlichkeit zum Ziel führt, ist Kanada: hier wurden innerhalb von dreißig Jahren über zweitausend Bohrungen niedergebracht, bevor man 1947 das große Leducfeld in Alberta fand. In der Folge wurde Kanada ein großer Ölproduzent. In Nigeria arbeiteten die *Shell* und die *British Petroleum* fast ebensolange und wendeten im Verlauf von zwanzig Jahren 45 Millionen Pfund auf, bevor das erste Rohöl exportiert werden konnte. In beiden Ländern erzielen die Ölgesellschaften jetzt beachtliche Gewinne, aber zuweilen wird das Geld umsonst ausgegeben. In Papua investierte die *British Petroleum* bei der zwanzigjährigen Erschließung 30 Millionen Pfund ohne irgendeinen Erfolg, und im Golf von Paria in Venezuela war die *Continental Oil* vor einigen Jahren so fest von ihren Aussichten überzeugt, daß sie an die Regierung einige Millionen Dollar für die bloße Suchlizenz zahlte. Das Ergebnis war gleich Null — ein teurer Mißerfolg! Fast jede Ölgesellschaft hat ähnliche Erfahrungen gemacht.

Viele haben auch zu früh aufgegeben. Die *Iraq Petroleum Company* besaß viele Jahre lang eine Konzession in Oman, und nach einigen erfolglosen Bohrungen war die Mehrheit der Mitglieder der Ansicht, daß sich eine Fortsetzung nicht lohne. Nur die *Shell* und Gulbenkian wollten weitermachen und übernahmen die ganzen Erschließungskosten. Nach einigen Jahren stießen sie auf ein großes Ölfeld. Diese Erfahrung mag für die *Shell* ein Trost dafür gewesen sein, daß sie in den Niederlanden zuwenig Zuversicht gezeigt hatte. Nach vielen Jahren der Ölerschließung in diesem Land beschloß sie zuletzt, die Hälfte ihrer Anteile an der Unternehmung an die *Standard Oil Co. (N. J.)* abzutreten, als Gegenleistung für eine gleichartige Beteiligung an einer kubanischen Konzession. Kuba erwies sich als ein völliger Mißerfolg — die Niederlande mit Groningen waren ein Trumpf.

Wie diese Beispiele zeigen, ist die Ölsuche immer noch fast so ein Glücksspiel wie Fußballtoto. Die einzige Möglichkeit, auf Öl zu stoßen, besteht darin, ein Loch in die Erdkruste zu bohren; und trotz der großen Zahl von Wissenschaftlern und anderer Fachleute, die für die Ölgesellschaften arbeiten, sind die meisten Bohrungen erfolglos. Vor dem Beginn der Bohrungen werden jedesmal komplizierte geologische, geophysikalische, geochemische und andere Untersuchungen durchgeführt, auf Grund deren man die Lage eines wahrscheinlichen Ölvorkommens feststellen kann; aber nur durch Bohrungen können Erdöl und Erdgas wirklich geortet werden. Im Durchschnitt stößt nur eine von 10 Versuchsbohrungen auf Erdöl, und nur eine von 37 trifft auf ein ertragreiches Feld. Ein einziges Bohrloch auf dem Festland kostet etwa 3 Millionen DM und in den Küstengewässern an die 10 Millionen DM[89]. Der Mann, der eines Tages eine Methode entdeckt, mittels deren man ohne Testbohrungen ölhaltige Formationen finden kann, wird mit Sicherheit Millionär.

In der Frühzeit der Ölindustrie wurde in Pennsylvanien eines der besten Ölfelder von einem Spiritisten namens „Crazy James“ entdeckt, dem seine Visionen eingaben, wo er die Bohrungen niederbringen sollte. Und auch heute gibt es in der Industrie Leute, die noch immer nicht ganz die Hoffnung aufgegeben haben, man könnte eine ebenso wunderbare Methode finden, und gelegentlich gelingt es, die großen Ölgesellschaften dazu zu überreden, Geld für die erstaunlichsten Projekte auszugeben.

Der vielleicht merkwürdigste Fall von Vertrauensseligkeit ereignete sich 1953. Damals gab die *Burmah Oil Company* einem gewissen George de la Warr 13.000 Pfund, um ihn bei der Konstruktion seiner sogenannten Strahlenkamera zu unterstützen. De la Warr zufolge konnte dieses bemerkenswerte Instrument Aufnahmen von Vibrationsmustern machen, die von verschiedenen Materien ausgesandt wurden, was ihn befähigte, Kunststücke auszuführen, wie ein Blatt mit seinem Baum „in Einklang zu bringen“, auch wenn die beiden Meilen voneinander entfernt waren. Auf Grund dieser Errungenschaft behauptete er, von seinem Laboratorium in Oxford aus Photographien von Orten in Burma machen zu können, die den Bohrtrupps anzeigen würden, wo sie die Bohrtürme aufstellen sollten. Die Versuche mißlangen, und die Ölgesellschaft mußte ihre Investition als Verlust abschreiben. Zumindest aber hatte die *Burmah Oil* die Genugtuung, daß dieser de la Warr es ernst gemeint hat. Wegen anderer Strahlenexperimente einige Jahre später des Betruges angeklagt, wurde er freigesprochen, da er an seine eigenen Behauptungen glaubte.

Gewöhnlich folgen die Ölgesellschaften dem Rat der Geologen, ehe sie sich entschließen, um eine Konzession nachzusuchen, wenn auch die Geologie nicht das einzige Kriterium darstellt. Die Ölgesellschaften ziehen auch die jeweilige politische Lage und die Einstellung des Landes gegenüber ausländischen Investitionen sowie die Konzessionsbedingungen in Betracht. Wenn alle diese Bedingungen oder sogar nur eine davon nicht zufriedenstellend sind, werden die Geologen häufig überstimmt. Jede Ölgesellschaft hat eine andere Vorrangliste, die vom Verhältnis von Angebot und Nachfrage innerhalb ihrer eigenen Organisation und der geographischen Verteilung ihrer Märkte abhängt. Es ist daher unmöglich, fixe Regeln für die gesamte Ölindustrie festzulegen. Die von einer Gesellschaft akzeptierten Bedingungen werden von einer anderen oft verworfen. Aus naheliegenden Gründen setzen Gesellschaften mit den größten Ölreserven oft die strengsten Maßstäbe. Als 1964 Scheich Achmed Zaki Jamani, der saudiarabische Erdölminister, der *British Petroleum* ein aussichtsreiches Gebiet im Roten Meer anbot, zog es die Gesellschaft vor, abzulehnen, um nicht eine Regierung als Teilhaber bei diesem Unternehmen aufnehmen zu müssen. Andere Ölgesellschaften konnten es sich nicht leisten, so wählerisch zu sein, und im folgenden Jahr akzeptierte die staatseigene französische *Auxirap* die Konzession unter weitaus weniger günstigen Bedingungen.

Gewöhnlich ist jedoch das politische Klima eines in Frage kommenden Ölsuchgebietes der wichtigste Einzelfaktor, der die Entscheidung einer Gesellschaft neben den geologischen Befunden beeinflußt. Es besteht kein Zweifel, daß Indonesien unter Sukarno, die Vereinigte Arabische Republik unter Nasser, Guayana unter Cheddi Jagan und viele andere Länder in Lateinamerika, Afrika und Asien weit weniger Beachtung seitens der Ölgesellschaften fanden, als man auf Grund geologischer Gutachten erwarten konnte: aber den Ölgesellschaften erschien das politische Klima dort zu unsicher. Im Gegensatz dazu waren in Libyen und Jordanien die Gesellschaften bereit, trotz der anfänglich wenig ermutigenden geologischen Gutachten auf Grund der stabilen politischen Lage und der attraktiven Konzessionsbedingungen große Summen aufzuwenden. In Libyen waren die Ergebnisse viel besser, als die Geologen vorausgesehen hatten, während in Jordanien nie etwas gefunden wurde.

Die von den Regierungen bei der Vergabe von Konzessionen verwendeten Verfahren unterscheiden sich von Land zu Land. Australien mit seinem weiten offenen Land hat wahrscheinlich die unkompliziertesten Methoden. Erdöl gilt als Eigentum der Krone, und eine

Ölgesellschaft muß lediglich an die Regierung des betreffenden Bundesstaates ein Gesuch zur Erteilung der Schürfrechte richten. Sieht die Angelegenheit aussichtsreich genug aus, um die Ölförderung zu rechtfertigen, so braucht man eine weitere Lizenz; aber abgesehen davon, daß man den Behörden nachweisen muß, daß man die nötigen Mittel für die Erschließung besitzt, muß sich ein Ölunternehmen nur sehr wenigen Formalitäten unterziehen. In Kanada ist das System fast ebenso einfach, nur daß in den aussichtsreichsten Gebieten die Parzellen zur Auktion ausgeschrieben werden. Ein Grundstück von 2500 Quadratmeter kann leicht eine halbe Million DM erzielen. Die wichtigste ölfördernde Provinz ist Alberta, und diese Maßnahme sichert ihr eine nützliche Einnahmequelle.

Im britischen Bereich der Nordsee wurde das Bieten auf anderer Basis durchgeführt. Die Regierung teilte das Gebiet in Blöcke zu je 250 Quadratkilometer ein und forderte die Ölgesellschaften auf, ihre Wünsche bekanntzugeben. Da sich alle für die aussichtsreichsten Abschnitte interessierten, gab es oft Überschneidungen. Die Regierung gab dann jenen Unternehmen den Vorzug, von denen sie annahm, daß sie am ehesten eine schnelle und gründliche Suche durchführen könnten, oder solchen Gesellschaften, die bereits seit längerem in Großbritannien tätig waren. Die großen Ölgesellschaften hatten also bereits von Beginn an einen beträchtlichen Vorsprung, aber viele kleinere Gesellschaften konnten ihre Position stärken, indem sie britische Unternehmen als Teilhaber aufnahmen.

In den großen Förderländern sind die Regierungen an weitaus konkreteren Empfehlungen interessiert. Es ist üblich, daß die Ölgesellschaften bei der Unterzeichnung des Konzessionsvertrages eine Geldprämie bis zu 30 Millionen Pfund, zahlbar in Raten,[90] erlegen. Außerdem, wie Scheich Achmed Zaki Jamani von Saudi-Arabien erklärte, erwartet das Erdölministerium gewöhnlich eine Art Douceur[91] in Form industrieller Entwicklungshilfe. Auch an diesem Unternehmen wollen die Regierungen ihren eigenen Anteil nach dem Modell der Verträge, die Enrico Mattei mit der *National Iranian Oil Company* eingeführt hatte — und wenn möglich auch vollkommene Kontrolle. Die großen Ölgesellschaften können zuweilen immer noch eine Konzession zu relativ günstigen Bedingungen erwerben, da sie einen ausgezeichneten Zugang zu den internationalen Märkten haben; aber die Regierungen haben die Absicht, die Präzedenzfälle, die mit den kleineren Gesellschaften gesetzt wurden, in der Folge auch auf die großen anzuwenden. Heute noch wie zu Zeiten Matteis ist der Iran der Schrittmacher unter den Regierungen der verschiedenen Ölförderländer. Auf seiten der Ölgesellschaften sind es nun eher die Franzosen und nicht die Italiener, die neue revolutionäre Verträge abschließen. Der wichtigste dieser Art wurde Ende 1966 von der staatlichen französischen *ERAP*[92] unterzeichnet, die sich einverstanden erklärte, im Auftrag der Regierung des Iran zu arbeiten und nicht als selbständiges Unternehmen. Zum erstenmal wurde damit ein solches Abkommen in einem großen Förderland getroffen, und die venezolanische Regierung versucht nun, ähnliche Vereinbarungen zu treffen.[93]

Die Forderung, daß die Ölgesellschaften den Regierungen der Förderländer bei der Entwicklung und Ausweitung ihrer wirtschaftlichen Basis helfen sollen, ist sicherlich berechtigt. Aber sie kann auch zu gefährlichen Versuchungen führen, die Konzessionen lieber auf Grund der „Geschenke" der Ölgesellschaften zu vergeben als auf Grund ihrer Fähigkeit, Öl zu finden. Dies geschah im Mai 1965 bei der Vergabe einiger äußerst aussichtsreicher Konzessionen in Libyen. Das Land hat dringendsten Bedarf am Ausbau der Landwirtschaft, an Wohnungen, Schulen und Krankenhäusern. Jede Ölgesellschaft, die sich um eine Konzession bewarb, mußte also darauf vorbereitet sein, zusätzliche Unterstützungen auf diesen Gebieten zu offerieren, wie es taktvoll umschrieben wurde. Praktisch alle großen Gesellschaften und einige der bekanntesten kleineren reichten Gesuche ein, aber als im Februar 1966 die Ergebnisse bekanntgegeben wurden, waren die besten Konzessionen an unbekannte Organisationen vergeben worden, darunter drei mit Namen *Circle*, *Lion* und *Mercury*, die erst wenige Monate zuvor von einem Herrn Gett in Genf gegründet worden waren. Obwohl sie mehr Konzessionen als jede andere Gesellschaft erhielten, verfügten sie nicht einmal über Büros in Libyen, und ihr Aktienkapital betrug nur 140.000 Schweizer Franken. Trotz dieser beschränkten Mittel konnte der mysteriöse Herr Gett der libyschen Regierung eine Anleihe von 50 Millionen Dollar für ein Wohnbauprojekt versprechen. Wenn das Geld zu diesem Zweck verwendet wird, so ist alles in Ordnung: aber selbst in diesem Fall ist es möglich, daß die *Circle-Lion-Mercury*-Gruppe nicht imstande sein wird, ihre Konzessionen auszunutzen, und es kann sein, daß Getts Gewinn an dem Geschäft im Weiterverkauf der Konzessionen liegen wird — was nur die Ölerschließung des Landes verzögern kann.

Früher einmal hatten die Ölgesellschaften bei den Verhandlungen mit den Regierungen die Oberhand, weil sie allein über Wissen und Erfahrung verfügten; aber das ist schon lange nicht mehr so. In den althergebrachten Förderländern gibt es nun ungemein beschlagene Erdölministerien, in denen häufig genug ehemalige Angestellte der

Ölfirmen sitzen und Leute, die auf Kosten der Ölgesellschaften in Großbritannien oder den USA geschult worden sind. Die jüngeren Länder können sich ihrerseits entweder an die *OPEC* oder an einen der vielen internationalen Erdölberater wenden. Der bekannteste unter ihnen ist Walter Levy aus New York; viele andere stammen aus den Förderländern, wie Scheich Abdullah Tariki, der frühere saudiarabische Erdölminister, Frank Parra aus Venezuela oder Nadim Pachachi aus dem Irak. Obwohl sie keine offizielle verantwortliche Position einnehmen, üben diese Männer oft einen gewaltigen Einfluß aus. Pachachi ist beispielsweise weitgehend verantwortlich für die Ölgesetzgebung von Libyen und Abu Dhabi, und im Oktober 1967 wandte sich die britische Regierung an Walter Levy, damit er die festgefahrenen Unterhandlungen zwischen dem staatlichen Gas Council und den Ölgesellschaften über den Erdgaspreis in der Nordsee wieder in Schwung bringe.

19. Kapitel
Die Preispolitik der Ölgesellschaften

Werbefachleute beschweren sich oft, daß die Werbung für eine Erdölgesellschaft besonders schwierig sei, weil niemand das Endprodukt zu Gesicht bekomme. Von dem Augenblick an, wo das Öl seine unterirdischen Lagerstätten verläßt, bis zu dem Moment, wo der Schlauch der Benzinpumpe in den Tank des Wagens gesteckt wird, bleibt es praktisch unsichtbar. Vom Ölfeld gelangt es durch Rohrleitungen in die Raffinerien und bleibt auch dort immer in Rohren und Behältern verborgen. Nur in Filmen über Texas oder bei einem Unfall sieht das Öl das Licht des Tages. Doch während seiner unsichtbaren Reise vom Bohrloch zur Tankstelle wechselt das Öl mehrfach seinen Besitzer.

Obwohl wir von der *Esso*, der *Shell*, der *Mobil Oil* und den übrigen Ölgesellschaften sprechen, als ob sie einheitliche Unternehmen wären, trifft dies nicht zu. In ihrem offiziellen Informationshandbuch bezeichnet sich die *Shell* selbst als die Gruppe der Gesellschaften der *Royal Dutch/Shell*, und bei feierlichen Anlässen, wie zum Beispiel der Eröffnung einer neuen Raffinerie, sprechen amerikanische Direktoren gerne von der „Familie der *Gulf*-Gesellschaften" oder welche Gruppe es immer sein mag. Das sind weitaus zutreffendere Bezeichnungen.

Jede Ölgesellschaft besteht aus einer großen Anzahl von Tochtergesellschaften in den verschiedensten Ländern und mit mannigfaltigen Arbeitsbereichen. In den Verbraucherländern gibt es Raffinerie-, Verkaufs-, petrochemische, Transport- und Forschungsorganisationen; in den Förderländern findet man Förderunternehmen. Dazwischen gibt es Gesellschaften mit koordinierenden Aufgaben und solche zur Abwicklung der Steuerangelegenheiten.

Auf seinem Weg vom Ölfeld im Nahen Osten, in Nordafrika oder anderswo bis zu seinem endgültigen Bestimmungsort kann das Öl auf dem Papier seine Eigentümer einige Male wechseln. Sowohl den Regierungen der Förder- als auch der Verbraucherländer fällt es schwer, die tatsächlichen Vorgänge zu verfolgen, und auf beiden Seiten hegt man den Verdacht, daß die Ölgesellschaften ihre komplizierte innere Betriebsorganisation nur dazu benützen, um möglichst viele Steuern zu sparen. Wenn die Ölgesellschaften sich zuweilen weniger zurückhaltend über ihre Arbeitsweise äußerten, könnten sie Anschuldigungen dieser Art entgehen; denn ihre interne Organisation ist vor allem ein Ergebnis der von den Regierungen selbst erfundenen Steuersysteme.

Als Demonstrationsobjekt zur Erläuterung der tatsächlichen Vorgänge habe ich die *Standard Oil Co. (N. J.)*, die Muttergesellschaft der *Esso*-Organisation, gewählt, weil sie die größte Ölgesellschaft der Welt und eine der internationalsten ist. Sie fördert Öl in den Vereinigten Staaten und sechzehn weiteren Ländern, verarbeitet es in 33 und verkauft es in mehr als hundert Ländern unter dem Markennamen *Esso*. 1967 betrug ihr Umsatz 14,7 Milliarden Dollar, das sind um mehrere Milliarden mehr als ihr nächster Konkurrent, die *Shell*. Eine Tonne Öl aus dem Nahen Osten fließt sozusagen durch mehrere Tochtergesellschaften, bis es an den Ort seiner Endverwertung gelangt — zur Tankstelle oder zu einem industriellen Verbraucher; und die Verrechnungsvorgänge sind fast so kompliziert wie die Ölverarbeitung.

Wenn das Öl beispielsweise in Libyen aus dem Boden kommt, gehört es der Fördergesellschaft, der *Esso Standard Libya*. Gemäß dem sogenannten 50 : 50-Gewinnanteilabkommen, welches die finanziellen Abmachungen zwischen den internationalen Ölgesellschaften und der Regierung des Förderlandes regeln, ist die *Esso Standard Libya* verpflichtet, einen Listenpreis festzusetzen[94] und die Hälfte der Gewinne aus ihrer Tätigkeit an die Regierung abzuführen.

Und hier fängt das Problem mit der Steuer an. Die Listenpreise wurden Anfang der fünfziger Jahre eingeführt, als die Ölpreise auf der ganzen Welt noch von denen im Golf von Mexiko bestimmt wurden. Im Nahen Osten hatten sie niemals eine direkte Beziehung zu den Förderkosten, und die Ölgesellschaften konnten manchmal erstaunliche Gewinne erzielen. In den letzten Jahren hat sich die

Lage grundlegend geändert; die verstärkte Konkurrenz in der internationalen Ölindustrie hat zu einem Preisverfall der Mineralölprodukte geführt, und die Ölgesellschaften wären gerne bereit gewesen, ihre Listenpreise für Rohöl dementsprechend zu senken. Da jedoch diese die Bemessungsgrundlage für die Steuerleistung der Ölgesellschaften in den Förderländern sind, weigern sich die Regierungen dieser Länder, einer Preissenkung zuzustimmen.

Aus der Tatsache, daß der Preis für Rohöl hoch ist und der für Fertigprodukte niedrig, ergeben sich für die Ölgesellschaften natürlich einige Schwierigkeiten. Um diese zu beheben, wurden eigene Gesellschaften zwischengeschaltet, seitens der *Standard Oil Co. (N. J.)* beispielsweise die *Mediterranean Standard Oil Company,* normalerweise abgekürzt *Medstan.* Ihre Beziehungen zu den vielen Fördergesellschaften der *Standard Oil Co. (N. J.)* können zwar von Fall zu Fall variieren, doch ist der im folgenden beschriebene Vorgang typisch. Außerdem sind die Details der Transaktion zu tief in den Archiven der Gesellschaft vergraben, als daß sie ein Außenseiter ganz enthüllen könnte.

Die Fördergesellschaften im Nahen Osten verrechnen ihr Rohöl an *Medstan* zum offiziellen Listenpreis und liefern die Hälfte des Gewinns an die Regierungen der Förderländer ab. Den schönen Profit, der ihnen bleibt, leiten sie an *Medstan* weiter. *Medstan* verkauft das Öl dann an *Esso International,* die zentrale Handelsorganisation, zum sogenannten Marktpreis. Der liegt zwar kaum so tief wie der Preis auf dem freien Markt, ist aber immer noch um ein gutes Stück niedriger als der offizielle Listenpreis. Zum Ausgleich ihrer Bilanz zieht *Medstan* die Gewinne heran, welche die Fördergesellschaften bei ihr abgeliefert haben, und überweist den Rest nach New York.

Medstan liefert Rohöl aus einer Anzahl verschiedener Länder an *Esso International.* Auch dieses Unternehmen arbeitet ohne Gewinn; es muß dafür sorgen, daß das Öl in der gewünschten Menge und Spezifikation zu den Vertriebsgesellschaften der *Esso Standard* in den verschiedenen Verbraucherländern gelangt. Hier gelten die sogenannten Konzernpreise, die es *Esso International* ermöglichen, ohne Verluste zu arbeiten. Diese Preise variieren je nach Grad, Qualität und Ursprung des Öls; es wird aber im allgemeinen keine Rücksicht auf die Marktverhältnisse in den Verbraucherländern genommen. Wenn beispielsweise in Deutschland ein Preiskrieg im Gange ist und Mineralölprodukte um 10 Prozent billiger verkauft werden als in England, bedeutet dies nicht, daß die Deutschen auch das Öl billiger beziehen können.

In den letzten Jahren waren die Mineralölpreise in den meisten Ländern so niedrig, daß die einheimischen Vertriebsgesellschaften der *Standard Oil Co. (N. J.)* wie die der übrigen Ölindustrie große Verlustgeschäfte machten. Als Folge muß die Muttergesellschaft die Vertriebsgesellschaften mit den zum Ausgleich ihrer Bilanzen und zur Finanzierung ihrer Investitionen notwendigen Mitteln versorgen. Dafür wird der Großteil der ursprünglich von den Fördergesellschaften erzielten Gewinne aufgewendet. 1966 belief sich die Rendite der *Standard Oil Co. (N. J.)* auf 12,4 Prozent. Die Durchschnittsrendite der sieben großen Ölgesellschaften lag bei 11,4 Prozent.

Es gibt keine zwei Ölgesellschaften, die genau dieselbe Struktur besitzen. Da jedoch alle in demselben Milieu arbeiten, sind ihre Methoden im Grunde ähnlich. Eine Tonne Öl, die von einer anderen Firma gefördert wird, ist im Prinzip demselben Werdegang unterworfen, solange sie auf ihrem Weg vom Bohrloch bis zu ihrem endgültigen Bestimmungsort in derselben „Familie" bleibt.

Doch nicht das gesamte Öl der Welt bleibt von dem Augenblick an, in welchem es den Boden verläßt, bis zu seiner Ankunft in der Tankstelle oder einem anderen Endverbraucher in derselben „Familie". Die sieben großen Ölgesellschaften besitzen miteinander 73 Prozent der Rohölförderung außerhalb der Vereinigten Staaten und der kommunistischen Länder, sie sind jedoch nur zu 64 Prozent am Absatz beteiligt. Die Differenz von 9 Prozent wird an andere Ölunternehmen und an staatliche Konzerne verkauft. Beispielsweise wird die belgische *Petrofina* von der *BP* versorgt, und die *ENI* kauft von der *Standard Oil Co. (N. J.)*. Beide haben langfristige Verträge, aber viele andere wichtige Verkäufe werden von Fall zu Fall getätigt. Zur Deckung ihres Rohölbedarfs veranstalten die staatseigenen Vertriebskonzerne in Südamerika, wie die brasilianische *Petrobras* oder die argentinische *YPF*, jährlich öffentliche Ausschreibungen wie eine städtische Autobusgesellschaft, und die japanischen Raffineriegesellschaften sind dafür bekannt, daß sie bei ihren Bestellungen auf der Suche nach den niedrigsten Preisen von einem Lieferanten zum andern wechseln.

Selbstverständlich können die Großen solche Unternehmen nicht zum offiziellen Listenpreis beliefern. Sie müssen große inoffizielle Rabatte gewähren. Daher können solche Unternehmen und andere Außenseiter ihr Öl oft billiger einkaufen als die eigenen Tochtergesellschaften der Großen. Außenstehenden mag dies unsinnig erscheinen; aber diese Verkäufe ermöglichen es den großen Ölgesellschaften, mehr Öl zu fördern, als sie über ihre eigene Organisation vertreiben könnten, und die Kosten für Verarbeitung und Transport zum endgültigen Bestimmungsort werden von den Käufern, den anderen Unternehmungen, getragen. Die Großen verkaufen auch große Ölmengen untereinander. Keine ihrer Organisationen ist vollkommen ausgeglichen und verfügt über genügend Öl an den rechten Orten, um den Bedarf der Vertriebsgesellschaften zu decken. Oft tauschen sie deshalb untereinander Öl, um die Transportkosten zu sparen. In der Tat bildet der Kauf und Verkauf der großen Ölgesellschaften untereinander einen wichtigen Bestandteil der gesamten internationalen Erdölwirtschaft. Im allgemeinen können alle Ölgesellschaften in zwei Kategorien eingeteilt werden: diejenigen, welche mehr Öl fördern, als ihre Vertriebsorganisationen aufnehmen können, und diejenigen, welche zuwenig fördern. Die Gesellschaften mit dem größten Ölüberschuß sind die *Gulf Oil* und die *BP*. Beide verkaufen beachtliche Mengen Öl an die übrigen Großen. Die *BP* hat langfristige Verträge mit der *Standard Oil Co. (N. J.)* und der *Mobil Oil*; die *Gulf Oil* verkauft vor allem an die *Shell*. Die *Shell* wiederum ist die wichtigste der Gesellschaften mit einem Ölbedarf, der ihre eigene Förderung übersteigt. Sie bezieht auch große Mengen Rohöl von der *Amerada* in Libyen. 1966 betrug der Gesamtabsatz der *Shell* 190 Millionen Tonnen. Davon stammten nur 150 Millionen Tonnen aus den eigenen Ölvorkommen. Der Rest wurde „unter besonderen Lieferverträgen" erworben.

Die Einzelheiten dieser Verträge sind streng gehütete Geheimnisse. Es ist jedoch bekannt, daß sie sehr langfristig und sehr komplex sind. In den meisten Fällen stimmt der Käufer nicht einfach der Zahlung einer gewissen Summe für eine bestimmte Menge zu. Statt dessen verpflichten sich beide Seiten zur Teilung aller Kosten der Förderung, der Verarbeitung und des Vertriebs und teilen dann den restlichen Gewinn. Diese Übereinkommen sind demnach eher gemeinsame Unternehmungen als Verkaufsverträge im üblichen Sinn des Wortes.

20. Kapitel
Transport und Verarbeitung

Praktisch das ganze Erdöl im internationalen Handel muß mit Tankern transportiert werden, und es überrascht eigentlich, daß die Ölgesellschaften bereit sind, den Großteil des Transports anderen Leuten anzuvertrauen. Die Tankerflotte der Welt gehört nur zu etwa 33 Prozent der Ölindustrie. Der Rest befindet sich im Besitz unabhängiger Reeder. Die bekanntesten sind die Griechen Onassis, Niarchos und Livanos; auch einige Italiener, Norweger und Angehörige anderer Nationalitäten sind in der Tankschiffahrt vertreten. Theoretisch erspart das Chartern den Ölgesellschaften Geld, da die Reeder die Kosten des Baus und des Betriebs der Schiffe tragen und daher das Investitionskapital der Ölgesellschaften für andere Zwecke freihalten. In der Praxis sieht das aber etwas anders aus. Ein Reeder bezeichnete die Vorgänge auf dem Tankermarkt als „das größte schwimmende Hasardspiel der Welt", und wie bei allen Arten des Glücksspiels gibt es hier Verlierer und Gewinner. Bei diesem besonderen Spiel wären die Reeder etwa ein Gegenstück zu John D. Rockefeller oder Henri Deterding auf der Höhe ihrer Macht, und manchmal können sie die Ölgesellschaften unter Druck setzen. Ein Vorstandsmitglied eines Ölunternehmens klagte einmal: „Wir müssen uns mit sechzig zur Ruhe setzen, aber ihnen liegt die Schiffahrt im Blut und sie werden bis zu ihrem Tod weitermachen."

Während der Suezkrise von 1956 machten die Reeder ihre größten Geschäfte, und viele von ihnen leben heute noch von den damaligen

Gewinnen. Als der Kanal geschlossen wurde und die Tanker um das Kap der Guten Hoffnung umgeleitet werden mußten, standen nicht genug Tanker zur Verfügung, um das benötigte Öl zu transportieren, und die Charterpreise stiegen ins Astronomische. Die Ölgesellschaften, die wie jedermann überzeugt waren, daß die Ägypter den Kanal nach der Räumung nicht würden unterhalten können, glaubten, daß die Tonnageknappheit bis in die sechziger Jahre andauern werde. Sie schlossen daher langfristige Verträge, mit denen sie nicht nur Tanker zur unmittelbaren Verwendung zu der augenblicklich hohen Rate mieteten, sondern auch Schiffe, die sich noch im Bau befanden. Ein typischer Vertrag wurde im Oktober 1956, einen Monat vor der anglofranzösischen Invasion, zwischen der *Esso* und dem Italiener Carlo Camelli unterzeichnet, in welchem sich die *Esso* verpflichtete, zehn Jahre hindurch 15 DM je Tonne für einen 50.000-Tonnen-Tanker zu zahlen, der 1960 auf Fahrt gehen sollte.

Als die Ägypter bewiesen, daß sie den Kanal gut unterhalten konnten, fielen plötzlich die Raten auf dem Tankermarkt, aber die Ölgesellschaften hatten sich durch ihre Verträge auf lange Sicht festgelegt. Als Camelli sein Schiff ablieferte, war der Preis für diesen Schiffstyp auf 7,50 DM je Tonne gesunken, und die *Esso* konnte sich bloß mit dem Bewußtsein trösten, daß die meisten ihrer Konkurrenten in dieselbe Falle geraten waren. Die *Shell* muß beispielsweise bis 1969 einige 40.000-Tonnen-Tanker zu einem Preis von 15 DM pro Tonne einsetzen, während 1966 der Marktpreis für ähnliche Schiffe 6 DM betrug.

So viele Tanker wurden in den Nachwehen der Krise von 1956 bestellt, daß es mehrere Jahre hindurch, bis zur neuerlichen Schließung des Kanals im Jahre 1967, einen beachtlichen Überschuß an Tankern in der Welt gab. Viele konnten nur im Getreidetransport Verwendung finden. Die Reeder konnten daher 1967 ihren Coup von 1956 nicht ganz wiederholen. Wenige Wochen nach der Schließung des Kanals wurden an die zweihundert Tanker mit insgesamt 5 Millionen Tonnen wieder im Öltransport eingesetzt, und die Versorgung Europas war gesichert. Die Ölgesellschaften weigerten sich daher, Schiffe für mehr als zwei oder drei Reisen auf einmal zu chartern.

Dennoch machten die Reeder ein gutes Geschäft. Vor der Krise betrug der Chartersatz für eine Fahrt vom Persischen Golf nach Nordwesteuropa etwa 10 DM je Tonne; einen Monat nach Kriegsende war er auf 67 DM je Tonne gestiegen. Basil Mavrolion von den *London and Overseas Freighters* schätzte, daß dies einen täglichen Gewinn von 50.000 DM bei einem 80.000-Tonnen-Tanker und

10.000 DM täglich bei einem 18.000-Tonnen-Tanker brachte.[95] Der Norweger Sigval Bergeson aus Stavanger bewies das, als er den 80.000-Tonner „Rimform“ an die *Shell* für zwei Fahrten vermietete, die ihm 10 Millionen DM einbrachten.

Für die international tätigen Erdölgesellschaften kam die Schließung des Suezkanals im Jahre 1967 zum denkbar unglücklichsten Zeitpunkt. Wäre sie drei oder vier Jahre später erfolgt, so hätte sie weitaus weniger unangenehme Folgen gehabt. Denn die neue Generation von Supertankern wird das Öl aus dem Nahen Osten nach Nordwesteuropa billiger transportieren können als die jetzt durch den Kanal fahrenden Tanker. Auf einem 80.000-Tonner wie der „Rimform“ kostet die Reise von Rotterdam nach Kuweit und zurück mit zweimaliger Durchfahrt durch den Suezkanal etwa 13,50 DM je Tonne. Würde die Fahrrinne des Kanals vertieft werden, so daß er vollbeladene 200.000-Tonnen-Tanker aufnehmen könnte, würde dieselbe Fahrt mit dem größeren Schiff rund 10 DM je Tonne kosten. Wenn jedoch das 200.000-Tonnen-Schiff mit seiner Fracht um das Kap der Guten Hoffnung fährt und dadurch den Kanalgebühren der ägyptischen Regierung entgeht, würden sich die Kosten auf wenig mehr als 9 DM je Tonne belaufen.[96]

Die großen Tanker haben niedrigere Betriebskosten, weil ein großer Teil der aufgewendeten Kosten beim Bau und im Überseetransport fixe Kosten sind. Beim Bau und bei der Ausstattung eines Schiffes, sei es nun größer oder kleiner, werden teure Maschinen und Ausrüstung benötigt; und je größer der Schiffsrumpf, desto einfacher ist es für den Schiffsbauer, mit Fließband und Massenproduktion zu arbeiten. Auf See hat der Supertanker entscheidende Vorteile. Ein gut entworfenes langes Schiff gleitet leichter durch das Wasser als ein kurzes, so daß man die Maschinenstärke kaum ändern muß. Eine Maschine von 25.000 Pferdekräften zum Beispiel kann sowohl für einen 100.000-Tonnen-Tanker verwendet werden als auch für einen von 200.000 Tonnen. Das kleinere Schiff wird dann 17 Knoten machen und das größere ungefähr 13, und wenn man nur ein paar hundert Pferdekräfte zugibt, werden die beiden Schiffe gleich schnell sein. Was die Besatzung betrifft, so kommen die 200.000-Tonnen-Tanker mit ungefähr 30 Leuten aus, ebenso wie ein 50.000-Tonnen-Tanker aus den fünfziger Jahren.

Aus diesen Gründen — billigere Anschaffungs- und Betriebskosten — hätten die Ölgesellschaften ihre Tankerflotten auf alle Fälle mit Riesentankern ausgerüstet, selbst wenn es nicht zu der Suezkrise des Jahres 1967 gekommen wäre. Die Krise beschleunigte nur den allgemeinen Trend. Vor der Schließung des Kanals waren etwa siebzig 200.000-Tonnen-Tanker in Auftrag: Bis Oktober desselben Jahres stieg die Zahl auf 140 an. Zwar wird man auch weiterhin kleinere Tanker brauchen, um die Häfen zu versorgen, welche Großtanker nicht aufnehmen können, aber: „Mit jedem weiteren Tag wird der Suezkanal immer mehr zu einer Wasserstraße zweiter Ordnung".[97]

Ab 200.000 Tonnen sinken die Betriebskosten weiter, und ein 500.000-Tonnen-Tanker könnte die Reise über das Kap der Guten Hoffnung von Rotterdam nach Kuweit und zurück um etwa 6,50 DM je Tonne machen. Vom technischen Standpunkt aus steht der Kon-

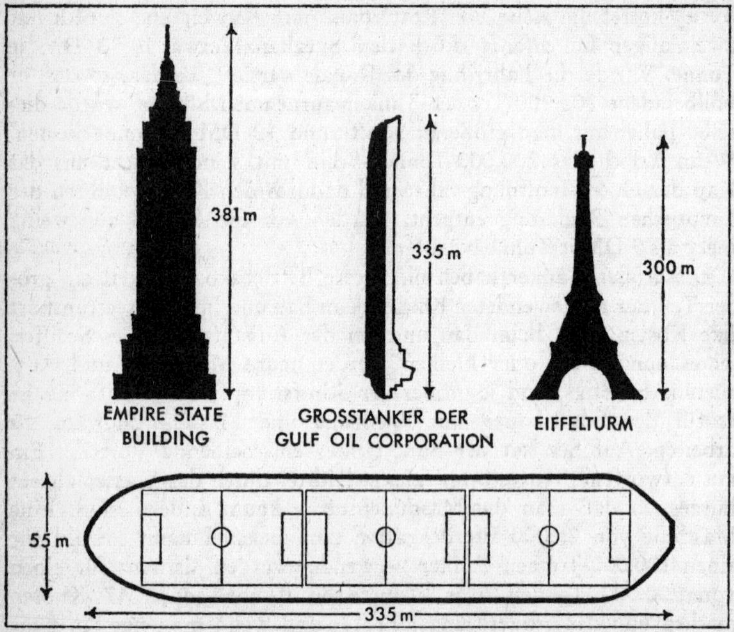

Das Deck eines Supertankers bietet Platz für drei Fußballfelder

struktion eines Tankers von 1,000.000 Tonnen nichts im Wege, und verschiedene Ölgesellschaften studieren bereits Pläne für 800.000-Tonnen-Tanker. Ab 200.000 Tonnen müssen allerdings einige Unannehmlichkeiten in Kauf genommen werden, deren wichtigste die Tiefe einiger der bedeutendsten Wasserstraßen der Welt ist. Der Ärmelkanal bei Dover hat beispielsweise eine Höchsttiefe von 25 bis

26 Meter, und da ein 300.000-Tonnen-Tanker ungefähr 25 Meter tief liegt, können bereits Schiffe dieser Größe den Kanal nicht durchfahren. In der Straße von Malakka, auf der Schiffsroute zwischen dem Nahen Osten und Japan, ist die Lage noch schlechter, denn ihre äußerste Tiefe sind 18 Meter.

Eine andere Schwierigkeit beim Betrieb dieser Supertanker liegt darin, daß sie eigene Molen und Verladeeinrichtungen benötigen. Die meisten Häfen haben weder die Wassertiefe noch die Anlagen, solche Riesenschiffe unterzubringen. Die Ölgesellschaften zeigen daher eine gewisse Zurückhaltung, über 200.000 Tonnen hinauszugehen. Bisher hat dies erst die *Gulf Oil* gewagt. Sie hat sechs 300.000-Tonnen-Tanker bestellt und errichtet für sie eigene Lageranlagen in Kuweit und in der Bantry Bay an der Westküste Irlands. Von dort aus werden „kleinere" Tanker bis zu 80.000 Tonnen das Öl in die europäischen Häfen bringen. Ein gleichartiges Lager für den japanischen Raum soll auf Okinawa angelegt werden. Die anderen Gesellschaften zweifeln an der Wirtschaftlichkeit dieses Planes, aber man neigt zu der Ansicht, daß bei Einsatz von 500.000-Tonnen-Tankern das Geld gut angelegt wäre, und in der nächsten Zukunft werden wahrscheinlich mehrere Ölgesellschaften die Probe aufs Exempel machen.

Im Gegensatz zu den Tankern sind die Raffinerien gewöhnlich im Besitz der Ölgesellschaften. Wie zur Zeit Rockefellers bilden sie das wichtigste Verbindungsglied zwischen Ölförderung und Vertrieb, und keine Gesellschaft verläßt sich auf dieser Arbeitsstufe gerne auf andere. Es gibt jedoch keine Möglichkeit, sich staatlichen Eingriffen zu entziehen. Eine Raffinerie kann nicht ohne amtliche Genehmigung gebaut werden, und wenn eine Regierung der Meinung ist, daß sie eine neue Raffinerie braucht, kann sie die in ihrem Lande tätigen Ölgesellschaften immer dazu überreden, ihren Wünschen zu entsprechen.

Die Theorie des Raffineriestandorts ist ganz einfach. Es ist billiger, das Öl in großen Mengen und gewaltigen Behältern zu transportieren als in kleinen Gebinden. Deshalb liegen die Raffinerien immer so nahe wie möglich an dem Ort, wo ihre Erzeugnisse verkauft werden sollen. Gleichzeitig soll der Transport immer in einer Richtung stattfinden, damit die Raffinerieprodukte möglichst nicht denselben Weg zurücklegen müssen, den das Rohöl genommen hat. Mit anderen Worten: eine Raffinerie in Süddeutschland, die durch Pipelines von einem Nordseehafen aus versorgt wird, sollte ihre Erzeugnisse, wenn sie sie nicht in ihrem eigenen Gebiet absetzen kann, weiter südlich in Österreich oder in der Schweiz verkaufen, statt sie wieder rheinaufwärts zu schicken.

Auf der Grundlage dieser beiden Prinzipien entwickelte sich das gesamte Muster der europäischen Raffineriestandorte. In den Nachkriegsjahren wurden die ersten Anlagen in Großbritannien, an der Küste Nordeuropas und in Häfen wie Marseille und Genua errichtet. In all diesen Gebieten bestehen große Märkte, oder die Erzeugnisse konnten nach Skandinavien oder Mitteleuropa geliefert werden. In den letzten Jahren ist die Nachfrage in diesen Ländern jedoch derart gestiegen, daß sich der Bau eigener Raffinerien lohnte. Es wurden also Pipelines zum Transport von Rohöl nach Süddeutschland gebaut, während im Norden die Tanker, die früher ihre Ladung in Großbritannien gelöscht haben, jetzt die neuen Raffinerieanlagen in Norwegen, Dänemark und Schweden versorgen. Doch trotz der jüngsten Ausdehnung von Raffinerien in Europa ist der Handel mit Fertigprodukten nach wie vor rege. Die nördlichen Staaten haben extreme Temperaturschwankungen zwischen Sommer und Winter. Dementsprechend variiert ihre Nachfrage an Heizöl und Benzin, und sie sind bei ihrer Versorgung von den Exportraffinerien abhängig, die an strategischen Punkten wie beispielsweise Rotterdam liegen.

In den großen Staaten gibt es nur in Großbritannien und der Bundesrepublik kaum größere Schwierigkeiten für die Ölgesellschaften. Beide Staaten wollen ausreichende Raffineriekapazitäten besitzen, um ihren Inlandsbedarf zu decken, und sie sind bereit, die Planungen den international tätigen Ölgesellschaften zu überlassen. In Frankreich hingegen sind die Bedingungen besonders schwierig, da die Regierung wünscht, daß sich ein größtmöglicher Anteil an der Ölindustrie in französischem Besitz befinde. Die internationalen Ölgesellschaften haben dort bittere Erfahrungen gemacht. Wenn sie einen Plan für eine neue Anlage vorlegten, lehnte ihn die Regierung entweder ab oder sie gab die Idee an eine französische Gesellschaft weiter oder sie bestand auf der Zuziehung eines französischen Partners. In Italien müssen die Raffinerien eine zwanzigprozentige Reservekapazität aufweisen, was sehr kostspielig ist. Sogar dort, wo die Regierungen Investitionen der internationalen Ölgesellschaften willkommen heißen, sind die Verhältnisse heute schwieriger als früher. Die meisten guten Standorte sind bereits besetzt, und die Ölgesellschaften müssen sich den Plänen der betreffenden Regierungen für die Standortbestimmung der Industrie anpassen, was zur Folge haben kann, daß man die Anlage weitab von der ursprünglich gewählten

Stelle errichten muß. Außerdem sind Raffinerien in manchen Gebieten unerwünscht, und manchmal kann die lokale Opposition so stark sein, daß das ganze Projekt aufgegeben werden muß. Das geschah in Großbritannien, als die *Caltex* versuchte, eine Raffinerie an der Küste von Southampton Water zu errichten. Meistens erreichen die Ölgesellschaften allerdings ihr Ziel, wenn auch erst nach Erfüllung der örtlichen Sicherheitsvorschriften bezüglich der Verunreinigung von Wasser und Luft — eine kostspielige und zeitraubende Prozedur.

Dennoch gibt es in Europa nichts, was der enttäuschenden Lage in Japan gleichkäme, dem am schnellsten wachsenden Ölmarkt der Welt und dem zweitgrößten nach den Vereinigten Staaten. Dort verbietet die Regierung ausländischen Gesellschaften den Besitz von Raffinerien, und das äußerste, was die international tätigen Ölgesellschaften erreichen können, ist die Bildung gemeinsamer Unternehmen mit japanischen Konzernen, und zwar zu Bedingungen, die den Japanern die Kontrolle sichern.

In den meisten kleineren afrikanischen, asiatischen und lateinamerikanischen Staaten haben die Ölgesellschaften ganz andere Probleme. So wie eine Fluglinie ist dort eine Raffinerie eine Prestigeangelegenheit für jeden unabhängigen Staat geworden, und die Ölgesellschaften müssen sie bauen, ob sie wollen oder nicht.

Der Bau einer neuen Raffinerie erfordert beträchtliche Kapitalinvestitionen, die sich erst dann lohnen, wenn ein Markt von insgesamt 3,000.000 Tonnen jährlich vorhanden ist, der sich auf eine große Reihe von Produkten aufteilt. Demzufolge ziehen es die Ölgesellschaften vor, kleinere Märkte aus ihren großen Raffinerien am Persischen Golf und der Karibischen See zu versorgen.

Enrico Mattei war der erste, der Ende der fünfziger Jahre einigen afrikanischen Regierungen den Bau von Raffinerien gegen Einräumung einer Vorrangstellung auf ihren Märkten anbot. In einigen Fällen wurde sein Vorschlag angenommen, in anderen wieder reagierten die eingesessenen Ölgesellschaften auf die Herausforderung und bauten selbst Raffinerien. Natürlich sind die meisten Anlagen ziemlich billig, sozusagen „von der Stange", aber dennoch ist ihr Betrieb für eine einzelne Ölgesellschaft meistens unwirtschaftlich. Sie werden gewöhnlich als Gemeinschaftsunternehmen betrieben. Jeder Partner stellt einen Anteil am Kapital zur Verfügung und liefert der Raffinerie einen ungefähr entsprechenden Rohölanteil.

21. Kapitel
Erdgas

Kein Rohstoff wird so verschwendet wie Erdgas. Man kann aus ihm gewinnen, was viele Länder dringend benötigen: Brennstoff und Düngemittel. Außerdem ist Erdgas ein wertvoller Rohstoff für viele chemische Produkte. Doch in den letzten hundert Jahren ist der größte Teil davon buchstäblich in Rauch aufgegangen. Der nächtliche Himmel über Kuweit wird vom Leuchten der Erdgasfackeln erhellt, wo das Erdgas verbrannt wird. Im Iran wurde im Jahre 1966 der Gegenwert von 7 Millionen Tonnen Rohöl vergeudet, und in Venezuela werden Erdgasmengen abgefackelt, die dem jährlichen Gasbedarf Großbritanniens entsprechen.

Gleichzeitig aber deckt in den Vereinigten Staaten Erdgas mehr als 30 Prozent des Primärenergiebedarfs, in der Sowjetunion etwa 15 Prozent, während man es in Westeuropa willkommen heißt, weil es die Abhängigkeit von importierten Brennstoffen verringert.

Erst vor gar nicht langer Zeit ist es gelungen, Erdgas von seinen Lagerstätten zu den Verbrauchern zu transportieren. In China wurden zu diesem Zweck vor zweitausend Jahren Bambusrohre verwendet, und in Fredonia im Staat New York fertigten die Einwohner im Jahre 1824 Holzrohre an, um das Erdgas aus einem kleinen nahegelegenen Vorkommen in ihre Häuser zu leiten, wo sie es zum Kochen und Heizen verwendeten. Diese Rohre bewährten sich nicht und wurden einige Jahre später durch Blei- und Gußeisenrohre ersetzt. Aber es war immer noch unmöglich, Erdgas unter hohem Druck über weite

Entfernungen zu leiten. In den Vereinigten Staaten aber waren alle größeren Erdgasfelder von den in Frage kommenden Märkten weit entfernt.

Außerdem gab es keinen wirtschaftlichen Anreiz, um dieses Problem zu lösen. Schon Ende des achtzehnten Jahrhunderts hatte der englische Ingenieur Murdock ein Verfahren entwickelt, bei dem Gas bei der Verkokung von Kohle in einem luftdicht verschlossenen Ofen hergestellt wurde — und in den Vereinigten Staaten und Europa gab es eine Menge Kohle. Als Drake 1859 nach Öl zu bohren begann, hatte praktisch jede große Stadt Gasbeleuchtung. Als diese in den letzten Jahren des neunzehnten Jahrhunderts durch Elektrizität ersetzt wurde, die von Kohle- oder Heizölkraftwerken erzeugt wurde, schien Erdgas nichts weiter als eine wissenschaftliche Kuriosität und ein Übel für Ölleute, die es bei ihren Bohrungen vorfanden.

Der Durchbruch geschah Anfang der zwanziger Jahre, als die Entwicklung des Acetylenschweißens die Konstruktion starker dünnwandiger Rohre ermöglichte, durch die man das Erdgas unter hohem Druck über lange Strecken leiten konnte. 1931 wurde in den USA die erste Rohrleitung über 1600 Kilometer fertiggestellt, und bei Kriegsbeginn wurde das aus den großen Feldern im Südwesten stammende Erdgas im ganzen Land vertrieben.

Anfangs dauerte der Bau von Rohrleitungen lange, und der Erdgasabsatz stieg verhältnismäßig langsam. Der Kohlenbergbau kämpfte zäh um seine Stellung. Auch diejenigen Erdölgesellschaften, die keine eigenen Erdgasvorkommen besaßen, leisteten starken Widerstand. Als ehemaliges Abfallprodukt konnte das Erdgas zu niedrigen Preisen verkauft werden, und obwohl es seinen Besitzern keine große Gewinnspanne brachte, konnten diese wenigstens davon fördern, soviel sie wollten, während die Ölförderung unter Präsident Roosevelt staatlichen Kontrollen unterworfen war. Als nach dem Krieg die Kohlen- und Ölpreise stiegen, nahm Erdgas einen raschen Aufschwung, und im Verlauf von fünfzehn Jahren erhöhte es seinen Anteil auf dem gesamten Energiemarkt der USA von 13 Prozent im Jahre 1945 auf 30 Prozent.

Die Ursachen liegen auf der Hand. Niemand steht gerne früh auf, um einen Kohlenofen anzuheizen und die Asche zu entfernen. Ölbehälter sind meistens große häßliche Dinge, die schlecht riechen. Bei Gas hingegen gibt es weder Rauch noch Asche, und die Hitze seiner Flamme ist ebenso leicht zu regeln wie der elektrische Strom. Aus all diesen Gründen wurde immer mehr Erdgas zum Kochen und Heizen sowie zum Betrieb von Klimaanlagen verwendet. Auch die Verbraucher in der Industrie begrüßten die neue Energiequelle, und in den Vereinigten Staaten haben sie den Haushaltsverbrauch von Erdgas bereits überholt. In der Lebensmittelverpackungsindustrie, bei der Verarbeitung von Glas, Keramik und Metallen besitzt Erdgas durch seine Sauberkeit und Regulierbarkeit eindeutige Vorteile. Es war nie damit zu rechnen, daß es auf diese speziellen Absatzgebiete beschränkt bliebe, und Erdgas wird jetzt an Stelle von Kohle und Öl als Wärme- und Energiequelle in allen Bereichen industrieller Tätigkeit, von der Stromerzeugung in Kraftwerken über das Rösten von Getreide bis zum Tempern von Raketenköpfen, verwendet. Außerdem wird seit der Entstehung der petrochemischen Industrie im Zweiten Weltkrieg eine kleine Menge, insgesamt etwa 3 Prozent, als Chemierohstoff verwendet.

Die Interessen jener Leute, die das Erdgas als Brennstoff und jener, die es als chemischen Rohstoff verwenden wollen, sind einander entgegengesetzt. Beide suchen im Erdgas nach anderen Bestandteilen. Die Zusammensetzung des Erdgases variiert von Lagerstätte zu Lagerstätte, und der Anteil des Hauptbestandteiles Methan kann zwischen 60 und 90 Prozent schwanken. Der Rest besteht aus Äthan, Butan, Propan sowie verschiedenen anderen leichten Kohlenwasserstoffen, Stickstoff und zuweilen auch aus Schwefelwasserstoff. Die Energieverbraucher sind vor allem am Methan interessiert. Wenn man Erdgas als Brennstoff verwendet, kann man das Propan und Butan darin belassen oder es gesondert als Flaschengas verkaufen. In beiden Fällen kann Erdgas fast unverarbeitet bleiben, und die Kapitalinvestition ist viel geringer als bei einer Raffinerie.

Die Chemiker hingegen betrachten Methan nur mit mäßigem Interesse. Sie beurteilen Rohstoffe nach der Menge der Endprodukte, die daraus gewonnen werden können, und Methan ist der Grundstoff für nur drei wichtige Chemikalien. Am wichtigsten ist Ammoniak, das aus einem Gemisch von Wasserstoff und Kohlenmonoxyd im Methan in Verbindung mit dem Luftstickstoff hergestellt werden kann. An zweiter Stelle steht Methanol, das auf ähnliche Weise erzeugt wird und Ausgangspunkt zur Herstellung verschiedener Kunststoffe ist; und schließlich kommt Ruß, der als Pigment für Farbstoffe und als Verstärker für Reifen aus Synthesekautschuk Verwendung findet.

Die Chemiker sind mehr an den geringeren Bestandteilen im Erdgas interessiert. Äthan und Propan können in Äthylen und Propylen verwandelt werden, die ihrerseits wieder eine Menge von Endprodukten ergeben: Reinigungsmittel, Frostschutzmittel, Schaumstoffe, Verpackungsfolien und synthetische Fasern – je nach dem chemischen Verfahren, welchem sie unterworfen werden. Butan ist fast ebenso ergiebig: sein Anwendungsgebiet reicht von Nylon bis zum synthetischen Kautschuk.

Durch die Verwertung dieser Nebenprodukte des Erdgases sind nun verschiedene Ölgesellschaften, vor allem die *Phillips Petroleum Company*, fast ebenso stark in der Petrochemie engagiert wie im Öl. Das einzige, das niemand haben will, ist Schwefel, dessen Beseitigung schwierig und teuer ist. Doch selbst dieser kann Gewinn bringen, wenn er in Mengen vorhanden und der Preis hoch genug ist. In den letzten Jahren herrschte auf der ganzen Welt Schwefelmangel, und die Erdgasförderer in Westkanada und Südwestfrankreich, deren Produkt reich an Schwefel ist, wurden zu einem bedeutenden Lieferanten auf dem internationalen Schwefelmarkt.

Bis vor kurzem hinkte Europa bei der Entwicklung des Erdgasmarktes weit hinter den Vereinigten Staaten her, aus dem einfachen Grund, weil es nur ganz unbedeutende Vorkommen besaß. In den ersten fünfzehn Nachkriegsjahren war man nur in Frankreich, Italien und Österreich auf einige begrenzte Erdgaslager gestoßen, und 1966 hatte Erdgas erst den geringen Anteil von 2 Prozent am westeuropäischen Energiemarkt. Der rascheste Fortschritt wurde in Österreich erzielt, wo bei der intensiven Ölsuche im Zweiten Weltkrieg und während der russischen Besatzungszeit nach dem Krieg auch Erdgas gefunden wurde. Nach internationalen Maßstäben waren diese Vorkommen nicht groß, aber Österreich ist ein kleines Land mit wenig Kohle, und Erdgas spielte daher eine unschätzbare Rolle bei dem Wiederaufbau nach dem Krieg. Als 1955 die Besatzungszeit endete, wurden 30 Prozent der Kraftwerke mit Erdgas betrieben, das während der letzten zehn Jahre über 10 Prozent des gesamten Energiebedarfs des Landes deckte und damit viele Millionen Schilling an Devisen sparen half.

Auch die Franzosen verdanken dem Krieg ihre erste Bekanntschaft mit Erdgas. 1939, wenige Monate vor Kriegsbeginn, wurde in Saint-Marcet im Südwesten des Landes ein kleines Erdgasfeld entdeckt. Als Frankreich durch die britische Seeblockade von fast allen Ölimporten abgeschnitten war, zählte die Regierung von Vichy die rasche Erschließung der Erdgaslager und ihr Verbleiben in französischem Besitz zu ihren dringlichsten wirtschaftlichen Aufgaben. Ihr Beitrag zum Nachkriegsbedarf des Landes war gering, aber die von diesem Fund ausgelöste Erdgassuche führte 1950 zur Entdeckung des viel größeren Vorkommens von Lacq. Der Fund wurde zu einem Zeitpunkt gemacht, als die Stimmung in Frankreich auf einem Tiefpunkt angelangt war und die Wirtschaft des Landes noch unter den Kriegsfolgen litt. Darum wurde großes Aufheben davon gemacht, und nach de Gaulles Wiederkehr an die Macht wurde Lacq als sichtbare Manifestation der „Gloire" im technischen Zeitalter gefeiert. Trotz seiner beträchtlichen Entfernung von Paris wurde Lacq ein fast ebenso fester Bestandteil im Programm der Staatsbesuche wie die Kranzniederlegung am Grab des unbekannten Soldaten. Nach dem mißlungenen Gipfeltreffen in Paris stattete Chruschtschow 1960 Lacq einen Besuch ab.

Zweifellos spielte Erdgas eine wichtige Rolle im Wiederaufbau der französischen Industrie nach dem Krieg. Es wurde direkt an industrielle Abnehmer verkauft und außerdem statt des Stadtgases in das Verteilernetz der Gaz de France geleitet. Auch in den Elektrizitätswerken wurde es als Brennstoff verwendet. Seine Auswirkungen machten sich in der gesamten Wirtschaft bemerkbar und machten Kohle und Öl für andere Zwecke frei. Außerdem konnte Frankreich mit Hilfe des inländischen Erdgases seine Brennstoffimporte seit 1957 um 10 Prozent herabsetzen.[98] Aber Lacq war nie so bedeutend, wie man es auf Grund des großen Aufsehens vermuten könnte. Nur im Südwesten Frankreichs war es von unmittelbarer Wirkung, indem es zur Entwicklung einer örtlichen chemischen Industrie führte, die Erdgas als Rohstoff für Düngemittel und Kunststoff verwendete.

Die Erdgasfelder in der italienischen Poebene sind alles in allem die bedeutendsten von Europa; sie sind auch die einzigen, die zum Entstehen eines neuen internationalen Unternehmens führten. 1949 stieß Enrico Matteis *AGIP* in der Nähe des Dorfes Cortemaggiore auf Erdgas. Ohne diese Entdeckung wäre Mattei nie ein internationaler Ölmann geworden. Die Geschichte des Fundes besitzt alle romantischen Zutaten, die Mattei noch zu seinen Lebzeiten zu einer Legende werden ließen. Als man ihn nach dem Krieg mit der Leitung der *AGIP* betraute, wollte das Finanzministerium die in Italien seit 1920 durchgeführte Öl- und Gassuche abbrechen, da sie sehr kostspielig gewesen war und nichts eingebracht hatte. Mattei mußte seinen ganzen beachtlichen Charme, Schwung und sein taktisches Geschick aufwenden, um sie weiter fortsetzen zu können, und er konnte erst nach der tatsächlichen Explosion der „bomba petrolifera di Cortemaggiore" — wie der Fund genannt wurde — seine stürmische Expansion beginnen.

Im neunzehnten und zwanzigsten Jahrhundert war Italiens industrielle Entwicklung durch den Mangel an einheimischen Brennstoffen behindert, während Großbritannien, Deutschland und Frankreich einheimische Kohle als Basis ihrer Industrialisierung benutzten. Als

Italien nach dem Ersten Weltkrieg die Erwerbung eines Anteils am Nahostöl mißlang, schien es, als ob auch das Zeitalter des Erdöls an Italien spurlos vorübergehen würde. Der Erdgasfund wurde demnach als wichtiges nationales Ereignis begrüßt. Sowohl Mattei als auch die Regierung glaubten, daß man auch auf Erdöl stoßen würde und Italien schließlich seinen Erdölbedarf selbst decken werden könne. Diese Hoffnungen wurden bald zerstört. Im Zuge der Erschließung stellte sich heraus, daß die Lagerstätte nur eine winzige Menge Erdöl und auch viel weniger Erdgas enthielt, als man anfänglich angenommen hatte. Mattei hielt jedoch die Illusion aufrecht. Er nannte das Benzin der *AGIP* „Supercortemaggiore La Potente Benzina Italiana", um den Eindruck zu erwecken, daß alles aus italienischen Vorkommen stamme. Es gelang Mattei auch, die Regierung zu überreden, ihm die Exklusivrechte für die Erschließung der gesamten Poebene zu übertragen und die Erdgaspreise denen der übrigen Brennstoffe anzugleichen. Dies bedeutete, daß die Ersparnisse, die Italien durch den Erdgasfund zufielen, nicht dem Verbraucher zugute kamen, sondern für das Wachstum von Matteis Reich verwendet wurden. Dennoch bewirkte das Vorhandensein heimischer Brennstoffvorräte in so unmittelbarer Nähe der wichtigsten Industrien des Landes einen Aufschwung der Wirtschaft, und 1962 — bevor die Ausbeute des Erdgasfeldes hinter der Zuwachsrate des italienischen Energiebedarfs zurückblieb — hatte Erdgas einen Anteil von 10 Prozent an der Deckung des italienischen Primärenergiekonsums.

Trotz ihrer lokalen Bedeutung war keines der Erdgasfelder in Europa groß genug, um für den Export von Erdgas in die Nachbarländer in Frage zu kommen. Das übrige Europa mußte daher mit dem aus Kohle hergestellten Stadtgas vorliebnehmen, während im Nahen Osten und Venezuela jährlich mehr Erdgas abgefackelt wurde als Europa benötigt hätte. Der Bau einer Rohrleitung zur Verbindung der Felder mit den Verbraucherzentren in Deutschland und Großbritannien war aus politischen Gründen unmöglich, und die Verlegung einer Pipeline von Libyen durch das Mittelmeer nach Italien war aus technischen Gründen nicht durchführbar. Vielleicht hätten die Ölgesellschaften Anlagen zur Erzeugung von Düngemitteln in den Erzeugerländern bauen und ihnen auf diese Weise beim Aufbau einer eigenen petrochemischen Industrie helfen sollen. Aber Ölgesellschaften sind keine philanthropischen Vereine, sondern Geschäftsorganisationen, und sie zogen es vor, ihre Investitionen in entwickelten Ländern vorzunehmen, wo die politischen und wirtschaftlichen Bedingungen günstiger erschienen.

Das technische Problem des internationalen Ausgleichs von Angebot und Nachfrage bei Erdgas verdankt seine Lösung einem Mann, der keine Beziehung zur Ölindustrie hatte. 1951 war William Wood Prince, Vorstandsvorsitzender der Union Stockyard and Transit Company, einer Tochtergesellschaft der Schlacht- und Kühlhausfirma Armour, der Ansicht, daß seine Erdgaslieferanten überhöhte Preise forderten. Auf der Suche nach einer anderen Versorgungsquelle kam ihm die umwälzende Idee, Erdgas zu verflüssigen und es in Kähnen von Louisiana den Mississippi hinauf nach Chikago zu befördern. Der Gefrierprozeß war kein Problem — das hatte das amerikanische Bureau of Mines bereits 1917 bewiesen —, aber der Transport war viel schwieriger zu bewerkstelligen. Umfangreiche Grundlagenforschungen über die Eigenschaften von Metallen und Isolationsmaterialien bei Tiefsttemperaturen mußten unternommen werden.

Diese Arbeiten erweckten großes Interesse, da sie zum erstenmal Aussichten auf den Export von Erdgas mit Tankern eröffneten, und die Weltbank veröffentlichte einen Bericht über die Vorgänge. Sowohl die *Continental Oil* als auch der britische Gas Council zeigten Interesse, und als 1956 das Versuchsschiff fertig war, beteiligten sie sich an dem Unternehmen. Drei Jahre später, im Februar 1959, überquerte ein umgebauter Frachter, die „Methane Pioneer", den Atlantik auf der ersten Versuchsfahrt mit tiefgekühltem flüssigem Erdgas aus Louisiana nach Großbritannien. Weitere Fahrten folgten. Als das Experiment gelang, begannen sich schließlich die großen Ölgesellschaften einzuschalten, vor allem die *Shell*. Danach nahmen die Ereignisse einen raschen Lauf. Im Oktober 1964 begannen drei eigens dafür konstruierte Tanker den regelmäßigen Transport von flüssigem Erdgas von Algerien nach Frankreich und Großbritannien.

Wood Prince hätte es verdient, als zweiter Oberst Drake in die Geschichte der Ölindustrie einzugehen. Die *Continental Oil* und der Gas Council hätten große Gewinne aus ihrer Pioniertat ziehen können, wenn nicht ihr technologischer Durchbruch durch die Entdeckung neuer großer Erdgasreserven in den Hintergrund gedrängt worden wäre. Zehn Jahre früher hätte Europa einen gewaltigen Bedarf an Erdgasimporten gehabt. 1964 war es jedoch zu spät, denn inzwischen hatte man in Europa selbst große Erdgasvorkommen entdeckt.

Am 14. August 1959 arbeitete ein Bohrtrupp im Auftrag der *NAM*,[99] der gemeinsamen Tochtergesellschaft der *Shell* und der *Standard Oil Co. (N. J.)*, in einem Zuckerrübenfeld unweit der deutschen Grenze nahe dem Dorfe Slochteren in der niederländischen Provinz

Groningen. Es war eine Routinebohrung. Die *NAM* hatte bereits seit mehr als zwanzig Jahren in den Niederlanden nach Erdöl gesucht und auch einige kleine Ölfelder gefunden. Niemand erwartete jedoch ein spektakuläres Ereignis, als der Bohrmeißel in einer Sandsteinformation fast 3000 Meter unter der Erdoberfläche auf Erdgas stieß. Die geologischen Gegebenheiten ließen nichts Außerordentliches vermuten, und für die Bohrmannschaft war es nur ein Teil ihrer täglichen Arbeit. Erst nach einigen Monaten ergaben die Tests, daß ein Erdgasvorkommen von großer internationaler Bedeutung gefunden worden war. Die Ölgesellschaften waren bemüht, die öffentliche Begeisterung zu dämpfen, bis alle Fragen der Erdgasförderung mit der Regierung geregelt waren. Erst vier Jahre später, im Oktober 1964, gaben sie zu, daß der Energiegehalt des Feldes etwa 11 Millionen Tonnen Kohle entspräche. Das machte Slochteren zum zweitgrößten Erdgasvorkommen der Erde. Seither wurden in den Niederlanden mehrere andere Erdgasfelder von der *NAM* und anderen Gesellschaften gefunden; doch die Gesamtreserven des Landes sind noch lange nicht erschlossen.

Wie die Rechnung auch ausgehen mag, Groningen hat die Energieversorgung Europas revolutioniert. David Barran, einer der sieben Direktoren der *Shell*, bezeichnete seine Entdeckung als ebenso wichtig für Europa wie jene Drakes hundert Jahre zuvor für Amerika. Ein Blick auf die Landkarte zeigt, warum: In einem Umkreis von 800 Kilometer um Groningen leben 370 Millionen Menschen, die über 30 Prozent der Gesamtenergie der nichtkommunistischen Länder verbrauchen. Nie zuvor hat man einen so großen Öl- oder Gasfund in der Nähe eines so bedeutenden Marktes gemacht. Außerdem leitete Groningen die Entdeckungen ein, die in den letzten Jahren in Westdeutschland und unter der Nordsee gemacht worden sind. Hätte es den Gasfund in den Niederlanden nicht gegeben, dann wäre es den Ölgesellschaften nie eingefallen, diese Gebiete einer intensiven Suche zu unterziehen.

Das gilt vor allem für die Nordsee, wo die Betriebsbedingungen zu den schwierigsten in der Welt zählen. Obwohl die dortigen Erdgasfelder erstaunlich leicht erschlossen wurden, da es im Verhältnis viel weniger Fehlbohrungen gab als anderswo, waren die technischen Schwierigkeiten überwältigend. Zwei Bohrinseln, die „Sea Gem“ und die „Ocean Prince“, gingen unter, und einige andere wurden nach den Schäden, die sie durch Stürme und Seegang erlitten hatten, vorübergehend außer Betrieb gesetzt. Wäre das Groninger Erdgasvorkommen einige Jahre früher entdeckt worden, so hätte man damals noch kaum über die Gerätschaften verfügt, um eine Öl- und Gassuche in der Nordsee zu betreiben. Auch heute noch sind die an der Gassuche beteiligten Gesellschaften durch den Mangel an Bohrinseln stark behindert.

Die weitere Entwicklung hängt nun von zwei Faktoren ab, die sich dem Einfluß der Ölgesellschaften entziehen: den vorhandenen Erdgasmengen und den energiepolitischen Zielen der Regierungen. Es ist bereits weit mehr Erdgas gefunden worden, als man je erwartet hatte, und erst 1964 erkannten die meisten westeuropäischen Regierungen, daß diese neuen Energiequellen mehr als einen bloß oberflächlichen Einfluß auf ihre gesamte Energieversorgung haben könnten. Während sie versuchen, die neue Situation in den Griff zu bekommen, müssen sie jetzt auch noch die möglichen Folgen von Erdgasimporten erwägen. Diese können aus verschiedenen Quellen stammen. Die wichtigste ist die Sowjetunion, die den Bau einer gewaltigen Rohrleitung von Mittelrußland nach Triest vorhat, sobald eine Einigung mit der *ENI* und der italienischen Regierung erreicht ist. Eine Stichleitung nach Wien kann leicht abgezweigt werden, und es dürfte auch nicht schwierig sein, das sowjetische Erdgas an die deutschen und französischen Verteilernetze anzuschließen. Ferner sind da die ölexportierenden Staaten. Algerien liefert Erdgas nach Großbritannien und Frankreich und sucht intensiv nach anderen Käufern. Libyen beginnt 1968 mit Erdgaslieferungen nach Italien und Spanien. Auch Nigeria und Venezuela würden gerne Erdgas in Europa absetzen.

Das einzige, was man mit Sicherheit behaupten kann, ist, daß der Erdgasabsatz in Europa in den nächsten Jahren rascher anwachsen wird als der anderer Energieträger. Um 1975 wird Erdgas wahrscheinlich etwa 30 Prozent des Primärenergiebedarfs in den Niederlanden, 12 Prozent in Großbritannien und 8 Prozent in Westdeutschland decken; in ganz Westeuropa wird sein Anteil bei 10 bis 15 Prozent liegen. Für die Zeit danach stehen die Aussichten noch nicht fest, da alles von dem relativen Preisniveau der verschiedenen Brennstoffe abhängt — und in dieser Frage gehört den Regierungen das letzte Wort.

Die Ölgesellschaften sind staatliche Kontrollen gewohnt, aber beim Erdgas ergeben sich völlig neue Probleme. Als Energie- und Wärmequelle tritt es direkt mit Heizöl in Wettbewerb, so daß die Ölgesellschaften, die beides erzeugen, einen Interessenkonflikt nicht vermeiden können. Dazu kommt noch, daß die Gasversorgung immer schon von staatlichen und regionalen Behörden als öffentliche Angelegenheit betrachtet wurde, genauso wie Elektrizität, Wasser und das Fernsprechnetz. In Deutschland, den Niederlanden und Belgien haben kommunale Organisationen ein Monopol auf die Gasversorgung, während in Großbritannien und Frankreich das gesamte Versorgungs- und Vertriebssystem im Besitz staatlicher Unternehmen ist. Vom Standpunkt der Ölgesellschaften ist das niederländische, deutsche und belgische System viel vorteilhafter, da sie sich an den Vertriebsorganisationen beteiligen können, die die kommunalen Gaswerke beliefern und direkt an die großen Abnehmer in der Industrie verkaufen. In den Niederlanden gingen die *Shell* und die *Standard Oil Co. (N. J.)* auch so vor: sie schlossen mit der Regierung eine langfristige Partnerschaft für Förderung und Vertrieb des Erdgases ab. Der Födergewinn wird 60 zu 40 zugunsten der Gesellschaften aufgeteilt. Die Förderung wird dann an eine Verkaufsorganisation namens *Gasunie* verkauft, die sich zu 50 Prozent im Besitz der Ölgesellschaften, zu 40 Prozent im Besitz der staatlichen Bergwerke und zu 10 Prozent in staatlichem Besitz befindet, und sowohl die Kommunalbehörden als auch die Großverbraucher in der Industrie beliefert. Ein hoher Erdgaspreis ist im Interesse aller Beteiligten, und er wurde so festgesetzt, daß er das bestehende Preisgefüge für Heizöl und Kohle nicht durcheinanderbrachte. Große Mengen von niederländischem Erdgas werden nach Belgien und Westdeutschland exportiert, und auch hier haben sich die *Shell* und die *Standard Oil Co. (N. J.)* an den regionalen Ferngasgesellschaften wie Thyssengas und Ruhrgas beteiligt.

In Großbritannien und Frankreich ist dies unmöglich. Dadurch gerieten die Ölgesellschaften in eine sehr schwierige Lage, als sie in britischen Küstengewässern große Erdgaslager entdeckten. Man kann annehmen, daß die großen Gesellschaften die Erdgassuche in der Hoffnung aufnahmen, sie könnten sich später — nach dem Vorbild der *Gasunie* — am Erdgasvertrieb beteiligen. 1964 wurde aber mit der Wahl der Labour-Regierung jede Lockerung des Monopols indiskutabel, und die Ölgesellschaften müssen nun ihr Erdgas an den Gas Council verkaufen, der kein Hehl daraus macht, es als Konkurrenz gegen das Erdöl zu verwenden.

Bei jeder Verhandlung will der Käufer natürlich einen niedrigen Preis und der Verkäufer einen hohen erzielen. Doch bei den Verhandlungen zwischen dem Gas Council und den Ölgesellschaften stand weit mehr auf dem Spiel. In der gesamten internationalen Ölindustrie erzielen die Gesellschaften bei der Förderung hohe Gewinne, die zur Finanzierung der Investitionen in anschließenden Arbeitsbereichen wie Verarbeitung, Transport und Vertrieb verwendet werden. Die aus ertragreichen Bohrungen erzielten Gewinne müssen auch die Verluste aus den viel häufigeren erfolglosen Bohrungen ausgleichen. Dieses Prinzip wandten die Ölgesellschaften — wie überall woanders — auch in der Nordsee an, und es ist daher nicht verwunderlich, daß ihre Vorstellung von einem gerechten Preis wesentlich höher lag als die der britischen Regierung oder des Gas Council. Bei Beginn der Verhandlungen dachten die Gesellschaften an mehr als vier Penny je Wärmeeinheit, der Gas Council wollte nicht einmal zwei Penny bezahlen. Inzwischen haben sich ein Konsortium aus mehreren Ölgesellschaften und der Gas Council auf einen Preis von 2,8 Penny je Wärmeeinheit geeinigt.

Von dem Augenblick an, wo das Erdgas die Küste erreicht, hat der Gas Council in Großbritannien für alle folgenden Investitionen zu sorgen. Obwohl er sich das Prinzip zu eigen gemacht hat, den Erdgasförderern einen gerechten Preis zu zahlen, besteht sein Hauptinteresse darin, die Gewinne des gesamten Unternehmens eher in den Vertrieb als in die Förderung zu verlagern, um den Bau neuer Gasleitungen zu finanzieren. Beide Seiten gehen also von völlig verschiedenen Standpunkten an das Problem heran.

Ein anderes Problem der Ölgesellschaften ist die Schwierigkeit, bei der Berechnung der Preise für Erdöl und Erdgas die örtlichen Verhältnisse in Betracht zu ziehen. Ihre Bilanzen werden auf internationaler Grundlage ohne Rücksicht auf nationale Grenzen erstellt, und sie wissen, daß Zugeständnisse an einem Ort immer anderswo ausgeglichen werden. Die Erdgasfunde der *Shell* und der *Standard Oil Co. (N. J.)* in der Nordsee waren relativ gering — schätzungsweise ein Achtel der Erdgasreserven von Groningen —, und es war für sie von größter Bedeutung, daß der Vertrag mit dem Gas Council nichts enthalte, was die einträglichen Preise des Groninger Erdgases gefährde. Diese sind vertraglich auf 4,1 Penny je Wärmeeinheit für die niederländischen Kommunalbehörden festgesetzt; der Exportpreis beträgt durchschnittlich 3,6 Penny, und der Preis ab Bohrung liegt bei 2,6 Penny. Es war zwar nie davon die Rede, britisches Erdgas aus der Nordsee auf dem Kontinent im Wettbewerb mit dem niederländischen Erdgas anzubieten, aber die Ölgesellschaften waren sich bewußt, daß bei einem wesentlich niedrigen Preis für den Gas Council die deutschen, belgischen und französischen Abnehmer eine Revision ihrer Verträge über den Import von niederländischem Erdgas fordern könnten.

In den erdölfördernden Ländern gibt es alle diese komplizierten Probleme nicht. Die einheimischen Regierungen übernehmen durch ihre staatlichen Ölfirmen selbst die Ausbeute der Erdgaslager. Sie haben die Absicht, mittels des Erdgases neue Industrien in ihre Länder zu ziehen und ihre Wirtschaft auf mehr als nur ein Bein zu stellen. Bevor sie zusehen, wie das Erdgas sich in Rauch auflöst, sind sie bereit, es zu Schleuderpreisen an industrielle Verbraucher zu verkaufen, die es als Brennstoff oder als chemischen Rohstoff verwenden. Im Iran, in Kuweit und Saudi-Arabien wurden bereits Düngemittelfabriken errichtet, und der nächste Schritt wird die Schaffung voll ausgebauter chemischer Industrien sein.[100] Dieses Ziel wird allerdings schwieriger zu erreichen sein, als sich manche vorstellen. In den Industrieländern ist die chemische Industrie ihr eigener bester Kunde; Chemiewerke werden nie isoliert aufgestellt, sondern immer in Gesellschaft anderer, so daß sie Rohstoffe und Endprodukte untereinander austauschen können.

Doch so groß die Schwierigkeiten auch sein mögen, die Tendenz ist ermutigend. Die große Verschwendung hat endlich ihr Ende gefunden.

22. Kapitel
Kartell oder Wettbewerb?

> Ölleute sind wie Katzen. Wenn man ihnen zuhört, weiß man nie, ob sie sich raufen oder lieben.
>
> *Caloust Gulbenkian*

Ein sorgfältig organisiertes Kartell, geleitet durch ein verwickeltes System ineinandergreifender Leitungsmechanismen und mit Argusaugen überwacht von hartgesottenen kosmopolitischen Geschäftsleuten aus London, New York und Den Haag — ist das tatsächlich die Art, in der die internationale Erdölindustrie hinter den Fassaden der Firmennamen und des ständigen Markenwettbewerbs funktioniert? Oder ist die internationale Erdölindustrie Musterbeispiel eines kapitalistischen Systems, in dem über Ländergrenzen hinausgreifende Organisationen ständig um die internationalen Märkte kämpfen, sich nicht um das öffentliche Interesse scheren und die Rechte der Regierungen mit Füßen treten?

Seit den Zeiten John D. Rockefellers bestimmen diese beiden Ansichten das Bild der internationalen Erdölindustrie in der öffentlichen Meinung fast aller Länder. So ist es kein Wunder, daß jedesmal, wenn dieser Industriezweig in der Presse erwähnt wird, die Begriffe „Kartell“ und „Preiskrieg“ auftauchen und häufig gleichzeitig verwendet werden. Das Mißtrauen der Öffentlichkeit gegen Motive und Verhalten der Erdölindustrie ist eben immer noch so groß, daß Politiker und Journalisten jede auch noch so übertriebene Ansicht darüber äußern oder schreiben können, ohne daß ihnen widersprochen wird. Dieses — wie man zugeben muß — auf mehr als überholten Tatsachen beruhende Mißtrauen macht es im Verein mit der gewaltigen Größe und dem internationalen Gefüge der Erdölindustrie äußerst schwer, die Ölgesellschaften unter den heutigen Bedingungen objektiv zu beurteilen.

Zwei Grundmotive vor allem bestimmen die Handlungsweise der Ölgesellschaften: Sie wollen Geld verdienen, und sie wollen als Organisation überleben. So sagte mir einmal Dave Shephard, seinerzeit Mitglied des Vorstandes der *Standard Oil Company (N. J.)*, als ich ihn fragte, was er als Hauptzweck und größte Errungenschaft seines Unternehmens ansehe: „Hauptzweck der *Jersey* ist es, den Wert des angelegten Kapitals ihrer Aktionäre zu vergrößern. Die größte Leistung der *Jersey* ist, daß sie bei einem so großen und so rasch wachsenden Markt so lange ihre Stellung halten konnte."

Ölgesellschaften sind keine philanthropischen Organisationen, und sie sind meist auch keine Handlanger der Politik ihrer Regierungen. Sie sind unabhängige Konzerne, die versuchen, Geld zu verdienen. Dieser nüchterne, prosaische Daseinszweck schwebt ihren Vorständen stets vor Augen, wenn sie ihre Geschäftspolitik festlegen, und nicht akademische Theorien wie „freier Wettbewerb", „Wettbewerb nach Methode", „Wettbewerb im Oligopol". Die entscheidenden Fragen für die Ölgesellschaften lauten: Welchen Preis läßt der Markt zu? und: Was ist auf lange Sicht unser Interesse? Die Antwort darauf kann einmal lauten: Preissenkungen, ein anderes Mal: Zusammenarbeit. Die Ölgesellschaften wenden beide Taktiken gleichzeitig an, je nach der Marktlage und den unterschiedlichen örtlichen Verhältnissen.

Ziel und Aufgabe eines kommerziellen Unternehmens ist es, Geld zu verdienen. Diese einfache Tatsache kann nicht stark genug betont werden. Einmal, weil dies die Handlungsweise der Ölgesellschaften besser erklärt als alle nationalökonomischen Theorien; zum anderen, weil man außerhalb der Vereinigten Staaten diese nackte Wahrheit kaum je zugibt. In den USA freilich kommt kein Redner ohne den schon rituellen Hinweis auf die Vorzüge der freien Marktwirtschaft aus, und ein Unternehmer, der hohe Gewinne erzielt, kann sich des Beifalls der Öffentlichkeit sicher sein. In den meisten europäischen Staaten und in den Entwicklungsländern hingegen reagiert die öffentliche Meinung ganz anders. Das freie Eingeständnis, einen Gewinn erzielen zu wollen, stößt hier auf Mißtrauen. Ein kluger Unternehmer wird daher eher die Leistungen seiner Firma für die Allgemeinheit herausstellen, oder er betont den Prestigegewinn, den der Staat aus der Tätigkeit seines Unternehmens zieht. Das wieder hat zur Folge, daß kommerzielle Unternehmungen oft nach ganz anderen, ihnen wesensfremden Kriterien beurteilt werden — gleichsam wie ein Mohammedaner in einem katholischen Beichtstuhl.

Das Ausmaß von Wettbewerb oder Zusammenarbeit zwischen den Ölgesellschaften in einem bestimmten Land oder in einer gegebenen Lage ist natürlich durch die jeweiligen Umstände bedingt. Aber ebenso wie die Entscheidungen einer neuen Regierung in hohem Maße durch die Politik ihrer Vorgänger, durch die wirtschaftliche Lage und die internationale Stellung des betreffenden Landes bestimmt werden, können auch die Leiter der einzelnen Ölgesellschaften nicht ohne weiteres Entscheidungen ihrer Vorgänger ignorieren. Da die führenden Ölgesellschaften nun alle bereits einige Generationen alt sind, fühlen sie sich unvermeidlich durch zahlreiche Verpflichtungen aus der Vergangenheit gebunden, die sie am liebsten gar nicht erst eingegangen wären — von denen sie sich nun aber nicht abrupt befreien können.

So ist es zum Beispiel ganz klar, daß weder die *Shell* noch die *BP* unter den heutigen Umständen in Großbritannien eine gemeinsame Verkaufsgesellschaft — die *Shell-Mex and BP* — zum Vertrieb ihrer Erzeugnisse ins Leben rufen würden. Ebenso anachronistisch erscheinen einige der im Nahen Osten tätigen Fördergesellschaften. Trotzdem aber gibt es diese Unternehmen, und es würde der Mühe nicht wert sein, sie zu entflechten.

Die Vergangenheit beeinflußt die Gegenwart aber auch noch auf eine andere, kaum merkliche Weise. Die Männer, die heute an der Spitze der Ölgesellschaften stehen, sind alle zwischen 45 und 65 Jahre alt. Meist haben sie ihr ganzes Arbeitsleben im Dienst der Ölindustrie verbracht. Sie sind alle in einer sehr ähnlichen Atmosphäre groß geworden. Denn trotz aller Unterschiede zwischen den einzelnen Gesellschaften bleiben die Probleme der Ölsuche, der Verarbeitung, des Vertriebs, der Beziehungen zu den Regierungen überall gleich. Wenn nun mehrere Ölgesellschaften in einem bestimmten Fall vor einer Entscheidung stehen, so ist es nicht verwunderlich, wenn sie oft zu denselben oder sehr ähnlichen Ergebnissen kommen, denn im Grunde verfolgen sie alle die gleiche Politik.

Zu solchen scheinbar einmütigen Entscheidungen bedarf es keines heimlichen Einverständnisses; dieses wird überall eintreten, wo sich vernünftige Männer mit vergleichbarer Ausbildung und Erfahrung ähnlichen Problemen gegenübersehen.

Sir Denning Pearson, Vorstandsvorsitzer von Rolls Royce, sagte einmal: „Die von Rolls und Pratt and Whitney entwickelten Triebwerke würden kaum Unterschiede aufweisen, wenn sie nach denselben detaillierten Spezifikationen eines Flugzeugbauers entwickelt werden würden.“ [101] Sir Denning hätte fortfahren können: „Sie müssen auch in etwa zu dem gleichen Preis verkauft werden, da ein teureres Modell keinen Käufer finden würde."

In der Erdölindustrie gibt es weniger Spielraum für unterschiedliche Preise gleicher Erzeugnisse als in fast allen übrigen Industriezweigen. Alle Ölgesellschaften müssen ungefähr die gleichen Grundkosten aufwenden, um ihr Öl auf den Markt zu bringen, und dort müssen sie es zu einem mehr oder weniger gleichen Preis anbieten, wenn sie Käufer finden wollen. Senkt ein Unternehmen beispielsweise seinen Benzinpreis um 1,5 Pfennig je Liter, so müssen die anderen folgen oder einen Absatzrückgang hinnehmen; denn der Gesamtverbrauch von Benzin läßt sich durch Preissenkungen nicht wesentlich erhöhen. In der Sprache der Volkswirte heißt das: „Mineralölprodukte sind wenig preiselastisch." Oder anders: „Drastische Preisänderungen, nach oben oder nach unten, führen nicht zu einem entsprechenden Sinken oder Steigen des gesamten Verbrauchs." Diese Tatsache ist auch der Grund dafür, daß Steuern auf Mineralölprodukte eine bei allen Regierungen beliebte Einnahmequelle sind.

Für keine Ölgesellschaft gibt es also hinreichende Beweggründe, die bestehende Preisstruktur über den Haufen zu werfen. Diese Situation gleicht der Machtpolitik im 19. Jahrhundert. Damals betrachtete man den Krieg als Fortsetzung der Politik mit anderen Mitteln. Es kommt manchmal zwar zu bösartigen Preiskriegen, weil ein Unternehmen, sozusagen gewaltsam, einen besonderen Vorteil erringen will oder nach einem größeren Marktanteil trachtet. Doch die anderen Unternehmen kapitulieren nicht, sondern beteiligen sich an diesem Krieg, so daß der „Aggressor" nur selten seinen Wunsch in Erfüllung gehen sieht. Auf lange Sicht leiden alle Wettbewerber unter solchen Preiskriegen, wenn die Preise in einem großen Absatzbereich zu stark fallen. Dann liegt es schließlich im Interesse aller, wieder eine dauerhafte Ordnung herzustellen.

Unter diesen Umständen ist es für die Geschäftsleitungen meistens weitaus vorteilhafter, sich auf Kostensenkungen und den Aufbau eines schlagkräftigen Vertriebsnetzes zu konzentrieren, um sich auf diese Weise den Zugang zu einer möglichst großen Anzahl potentieller Abnehmer zu sichern. Denn wie niedrig der Preis des Benzins auch sein mag — ohne Tankstellen kann man keine nennenswerten Umsätze erzielen; und niemand wird Heizöl kaufen, wenn es ihm nicht ins Haus geliefert wird. Letzten Endes wird immer die Gesellschaft mit dem besten Vertriebsnetz auch die höchsten Umsatzzahlen und damit die besten Aussichten auf hohe Gewinne haben. Mehr als in jedem anderen Industriezweig hängt in der Ölindustrie die Höhe der

Kosten je Einheit von der Menge ab. Je größer der Rohöldurchsatz ist, desto geringer sind die Verarbeitungskosten je Einheit einer Raffinerie, und je größer ein Tanker, eine Pipeline oder eine Tankstelle ist, desto geringer sind die Kosten je transportierte Tonne oder je verkauftem Liter Benzin. „Gewinn ist unser Ziel — der große Umsatz ist das Mittel, es zu erreichen!“ So ein Prospekt der amerikanischen *Sunray DX Company.*

Die Suche nach immer größerem Umsatz bei steter Senkung der Kosten zwingt die Geschäftsleitungen der Ölgesellschaften dazu, immer wieder nach neuen Wegen für die Verwendung ihrer Erzeugnisse zu suchen. Ein entscheidender Faktor von John D. Rockefellers frühen Erfolgen war die Fähigkeit Sam Andrews', des Leiters der Raffinerie, Verwendungsmöglichkeiten für alles zu finden, was die Verarbeitungsanlagen produzierten, statt einen Teil der Produktion als Abfall zu vernichten. Heute werden die Ölgesellschaften durch den Wunsch, Verschwendung zu verhüten und eine bessere Verzinsung des eingesetzten Kapitals zu erzielen, infolge der Vielzahl der aus Rohöl erzeugten Produkte in die chemische Industrie getrieben.

Unter diesen Umständen ist es unmöglich, eine klare Auskunft darüber zu geben, in welchem Umfang sich Ölgesellschaften gegenseitig Konkurrenz machen. Ohne Zweifel wird ein „Newcomer“ — wie zum Beispiel Enrico Matteis *ENI* — von keinem anderen Unternehmen geschont. Setzt sich der „Newcomer“ jedoch durch, erobert er sich eine Marktposition, so wird man ihn nach einiger Zeit auffordern, sich an gemeinsamen Unternehmungen — wie Erdöl- und Erdgaserschließung, Pipelines oder Raffinerien — zu beteiligen. Plötzlich wird sich dann also der „Newcomer“ durch verschiedene Abkommen mit seinen Konkurrenten verbunden sehen. Drastisch schildert diese Entwicklung Leonard McCollum von der *Continental Oil Company:* „Wenn man neu in den Markt stößt, ist man ein Schurke. Bleibt man auf dem Markt, wird man Mitglied des Klubs!“[102] Solche Vorgänge werden immer wieder den Gedanken an das große Ölkartell wachrufen. Doch ein annäherndes Verständnis für die tatsächliche Arbeitsweise der Ölindustrie läßt sich nur durch eine Analyse der Beziehungen erreichen, durch die die einzelnen Unternehmen miteinander verbunden sind.

Praktisch arbeitet jede international tätige Ölgesellschaft auf irgendeiner Stufe mit einem ihrer Konkurrenten in einem gemeinsamen Unternehmen zusammen, und die meisten Ölgesellschaften sind an mehreren solchen Unternehmungen beteiligt. Aus verschiedenen historischen Gründen, die bereits behandelt wurden, ist der Nahe

Osten das Gebiet, in dem solche Gemeinschaftsunternehmen den größten Umfang angenommen haben. Die wichtigsten Fördergesellschaften befinden sich dort alle in gemeinsamem Besitz.

DIE BESITZVERHÄLTNISSE IM NAHEN OSTEN

Iraq Petroleum Company (IPC)	%
British Petroleum	23 3/4
Compagnie Française des Pétroles	23 3/4
Near East Development Corporation (Standard Oil Co. [N. J.], Mobil Oil)	23 3/4
Shell	23 3/4
Participation and Explorations Corporation (Gulbenkian-Anteile)	5
Iranian Oil Participants (IOP)	
British Petroleum	40
Shell	14
Gulf Oil	7
Mobil Oil	7
Standard Oil Co. (N. J.)	7
Standard Oil of California	7
Texaco	7
Compagnie Française des Pétroles	6
Iricon	5
Aramco (Arabian American Oil Company)	
Standard Oil Co. (N. J.)	30
Standard Oil of California	30
Texaco	30
Mobil Oil	10
Kuwait Oil Company (KOC)	
British Petroleum	50
Gulf Oil	50

In den neueren Konzessionsgebieten ziehen es die Ölgesellschaften oft vor, allein zu arbeiten. Sie wollen so die lästigen Beratungen vermeiden, die das notwendige Vorspiel zu allen wichtigen Entscheidungen bei den Nahostkonzessionen sind. Aber Kosten und Risiko der Ölsuche sind so groß, daß immer noch Partnerschaften eingegangen werden. „Das ist eine Frage der Wirtschaftlichkeit. An gemeinsamen Unternehmungen nimmt man teil, um die Rentabilität des in die Ölsuche gesteckten Kapitals möglichst zu sichern",[103] erklärte Glen Burroughs, Leiter der Ölsuche bei der *Sunray DX Co.* Das gilt auch für die größten Ölgesellschaften.

Dieselben Überlegungen lagen auch der Zusammenarbeit bei den großen Pipelines zugrunde, die in den letzten Jahren in Europa verlegt worden sind. Die folgenden Pipeline-Gesellschaften mögen als Beispiel dienen.

PIPELINES VOM MITTELMEER NACH MITTELEUROPA

Pipeline	Beteiligte Gesellschaften in %	
Société du Pipeline Sud-Européen (SEPL) Lavera - Karlsruhe 780 km, Durchmesser 85 cm	*Standard Oil Co. (N. J.)*	28,0
	Shell Petroleum N. V.	11,6
	Shell Berre	11,6
	Compagnie Française des Pétroles	7,5
	Compagnie Française de Raffinage	7,5
	Antar Pétroles de l'Atlantique	4,0
	British Petroleum	4,0
	Deutsche Erdöl AG	4,0
	Société Française des Pétroles BP	4,0
	Gelsenberg Benzin AG	3,6
	Mobil Oil AG	3,6
	Mobil Oil Française	2,0
	Union Industrielle des Pétroles (UIP)	2,8
	Scholven-Chemie AG	2,4
	Wintershall AG	2,4
	Petrofina	1,0

Pipeline	Beteiligte Gesellschaften in %	
Transalpine Oelleitung GmbH (TAL) Triest - Ingolstadt 480 km, Durchmesser 100 cm	*Standard Oil Co. (N. J.)*	20,0
	Shell	15,0
	British Petroleum	14,0
	Mobil Oil Company	11,0
	AGIP	10,0
	Marathon Oil Company	7,0
	Gelsenberg Benzin AG	6,0
	Continental Oil Company	3,0
	Deutsche Erdöl AG	3,0
	Scholven-Chemie AG	3,0
	Texaco	3,0
	Wintershall AG	3,0
	Compagnie Française des Pétroles	2,0
Rhein-Donau Oelleitung GmbH (RDO) Ingolstadt - Karlsruhe 270 km, Durchmesser 70 cm	*Beteiligung wie bei TAL*	
Adria-Wien Pipeline (AWP) Plöckenpaß - Schwechat 400 km, z. Zt. noch in Bau	*Österreichische Mineralölverwaltung (ÖMV)*	51,0
	Mobil Oil Company	15,0
	Shell	15,0
	British Petroleum	8,0
	Standard Oil Co. (N. J.)	7,0
	Compagnie Française des Pétroles	4,0
Central European Line (CEL) Genua - Aigle - Ingolstadt 900 km, Durchmesser 30 bis 70 cm	*ENI*	100,0

Der Bau einer Pipeline kostet ein Vermögen — allein für die 480 Kilometer lange Ölleitung von Triest nach Ingolstadt mußten 770 Millionen DM aufgewendet werden —, und da sie meist mehrere Ölgesellschaften benutzen möchten, kommt man gewöhnlich überein, die Anteile nach der Höhe der vorgesehenen Transportmengen auszuhandeln, wobei in manchen Ländern auch noch politische Einflüsse eine nicht zu übersehende Rolle spielen.

Raffinerien in gemeinschaftlichem Besitz sind im Vergleich zu den gemeinsamen Förder- und Pipeline-Gesellschaften recht selten. Die meisten Unternehmen ziehen es vor, ihre Verarbeitungswerke selbst ganz zu besitzen. Anderseits geschieht es jedoch in Entwicklungsländern häufig, daß die Ölgesellschaften gezwungen werden, dort Raffinerien zu errichten, obwohl der Verbrauch des betreffenden Landes den Bau eines Mineralölverarbeitungswerkes aus wirtschaftlichen Gründen noch nicht sinnvoll macht. In solchen Fällen verbünden sich die betreffenden Ölgesellschaften, um die Lasten unter sich zu teilen. Die Anteile an der Gemeinschaftsraffinerie und die Menge des ihr zu liefernden Rohöls werden dann normalerweise nach dem Marktanteil der einzelnen Beteiligten ausgehandelt. In jüngster Zeit ist diese Praxis „behördlicher Überredung" auch in Europa spürbar geworden. So hat die britische Regierung bei der Vergabe der Konzessionen im britischen Nordseegebiet Ölgesellschaften, die sich um solche Konzessionen bewarben, aber in Großbritannien keine Raffinerie besaßen, ermuntert, dort Verarbeitungswerke zu bauen. Das hat die *Compagnie Française des Pétroles* und die *Petrofina* veranlaßt, eine Gemeinschaftsanlage zu errichten.

Auch um den Absatz ihres Rohöls zu sichern, haben manche Ölgesellschaften den Weg über Raffinerien in gemeinschaftlichem Besitz eingeschlagen.

Als zum Beispiel die *Marathon Oil Company* ihr in Libyen gefördertes Rohöl wegen der amerikanischen Importrestriktionen in den USA nicht mehr absetzen konnte, beteiligte sie sich in einigen europäischen Ländern am Betrieb oder Bau von Raffinerien, so zum Beispiel auch in der deutschen Bundesrepublik, wo sie zusammen mit der *Wintershall AG* eine Raffinerie betreibt. „Wir hoffen, daß sich diese Investitionen als gewinnbringend erweisen, vor allem aber sind wir am Absatz von Rohöl interessiert." — Das ist die Ansicht dieser Gesellschaft zu solchen Unternehmungen.

Beim Vertrieb ihrer Erzeugnisse ziehen die Ölgesellschaften nicht nur wegen der Kartellgesetze in den einzelnen Ländern selbständiges Handeln den Gemeinschaftsunternehmungen vor. Trotzdem hat es bis vor kurzem solche gemeinsamen Verkaufsgesellschaften gegeben. Im Fernen Osten und in Afrika vertrieben die *Standard Oil Co. (N. J.)* und die *Mobil Oil Co.* Produkte gemeinsam über die *Standard Vacuum Oil Co.* Dieses Unternehmen wurde 1962 zwischen den beiden Muttergesellschaften aufgeteilt. Die Zusammenarbeit der *Texaco* und der *Standard Oil Company of California* außerhalb der USA unter dem Namen *Caltex* endete im wesentlichen 1967. Aus den verschiedenen *Caltex*-Firmen wurden örtliche Tochtergesellschaften. Nur bei britischen Ölgesellschaften blieb diese Art der Zusammenarbeit noch bestehen. *Shell* und *Burmah Oil Company* arbeiten im Fernen Osten zusammen. In Afrika verkaufen *BP* und *Shell* ihre Produkte unter der *Shell*-Muschel. Das bemerkenswerteste Beispiel ist jedoch die bereits erwähnte *Shell-Mex and BP*, ein Unternehmen, das zu 60 Prozent der *Shell* und zu 40 Prozent der *BP* gehört und das mit seinen Marken *Shell, BP, National* und *Power* in Großbritannien einen Marktanteil von 45 Prozent besitzt. Ein ähnliches, aber etwas anders geartetes Beispiel ist die westdeutsche *Aral AG.* Dieses Unternehmen, dem auch die *Gasolin AG* gehört, besitzt das größte Tankstellennetz in der Bundesrepublik Deutschland. An ihm sind die *Gelsenberg Benzin AG*, die *Scholven-Chemie AG*, die *Wintershall AG*, die *Mobil Oil AG* sowie eine Gruppe von Zechenkokereien beteiligt. Die *Aral* dürfte eine der wenigen größeren Ölgesellschaften in der Welt sein, von der namhafte Anteile auch im Besitz des Kohlenbergbaus sind.

Die Verwaltung der zahlreichen gemeinsam betriebenen Fördergesellschaften erfordert selbstverständlich ein kompliziertes System ineinandergreifender Direktionen, und einige der führenden Vertreter der Ölindustrie verbringen einen großen Teil ihrer Zeit sozusagen damit, von einem Direktionszimmer ins andere zu wandern und sich dabei ständig zu begegnen. J. E. J. Duroc Dannier von der *Compagnie Française des Pétroles* ist im Direktorium der *Iraq Petroleum Company*, der *Iranian Oil Participants Ltd.* und der *Abu Dhabi Marine Areas Ltd.* tätig. Geoffrey Stockwell von der *BP* sitzt im Vorstand der *Iraq Petroleum Company*, der *Abu Dhabi Marine Areas Ltd.* und der *Kuwait Oil Co.* Amerikaner scheinen dagegen nicht so viele Posten zu bekleiden, obwohl Al Martin von der *Gulf Oil* mit seinen Sitzen in den Direktionen der *Iranian Oil Participants Ltd.* und der *Kuwait Oil Co.* sowie Brandon Grove von der *Mobil Oil Co.* als Vorstandsmitglied der *Iranian Oil Participants Ltd.* und der *Iraq Petroleum Co.* auch nicht über mangelnde Beschäftigung klagen können.

Theoretisch haben alle Gemeinschaftsunternehmen — was auch immer ihr Arbeitsbereich sein mag — reine Verwaltungsaufgaben. Die Entscheidungen werden immer von den Muttergesellschaften getroffen. Die Vorstände treffen sich nur, um die notwendigen Anweisungen zu geben und deren Ausführung zu überwachen. Daher tauschen sie formell keine Information über die Tätigkeit der Muttergesellschaften aus, und sie entwickeln keine Pläne, die über den Arbeitsbereich des betreffenden Gemeinschaftsunternehmens hinausgehen. Wann immer das Thema solcher Unternehmen aufgebracht wird, beeilt sich jeder in der Ölindustrie, festzustellen, daß diese Form der Zusammenarbeit dem Prinzip des freien Wettbewerbs in keiner Weise im Wege steht.

Zweifellos gehen die Satzungen, die die Tätigkeit der Gemeinschaftsunternehmen im Nahen Osten bestimmen, sehr ins Detail und lassen den Direktoren nur geringen Spielraum für Eigeninitiative; und obwohl jedes dieser Unternehmen andere Satzungen hat, dienen alle dem gleichen Ziel: Keiner der Beteiligten soll durch die Tätigkeit eines Gemeinschaftsunternehmens einen Vorteil im Wettbewerb mit seinen Partnern erhalten.

Das älteste Unternehmen dieser Art ist die *Iraq Petroleum Company (IPC)*, gegründet 1927 mit dem Auftrag, in ihrem Konzessionsgebiet Ölvorkommen zu erschließen und Öl zu fördern, ohne einen Gewinn zu erzielen; denn alle fiskalischen Abgaben, die sich aus dieser Tätigkeit und dem Erdölexport ergeben, werden von den Muttergesellschaften gezahlt. Sie stellen auch den Förderplan auf, wobei jeweils ein Jahr im voraus die zu fördernde Rohölmenge festgesetzt wird, also am 1. Januar 1968 das Förderziel für das Jahr 1969. Jeder der Teilhaber an der *IPC* hat das Recht auf die seiner Beteiligung entsprechende Rohölmenge aus der Gesamtförderung, die ihm zum Selbstkostenpreis zuzüglich eines kleinen Unkostenaufschlags von einem Shilling (rund —,50 DM) je Tonne zur Verfügung steht. Wenn sich im Laufe des Jahres der Bedarf eines oder mehrerer Teilhaber ändert, so kann zu Beginn jedes Quartals derjenige Teilhaber, dessen Rohölanteil einen Überschuß aufweist, diese Menge an einen oder mehrere andere Teilhaber zu einem Preis verkaufen, der ungefähr in der Mitte zwischen den Kosten und dem offiziellen Listenpreis liegt.

Das Gemeinschaftsunternehmen mit der höchsten Beteiligungszahl einschließlich der Mitglieder der *Iricon*-Gruppe ist die *Iranian Oil Participants Ltd.*, eine Organisation, die man gewöhnlich „das Konsortium" nennt. Alle am Konsortium Beteiligten kommen jedes

Frühjahr in Teheran zusammen, um die Förderpläne für das folgende Jahr festzulegen. Dabei wenden sie ein recht ungewöhnliches System an, bei dem jeder der Anwesenden schnell rechnen können muß. Zunächst gibt jede am Konsortium beteiligte Gesellschaft an, wieviel ihrer Meinung nach das Konsortium im zur Debatte stehenden Jahr fördern soll. Die von 70 Prozent der Beteiligten vorgeschlagene Fördermenge gilt als angenommen. Dann wird diese Menge dem Beteiligungsverhältnis entsprechend unter den Mitgliedern aufgeteilt. Kein Teilnehmer braucht jedoch mehr als 75 Prozent seines Anteils abzunehmen. Benötigt ein Teilhaber mehr Rohöl, als ihm zusteht, muß er es von den anderen Beteiligten, die ihre Quote nicht voll ausnutzen, zum Listenpreis kaufen.

Das der Zahl nach kleinste Gemeinschaftsunternehmen im Nahen Osten ist die *Kuwait Oil Company (KOC)*, an der die *British Petroleum* und die *Gulf Oil* je zur Hälfte beteiligt sind. Im Prinzip ist die *KOC* nur als Förderer tätig, wofür sie auch von den Muttergesellschaften bezahlt wird. Sobald sie Rohöl gefördert hat, gehört dieses den beiden Teilhabern, die der *KOC* je Tonne geförderten Rohöls einen Shilling zusätzlich zur Amortisierung der Förder- und Transporteinrichtungen zahlen.

Ganz anders ist es bei der *Arabian American Oil Company (Aramco)* in Saudi-Arabien, an der die *Standard Oil Co. (N. J.)*, die *Standard Oil of California*, die *Texaco* und die *Mobil Oil* beteiligt sind. Im Gegensatz zu den anderen Gemeinschaftsgesellschaften im Nahen Osten nämlich, deren Tätigkeit nicht auf die Erzielung eines Gewinns gerichtet ist, soll die *Aramco* für ihre Aktionäre Dividenden erwirtschaften. Deshalb verkauft sie das von ihr geförderte Rohöl zum Listenpreis an ihre Teilhaber, die von der *Aramco* soviel Rohöl abnehmen können, wie sie wollen, solange sie bereit sind, für die Menge auch einen geringen Aufschlag zu zahlen, wenn sie ihre durch das Beteiligungsverhältnis bestimmte Quote überschreiten.

Ergebnis dieser komplizierten Vereinbarungen ist es, daß die verschiedenen im Nahen Osten tätigen Ölgesellschaften die Ölförderung in diesem Gebiet als integriertes Ganzes betreiben. Sie stellen die einzelnen Förderpläne auf und bestimmen damit die Zuwachsraten in den einzelnen Ländern auf der Basis der Gesellschaftsinteressen. Das ist jedoch keineswegs ein harmonischer Vorgang. Dazu sind die Interessen der einzelnen Ölgesellschaften zu unterschiedlich. Manche sind ausschließlich an den Ölvorkommen im Nahen Osten beteiligt, andere verfügen auch über Öllagerstätten in Nordafrika, Nigeria oder anderen Gebieten. Die unterschiedlichen Beteiligungsverhältnisse bieten immer wieder Anlaß zu Meinungsverschiedenheiten. Die *Texaco* und die *Standard Oil of California* zum Beispiel sind außerhalb der USA nur durch ihre je dreißigprozentige Beteiligung an der *Aramco* und ihren je 7 Prozent umfassenden Anteil an der *Iranian Oil Participants Ltd.* an der Ölförderung beteiligt. Folglich wollen sie natürlich die Förderung in Saudi-Arabien möglichst rasch erhöhen. Die *Standard Oil Co. (N. J.)* dagegen, die fast in jedem nahöstlichen Land und in Nordafrika an Ölvorkommen beteiligt ist, möchte gern jedes Förderland gerecht am Förderzuwachs beteiligen, während die *Compagnie Française des Pétroles (CFP)* wieder Wert darauf legt, daß die Rohölförderung im Iran und im Irak besonders stark erhöht wird, da sich dort der Schwerpunkt ihrer Anteile befindet. Sobald jedoch die Streitigkeiten und das Aushandeln der verschiedenen Quoten beendet sind, können die Ölgesellschaften eine einheitliche Front bilden.

Genauso wie bei der Festsetzung der Fördermengen geht es auch bei den Verhandlungen mit den Regierungen über Konzessionsbedingungen und Betriebsverfahren zu. Zu Beginn jeder Auseinandersetzung gibt es immer einige Gesellschaften, die einen festen Standpunkt einnehmen wollen, während andere für eine elastische Verhandlungsführung eintreten. Oft verstreichen Wochen, bis nach langem Hin und Her zwischen London, Paris und New York eine gemeinsame Linie ausgearbeitet werden kann. Schließlich wird eine Abordnung zusammengestellt, die für alle Beteiligten die Angelegenheit regeln soll. Die Regierungen der ölfördernden Länder wissen daher, daß sie mit den großen Ölgesellschaften nur als Gruppe oder überhaupt nicht auskommen müssen, da es unmöglich ist, mit den Unternehmen einzeln zu verhandeln.

In den ölfördernden Ländern, in denen die Ölgesellschaften einzeln oder in kleinen Gruppen fördern, besitzen die Regierungen dagegen eine stärkere Stellung. Hier kann es vorkommen, daß eine Ölgesellschaft zur Wahrung ihrer Interessen mit der Regierung gegen ihre Konkurrenten zusammenarbeitet. Ein Beispiel dafür ist Libyen. Dort stifteten 1965 die großen Ölgesellschaften unter der Führung der *Standard Oil Co. (N. J.)* die Regierung dazu an, die Konzessionsverträge der *Oasis*-Gruppe — *Continental Oil*, *Marathon Oil* und *Amerada* — und anderer Unternehmen so zu ändern, daß sich die Kosten für diese Unternehmen erhöhten.

Damals unterschieden sich nämlich die Konzessionen in Libyen von denen im Nahen Osten dadurch, daß die in Libyen tätigen Ölgesellschaften ihre Steuern nicht nach dem Listenpreis berechnen mußten wie im Nahen Osten, sondern nach dem Preis, zu dem das Rohöl tatsächlich verkauft worden war. Dieses System nützte der *Standard Oil Co. (N. J.)*, die in Libyen der größte Ölexporteur war, wenig. Da sie im Nahen Osten über größere Ölreserven als in Libyen verfügte, mußte sie bestrebt sein, zu verhindern, daß mit Hilfe des libyschen Öls die gesamte europäische Preisstruktur untergraben wurde, die sich aus dem Nahost-Listenpreissystem entwickelt hatte. Anderseits bescherte das libysche Besteuerungssystem anderen Unternehmen — und besonders der *Oasis*-Gruppe als zweitgrößtem Ölförderer — entscheidende Vorteile. Da jene Unternehmen am Nahostöl praktisch nicht beteiligt waren, brauchten sie auf die dortige Preisstruktur keine Rücksicht zu nehmen, konnten also ihr libysches Rohöl unbekümmert zu niedrigeren Preisen verkaufen und sich damit in Europa Marktanteile erobern. Besonders aggressiv ging die *Continental Oil Co.* vor. Sie verkaufte ihr Rohöl in Europa nicht nur an nichtintegrierte Raffinerien, sondern erwarb Tankstellennetze — *Jet* in Großbritannien, *Sopi* in der Bundesrepublik, *Seca* in Belgien — und unterbot die Benzinpreise der anderen Ölgesellschaften.

Anfangs konnten die großen Ölgesellschaften dieser Entwicklung nur wütend zusehen, denn die *Oasis*-Gruppe steigerte ihre Rohölexporte rasch und konnte die libysche Regierung überzeugen, daß dem Staat auf diese Weise mehr Steuern zuflössen, als wenn die *Oasis*-Gruppe weniger Rohöl zu höheren Preisen verkaufen würde. Das war für die Libyer das entscheidende Argument. Trotz des Drucks der übrigen Mitglieder der Organisation der ölexportierenden Länder *(OPEC)* gestattete die libysche Regierung den nicht integrierten Ölgesellschaften, ihr Rohöl zum Preise von 45 DM je Tonne zu verkaufen, obwohl die *Standard Oil Co. (N. J.)* für ihr Rohöl 60 DM je Tonne erzielte.

Schließlich erklärten die großen Ölgesellschaften sich Ende 1964 bereit, den Regierungen im Nahen Osten höhere Steuern zu bezahlen. Diese Regelung war von der *OPEC* im Namen aller ihrer Mitglieder, also auch Libyens, ausgehandelt worden. Dabei hatten sich die großen Ölgesellschaften verpflichtet, die neue Steuerberechnung in allen Mitgliedsländern der *OPEC* anzuwenden. Als sie nun der libyschen Regierung diese neue Regelung anboten, bestanden sie darauf, daß die Konzessionsbedingungen in Libyen an die im Nahen Osten angeglichen würden, das heißt, daß alle in Libyen tätigen Unternehmen gleich behandelt werden müßten. Mit anderen Worten, die großen Ölgesellschaften waren nicht bereit, höhere Zahlungen an

Libyen zu leisten, wenn dies nicht auch für alle anderen zuträfe. Für den Fall, daß die libysche Regierung immer noch Zweifel hegte, wie sie sich entscheiden sollte, legten Vertreter der *Standard Oil Co. (N. J.)* den Beamten Artikel aus europäischen und amerikanischen Zeitungen vor, in denen die Gewinne aufgezeigt wurden, die von den nichtintegrierten Ölgesellschaften durch ihre Preisunterbietungen erzielt worden waren. Dagegen führten die betroffenen Unternehmen unter der Führung der *Continental Oil Co.* ins Feld, daß man ihnen Gegenvorschläge gestatten solle, da sie nicht an den *OPEC*-Verhandlungen teilgenommen hätten. Das war jedoch vergeblich. Alle in Libyen tätigen Unternehmen mußten sich bis auf kleinere Ausnahmen dem Besteuerungssystem anschließen. Dieser Positionswechsel brachte dem libyschen Staat allein für 1964 Mehreinnahmen von 400 bis 500 Millionen DM.

Ein solches Paktieren einer Gruppe von Ölgesellschaften mit den Regierungen gegen eine andere, wie dies in Libyen der Fall war, kommt in dieser Form im Nahen Osten nicht vor. Trotzdem wäre es ein Irrtum, anzunehmen, daß alle beteiligten Ölgesellschaften stets in gleichem Maß begünstigt werden, wenn sie eine gemeinsame Linie verfolgen. Wie so oft sind auch hier manche Unternehmen „gleicher als die anderen". Ein Beispiel dafür war 1966 die Auseinandersetzung des Schah mit dem Konsortium. Nach Ansicht des Schah wurde sein Land im Vergleich mit den arabischen Staaten ungerecht behandelt. Er wies darauf hin, daß die Bevölkerung des Iran viel größer sei als die der Nachbarländer. Deshalb forderte er für den Iran ein schnelleres Wachstum der Erdölförderung. Das Konsortium sollte den jährlichen Förderzuwachs von 12 auf 17,5 Prozent erhöhen und die Ölproduktion bis 1970 verdoppeln.

Die Ölgesellschaften stehen dem Schah sehr wohlwollend gegenüber. Sie bewundern seine Anstrengungen zur Modernisierung des Iran, der die stabilste Regierung im Nahen Osten besitzt. Deshalb vermieden beide Seiten jedes Aufsehen, und eine Delegation des Konsortiums, die Ende November 1966 in Teheran eintraf, versuchte einen Weg zu finden, auf dem sich die Einnahmen des Iran aus dem Ölexport vergrößern ließen, ohne daß deshalb mehr Öl gefördert werden mußte. Schließlich fand man ein Kompromiß. In einem Vertrag gab das Konsortium einen Teil seines Konzessionsgebietes auf und überließ der *National Iranian Oil Company (NIOC)* Rohöl zu günstigen Bedingungen für den Export nach Osteuropa.

Offiziell hieß es damals, das Konsortium könne für eine erhöhte Förderung keinen Absatz finden. Für Außenstehende war diese

Lösung wieder ein Fall, in dem sich die Ölgesellschaften auf einer gemeinsamen Linie zusammengefunden hatten. Das war jedoch nur scheinbar richtig. Wenn es auch einigen Unternehmen tatsächlich schwergefallen wäre, für eine erhöhte Ölförderung im Iran neue Märkte zu finden, so gab es doch andere Gesellschaften wie die *Mobil Oil* und die in der *Iricon*-Gruppe zusammengeschlossenen Firmen, die ständig auf eine rasche Erhöhung der Ölförderung im Iran drängten und die eine zusätzliche Ölausbeute begrüßt hätten.

Gäbe es tatsächlich ein Ölkartell, hätte man diese verschiedenen Auffassungen leicht unter einen Hut bringen können. In einem solchen Fall hätten es die Mitglieder des Konsortiums bestimmt vorgezogen, die zusätzliche Förderung zu übernehmen und nach einem geheimen Schlüssel unter sich aufzuteilen, anstatt einem „Außenseiter" wie der *NIOC* das Eindringen in das Konzessionsgebiet des Konsortiums zu ermöglichen. Ein funktionierendes Kartell hätte sich auf solche Bedingungen niemals eingelassen.

Mitglieder eines funktionierenden Kartells würden auch bei der Vergabe neuer Ölkonzessionen nie gegeneinander bieten. Aber gerade das tun die Ölgesellschaften, wenn ein aussichtsreiches Gebiet zur Erschließung angeboten wird. In solchen Fällen sind die engen Verbindungen der einzelnen Ölgesellschaften in bereits bestehenden Konzessionsgebieten gegenstandslos. 1964 versuchten beispielsweise *Shell*, *Mobil Oil* und die *Compagnie Française des Pétroles (CFP)* im Küstengebiet des Iran Konzessionen zu erlangen. Die iranische Regierung wollte jenem Unternehmen bei der Vergabe der vielversprechendsten Gebiete den Vorzug geben, das der iranischen staatlichen Ölgesellschaft die höchste Beteiligung einräumte. *Mobil Oil* und *CFP* boten beide der *NIOC* eine Beteiligung in Höhe von 33,3 Prozent an, *Shell* dagegen in Höhe von 50 Prozent, obwohl sie wußte, daß dieses Vorgehen für sie zu Unannehmlichkeiten bei den Unternehmungen führen mußte, in denen sie gemeinsam mit anderen Ölgesellschaften zusammenarbeitet. Die *Shell* war jedoch bereit, ein solches Risiko auf sich zu nehmen, um eine neue Konzession zu erwerben. Was ihr auch gelang.

Wie bei dem Wettbewerb um Konzessionen treten auch beim Rohölabsatz die in der Förderung verbundenen Ölgesellschaften gegeneinander auf. Raffinerieunternehmen in Japan, staatliche Ölgesellschaften in Südamerika, die Vereinigte Arabische Republik und viele andere Länder schreiben zum Beispiel ihren jährlichen Ölbedarf aus. Dabei zeigt sich ganz klar der Wettbewerb innerhalb der Ölindustrie; denn ohne unterschiedliche Angebote würden die Abnehmer bei solchen langfristigen Abschlüssen einfach die gut eingeführten zuverlässigen Lieferanten berücksichtigen. Zwar sind bei solchen Ausschreibungen nichtintegrierte Ölgesellschaften und die Russen eifrige Anbieter, die interessantesten Angebote kommen aber oft von den großen Ölgesellschaften, die zwar häufig in einem Gemeinschaftsunternehmen Öl fördern, aber beim Absatz als scharfe Konkurrenten auftreten.

Bei dem Wettbewerb um solche Ausschreibungen handelt es sich meist um recht beträchtliche Mengen, und die dabei erzielten Preise haben bei dem Sinken der Rohölpreise in den letzten Jahren eine wichtige Rolle gespielt. Ein typisches Beispiel war die Ausschreibung der staatlichen brasilianischen *Petrobras* 1966. Für dieses Jahr konnte die *Petrobras* Nahostrohöl um 1,50 bis 2 DM je Tonne billiger erwerben als im Jahr davor. 1965 war die *BP* ihr Hauptlieferant gewesen. 1966 wurde sie durch *Shell*, *Gulf* und *Texaco* ausgeschaltet.

Bei solchen Ausschreibungen geht es jedoch nicht nur um den Preis. Kreditbedingungen und die Frage, in welcher Währung gezahlt werden soll, können ebenso ausschlaggebend sein. Normalerweise sind die Vertragsbedingungen solcher Abschlüsse streng geheim. Doch Anfang 1966 sickerten Einzelheiten an die Öffentlichkeit durch, als die ägyptische *General Petroleum Corporation* insgesamt 2,5 Millionen Tonnen Rohöl, 300.000 Tonnen schweres Heizöl, 100.000 Tonnen Dieselkraftstoff und 100.000 Tonnen Petroleum ausgeschrieben hatte.

Über die Angebote der einzelnen Gesellschaften berichtete später *Petroleum Intelligence Weekly*. Die *Shell* machte ein Angebot mit 120 Tagen Zahlungsziel, wobei der Rechnungsbetrag je zur Hälfte in Pfund Sterling und in ägyptischen Pfund gezahlt werden konnte. Die *Standard Oil Co. (N. J.)* gewährte nur 90 Tage Ziel, war aber bereit, 90 Prozent des Betrages in ägyptischen Pfund und nur 10 Prozent in Dollar anzunehmen. Beide Angebote waren günstiger als das der *Caltex* — kein Kredit und 30 Prozent der Summe in Dollar — oder das der *Mobil Oil* mit 60 Tagen Ziel und 100 Prozent der Zahlung in Dollar.

Während sich das Balgen um Konzessionsgebiete und Großlieferverträge nahezu unter Ausschluß der Öffentlichkeit abspielt, haben sich in den letzten Jahren direkt unter den Augen der europäischen und besonders der deutschen Ölverbraucher einige Wandlungen auf dem Erdölmarkt vollzogen, die deutlich zeigen, daß auch hier nicht mehr von einem funktionierenden Kartell gesprochen werden kann. Hunderte von Firmen verschiedenster Größe unterbieten heute in Westeuropa die großen Ölgesellschaften und untergraben so die bestehende Preisstruktur.

Eines der besten Beispiele hierfür ist der Mineralölmarkt in der Bundesrepublik Deutschland, da sich hier dank der weitgehend liberalen Wirtschaftspolitik der Bundesregierung der Wettbewerb freier entfalten konnte als in vielen anderen westeuropäischen Ländern. Doch zunächst ist festzustellen, daß die sogenannten „Freien Tankstellen“ oder „Unterpreistankstellen“ kein neues Element auf dem deutschen Benzinmarkt sind. Solche Tankstellen hat es schon immer gegeben, nur haben sie besonders in den letzten Jahren ihren Anteil am Benzinmarkt so stark ausgedehnt, daß die großen Ölgesellschaften nicht mehr länger tatenlos zusehen konnten.

Wenn eine Tonne Rohöl verarbeitet wird, entstehen daraus zwangsläufig viele verschiedene Erzeugnisse, von den leichten Gasen bis hin zum schweren Bitumen. Nun kann man das Verhältnis der einzelnen Erzeugnisse am Gesamtausstoß einer Raffinerie verändern, indem man ein für das gewünschte Ziel besonders geeignetes Rohöl wählt oder indem man bestimmte Verarbeitungsverfahren anwendet. Trotzdem kann aber der Ausstoß einer Raffinerie von einem oder mehreren Produkten immer noch größer sein als der Bedarf.

Bis in die zweite Hälfte der fünfziger Jahre entwickelte sich der westdeutsche Mineralölmarkt zwar sehr rasch, seine Bedarfsstruktur zwang jedoch die Raffinerien nicht zu einer ungewöhnlichen Überproduktion eines oder mehrerer Erzeugnisse. Hauptprodukte waren damals die Motorenkraftstoffe Benzin und Diesel. Da die Raffineriekapazität der großen Ölgesellschaften seinerzeit nicht ausreichte, um ihren Markt aus eigener Produktion zu versorgen, schlossen diese Unternehmen Verarbeitungsverträge mit den ehemaligen Hydrierwerken, die sich von der Benzinerzeugung aus Kohle auf die Benzingewinnung aus Rohöl umgestellt hatten. Die Masse der Raffinerieerzeugnisse erreichte also die Verbraucher über die Vertriebsnetze der vollintegrierten Ölgesellschaften, während der nichtintegrierte Handel auf Importe und gewisse überschüssige Spitzen zurückgriff. Rasch wachsende Nachfrage bei langsamer steigender Raffineriekapazität führte zu einem festen Preisniveau.

Diese Situation änderte sich Ende der fünfziger und Anfang der sechziger Jahre grundlegend, als sich leichtes und schweres Heizöl in der Bundesrepublik als neue bequeme und kostengünstige Energiequellen einen sprunghaft wachsenden Anteil am Markt zu erringen begannen. Sowohl die bestehenden Raffinerien der Ölgesellschaften als auch die ehemaligen Hydrierwerke, deren Schwergewicht bei der Benzingewinnung lag, konnten den neuen Bedarf weder der Menge noch der Zusammensetzung nach decken. Da man ferner schweres Heizöl von den meist an der Küste gelegenen Raffinerien nur unter hohen Kosten ins Binnenland transportieren konnte, gingen die Ölgesellschaften daran, im Binnenland neue Verarbeitungswerke zu errichten, die durch Pipelines mit Rohöl versorgt wurden. So entstanden im Rhein-Ruhr-Gebiet, am Oberrhein und in Bayern neue Raffineriezentren, deren Werke so angelegt waren, daß ihr Ausstoß der Bedarfsstruktur besser entsprach als der der alten Raffinerien und Hydrierwerke. Doch obwohl diese neuen Werke der Ölgesellschaften nun hauptsächlich Heizöle erzeugten, fiel auch bei ihnen immer noch eine gewisse Benzinmenge an. Um dieses Benzin über ihr eigenes Vertriebsnetz absetzen zu können, lösten die Ölgesellschaften mit wachsender eigener Raffineriekapazität ihre Verarbeitungsverträge mit den ehemaligen Hydrierwerken.

Bei dem ungemein rasch steigenden Verbrauch von Heizölen, der bei den leichten Heizölen sogar heute noch Importe erforderlich macht, war es für die Hydrierwerke nicht schwer, Absatz für ihre mittelschweren und schweren Erzeugnisse zu finden, zumal eine ganze Reihe dieser Werke traditionsgemäß mit dem Bergbau verbunden ist und deshalb über gute Beziehungen zum Brennstoffhandel verfügt. Für das Benzin dagegen stand solchen Mineralölverarbeitungswerken kein anderer Vertriebsweg zur Verfügung als der Großhandel.

Hier sahen einige tüchtige Unternehmer die Gelegenheit für ein einträgliches Geschäft. Durch den Kauf großer Mengen und den Abtransport des Benzins mit eigenen oder gemieteten Transportmitteln erreichten sie hohe Nachlässe von den Listenpreisen. Diese Rabatte gaben ihnen die Möglichkeit, ihr Benzin entweder über eigene Tankstellen billiger als die Tankstellen der großen Ölgesellschaften, der sogenannten Marken- oder Farbengesellschaften, zu verkaufen oder es auch über andere Händler allen Tankstellen, die nicht an die Markengesellschaften gebunden waren, billiger anzubieten als die Ölgesellschaften. Diese Entwicklung führte nach und nach dazu, daß sich die Ölgesellschaften aus diesem Geschäft mehr oder weniger zurückzogen; denn durch ein Eintreten in die Lieferbedingungen jener cleveren Unternehmer hätten sie ihren eigenen Tankstellen mit der Zeit das Wasser abgegraben.

Erschwerend kam noch hinzu, daß außer den ehemaligen Hydrierwerken, die über kein Absatznetz verfügten, nach der Entdeckung neuer großer Ölvorkommen in Libyen sich andere Unternehmen, die bisher auf dem deutschen Markt nicht vertreten gewesen waren, solche Absatzchancen nicht entgehen lassen wollten und daß dazu noch

Rohöl aus der Sowjetunion nach Westdeutschland strömte. Während die Russen nichtintegrierte Raffinerien mit billigen Rohölangeboten umwarben, versuchten die Besitzer der libyschen Ölvorkommen, sich durch den Kauf von Tankstellenketten, durch Beteiligung an Raffineriebauten deutscher Ölgesellschaften oder durch den Neubau eigener Mineralölverarbeitungswerke einen sicheren Platz auf dem attraktiven deutschen Ölmarkt zu erobern.

So beteiligte sich die *Continental Oil Co.* an der *DEA/Scholven Raffinerie* in Karlsruhe, errichtete die französische *Elf (UGP)* ein neues Mineralölverarbeitungswerk in Speyer. Das gleiche taten die belgische *Fina* in Duisburg und die damalige *Caltex* in Raunheim bei Frankfurt/Main. Die *Marathon Oil Co.* baute gemeinsam mit der *Wintershall AG* eine Raffinerie in Mannheim und später ein eigenes Werk in Burghausen. Die *Signal Oil Co.* beteiligte sich an den deutschen Firmen *Kleinholz* und *Mawag,* verkaufte aber kürzlich ihren Besitz an die *Occidental Oil Co.*, die in Libyen über große Ölvorkommen verfügt. Mehrere französische Firmen beteiligten sich zur Hälfte an der Raffinerie der Saarbergwerke in Klarenthal, die vorher die von dem Schweizer Preisbrecher Duttweiler ins Leben gerufene *Frisia* übernommen hatte. Und schließlich errichteten auch die ehemaligen Hydrierwerke allein oder zusammen mit alten Partnern neue Raffinerien, so daß das Angebot von Raffinerien, die nichtintegrierten Unternehmen gehörten, die also über keine oder nicht ausreichende eigene Vertriebsnetze verfügten, immer größer wurde.

Die großen Ölgesellschaften, die zwar auch im Raffineriebau nicht untätig waren, erkannten, daß ihr Anteil an künftigen Zuwachsraten in Gefahr war, wenn sie nicht rasch handelten. Anfang 1966 hatten nämlich die weißen Tankstellen fast 20 Prozent des deutschen Benzinmarktes erobert.

„Wenn der Dicke dünn ist, ist der Dünne schon tot", sagte einmal Chruschtschow. Nach dieser Devise handeln auch die großen Ölgesellschaften, wenn sie sich bedroht fühlen. Wie sehr sie auch Preiskriege verabscheuen, die Senkung der Gewinnspanne auf ein Niveau, wo nur noch dem Dicken Fleisch auf den Knochen bleibt, ist der schnellste Weg, die Wettbewerber in die Schranken zu verweisen. Keine andere Ölgesellschaft vertritt diesen Standpunkt konsequenter als die *Standard Oil Co. (N. J.),* die Muttergesellschaft der *Esso*-Organisation. 1966 und 1967 senkte sie überall in Europa die Benzinpreise an ihren rund 40.000 Tankstellen, zum Beispiel in Westdeutschland in mehreren Schritten bis zu 8 Pfennig je Liter an einzelnen Plätzen. Einige dieser Preissenkungen waren viel größer als andere große Ölgesellschaften als richtig angenommen hätten, aber sie hatten keine andere Wahl, als dem Beispiel der *Esso*-Tochtergesellschaften zu folgen, wenn sie ihren Marktanteil halten wollten. In Großbritannien kostete die Preissenkungswelle der Ölindustrie in einem Jahr umgerechnet mehr als 300 Millionen DM, und in Westdeutschland war der jährliche Mindererlös der Ölindustrie im Benzingeschäft ungefähr gleich hoch.

In normalen Zeiten ist der Preiswettbewerb für Benzin an den Tankstellen für die Ölindustrie tabu. Benzinkosten sind nämlich ein so geringer Bestandteil der Gesamtbetriebskosten eines Autos, daß eine Benzinpreissenkung praktisch nicht zu einer Ausweitung des gesamten Benzinverbrauchs führt. Also können weder die bereits am Markt tätigen noch die auf einen Markt kommenden Firmen bei einem Preiskrieg gewinnen. Tatsächlich sind die Investitionen für ein Unternehmen, das auf dem Benzinmarkt Fuß fassen will, so hoch (in einem hochentwickelten Industrieland wie Westdeutschland wahrscheinlich mindestens 200 Millionen DM, die sich über einige Jahre verteilen), daß die sogenannten „Newcomer" sich Preissenkungen eigentlich noch weniger leisten können als die übrigen schon am Markt tätigen Firmen.

In normalen Zeiten ist es also billiger und auch wirkungsvoller, die Wettbewerber möglichst am Erwerb von Absatzpunkten zu hindern. In den meisten Ländern ist es ohnehin nicht leicht, eine behördliche Genehmigung für den Bau von Tankstellen zu erhalten, und der Aufbau eines Vertriebsnetzes ist ein langer, mühevoller Weg, der strategisch wie ein Feldzug geplant werden muß. Zunächst wird gewöhnlich in einem neuen Gebiet ein größeres Lager als Brückenkopf geschaffen. Dann werden in seinem Umkreis durch Tankkraftwagen leicht zu erreichende Tankstellen erworben oder gebaut. Erst wenn dieses Gebiet gesichert ist und der dort erzielte Absatz eine gewisse Rendite aus den getätigten Investitionen erzielen läßt, kann es sich ein Unternehmen leisten, den nächsten Schritt zu tun.

Soweit es möglich ist, bevorzugen die Ölgesellschaften eigene Tankstellen, die sich durch Pächter betreiben lassen. So haben sie die beste Kontrolle über ihr Vertriebsnetz und können den Tankstellen ein bestimmtes Aussehen geben, das von den Autofahrern immer wieder erkannt wird. Dieses einheitliche Aussehen ist vor allem für weniger bekannte Marken wichtig, die in der Öffentlichkeit noch nicht so fest verankert sind wie *Shell* und *Esso*. Deshalb bestand auch Enrico Mattei darauf, daß die Tankstellen seiner *AGIP* immer eindrucksvoller aussahen als die ihrer Konkurrenten. Zwar wußten die Autofahrer, daß *AGIP*-Benzin nicht besser war als die anderen Marken, aber die Austattung der *AGIP*-Tankstellen gefiel ihnen und ließ sie die *AGIP* gegenüber anderen Marken bevorzugen. Diese oft als „Paläste“ geschilderten Tankstellen gaben der *AGIP* einen Ruf, den sie anders nie hätte erreichen können.

Für ein Tankstellengrundstück oder eine Tankstelle mit hohem Absatz und in aussichtsreicher Lage werden deshalb die Ölgesellschaften stets sozusagen hemmungslos bieten und den Preis in die Höhe treiben. Vor 15 Jahren galt zum Beispiel in Großbritannien die Faustregel, nach der 40 Liter Jahresabsatz eine Gesamtinvestition von etwa 10 DM erforderten. 1963 war das Verhältnis auf 10 DM für 20 Liter gesunken, und heute rechnet man nur noch mit 10 bis 15 Liter Jahresabsatz für 10 DM Investitionen.

Doch trotz des gewaltigen Aufwandes für das Tankstellennetz — in Westdeutschland beispielsweise 200.000 bis 250.000 DM pro neuer Tankstelle, was bei rund 46.000 Tankstellen in der Bundesrepublik einer Summe von rund 9 Milliarden DM entspräche —, trotz dieses Aufwandes also gehören die meisten Tankstellen nicht den Ölgesellschaften, sondern mittelständischen Gewerbetreibenden. Dieser in der Branche Tankstellenverwalter genannte Personenkreis hat mit den Markengesellschaften einen Agenturvertrag und verkauft Vergaser- und Dieselkraftstoff sowie Schmieröle im Namen und für Rechnung der betreffenden Ölgesellschaft, während Reifen, Batterien und Zubehör sowie Dienstleistungen auf eigene Rechnung verkauft oder ausgeführt werden.

Die Einnahmen der Tankstellenverwalter setzen sich aus den Provisionen — in Westdeutschland bis zu mehr als 9 Pfennig je Liter Benzin — und dem Erlös aus dem Zubehör- und Dienstleistungsgeschäft zusammen. Diese nach Warenwert ohne fiskalische Belastung recht hohe Provision der Tankstellenverwalter bietet eine weitere Möglichkeit zur Unterbietung durch die markenlosen Tankstellen. Da sich solche Stationen nämlich nur in Großstädten mit hoher Motorisierungsdichte ansiedeln, wo den Tankstellen ein hoher Absatz garantiert ist, können sie auch mit einer geringeren Gewinnspanne je Liter rechnen, ohne ernsthafte Einbußen zu erleiden. Gleichzeitig verzichten die markenlosen Tankstellen auch weitgehend auf Kundendienst und Wagenpflege. Dieser Umstand zusammen mit günstigen Einkaufspreisen erlaubt solchen Tankstellen Preisunterbietungen von Markentankstellen bis zu 11 Pfennig je Liter.

Diese Entwicklung war auch der Grund, warum die deutsche Tochter der *Standard Oil Co. (N. J.)* seit ihrer ersten Preissenkung im

Frühjahr 1966 es ihren Tankstellenpartnern gestattet, den Kunden einen zusätzlichen Rabatt von 1,5 Pfennig je Liter zu gewähren. Damit sollen die *Esso*-Tankwarte ihre Wettbewerbsfähigkeit steigern können. Das Rabattsystem stieß natürlich auf härtesten Widerstand der Tankstellenverbände, die es als kalten Krieg gegen die Provision bezeichneten. Trotzdem entschlossen sich mehr und mehr Markentankstellen, Rabattmarken auszugeben, und heute kann der Autofahrer wohl an der Hälfte aller Markentankstellen in der Bundesrepublik einen Rabatt erhalten.

Preis- und Rabattkriege an den Tankstellen sind jedoch Ausnahmesituationen. Der Wettbewerb wird immer dazu führen, daß nach kurzer Zeit die Preise an vergleichbaren Vertriebspunkten bei allen Markenbenzinen gleich sind. Die Leistungsfähigkeit einer Ölgesellschaft hängt also im wesentlichen von der Güte, der Wirtschaftlichkeit und der Größe ihres Vertriebsnetzes ab. Denn auch der Erfolg einer Werbekampagne, die die Begeisterung der Tankwarte wecken und den Marktanteil auf Kosten der Konkurrenten erhöhen soll, beruht in hohem Maße auf der Dichte des Tankstellennetzes. Auch hier haben die großen Ölgesellschaften einen Vorsprung. Ist ihre Werbung erfolgreich, so haben sie auch viele Tankstellen, zu denen die Kunden kommen können. Kleinere Ölgesellschaften dagegen haben es viel schwerer, da sich Autofahrer kaum die Mühe eines Extraweges machen, um ihre weit verstreuten Tankstellen zu finden.

Die erfolgreichsten Werbekampagnen sind für die Ölgesellschaften die, mit denen sie sich ein „Image" schaffen, das sie von den übrigen Konkurrenten deutlich abhebt. Eine der besten Kampagnen dieser Art war in den letzten Jahren der berühmte *Esso*-Tiger. Er wurde überall in der Welt als Symbol verwendet, und fast die gesamten Werbekosten, die sich in jedem Land auf mehrere Millionen DM beliefen, wurden auf dieses wilde Tier konzentriert. Ohne irgendeinen direkten Bezug auf das *Esso*-Benzin schuf der Tiger eine bemerkenswert gute Stimmung für diese Ölgesellschaft, und obwohl die Absatzzahlen streng geheimgehalten werden, kann man ohne weiteres annehmen, daß die Verkäufe der *Esso* etwa ein bis zwei Prozent stärker wuchsen, als es sonst der Fall gewesen wäre. Bei einem jährlichen Benzinabsatz von Millionen Tonnen zahlt sich das schon aus.

Beachtliche Erfolge kann man auf dem Benzinmarkt auch durch Gewinnspiele erreichen. Das hat die *Shell* mit ihrem Spiel „Mitgemacht — Bargeld lacht" 1966 in verschiedenen europäischen Ländern bewiesen. In Großbritannien ist der Benzinabsatz der *Shell* während des Höhepunktes der Spielzeit schätzungsweise um mehr als

100 Prozent über die Verkäufe des Vorjahres gestiegen. Der größte Teil dieses Zuwachses ging zwar nach Beendigung des Gewinnspiels wieder verloren, aber man hatte die Kosten der Kampagne mehr als hereingebracht. Andere Ölgesellschaften hatten mit solchen Spielen oder Verlosungen in einer Reihe von Ländern ähnliche Erfolge.

Die Ölindustrie liebt jedoch Gewinnspiele ebensowenig wie Preiskämpfe, denn ein durchschlagender Erfolg ist nur dann zu erzielen, wenn bloß eine oder zwei Gesellschaften solche Werbemaßnahmen ausführen. Da aber die übrigen Wettbewerber nicht tatenlos zusehen, sondern, der Not gehorchend, auch zu „spielen“ anfangen, sind am Ende die Werbemaßnahmen ebenso gleich wie die Preise, das heißt, der Absatz der einzelnen Unternehmen entwickelt sich genauso, wie es ohne Gewinnspiele oder Verlosungen der Fall gewesen wäre. Den Beweis dafür bot im Frühjahr 1968 Westdeutschland. Dort kündigte der größte Tankstellenkonzern, die *Aral*, ein Gewinnspiel an, die *Shell* kam ihm zuvor, wenige Tage später folgten *Esso* und *BP*, während weitere Unternehmen ähnliche Maßnahmen ankündigten. Also spielen fast alle am deutschen Benzinmarkt Beteiligten. Doch: „Wir alle verlieren dabei — nur nicht die Kundschaft“, wie ein Vertriebsfachmann sich ausdrückte.

Bei den Ölverbrauchern in der Industrie, die von den Ölgesellschaften große Brenn- und Schmierstoffmengen direkt abnehmen, braucht man solche Spiele und Possen nicht. Hier geht es nur um Qualität, Zuverlässigkeit und Geld. Oft erreicht man sein Ziel nur über Preiszugeständnisse. Für eine neue auf den Markt kommende Gesellschaft ist das der einzige Weg, sich eine Position zu verschaffen. Aber neben dem Preis spielt die Zuverlässigkeit und Leistungsfähigkeit eine ebenso ausschlaggebende Rolle. Das Unternehmen, das die beste Garantie für regelmäßige Lieferungen und die beste technische Beratung für die optimale Verwendung seiner Erzeugnisse bieten kann, wird seinen Konkurrenten immer den Rang ablaufen. Dafür muß das Unternehmen ein leistungsfähiges Vertriebsnetz und viele tüchtige Vertreter haben, die den bestehenden und den potentiellen Kunden die Erzeugnisse anbieten, Beschwerden entgegennehmen und mit Rat und Tat zur Seite stehen. Wenn diese nüchterne, unromantische Arbeit systematisch betrieben wird, ist die Position des betreffenden Unternehmens unerschütterlich.

Das Geheimnis des Erfolges in der internationalen Ölindustrie ist Größe und Organisation. Die Gesellschaft mit dem besten Zugang zu den Erdölreserven und mit einem umfassenden und leistungsfähigen Vertriebsnetz wird auf lange Sicht gewinnen. Nur die größten

Gesellschaften können den höchsten Rationalisierungsgrad erreichen. Nur sie können auch den schärfsten Wettbewerb durchstehen, weil sie wissen, daß sie das, was sie an einer Stelle verlieren, an anderer wieder gewinnen.

Wird eine Ölgesellschaft angegriffen, so schlägt sie selbstverständlich zurück. So fordern sich manchmal auch die Giganten untereinander heraus. Aber wie Staaten, die miteinander einen kalten Krieg führen, wissen auch die Ölgesellschaften, daß ein Kampf auf allen Kriegsschauplätzen niemandem nützt. Ein Kampf um fette Happen — einen umfangreicheren Rohöllieferverträg, eine aussichtsreiche Konzession oder einen Anteil auf dem verlockenden deutschen oder britischen Mineralölmarkt — kann sinnvoll sein. Aber jeder Sieg hat seinen Preis, und letzten Endes entscheidet über Sieg oder Niederlage die erzielte Rendite aus einer Investition oder der erlittene Verlust. Renditen zu erhöhen und Verluste zu vermeiden, das sind die Maßstäbe, nach denen die Ölgesellschaften vorgehen, ob sie nun zusammenarbeiten oder miteinander konkurrieren.

23. Kapitel
US-Erdölindustrie: Freiheit und Kontrolle

> Unter keinen Umständen möchte ich in der Landesverteidigung von einer so unzuverlässigen Versorgungsquelle wie dem Nahen Osten abhängig sein.
>
> *Jim C. Langdon*

Trotz ihrer kosmopolitischen Allüren und ihrer Mißachtung von Staatsgrenzen ist die internationale Ölindustrie noch immer vorwiegend eine amerikanische Domäne. Wo immer Ölleute zusammenkommen, dominiert in der Unterhaltung der Akzent von Texas, Louisiana, Oklahoma und der Universitäten der Ivy League.[104] Die USA prägen den spezifischen Charakter der Ölindustrie, bedingen ihre Haltung und sind verantwortlich für die meisten technologischen Neuerungen und Verkaufstricks. Ob es sich da um einen verbesserten Bohrmeißel oder ein neues Gewinnspiel handelt — es wird voraussichtlich zuerst in den USA ausprobiert und dann von den anderen Ländern übernommen werden.

Es gibt stichhaltige wirtschaftliche Gründe dafür. Die Ölindustrie ist in den USA entstanden, und die übrige Welt hat den Vorsprung nie mehr aufholen können. Fünf der „Sieben Schwestern" und die Mehrzahl der übrigen Ölgesellschaften sind amerikanisch. Die USA sind noch immer das wichtigste erdölfördernde und -verbrauchende Land der Welt. Sie haben bereits lange aufgehört, ein Ausfuhrland zu sein, und Ölförderung und Reserven im Nahen Osten sind insgesamt viel größer. Dennoch bleibt Amerika weiterhin die Grundlage für den Wohlstand der gesamten internationalen Ölindustrie. Der Anteil der USA beträgt etwa ein Fünftel der gesamten Förderung, über ein Viertel der Verarbeitung und etwa 35 Prozent des Ölverbrauchs der Erde.

So kommt es, daß die meisten für die Ölindustrie tätigen Spezialfirmen amerikanisch sind. Wenn eine britische Ölgesellschaft eine Bohrung in der Nordsee oder im Persischen Golf vornehmen will, wird sie ein amerikanisches Unternehmen wie die Santa Fé oder die International Drilling damit beauftragen. Fachleute anderer amerikanischer Spezialfirmen werden die seismischen Messungen durchführen und Rohrleitungen zur Küste legen. Engländer werden die Arbeiten leiten und die Rechnungen bezahlen, aber die meisten Männer an der Arbeitsstelle werden Amerikaner sein. Da sie lieber mit Ausrüstungen und Materialien arbeiten, mit denen sie bereits vertraut sind, wird man diese meistens aus Amerika beziehen.[105]

Wegen der beherrschenden Stellung der amerikanischen Organisationen in jeder Sparte der Ölwirtschaft werden viele führende Persönlichkeiten der Förderländer in den Vereinigten Staaten geschult. Intelligente junge Männer aus Venezuela und dem Nahen Osten hielten sich jahrelang an den Universitäten auf, um Recht, Chemie, Physik, Geologie und Volkswirtschaft zu studieren. Einige gehen nach Großbritannien, andere jetzt nach Frankreich und Italien, aber die meisten doch in die Vereinigten Staaten. So setzt sich der Strom der Verträge mit den amerikanischen Spezialfirmen fort — trotz der immer größeren Zahl staatlicher Ölgesellschaften in den Förderländern und der Gepflogenheit der international tätigen Ölgesellschaften, Einheimische in wichtige Posten aufsteigen zu lassen.

Trotz ihrer engen offiziellen und persönlichen Beziehungen zu der übrigen Welt haben die Vereinigten Staaten in der internationalen Ölindustrie eine eigenartig isolierte Stellung inne. Sie kann mit der Rolle der USA in der internationalen Politik zwischen den Weltkriegen verglichen werden. Damals liehen sie den Europäern Geld, nahmen am internationalen Handel teil und waren über den Aufstieg der Diktatoren besorgt. Aber sie lehnten es immer ab, dem Völkerbund beizutreten oder mit Frankreich und Großbritannien in der Finanz- oder Außenpolitik zusammenzuarbeiten.

So verhält es sich auch in der Ölwirtschaft. Ein starres System von Importbeschränkungen, gepaart mit inländischen Förderkontrollen und Preisstützungsmaßnahmen, schließt die USA von der übrigen Welt ab. Infolge der Importbeschränkungen können die amerikanischen Gesellschaften, obwohl sie den weitaus größten Anteil an den Weltölreserven besitzen, nur einen Bruchteil ihres Öls in ihr Land zurückbringen. Gleichzeitig haben die Maßnahmen, mit denen Bund und Einzelstaaten die einheimischen Ölförderer unterstützen und die binnenländische Preisstruktur aufrechterhalten, ohne viel auf wirtschaftliche Zweckmäßigkeit zu achten, die Vereinigten Staaten zu einer Oase angemessener Gewinne und relativ stabiler Handelsbedingungen in einer zunehmend desorganisierten Welt gemacht.

Außerhalb der Vereinigten Staaten gibt es keine eifrigeren Verfechter des freien Wettbewerbs als die großen amerikanischen Ölgesellschaften. Ihr Standpunkt wurde vom Vorstandsvorsitzenden der *Standard Oil Co. (N. J.)*, Michael Haider, in einer Rede vor dem Amerikanischen Klub in Paris im Oktober 1964 dargelegt: „Was wir fordern, ist ein im wesentlichen freier Energiemarkt, auf dem jede Energiequelle nach ihrem tatsächlichen wirtschaftlichen Wert konkurrieren kann. Das bedeutet ein möglichstes Mindestmaß an diskriminierenden Steuern, Zöllen, Quoten, Preisfestsetzungen oder anderen Beschränkungen des freien Wettbewerbs. Das heißt weiter: keine übertriebenen und unelastischen Schutzmaßnahmen für nicht wettbewerbsfähige Energieträger. Und es heißt auch: keine unwirtschaftliche Diskriminierung zugunsten einzelner Ölgesellschaften oder Fördergebiete." Diese bewundernswürdigen Ansichten sind jedoch nur für den Export bestimmt. In den Vereinigten Staaten akzeptieren die Ölgesellschaften eines der straffest reglementierten Wirtschaftssysteme der Welt.

Das Paradoxon ist sogar noch verwunderlicher, wenn man die sogenannten selbständigen Unternehmer in Betracht zieht — die Millionäre aus Texas und dem Südwesten, die eine der großen glanzvollen Legenden unserer Zeit geworden sind. Unter ihnen Haroldson Lafayette Hunt aus Dallas, den man für den heute reichsten Amerikaner hält und der den Großteil seiner Zeit damit zubringt, die Nation vor den Gefahren zu warnen, die ihr vom Obersten Gerichtshof, den Vereinten Nationen, der Bundesregierung und anderen Organisationen drohen, die die traditionelle amerikanische Lebensweise untergraben wollen. Theoretisch gibt es keine ergebeneren Verfechter der freien Marktwirtschaft als die Ölmillionäre und keine verbisseneren Gegner „sozialistischer" Kontrollen. In Wirklichkeit sind sie aber die größten Nutznießer eines Systems, in dem die Regierung absichtlich ihre Macht dazu gebraucht), in den Mechanismus des freien Marktes im Interesse der Ölförderer einzugreifen.

Die Grundlage der amerikanischen Ölpolitik ist die nationale Sicherheit. Die Regierung weiß, daß sie aus rein wirtschaftlichen Erwägungen weniger teures Inlandsöl fördern und größere Mengen billigeren Öls aus dem Nahen Osten und Venezuela einführen sollte, so wie sich Westeuropa von inländischer Kohle auf importiertes Erdöl umgestellt hat. Aber wie jeder große Staat will sie für ihre lebenswichtigen Materialien und Rohstoffe nicht vom Ausland abhängig sein. Erdöl und Erdgas zusammen decken mehr als drei Viertel des gesamten Energiebedarfes der USA und sind für die chemische Industrie ebenso wichtig. J. Cordell Moore, der Vorsitzende der Öleinfuhrbehörde, erklärte: „Außer Uran ist Erdöl vielleicht das wichtigste strategische Gut, das von den Vereinigten Staaten gebraucht wird."[106] Die Regierung glaubt, daß es in Kriegszeiten gefährlich wäre, von ausländischen Öllieferungen abhängig zu sein. Entweder würden die

DIE DECKUNG DES ENERGIEBEDARFS DER VEREINIGTEN STAATEN 1950 BIS 1970

	1950 %	1960 %	1965 %	1970 %
Erdöl	39,5	44,8	43,3	42,8
Erdgas	18,0	28,4	29,9	30,6
Kohle	37,8	23,2	22,9	22,5
Wasserkraft	4,7	3,6	3,8	3,6
Atomkraft	—	—	0,1	0,5

Förderländer, von denen die meisten der Sowjetunion viel näher gelegen sind als Nordamerika, ihr Öl nicht verkaufen wollen, oder die Russen mit ihrer großen U-Boot-Flotte würden seinen Transport in die USA zu verhindern wissen. Selbst in Friedenszeiten ist es riskant, sich ganz auf Importe zu verlassen, wie 1967 das Verkaufsembargo der Araberstaaten gegenüber Großbritannien und den USA zeigte.

Deshalb muß die heimische Ölindustrie geschützt werden. Es ist nur die Frage, wie. Alle unparteiischen Beobachter sehen die Notwendigkeit dieser Politik ein, aber viele glauben, daß die Art ihrer Durchführung ihren eigenen Zweck vereitelt und die freie Marktwirtschaft beeinträchtigt — ein Prinzip, das als Grundlage der amerikanischen Wirtschaft gilt. Nach Auffassung von Gilbert Burck, dem verdienstvollen Herausgeber der Zeitschrift „Fortune", haben die Vereinigten Staaten ein „staatlich geregeltes Kartell gegründet, das heute etwa zwischen 2 und 4 Milliarden Dollar jährlich verschwendet. Es trägt wenig zur nationalen Sicherheit bei und untergräbt die Wettbewerbskraft eines großen Energieträgers".[107] Nach Maurice Adelman vom Massachusetts Institute of Technology ist „der wahre Grund dafür, warum das System beibehalten wird, selbst wenn die Ölindustrie dadurch Schaden erleidet ... der, daß niedrigere Preise oder eine geringere Förderung Elend und Arbeitslosigkeit zur Folge hätten ... Die Nutznießer sind die kleineren heimischen Ölförderer, die Staaten und die Gemeinden, die Steuern einnehmen, die Empfänger von Förderzinsen und die örtlichen Zulieferer."[108] Diese Feststellungen sind der Schlüssel zum Verständnis der Ölpolitik der Vereinigten Staaten. Die Behörden müssen der Ölindustrie dieselbe Beachtung schenken wie die europäischen Regierungen ihren Bauern und anderen entschlossenen Interessentengruppen, die sich für das gesicherte Auskommen einer großen Wählergruppe einsetzen.

Die Struktur der Ölindustrie in den Vereinigten Staaten unterscheidet sich vollkommen von der in anderen Ländern. Auf den meisten europäischen und anderen Märkten wird die Ölindustrie von einigen großen Gesellschaften beherrscht, in deren Hand die meisten Ölreserven, Raffinerien und Absatzgebiete sind, während die kleineren Organisationen am Rande arbeiten. In den Vereinigten Staaten hingegen haben die kleinen Ölgesellschaften fast dieselbe Bedeutung und denselben Einfluß wie die großen. Die einen sind auf die anderen angewiesen.

Insgesamt sind es etwa zwanzig große Ölgesellschaften einschließlich aller großen internationalen — mit Ausnahme der *BP* und der *Compagnie Française des Pétroles* — und einiger Organisationen, die auf dem internationalen Ölmarkt gewöhnlich als die „Selbständigen" bezeichnet werden, wie *Continental Oil* und *Phillips Petroleum.* Außerdem gibt es 9000 selbständige Unternehmer, von den „50-Millionen-Männern"[109] wie Haroldson Lafayette Hunt, John Mecom aus Houston, James Abercrombie aus Fort Worth und Clint Murchison aus Dallas bis zu den Pionieren, die nichts anderes als das Hemd auf ihrem Leib besitzen. Wie in den meisten anderen Ländern kontrollieren auch in den USA die großen Ölgesellschaften viele Pipelines und Raffinerien und etwa 75 Prozent des Absatzes im Einzelhandel. Aber sie fördern nur die Hälfte des Öls. Das übrige kommt von den „Selbständigen". B. G. (Billy) Ryars, ein führender „Selbständiger", sagte einmal: „Wir würden ohne die großen Ölgesellschaften nicht existieren können. Sie kaufen uns unser Erdöl und Erdgas ab."[110]

Diese ungewöhnliche Situation bringt beiden Seiten Vorteile. Die großen Ölgesellschaften sind Aktiengesellschaften, die gewaltige Investitionsprogramme finanzieren und auf ihre Aktionäre Rücksicht nehmen müssen. Folglich gehen sie ungern größere Risken ein als unbedingt nötig. Die „Selbständigen" sind dazu mit Freuden bereit: sie übernehmen schätzungsweise 80 bis 85 Prozent der Aufschlußbohrungen oder Ölsuche auf eigene Kosten. Sie sind wie gewerbsmäßige Glücksspieler (übrigens war Hunt einer der besten Pokerspieler im Land), die ihr Geld in der Hoffnung riskieren, Öl zu finden, das sie entweder in der Lagerstätte oder ab Bohrtum an die Großen verkaufen können. Die großen Ölgesellschaften leisten zuweilen bedeutende finanzielle Zuhilfen, um die Untersuchung einer aussichtsreichen Formation zu finanzieren, und manchmal lassen sie auch einen „Selbständigen" auf ihren eigenen Konzessionen als Gegenleistung für einen Anteil am möglichen Ölfund bohren.

In ihren Heimatstaaten, vor allem in Texas, Louisiana und Oklahoma, sind die Ölleute mächtige Persönlichkeiten, die kein dortiger Politiker verärgern möchte. Sie können sich denn auch darauf verlassen, daß die Abgeordneten ihres Bundesstaates in Washington und — zu einem geringeren Grad — die der vielen anderen erdölfördernden Staaten ihre Interessen vertreten werden. Zusätzlich wenden sie regelmäßig große Summen für die Fonds des Präsidentschaftskandidaten auf. Hunt sagt zum Beispiel, daß er 1960 Lyndon B. Johnsons erfolglose Wahlkampagne mit 50.000 Dollar unterstützte. Weitere 10.000 Dollar wurden dafür aufgewendet, die Rede eines Baptistenpredigers, W. A. Criswell, im ganzen Lande zu verbreiten, nach der „die Wahl eines Katholiken zum Präsidenten das Ende der religiösen Freiheit in Amerika bedeuten würde".[111]

In ihren Bemühungen zum Schutz der heimischen Ölindustrie müssen Bund und Einzelstaaten sowohl den Interessen der „Selbständigen" als auch denen der großen Ölgesellschaften Rechnung tragen. Die Maßnahmen gehen in zwei bestimmte Richtungen. Erstens sollen die Preise auf einem angemessen hohen Niveau gehalten werden, und zweitens soll durch Steuerverordnungen ein dauernder Zufluß neuen Kapitals in die Ölindustrie gewährleistet werden. Beide sind integrierende Bestandteile der Usancen der amerikanischen Ölindustrie geworden.

Eine Kombination von Importkontrollen und einem System, das die Ölförderung auf die Menge beschränkt, die der Markt zum gegenwärtig herrschenden Preis aufnehmen kann, hält die Preise auf einem für internationale Maßstäbe hohen Niveau. Die Ursprünge der Förderbeschränkungen gehen auf die Jahre zwischen 1929 und 1934 zurück, als die Ölindustrie unter dem doppelten Schlag der Wirtschaftskrise und des großen Ölüberschusses litt, der durch die großen Ölfunde in Osttexas hervorgerufen worden war. Nach amerikanischem Gesetz (im Gegensatz zu vielen anderen Ländern) gehören die Bodenschätze dem Eigentümer des Grundstücks, unter dem sie lagern.

Sobald also ein Ölvorkommen entdeckt wurde, verkaufte man das darüberliegende Land in kleinen Parzellen zu hohen Preisen, und es begann ein wildes Wettbohren, da jeder die größtmögliche Ölmenge zu fördern versuchte, ehe sein Nachbar dasselbe tun konnte. Manchmal waren die Grundstücke so klein und die Förderung so stark, daß sich die Stützen der Bohrtürme überschnitten. So kam es, daß die unterirdischen Lagerstätten bald ihren Druck verloren, ehe das ganze vorhandene Öl tatsächlich gefördert war. Die Ölreserven, die man zurückließ, waren wertlos und so auch ein Großteil der tatsächlichen Förderung, die zu Schleuderpreisen auf den Markt geworfen werden mußte.

Solche Zustände zwangen die Regierungen von Texas und Oklahoma 1931 zum Einsatz der Nationalgarde, um eine Einschränkung der Förderung durchzusetzen und dadurch die Ordnung wiederherzustellen. Aber das konnte lediglich eine vorübergehende Maßnahme sein. Zur Vermeidung übergroßer Verschwendung der amerikanischen Ölreserven in einer absurden Überproduktion und zur Hebung der Ölpreise auf ein einträgliches Niveau noch vor Eintritt einer neuerlichen Ölknappheit waren offensichtlich dauernde Förderkontrollen nötig.

Diese Aufgabe konnte nur von den Regierungen der einzelnen Bundesstaaten durchgeführt werden, und eine nach der anderen setzte lokale Behörden ein, um die Förderung zu regeln. In Texas, auf das damals mehr als 40 Prozent der Gesamtförderung der USA entfielen, wurde die Aufgabe der Texas Railroad Commission übertragen, einer Organisation, die ursprünglich zur Kontrolle der Bahntarife eingesetzt war. Einige gerissene Unternehmer brachten es dennoch zuwege, die Kontrollen zu umgehen, indem sie ihr Öl in andere Staaten transportierten. Im Februar 1935 wurde diesen Praktiken im Kongreß durch das „Hot-Oil"-Gesetz Connallys ein Ende gesetzt, das den Transport der die Förderquote übersteigenden Erdölmengen von Bundesstaat zu Bundesstaat als ungesetzlich erklärte.

Jede staatliche Kommission hat ihre eigenen Methoden, ihren Verpflichtungen nachzukommen, und für einige Ölvorkommen in den Küstengewässern ist das Bundesministerium für Inneres verantwortlich. Die wichtigste Behörde ist jedoch immer noch die Texas Railroad Commission.

Da mehr als 35 Prozent der amerikanischen Ölförderung und mehr als 45 Prozent der Ölreserven aus Texas stammen, sind ihre Entscheidungen für die gesamte Ölindustrie maßgeblich.

Die Texas Railroad Commission besteht aus drei gewählten Mitgliedern, von denen jedes ein Jahresgehalt von 17.500 Dollar bezieht. Sie versammeln sich einmal monatlich — gewöhnlich an einem Freitagmorgen — in einem Zimmer des Commodore-Perry-Hotels in Austin, der Hauptstadt von Texas. Sie haben darüber zu entscheiden, wieviel Öl während des folgenden Monats in Texas gefördert werden soll. Offiziell kümmern sie sich nicht um die Preise und suchen sich nur zu vergewissern, daß die Verschwendung auf ein Mindestmaß beschränkt wird. Um ihnen die Aufgabe zu erleichtern, werden sie mit Schätzungen der künftigen Nachfrage nach texanischem Rohöl von der amerikanischen Bergbaubehörde und mit ausführlichen technischen Informationen über den Lagerbestand in den USA und die „optimalste Fördermenge" der Ölfelder in Texas versehen.

Jedoch nur eine Angabe ist tatsächlich ausschlaggebend: die von den großen Ölgesellschaften vorgelegte Gesamtschätzung der Ölmengen, die sie kaufen wollen. Auf Grund dieser Angaben entscheidet die Kommission, wieviel gefördert werden soll, und es besteht selten ein großer Unterschied zwischen diesen beiden Zahlen. Ein gewisser Prozentsatz der Gesamtförderung muß den sogenannten „Stripper Wells" zugeteilt werden. Das sind Bohrungen, die sich im letzten Stadium ihrer Produktivität befinden und nicht mehr als 1000 Tonnen im Jahr fördern. Mehr Öl wird auch aus dem Feld in Osttexas stammen, dem Sonderbedingungen zugestanden werden, um den Lagerstättendruck zu erhalten, und aus neuentdeckten Ölfeldern, denen in den ersten zwei Förderjahren eine Vorzugsstellung eingeräumt wird. Was übrigbleibt, wird auf alle übrigen Bohrungen in Texas aufgeteilt, so daß jede nur eine bestimmte Anzahl von Tagen im Monat in Betrieb sein darf.

Man kann sich kaum vorstellen, wie die Reglementierung eines Industriezweiges in einem freien Gemeinwesen weiter getrieben werden könnte. Aber sogar die Texas Railroad Commission ist nicht allmächtig. Verschiedene Staaten, vor allem Kalifornien und Wyoming, haben keine Beschränkungen der Förderquoten, und in der Nachkriegszeit hat man Ölfunde in Gebieten gemacht, wo Kontrollen milde waren oder gar nicht existierten. Die großen Ölgesellschaften haben auch einige Kilometer vor der Küste im Golf von Mexiko und in Alaska neue große Ölvorkommen erschlossen. Hier sind die Erschließungs- und Betriebskosten für die „Selbständigen" zu hoch. Alle diese neuen Ölfelder müssen — wo immer sie sich befinden — sofort nach ihrer Entdeckung ausgebeutet werden. Infolgedessen steigt die Nachfrage in den traditionellen Förderstaaten weniger rasch, als es die „Selbständigen" gerne sähen. Es wurde bereits oft notwendig, die

Bohrungen in Texas über zwanzig Tage im Monat außer Betrieb zu setzen. Einige „Selbständige" wurden schließlich dessen so müde, daß sie ihre Unternehmungen nach Übersee ausdehnten. Einer der Söhne Hunts, Nelson Bunker Hunt, fand in Gemeinschaft mit der *BP* ein Ölfeld in Libyen, und John Mecom bohrt seit kurzem in Großbritannien.

Die Förderkontrollen haben auch einige große Nachteile. Einer der wichtigsten ist die besondere Bevorzugung der kostspieligen „Stripper Wells", die heute fast 20 Prozent der Gesamtförderung in den USA bestreiten. Man rechtfertigt dies offiziell damit, daß bei einer Schließung der „Stripper Wells" deren Ertrag dem Staat verlorengehen würde. Das ist richtig, aber auch in diesem Fall wäre es besser, sich damit abzufinden und dafür den ertragreichen Bohrungen einen größeren Anteil zuzuteilen. Eine andere Maßnahme, die mit Recht kritisiert werden kann, ist die Zuteilung von Förderquoten an einzelne Bohrungen. Dies ermutigt zu immer neuen Bohrungen, sobald ein Ölfeld gefunden wird. Es wäre viel sinnvoller, diese Quoten ganzen Feldern und nicht einzelnen Bohrungen zuzuteilen.

Trotz all seiner Fehler hat das System vom Standpunkt der Ölindustrie den unleugbaren Vorteil, daß mit seiner Hilfe die Preise höher sind als bei einem ungeregelten freien Wettbewerb. Wie sehr auch die Texas Railroad Commission und die anderen Kontrollkommissionen bestreiten, daß sie sich um Preise kümmern, die Tatsache bleibt bestehen, daß Angebot und Nachfrage künstlich ausgeglichen und die Preise stabil gehalten werden. Gäbe es nämlich in den USA für längere Zeit einen Ölüberschuß, müßten die Preise sinken, wie dies früher jahrelang der Fall gewesen war. Es besteht jedoch kein Zweifel, daß die Förderkontrollen die Ölpreise äußerst wirksam stützen.

Vielleicht wäre die Ölindustrie leistungsfähiger, wenn der Betrieb der unwirtschaftlichen „Stripper Wells" eingestellt würde oder die Grundlage der Förderkontrolle verändert würde, um den ertragreicheren Ölfeldern jene wirtschaftlichen Vorteile zu gewähren, zu denen sie auf Grund ihrer technischen Überlegenheit auf einem freien Markt berechtigt sind. In diesem Fall könnten die Ölpreise zum Vorteil der gesamten Wirtschaft gesenkt werden, und die leistungsfähigeren Unternehmer könnten sogar mehr als jetzt verdienen. Aber stark geschützte Industriezweige, denen es unter dem bestehenden System gutgeht, sehen es selten gern, wenn die Regeln geändert werden. Immer erwächst daraus jemandem ein Nachteil, und dieser jemand könnte man leicht selbst sein. Also ist es auf jeden Fall besser, ein bereits bekanntes Übel in Kauf zu nehmen.

Für die großen Ölgesellschaften bringen die Förderkontrollen zwei zusätzliche Nachteile, die für die „Selbständigen" nicht gelten. Erstens können die Großen ihre gewaltigen, aber teuren Ölvorkommen in den Küstengebieten nicht so rasch erschließen, wie sie es gerne täten. Zweitens verlangt der wirksame Schutz der heimischen Ölindustrie die Fortsetzung des strikten Systems der 1959 eingeführten Importkontrollen. Das bedeutet, daß die Großen nur einen geringen Teil ihres billigen ausländischen Öls auf dem amerikanischen Markt absetzen können.

Die Importkontrollen werden vom Innenministerium auf einer sechsmonatigen Grundlage getroffen und beziehen sich vor allem auf die östlich der Rocky Mountains gelegenen Bundesstaaten. Die Formel ist ziemlich kompliziert, aber im wesentlichen führt sie zu einer Beschränkung des Importvolumens auf 12,2 Prozent des Rohöls, das nach Schätzung des Innenministeriums in den betreffenden Gebieten während dieser sechs Monate gewonnen werden wird. Davon zieht man dann jene Ölmengen ab, die voraussichtlich aus Mexiko oder Kanada, die von den Importkontrollen befreit sind, in die USA eingeführt werden. Den Rest verteilt man auf jene Raffinerien, denen Quoten zugeteilt sind. Die Restriktionen bei Importen von Ölfertigprodukten sind sogar strenger als für Rohöl. Die Gesamtmenge, die in die Vereinigten Staaten importiert wird, darf 10 Prozent der eingeführten Rohölmenge nicht übersteigen, ausgenommen schweres Heizöl, das in der Industrie viel verwendet wird und das in den Vereinigten Staaten immer knapp ist. Die Heizölimporte dürfen daher so lange steigen, bis der Bedarf vollkommen gedeckt ist. Dasselbe Prinzip gilt für die Westküste. Dieser Teil der USA verfügt über keine genügende Eigenförderung zur Deckung seines Bedarfs. Importe aus Übersee sollen diese Lücke füllen.

Bei einigen großen Gesellschaften wächst die Beunruhigung über die Art, wie die Ölindustrie zur Zeit behandelt wird. Sie sind gegen die Einschränkungen, die den Einsatz von Rohöl aus den Küstengebieten und dem Ausland mindern, und in Übersee geben ihre Direktoren zu, daß es absurd ist, freie Marktwirtschaft und freien Handel zu predigen, während man zu Hause unter einem straff geregelten System lebt. Es gibt jedoch gute Gründe, die sie von einer zu starken Radikalisierung ihrer Ideen abhalten. Sie alle haben große Ölreserven und Förderkapazitäten in den Vereinigten Staaten, und der hohe Preis des inländischen Rohöls ist demnach ein wichtiger Beitrag zu ihren Gesamtgewinnen. Sie würden den „Selbständigen" gerne weniger zahlen, aber nicht auf Kosten der Rentabilität ihrer eigenen

Unternehmungen. Für einige der großen Ölgesellschaften geht die Gleichung ziemlich schön auf, seit ihre Bohrungen in den Küstengewässern ertragreich wurden. Dieser Faktor allein wäre jedoch nicht ausschlaggebend, um die weitere Unterstützung des bestehenden Systems zu sichern.

Wichtiger sind die Steuerbegünstigungen, deren sich die Ölindustrie in den USA erfreut. Sie wurden ursprünglich eingeführt, um Kapital zu Investitionen in dem riskanten Geschäft der Ölsuche anzulocken und so die Sicherheit der Ölversorgung der Vereinigten Staaten zu gewährleisten. Sie gelten auch für die Tätigkeit in Übersee und geben deshalb den amerikanischen Ölgesellschaften einen entscheidenden Vorteil gegenüber ihren europäischen Konkurrenten.[112] Es ist daher nicht verwunderlich, daß es den großen amerikanischen Ölgesellschaften widerstrebt, etwas zu unternehmen, was wie eine Kettenreaktion eine Änderung im Modus der staatlichen Unterstützung herbeiführen könnte. Sie haben erkannt, daß, sobald man an den Grundlagen rüttelt, die Folgen kaum mehr unter Kontrolle zu halten sind.

Es gibt drei Steuerbegünstigungen: Die wichtigste ist die 27,5prozentige „Depletion Allowance“,[113] die es einer Ölgesellschaft (oder einem einzelnen Unternehmer) gestattet, 27,5 Prozent des Bruttoeinkommens steuerfrei abzuschreiben, wenn dieser Betrag nicht mehr als die Hälfte des Nettoeinkommens beträgt. Demnach kann eine Ölgesellschaft mit einem Bruttoeinkommen von einer Million Dollar 275.000 Dollar als steuerfrei betrachten und muß nur die restlichen 725.000 Dollar versteuern. Die anderen zwei Begünstigungen sind einander ähnlich. Die eine gestattet jedem, der eine erfolglose Bohrung niedergebracht hat, alle Kosten von der Steuer abzusetzen, und die andere gestattet den Unternehmern, die Öl finden, in derselben Weise alle ihre laufenden Aufwendungen, wie geologische Studien, Ausrüstungen, Löhne, Treibstoff und Tests, abzuschreiben, was leicht bis zu 60 Prozent der Gesamtaufwendungen betragen kann. Mit anderen Worten: jeder, der bei einer Bohrung, die, sagen wir, 100.000 Dollar kostet, kein Öl findet, muß für die ersten 100.000 Dollar seines Einkommens keine Steuern zahlen, und wenn er das Glück hat, auf Öl zu stoßen, sind die ersten 60.000 Dollar seines Einkommens steuerfrei.

Die Kombination dieser drei Steuererleichterungen kann bedeuten, daß manche Unternehmen praktisch überhaupt keine Steuern zahlen. Was die großen Ölgesellschaften betrifft, so können sie das Zünglein an der Waage sein, wenn es um die Entscheidung geht, ob sie teure, riskante, aber trotzdem gewinnbringende Aussichten in Übersee wahrnehmen wollen oder nicht. Eine amerikanische Ölgesellschaft in der Nordsee kann zum Beispiel die Gesamtkosten einer Fehlbohrung und 60 Prozent einer erfolgreichen Bohrung von ihrem amerikanischen Einkommen absetzen.

Die Depletion Allowance ist die bekannteste dieser Vergünstigungen. Schon oft sind Politiker, die selbst keine Beziehungen zur Ölindustrie haben, gegen sie aufgetreten. 1950 erklärte Präsident Truman in einer Botschaft an den Kongreß, daß „keine Lücke im Steuergesetz so ungerecht sei", und Senator Robert A. Taft, ein tadelloser Konservativer, glaubte: „Die Depletion Allowance ist größtenteils ein Geschenk ... ein besonderes Privilegium, das alles übertrifft, was sonst einer erhalten kann." Später stimmte Präsident Kennedy, als er noch im Senat war, zugunsten einer Revision, die die Depletion Allowance mit einer gleitenden Skala versehen sollte. Als er 1960 für die Präsidentschaftswahlen kandidierte, versprach die Demokratische Partei, die „Lücken in den Steuergesetzen zu schließen, durch welche privilegierte Gruppen ihrer gerechten Besteuerung entgehen", und sie setzte hinzu, daß „zu den auffallendsten Schlupflöchern die ungerechte Depletion Allowance zählt".

Keiner dieser Proteste führte zu einer Änderung. Jim Clark von der *Houston Post* schrieb 1960 während der Wahlkampagne: „Die Demokraten haben Lyndon Johnson. Außerdem gibt es noch den Sprecher Sam Rayburn. Diese beiden Männer haben jahrelang die Depletion Allowance gegen alle Angreifer verteidigt. Fast jeder Ölfachmann weiß, ohne Lyndon und Mr. Sam gäbe es heute keine Depletion Allowance mehr."

Die Depletion Allowance hat tatsächlich eine durchaus ehrenwerte Geschichte. Sie geht auf das Jahr 1913 zurück, als der Kongreß bestimmten Förderindustrien einschließlich der Erdölindustrie erlaubte, 5 Prozent von ihrem Bruttoeinkommen von der Steuer abzuschreiben. Auf diese Weise sollten sie für die Wertminderung ihres Anlagevermögens entschädigt werden, die unvermeidlich war, da die Ölreserven durch die Förderung immer mehr vermindert werden. 1926, als noch Angst vor einer Ölknappheit herrschte, erhöhte der Kongreß die Abschreibung auf 27,5 Prozent, um die mit den Aufschlußbohrungen verbundenen großen Risken wettzumachen.

Heute wird weniger das Prinzip als die Höhe der Depletion Allowance angegriffen. Sogar Uran und Platin erhalten nur 23 Prozent, und man ist der Auffassung, daß eine allgemeine Senkung notwendig ist. Einige wenige Gegner der Allowance wollen sie freilich ganz aufheben. Sie sind der Auffassung, daß unter Verzicht auf die unwirtschaftlichen „Stripper Wells" und Konzentration auf die ertragreichen Ölfelder man auf die Depletion Allowance zur Anregung der Ölerschließung verzichten könnte.

Dasselbe kann auch über die beiden anderen Steuerbegünstigungen gesagt werden. Sie ermuntern zur Ölsuche, ohne eine Möglichkeit zu bieten, daß sich die Ölfunde auch bezahlt machen. Viele stört dies kaum. Viele reiche Leute in den Vereinigten Staaten betrachten die Ölsuche lediglich als eine Möglichkeit, Geld mit einer guten Gewinnchance anzulegen, statt es den Steuerbehörden in den Rachen zu werfen. Man erzählt die Geschichte, daß ein Ölmann einmal nach Texas kam und seinem Agenten sagte, er solle bis zum Ende des Monats um vier Millionen Dollar Förderrechte erwerben. Als der Agent erwiderte, daß es auf dem Markt nichts Nennenswertes gäbe, wiederholte er seine Anweisung und fügte hinzu, daß die Bohrarbeiten so rasch als möglich beginnen sollten. Der Großteil des Geldes ging zwar verloren, aber dennoch zahlte sich die Sache aus.

Die großen Ölgesellschaften lassen es sich nicht einfallen, so unverantwortlich zu handeln. Sie würden auch ihre Unternehmungen in den Vereinigten Staaten gern auf einer vernünftigeren wirtschaftlichen Grundlage betreiben. Aber sie sind in den Privilegien und Schutzmaßnahmen für die Ölindustrie gefangen. Einige dieser Maßnahmen schaden ihnen, andere sind von unermeßlichem Wert, und man kann nicht vorhersehen, welche dieser Maßnahmen bei einer Reform von der Regierung abgeschafft werden würde. Mittlerweile verringert sich von Jahr zu Jahr das Verhältnis zwischen nachgewiesenen Ölreserven und der Förderung in den USA. Das Durchschnittsalter der Ölfelder nimmt zu, und die Zahl der jährlichen Aufschlußbohrungen geht ständig zurück. Das System, das der Ölindustrie helfen sollte, erdrosselt sie langsam.

Beim Absatz verhält sich alles ganz anders. Wie jeder weiß, der auf amerikanischen Straßen gefahren ist, ist die Ölindustrie im Vertrieb äußerst wettbewerbsfreudig. Die Fülle von Warenzeichen, die Riesenzahl von Tankstellen, die Art, wie die Preise fast täglich geändert werden können, die Rabattmarken und Gewinnspiele, all das ist der Beweis für einen intensiven Kampf um den Markt. Aber sogar hier verhalten sich die Dinge nicht immer so, wie es scheint.

Welche Tankstelle der Kunde auch wählt: das Benzin wird wahrscheinlich aus ein und derselben Raffinerie stammen. Obwohl kleinere Unternehmen einen Anteil von mehr als 20 Prozent am Benzinabsatz haben, gehören 90 Prozent der Raffineriekapazitäten für Benzin den

Großen. Offenkundig kaufen daher die Kleinen mindestens die Hälfte ihres Bedarfs von den Großen, und die Großen sind in bezug auf den Absatz eines beachtlichen Anteils ihrer Raffinerieproduktion von den kleinen Unternehmen abhängig.

Das bedeutet nicht, daß die Kleineren von den großen Gesellschaften beherrscht werden oder daß der Wettbewerb nur zum Schein stattfindet. Wie ich bereits im vorigen Kapitel ausführte, ist es für eine Ölgesellschaft immer besser, Ölprodukte zu verkaufen, als sie zu lagern. Läßt ein Unternehmen seine Lagerbestände anwachsen, weil es seine Raffinerieproduktion nicht über sein eigenes Betriebsnetz absetzen kann, so muß die Raffinerie nach einer gewissen Zeit ihren Ausstoß verringern und vielleicht einen Teil ihrer Anlagen stilllegen. Das kommt aber weit teurer, als die überschüssige Erzeugung an kleinere Unternehmen zu verkaufen. Außerdem weiß jede der großen Ölgesellschaften: wenn sie nicht selbst die kleineren Unternehmen beliefert, dann tut es die Konkurrenz. Also ist es am besten, soviel Abnehmer wie möglich zu gewinnen und gleichzeitig zu hoffen, daß es der überlegenen Verkaufstechnik der eigenen Vertriebsorganisation gelingt, den Marktanteil im Tankstellengeschäft zu halten, während die anderen großen Gesellschaften unter den Preisunterbietungen der kleineren Unternehmer leiden.

Untereinander liefern sich in den USA die großen Ölgesellschaften einen stärkeren Preiswettbewerb als in Europa, aber sie ziehen — wo es möglich ist — andere Methoden vor. Und wegen der gewaltigen Größe des amerikanischen Marktes — immer noch gibt es hier die Hälfte der jährlichen Zuwachsrate am Benzinverkauf in der freien Welt — sind sie bereit, große Summen für Verkaufsförderung auszugeben. Im allgemeinen bedeutet das nicht, daß sie Dinge tun, die sie in anderen Ländern nicht unternehmen. Es führt lediglich dazu, daß in den USA solche Maßnahmen verlockender sind, daß die Tankstellen auch noch Läden, Restaurants und andere Einrichtungen betreiben und daß die Preise bei den Gewinnspielen extravaganter sind.

Die einzige Verkaufsförderungsmaßnahme, die nur in den Vereinigten Staaten angewandt wird, sind Kreditkarten für Benzin und andere Einkäufe und Dienstleistungen an Tankstellen. Die meisten kleineren Ölunternehmen geben keine solchen Karten aus, aber für die großen Ölgesellschaften werden sie zu einem immer wichtigeren Faktor in der Absatzpolitik. Obwohl sie einer Gesellschaft etwa 0,3 Cent je Liter kosten, erwarten die großen Gesellschaften, daß sie die Verkäufe fördern. W. H. Burnap, Leiter der Abteilungen Inlandsraffinerien und Marketing bei *Continental Oil*, ist überzeugt, daß die

Kreditkarten das Zutrauen der Kunden zu einer bestimmten Marke um das Dreifache und den Verkaufserfolg um die Hälfte vergrößern.

Warum sind solche Kreditkarten immer noch nur auf die Vereinigten Staaten beschränkt? Die Antwort lautet: nur in Amerika ist der Benzinabsatz groß genug, um die damit verbundenen Mühen und Kosten zu rechtfertigen. Aber man kann ohne weiteres annehmen, daß in Großbritannien, Westdeutschland und auf anderen großen Märkten jede Ölgesellschaft einen Plan bereithält, der verwirklicht wird, sobald einer ihrer Konkurrenten ihr zuvorzukommen versucht. Da die Erfahrung zeigt, daß das, was heute auf dem Tankstellenmarkt in den Vereinigten Staaten geschieht, morgen auch in der übrigen Welt eintreten kann, können wir darauf vorbereitet sein, auch in Europa einen Kreditkrieg zu erleben.

ANMERKUNGEN ÜBER ERDGAS

In den Vereinigten Staaten sind Erdöl- und Erdgasindustrie miteinander untrennbar verbunden. Praktisch das gesamte Erdgas wird von Ölgesellschaften gewonnen. Oft kommt es aus denselben Bohrungen. Die das Erdöl betreffenden Steuerbegünstigungen gelten auch für Erdgas. Aber die Erdgasförderung unterliegt keinen Beschränkungen. Die Ölgesellschaften können so viel verkaufen, wie sie wollen. Das ist einer der Gründe, warum der Erdgasverbrauch so rasch gestiegen ist.

Bei der Preisgestaltung für Erdgas sind sie jedoch nicht ebenso frei. 1938 wurde der Federal Power Commission (FPC) die Kontrolle über die Pipelinegesellschaften übertragen, in deren Besitz sich die Ferngasleitungen befinden und die Erdgas an die lokalen Gasvertriebsunternehmen verkaufen. Von diesen Kontrollen waren die Erdgasförderer zunächst nicht betroffen. Im sogenannten Fall der *Phillips Petroleum* beschloß jedoch der Oberste Gerichtshof 1954, daß die FPC auch den Preis kontrollieren solle, zu dem die Fördergesellschaften ihr Erdgas an die Ferngasgesellschaften verkaufen.

Das schuf große Mißstimmung in der Ölindustrie. Die Ölgesellschaften klagten: „Wir haben den Bundesbehörden Tür und Tor zur Einmischung in den Mechanismus des freien Marktes geöffnet“,[114] und sie forderten mit Recht, daß Erdgaserschließung und -förderung nicht in derselben Weise behandelt werden könnten wie öffentliche Versorgungsunternehmen. Die FPC hatte auch selbst kein Verlangen, ihre Verantwortlichkeit auch auf die Erdgasförderung auszudehnen, zumal sie sich der Unmöglichkeit ihrer Aufgabe bewußt war. 1960 gab sie zu, daß — selbst wenn sie ihr Personal verdreifachte — die Abwicklung aller zur Entscheidung vorgelegten Fälle bis zum Jahre 2043 dauern würde. Zweifellos hat die Ölindustrie unter der daraus folgenden Verwirrung gelitten, und das Verhältnis der Erdgasreserven zur laufenden Förderung ist ständig im Sinken.

24. Kapitel
Erdöl im Ostblock: Geschäft und Politik

Beim Erdöl haben die beiden Großmächte UdSSR und USA, wie auch bei so vielen anderen Dingen, große Gemeinsamkeiten. Sie sind die beiden einzigen Industrienationen auf der Welt, die in diesem lebenswichtigen Rohstoff Selbstversorger sind, und sie sind länger in der Ölwirtschaft tätig als sonst ein Land.

Die Ölfelder von Baku im Kaukasus wurden knappe zwanzig Jahre nach der Niederbringung von Drakes Bohrloch erschlossen und lange vor dem Nahen Osten oder Südamerika. Von den achtziger Jahren bis zum Ersten Weltkrieg benützten Samuel, Deterding, die Rothschild und die Nobel das russische Öl, um die Macht der *Standard Oil* Rockefellers herauszufordern. Zu Beginn des Jahrhunderts förderten die Russen tatsächlich für kurze Zeit mehr Öl als die Vereinigten Staaten, doch dies war eine vorübergehende Erscheinung, und mit der Ölerschließung im amerikanischen Südwesten verloren sie die Führung.

Nach der Revolution von 1917 erlebte die russische Ölindustrie einen Niedergang und wurde rasch von den neuen Ölvorkommen im Iran und in Venezuela überflügelt. Einige Zeit belieferten die Kommunisten noch ihre Exportmärkte und machten bei vielen Versuchen zur Bildung lokaler Absatzkartelle mit. Als aber Stalins Industrialisierungsprogramm in Schwung kam, benötigte man immer mehr Öl im Inland. 1939 bei Kriegsausbruch hatten sich die Russen vom internationalen Schauplatz fast völlig zurückgezogen.

In einem dramatischen Wiederaufschwung unternahmen sie es in den letzten siebzehn Jahren, ihre internationale Stellung als zweitgrößter Ölförderer der Welt zurückzuerobern. Sie stützen sich vor allem auf die Ölvorkommen von Tuymazy und Oktyabrak im Ural-Wolga-Becken, das als zweites Baku gilt, 1100 Kilometer östlich von Moskau. Diese Vorkommen wurden bereits 1936 entdeckt, aber die wirtschaftliche Förderung konnte erst nach dem Zweiten Weltkrieg aufgenommen werden. Dann aber war die Zuwachsrate ebenso groß wie bei den internationalen Ölgesellschaften im Nahen Osten. Zwischen 1950 und 1960 stieg die Ölförderung der Sowjetunion von 37,9 Millionen Tonnen auf 147,9 Millionen und ist seither auf fast 290 Millionen Tonnen im Jahre 1967 angewachsen. Davon kamen 185 Millionen Tonnen aus dem zweiten Baku, etwa 17 Millionen aus dem ursprünglichen Baku und der Rest aus einer Anzahl kleinerer über das Land verstreuter Ölfelder.

Wie die Vereinigten Staaten verwendet auch die Sowjetunion lieber ihr eigenes Öl als das anderer Länder. Obwohl Importe aus dem Nahen Osten in vielen Teilen des Landes billiger wären als inländische Lieferungen, vertritt auch die UdSSR den Standpunkt, daß es unklug wäre, von ausländischem Öl abhängig zu sein. Allerdings ist Moskau in diesem Punkt viel unnachgiebiger als Washington. Eine gewisse Erdgasmenge wird zwar aus dem benachbarten Iran und Afghanistan eingeführt, aber kein ausländisches Erdöl darf in die Sowjetunion importiert werden, und die internationalen Ölgesellschaften sind dort nicht zugelassen.

Die Unterschiede zwischen den Vereinigten Staaten und der Sowjetunion sind viel frappierender als ihre Ähnlichkeiten. Vom amerikanischen Standpunkt aus ist am beunruhigendsten, daß die Sowjetunion viel ausgedehntere noch nicht erschlossene Gebiete besitzt.

1960 besuchte eine Gruppe amerikanischer Ölleute unter der Führung von W. W. Keeler, dem damaligen geschäftsführenden Vizepräsidenten der *Phillips Petroleum*, die Sowjetunion und berichtete, daß „die erfolgversprechenden Jagdgründe" gegen 7,5 Millionen Quadratkilometer bedecken, etwa 50 Prozent mehr als die vergleichbaren Gebiete in den Vereinigten Staaten einschließlich Alaska. Daraus schloß die amerikanische Gruppe, daß „die UdSSR unter dem Einsatz modernster geologischer und geophysikalischer Instrumente und ebensolcher Meß- und Bohrgeräte in einem Gebiet nach Öl sucht, das nicht besser erforscht ist als die USA im Jahre 1929. Dies scheint im Vergleich mit der Ölsuche in den viel gründlicher bearbeiteten

Gebieten der Vereinigten Staaten eine relativ einfache Aufgabe zu sein". Deshalb ist es kaum verwunderlich, daß die Sowjetunion gegenüber den Vereinigten Staaten langsam aufholt. Um 1970 soll die geplante Ölförderung 350 Millionen Tonnen erreichen, und um 1980 erwartet man etwa 630 Millionen Tonnen.

Diese Zahlen sollten mit einiger Skepsis betrachtet werden, denn auch die Russen erreichen — wie alle anderen — nicht immer ihre wirtschaftlichen Ziele. Dennoch befinden sich die Ziele innerhalb der Grenzen des Möglichen. Ein sehr aussichtsreiches neues Ölvorkommen wurde in der Nähe der Stadt Tyumen in Westsibirien gefunden, von dem man erwartet, daß es zu einem dritten Baku wird. Trotz der gewaltigen Transportprobleme für die Materiallieferungen in die Ölgebiete und den Transport des Öls in die Bevölkerungszentren unternehmen die Russen alles, um Tyumen rasch zu erschließen. Sie hoffen dort um 1980 bereits 250 Millionen Tonnen Öl fördern zu können.

Vielleicht wird ein größerer Teil dieses Rohöls zu Benzin verarbeitet werden als bisher. Im Gegensatz zu den übrigen Industrienationen hat die UdSSR noch nicht das Zeitalter der Massenmotorisierung erreicht. Unter Stalin gab es keine überflüssigen Produktionskapazitäten zur Erzeugung solcher Luxusartikel wie Personenkraftwagen, und Chruschtschow sagte nach seinem denkwürdigen Besuch in den Vereinigten Staaten, er hoffe, eine solche Autoproduktion würde in der Sowjetunion nie notwendig sein. Statt dessen faßte er ein System staatseigener Mietwagen ins Auge. Infolgedessen betrug die russische Kraftwagenproduktion 1966 nur 200.000 Automobile jährlich, etwa ein Sechstel der Großbritanniens oder Frankreichs, und es gibt in Rußland weniger asphaltierte Straßen als in Michigan.

Unter der Regierung Kossygins und Breschnjews hat sich diese Auffassung geändert. Fiat aus Italien und Renault aus Frankreich wurden eingeladen, beim Aufbau einer modernen Autoindustrie mitzuhelfen, die Automobile für die breiten Massen produzieren soll. Michel Maison von Renault glaubt, daß die Kraftwagenproduktion der Sowjetunion 1971 bereits eine Million jährlich erreichen wird. 1980 oder 1985 kann diese Zahl bereits das Zwei- oder Dreifache betragen. Aber sogar das würde der Sowjetunion eine geringere Anzahl von Autobesitzern bescheren als jedem anderen vergleichbaren Land. Der Großteil des russischen Erdöls wird auch weiterhin als Industriebrennstoff und Rohstoff wie Kohle oder Eisenerz verwendet werden und nicht privaten Vergnügungen dienen.

Der dritte große Unterschied zwischen der russischen und amerikanischen Ölindustrie ist ihre Organisation. In der UdSSR gibt es selbstverständlich keine konkurrierenden Ölgesellschaften und keine selbständigen Unternehmer. Alles wird vom Staat geleitet, und jeder Sektor der Wirtschaft wird mit der staatlichen Planung der gesamten Wirtschaft koordiniert, obwohl die Art, in der das geschieht, von Zeit zu Zeit ziemlich drastischen Änderungen unterworfen ist. Die letzten wichtigen Reformen wurden 1965 von Kossygin durchgeführt und gelten allgemein als eine Abkehr von den Experimenten Chruschtschows mit den regionalen Wirtschaftsräten.

An der Spitze der Industriepyramide steht die zentrale Planungskommission Gosplan mit ihrem Vorsitzenden N. Baybakow, einem früheren Leiter der Ölindustrie. Seine Aufgabe ist die Koordinierung der Arbeit der achtundzwanzig Ministerien, die zur Überwachung der achtundzwanzig wichtigsten Industriezweige geschaffen wurden. Von diesen sind nicht weniger als sechs direkt mit Öl befaßt: die Ministerien für Ölförderung, Ölverarbeitung und petrochemische Industrie, Gasindustrie, chemische Ausrüstungsindustrie, Öltechnik und Geologie.

Wie diese Bürokratien ihre Kompetenzkonflikte beilegen, ist für alle außer den russischen Behörden ein Mysterium, und ebenso auch das Ausmaß an Autonomie und Verantwortung, das die leitenden Direktoren der verschiedenen einzelnen Unternehmungen besitzen. Die Höhe der Produktion ihrer Fabriken, die Höhe der Geldmittel, über die sie verfügen können, die Höhe der Gehälter und die Höhe der Steuern werden alle von der zentralen Planungskommission festgesetzt. Der Direktor ist seinerseits dafür verantwortlich, daß die Waren rechtzeitig geliefert werden und die gewünschte Qualität eingehalten wird. Er kann auch etwas von den Gewinnen zurückbehalten, um sie wieder in das Werk zu investieren oder Prämien an die Belegschaft auszuzahlen. In seinem Buch „Oil Companies and Governments“[115] meint Jack Hartshorn, daß „der Leiter einer sowjetischen Ölgesellschaft wohl immer noch soviel Dispositionsfreiheit besitzt wie der Leiter einer nicht auf Gewinn arbeitenden Betriebsgesellschaft im Nahen Osten, deren Eigentümer ein paar ausländische Muttergesellschaften sind“.

Die Organisation der russischen Ölindustrie bestimmt selbstverständlich ihr Verhalten im Ausland. Sowohl beim Export als auch bei Inlandgeschäften ist die Ölindustrie ein Arm der sowjetischen Regierung und kein unabhängiges Unternehmen. Infolgedessen müssen ihre Exporte mit den Gesamtzielen der sowjetischen Außen- und Wirtschaftspolitik übereinstimmen. Sie macht nicht Geschäfte, um Geld zu verdienen, sondern um die Interessen des sowjetischen Staates zu fördern. Demnach besteht ein grundlegender Unterschied zwischen der Haltung der sowjetischen Exportorganisation Sojuzneftexport und der der international tätigen Ölgesellschaften.

Im Gegensatz zu den Ölgesellschaften sind die Russen nicht daran interessiert, in jenen Ländern, in denen sie ihr Öl absetzen, ein komplettes Verarbeitungs- und Vertriebsnetz aufzubauen. Es ist ihr einziges Ziel, einen Tauschhandel zwischen den Regierungen zu organisieren, bei dem das Importland Erdöl für Waren erhält, die die Sowjetunion braucht oder, wenn es sich um Entwicklungsländer handelt, für Waren, die dieses Land erzeugt. Die internationalen Ölgesellschaften wenden ein, daß dies ein unredlicher Wettbewerb sei, da sich die Russen den Eintrittspreis in den Markt ersparen, und ihr Unmut wird zuweilen noch vergrößert, wenn jene Regierungen sie zwingen, russische Ölimporte in ihren eigenen Anlagen zu verarbeiten, was in Indien und einigen anderen Ländern tatsächlich der Fall war.

Das ist nur der letzte einer langen Reihe von Streitpunkten zwischen den Ölgesellschaften und den Russen, die bis zur Revolution 1917 zurückreichen. Damals enteigneten die Sowjets die großen westliche Ölbeteiligungen im Gebiet von Baku, und sie haben nie Entschädigungsansprüchen, die von den früheren Besitzern gestellt wurden, entsprochen. Besonders die *Shell* wurde dadurch schwer getroffen. Sie hat bis heute nicht die Hoffnung aufgegeben, daß ihre Rechte eines Tages anerkannt werden. Tief im Herzen der Londoner Konzernzentrale hängen die Karten mit den „verlorenen Provinzen“ der Gesellschaft noch immer an der Wand, und merkwürdige Namen wie *North Caucasian Oil Fields* und *New Schibaieff Petroleum Co.* fallen dem Vorübergehenden auf. Nach dem Zweiten Weltkrieg geschah dasselbe in Osteuropa und in jüngster Zeit auf Kuba. Die kommunistische Gesamtschuld muß jetzt bereits in die Milliarden DM gehen.[116]

Die Ölgesellschaften sind auch der Auffassung, daß die Russen sie bei den üblichen Handelsgeschäften um viel Geld gebracht haben. Durch das Eindringen des russischen Öls auf dem indischen Markt 1959 und 1960 wurde jene Kettenreaktion ausgelöst, die zu den letzten Senkungen der Rohöllistenpreise im Nahen Osten und zur Bildung der *OPEC*[117] geführt hat. In Italien hat der Bezug russischen Öls durch Mattei in den späten fünfziger und frühen sechziger Jahren dazu geführt, den italienischen Ölmarkt zu einem der verlustreichsten in Europa zu machen.

Da um das russische Öl so viel Aufhebens gemacht wird, überschätzt man leicht seine Bedeutung. In Wirklichkeit hat es keinen sehr großen Anteil am Weltmarkt. 1967 deckte es etwa 4 Prozent des Bedarfs der nichtkommunistischen Länder, und sogar in Westeuropa, wo Westdeutschland, Schweden und Italien große Importeure sind, belief sich sein Anteil nur auf etwa 8 Prozent.

Es stimmt, daß diese Zahlen keinen vollkommen richtigen Eindruck vermitteln. Auf jedem Markt wird das Gleichgewicht zwischen Angebot und Nachfrage durch geringfügige Überschußmengen gestört, die größten Einfluß auf die Preisbildung haben, und das gilt vor allem für Erdöl. Regierungen hegen immer den Verdacht, daß die Ölgesellschaften zu hohe Preise verlangen, und wenn eine neue und billigere Versorgungsquelle erreichbar wird, werden die Ölgesellschaften oft gezwungen, ihre Preise dementsprechend zu senken, selbst wenn die neue Versorgungsquelle nur einen Bruchteil des gesamten Marktes beliefert.

Dennoch zeigt die Größenordnung der Ölimporte aus der Sowjetunion, daß das russische Öl allein keinen entscheidenden Einfluß auf die Weltmarktpreise haben könnte. Die Ölfunde in Nordafrika, das Auftreten neuer, vor allem amerikanischer Ölunternehmen auf dem Weltmarkt und der normale Wettbewerb zwischen den großen Ölgesellschaften haben zusammen bei dem Preisverfall der letzten Jahre eine weitaus wichtigere Rolle gespielt als die Russen. Die Sojuznefteexport war nur ein Faktor unter vielen anderen und durchaus nicht so bedeutend wie die amerikanischen Importkontrollen.

Es ist schwierig, die politische Bedeutung der sowjetischen Ölexporte, abgesehen von der bloß wirtschaftlichen, zu ermessen. Sie schwankt in den verschiedenen Ländern. Hier muß man unbedingt erwähnen, daß die Russen immer eine andere Einstellung zum Außenhandel hatten als die meisten westlichen Nationen. Sowohl unter den Zaren als auch unter dem kommunistischen Regime strebten sie immer nach Autarkie. Sie betrachteten den Export lediglich als ein Mittel, um sich jene Waren zu beschaffen, die die UdSSR zur Zeit nicht in ausreichenden Mengen erzeugt.

1950 trieb die Knappheit an Industrierohstoffen und Stahlrohren, ohne die ihre neuen Ölfelder nicht erschlossen werden konnten, die Sowjetunion auf den Ölexportmarkt. Darum fand ihre wichtigste Verkaufskampagne in den hochentwickelten Ländern Westeuropas und in Japan statt. In Enrico Mattei fand sie ihren idealen Partner. Er brauchte Öl und war in der Lage, die übrige italienische Industrie zu überreden, dafür Stahlrohre zu liefern.

Unter diesen Umständen haben Schätzungen, wieviel die Russen für ihr Öl berechneten, und Diskussionen darüber, ob sie nun die bestehende Preisstruktur zu zerstören trachteten oder nicht, keinerlei Bezug zur Wirklichkeit. Die Russen waren nicht in erster Linie an der westlichen Ölindustrie und ihren besonderen Preispraktiken interessiert. Sie wollten italienische Stahlrohre, und sie waren bereit, jeden Preis zu bezahlen — aber in Öl und nicht in Geld. Gleichzeitig waren sie sich sehr wohl der politischen Implikationen bewußt, die ein großes Geschäft mit einem NATO-Land mit sich brachte, in dem es eine große kommunistische Partei gibt. Wenn dieser Handel den inländischen Kommunisten von Nutzen sein und gleichzeitig einen Keil zwischen Rom und Washington treiben konnte, um so besser.

In den Entwicklungsländern entspringt die Bereitschaft der UdSSR, Tauschgeschäfte mit Öl einzugehen, viel eher politischen Motiven. In Indien fiel Ende der fünfziger Jahre das Auftreten des russischen Öls mit dem diplomatischen Versuch der Sowjetunion zusammen, die Führer der Dritten Welt, der afro-asiatischen Nationen zu umwerben. Es war die Zeit der Bandung-Konferenz, als Nehru, Nkrumah, Nasser und Sukarno auf dem Höhepunkt ihrer Macht standen. Neutralität bedeutete Kritik am Westen und Sympathie für den Osten. Indien konnte die UdSSR nur mit wenigem versorgen, was sie brauchte, und es besteht kein Zweifel, daß der Hauptgrund für die Invasion der Sojuzneftexport auf dem indischen Markt der Wunsch des Kremls war, die westlichen Geschäftsinteressen zu stören und die indische Wirtschaft dem kommunistischen Block näherzubringen.

In anderen Entwicklungsländern waren die politischen Motive des sowjetischen Ölexports noch viel deutlicher. Die treffendsten Beispiele sind Ceylon und Kuba. In Ceylon war die Regierung von Frau Bandaranaike 1960 in einen Streit mit der *Shell*, der *Esso* und der *Caltex* verwickelt und hatte gleichzeitig eine rasche Wendung nach links gemacht. Eine Zeitlang schien es, als ob der Ölstreit zu einem vollkommenen Abbruch der Beziehungen Ceylons zu den Vereinigten Staaten und Großbritannien führen würde, wenn die Insel nur sicher sein könnte, eine andere Versorgungsquelle und ein anderes Absatzgebiet für ihre landwirtschaftlichen Produkte, vor allem Tee, zu finden. Die Russen eilten zu Hilfe, und mit der sicheren Deckung seines Ölbedarfs enteignete Ceylon die drei Ölgesellschaften. Aber ein endgültiger Bruch mit den Vereinigten Staaten und Großbritannien wurde vermieden. Zwar blieb die Erdölindustrie auf Ceylon verstaatlicht, die Gesellschaften wurden jedoch entschädigt und die guten Beziehungen zu Amerika und Großbritannien wiederhergestellt.

In Kuba hatten die Russen mehr Glück. Während Castro sich noch abwartend verhielt, hatte er eine scharfe Auseinandersetzung mit den amerikanischen Unternehmen einschließlich der Ölgesellschaften, die ebenfalls zur Enteignung führte. Wahrscheinlich hätte er sich auf jeden Fall dem kommunistischen Block angeschlossen, aber der Umstand, daß ihn die Russen mit Öl und anderen lebenswichtigen Industrierohstoffen gegen Zuckerlieferungen versorgen konnten, gab den Ausschlag. In der Sowjetunion wird eine Unmenge Zucker erzeugt, und eine Zeitlang hatten die russischen Exportorganisationen große Mühe, Käufer für den Zuckerüberschuß zu finden. Da sie bereit waren, Schleuderpreise zu akzeptieren, hatten sie viel Erfolg, und ein Großteil des Zuckers ging direkt von Kuba an die Käufer, ohne je die Sowjetunion zu erreichen.

Jewgenij P. Gurow, der Vorsitzende der Sojuzneftexport, erklärte: „Wir verkaufen Erdöl, um Waren dafür zu erwerben".[118] Politischer Einfluß ist ein Artikel, der ebensogut wie Stahlrohr gekauft und verkauft werden kann, obwohl er viel schwieriger zu liefern ist; in einigen Fällen sind die Russen bereit, sogar sehr viel dafür zu bezahlen. Wenn sie glauben, daß der damit verbundene politische Vorteil erstrebenswert ist, gehen sie auch auf Bedingungen ein, die sie andernfalls als unrentabel ansehen würden. Doch wenn die Bedingungen annehmbar sind, sind sie ebenso geschäftstüchtig wie irgendeine internationale Ölgesellschaft.

Die Hauptleidtragenden dieses zweifachen Maßes sind die osteuropäischen Länder, die ebenso wie die Sowjetunion den international tätigen Ölgesellschaften verschlossen bleiben. Selbst auf der Höhe seiner Macht hat John D. Rockefeller nie derart krasse Preisdifferenzierungen zwischen Monopol- und Wettbewerbsmärkten betrieben wie die Russen.

Nach einer Schätzung des *Economist* vom Januar 1967 haben in den letzten Jahren Japan, Italien und Westdeutschland russisches Öl zu einem Durchschnittspreis von 7 bis 8 Rubel je Tonne gekauft. Im Gegensatz dazu mußte Ungarn 20 Rubel je Tonne, die Tschechoslowakei 18, Polen 17, Bulgarien 16 und Ostdeutschland 15,30 Rubel bezahlen. In den offiziellen sowjetischen Statistiken ist dieser Unterschied nicht so groß, aber noch immer ziemlich erstaunlich. Der *Wneschnaja Torgowlja*[119] zufolge betrug 1965 der durchschnittliche Weltexportpreis 12,70 Rubel je Tonne.

Wenn sie nach der Rechtfertigung einer solchen Preispolitik gegenüber ihren kommunistischen Verbündeten gefragt werden, haben die Russen eine fertige Antwort bereit. Der sowjetische Wirtschaftsfachmann O. T. Bogomolow schrieb im Februar 1966 in der *Wneschnaja Torgowlja,* daß auch die osteuropäischen Länder der UdSSR für ihre Maschinen zuviel berechnen, wenn man deren schlechte Qualität berücksichtigt. Die Osteuropäer streiten dies ab und glauben, daß ihr mächtiger Nachbar den größten Vorteil aus diesen Handelsgeschäften zu ziehen versucht. Aber wie dem auch sein mag, die Streitfrage wirft ein interessantes Licht auf die Handelspolitik des kommunistischen Blocks.

Als die Ural-Wolga-Felder erschlossen wurden, konnte die Sowjetunion den bescheidenen Bedarf der kommunistischen Länder in Europa ohne weiteres decken. 1963 wurde die große Freundschafts-Rohrleitung gebaut, die diese Länder mit ihren 4000 Kilometer entfernten Versorgungsquellen in Zentralrußland verbindet. Für Ölfachleute in Ost und West war diese gewaltige Rohrleitung ein Sinnbild der vollkommenen Abhängigkeit der osteuropäischen Länder vom russischen Öl, und man nahm an, daß diese Lage von unabsehbarer Dauer sein werde.

Aber in den letzten drei Jahren änderte sich die Handelspolitik der kleineren Partner des kommunistischen Blocks grundlegend. Allmählich lösten sich ihre Bande zu Moskau, und die osteuropäischen Länder spielen nun eine größere Rolle im internationalen Handel.

Das erste Land, das eigene Wege ging, war Rumänien, das im November 1965 einen historischen Tauschvertrag im Wert von 100 Millionen Dollar mit dem Iran unterzeichnete. Als Gegenleistung für eine zehnjährige Öllieferung von der *National Iranian Oil Company* verpflichtete Rumänien sich, dem Iran Industriewaren einschließlich Bohr- und Raffinerieausrüstungen zu liefern. Im nächsten Jahr trafen die beiden Länder ein weiteres Abkommen, laut dem die Rumänen sich zur Lieferung von 15.000 Traktoren und 10.000 Pflügen nach dem Iran verpflichteten. Die Öllieferungen wurden entsprechend erhöht.[120] Kurz danach unterzeichnete Bulgarien ebenfalls einen Vertrag mit dem Iran und Ostdeutschland mit Algerien. Es gibt Anzeichen dafür, daß auch Ungarn, Polen und die Tschechoslowakei Kontakte zu dem einen oder anderen Ölförderland im Nahen Osten aufnehmen werden.

Osteuropa und der Nahe Osten sind in mancher Beziehung natürliche Handelspartner. Die osteuropäischen Länder wollen ihre politische Abhängigkeit von der Sowjetunion vermindern, und die Ölförderländer sind ihrerseits bemüht, für ihr Öl Absatzgebiete zu finden, die nicht von den internationalen Ölgesellschaften abhängen.

Die Länder im Nahen Osten haben einen gewaltigen Ölüberschuß, den sie im Westen nicht verkaufen können, ohne mit den international tätigen Ölgesellschaften zu konkurrieren, die jedoch ihre weitaus wichtigste Einnahmequelle sind. Gleichzeitig brauchen sie aber für ihre Industrialisierung immer mehr Investitionsgüter, die von Osteuropa geliefert werden können. Da die internationalen Ölgesellschaften dort nicht tätig sind, verdirbt das als Gegenleistung gelieferte Öl nicht die Marktlage im Westen. Die osteuropäischen Länder und die Russen beginnen nun ihrerseits zu erkennen, daß die Sowjetunion nicht über genügend Öl verfügen wird, um der kommunistischen Welt die private Motorisierung und andere Annehmlichkeiten zukommen zu lassen, nach denen die dortige Bevölkerung verlangt.

Man schätzt, daß Osteuropa 1980 wahrscheinlich 170 Millionen Tonnen Öl brauchen wird. Die Inlandförderung der kleinen Felder in Rumänien, Ungarn und Polen wird nur 30 Millionen Tonnen betragen. Die UdSSR wird nicht imstande sein, diese Lücke ganz auszufüllen. Wenn ihre Förderung das Wirtschaftsplansoll von 630 Millionen Tonnen erreicht, wird ihr eigener Bedarf wahrscheinlich 560 Millionen Tonnen betragen. Sie wird sicherlich aus politischen Gründen einen Teil des Überschusses für den Export in die Entwicklungsländer behalten wollen, und eine zusätzliche Menge wird für den Verkauf in den Westen gegen Industrierohstoffe benötigt werden, die in der sowjetischen Wirtschaft knapp sind. Es ist also unwahrscheinlich, daß im äußersten Fall mehr als 20 oder 30 Millionen Tonnen für Osteuropa übrigbleiben werden, außer wenn sich der kalte Krieg dermaßen verstärkt, daß der Ost-West-Handel vollkommen zum Erliegen kommt.

Falls dieser Fall nicht eintritt, kann man auch erwarten, daß die kommunistischen Länder in dem in den nächsten zehn Jahren anwachsenden internationalen Erdgashandel eine wichtige Rolle spielen werden. Die Osteuropäer werden vor allem Erdgas importieren, die Sowjetunion wird hingegen sowohl als Käufer wie auch als Verkäufer auftreten.

Anscheinend nehmen die Russen bei Erdgas eine viel elastischere Haltung ein als beim Erdöl. Während sie niemals Erdöl importieren — auch nicht, um befreundeten Nationen wie dem Irak zu helfen, wenn diese Streit mit dem Westen haben —, sind sie bei Erdgas dazu bereit. Vielleicht halten sie Erdgas für weniger wichtig, vielleicht haben sie aber auch erkannt, welche wirtschaftlichen Vorteile die Verwendung ausländischer Gaslieferungen (die in ausländischen Pipelines bis zur Grenze geleitet werden) für jene Teile der Sowjetunion bietet, die von den inländischen Erdgasfeldern zu weit entfernt sind.

Welcher Grund sie auch bewegen mag — es ist bereits klar, daß wie beim Erdöl politische Überlegungen eine große Rolle spielen.

Bis jetzt wurden zwei Importverträge für Erdgas — einer mit dem Iran und einer mit Afghanistan — unterzeichnet. Der Vertrag mit dem Iran ist umfassender und ein erstklassiges Beispiel, wie erfolgreich die Russen ihre Handels- und Außenpolitik zu verschmelzen wissen. Seit dem Zweiten Weltkrieg ist der südlich der Sowjetunion liegende Iran ein Mitglied der westlichen Allianz. In den fünfziger Jahren bildete er mit der Türkei, dem Irak und Pakistan einen Teil des von John Foster Dulles vorgesehenen Verteidigungsblocks gegen die sowjetische Aggression im Nahen Osten. Im Lande selbst hatte der Schah eine eindrucksvoll fortschrittliche Politik mit Sozial- und Wirtschaftsreformen durchgeführt und gleichzeitig die einheimischen Kommunisten eingesperrt. Dem sowjetischen Außenministerium mochten engere Beziehungen mit dem Iran zwar äußerst wünschenswert, jedoch als ein kaum erreichbares Ziel erschienen sein.

Dies wurde indessen erreicht — nicht weil der Schah seine politische Ansicht über den Kommunismus geändert hat, sondern weil die Russen ihm praktische Vorteile bieten konnten. In den letzten Jahren stand es mit den Beziehungen zwischen dem Iran und dem Westen und den Ölgesellschaften nicht gerade zum besten. Der Schah nimmt es den Vereinigten Staaten übel, daß sie häufig ihren Feinden, vor allem Nasser, mehr Hilfe gewähren als ihren Freunden. Er ist auch der Auffassung, daß die Ölgesellschaften bei der Erhöhung ihrer Förderung dem Iran wegen seiner größeren Bevölkerung vor den arabischen Staaten den Vorzug geben sollten. Gleichzeitig, und völlig abgesehen von diesen Beschwerden, ist er bestrebt, den Handel und die Wirtschaft des Iran auf eine breitere Grundlage zu stellen, um die Abhängigkeit des Landes vom Öl und den international tätigen Ölgesellschaften zu verringern.

Alle diese Wünsche schien das Erdgas zu erfüllen. Da ging eine wertvolle Substanz, die die Grundlage einer neuen chemischen Industrie abgeben oder zur Erwerbung von Devisen oder Industrierohstoffen aus dem Ausland verwendet werden konnte, einfach in Rauch auf. Die Russen nahmen ihre Chance wahr, und im Januar 1966 unterzeichneten die beiden Länder einen bedeutenden und umfassenden Vertrag über einen Warenaustausch in Höhe von 600 Millionen Dollar, der zum erstenmal Erdgasexporte aus einem Land im Nahen Osten vorsah und das erste Beispiel für ein Entwicklungsland ist, das Erdgas zur Zahlung für ausländische Industrialisierungshilfe verwendet.

Dem Vertrag zufolge muß der Iran die Sowjetunion mit 6 Milliarden Kubikmeter Erdgas jährlich zwischen 1970 und 1975 und 10 Milliarden Kubikmeter in den folgenden Jahren zu einem Preis von 6,60 Dollar pro tausend Kubikmeter versorgen. Die Russen werden dem Iran außerdem eine Anleihe mit günstigem Zinssatz zum Bau eines Stahlwerks und einer Fabrik für Maschinen und Industrieausrüstungen unter russischer Aufsicht gewähren. Der Schah wird die Kommunisten im Iran zweifellos weiterhin unter strenger Aufsicht halten. Seine wichtigsten Handels- und Wirtschaftsbeziehungen bestehen noch immer mit dem Westen. Aber seine Beziehungen zur Sowjetunion sind nun zu eng, um einen wirklich ernsthaften Bruch zu riskieren.

Wenn sich den Russen eine Möglichkeit bietet, wird ihr Eintritt in den Exporthandel mit Erdgas sogar noch aufsehenerregender sein. Sie planen den Bau der größten Erdgasleitung der Welt, die von der Ukraine nach Triest führen soll, um Italien mit 12 Milliarden Kubikmeter jährlich zu versorgen. Diese Rohrleitung würde durch Österreich führen und könnte dann über Norditalien nach Frankreich verlängert werden, wodurch die sowjetischen Erdgasfelder mit dem westeuropäischen Gasleitungsnetz verbunden wären. Es würde so ein Leitungsnetz entstehen, das über die Grenzen verläuft und unparteiisch die Lieferungen aus den Niederlanden, Lacq und Norddeutschland sowie Importe aus Algerien, Libyen und Rußland verteilt. Wenn dieser Plan sich verwirklichen läßt, wäre er der größte Schritt zur Integration der russischen Wirtschaft mit dem Westen seit der Revolution von 1917.

ANMERKUNGEN ÜBER CHINA

Über China wissen wir viel weniger als über die Sowjetunion. Außerdem ist es sehr schwierig, die Wahrheit von der Propaganda zu trennen. Es ist jedoch sicher, daß China weite Gebiete mit aussichtsreichen Ölformationen besitzt. L. D. B. Heenan von der Universität von Otago in Neuseeland, der allgemein als einer der besten Fachleute für chinesisches Erdöl gilt, nimmt an, daß diese Gebiete etwa 4 Millionen Quadratkilometer[121] umfassen, was etwa der Hälfte des Landes entspricht. Man kann jedoch unmöglich sagen, wie aussichtsreich sie tatsächlich sind. Vor der kommunistischen Machtübernahme hofften einige Ölgesellschaften, Konzessionen von Tschiang

Kai-schek zu erhalten. Die *BP* nahm sich sogar die Mühe, eine eigene Gruppe von „Chinafachleuten" ins Leben zu rufen.

Es ist auch offenkundig, daß die Chinesen mit beachtlichem Erfolg eine Ölindustrie fast aus dem Nichts schufen. Bis zum Bruch mit der UdSSR waren sie vollständig von sowjetischen Technikern und Ausstattungen abhängig, und man nahm allgemein an, daß die Ölindustrie zusammenbrechen werde, sobald sich die Russen zurückzögen. Aber in dieser Hinsicht wurden die Hoffnungen der UdSSR enttäuscht. Zwischen 1960 und 1965 wuchs die Ölförderung Chinas von 5,5 auf 10 Millionen Tonnen jährlich. Das Land ist infolgedessen von Importen praktisch unabhängig, abgesehen von einigen Spezialprodukten, die hauptsächlich aus Rumänien eingeführt werden.

Diese Leistung wurde vor allem dank der Erschließung des Ölfeldes von Tetsching erreicht, von dem man annimmt, daß es sich im Nordosten des Landes befindet, obwohl anscheinend niemand im Westen sich dessen sicher ist. Zum erstenmal wurde dort Öl im April 1961 gefunden. In den folgenden fünf Jahren wurde dieses Vorkommen der Nation als ein Beispiel dafür hingestellt, wie ergebene Kommunisten, die den Lehren Mao Tse-tungs folgen, alle Schwierigkeiten überwinden können. Mit Tetsching verglichen zu werden, wurde für jedes Industrieunternehmen eine hohe Ehre, und im August 1966 forderte das Zentralkomitee der Kommunistischen Partei Chinas die gesamte Industrie auf, „vom Tetsching-Feld zu lernen". Anfang 1967 wurde jedoch während der Unruhen der Roten Garden die Propagandamaschine auf entgegengesetzte Richtung geschaltet. Die Direktoren wurden „bourgeoiser Tendenzen" beschuldigt und durch eine neue Gruppe ergebener Maoisten ersetzt.

Trotz der eindrucksvollen Leistungen Chinas ist es mehr als zweifelhaft, ob es die stürmische Vorwärtsentwicklung seiner Ölförderung auch in Zukunft wird aufrechterhalten können. Der Jahresverbrauch von 10 Millionen Tonnen ist für ein so volkreiches Land lächerlich gering. Falls es die Absicht Pekings ist, das Land so schnell wie möglich zu industrialisieren, kann es nicht auf das Wachsen der Ölförderung warten. Es wird auf Importe angewiesen sein.

Das Regime wird wohl kaum mit den internationalen Ölgesellschaften zu tun haben wollen, wenn sich eine Gelegenheit ergibt, in einem Handelsabkommen neben Öl auch noch politischen Einfluß zu erwerben. China wird also wahrscheinlich eine staatliche Gesellschaft in dem einen oder anderen der Ölförderländer als Geschäftspartner und Öllieferanten wählen, so wie die Sowjetunion Erdgas vom iranischen Staatskonzern kauft.

25. Kapitel
Finanzierungsprobleme

Die wirtschaftliche Expansion hängt von der Energieversorgung ab, und diese wieder vom Geld.

John Loudon

Jedesmal wenn Bickham Sweet Escott, der Finanzfachmann der *British Petroleum*, eine Rede hält, beginnt er mit der Feststellung, daß es seine Hauptaufgabe sei, Geld aufzunehmen. Er ist ein guter Redner, und die Einleitung ist sehr effektvoll. Die meisten Leute glauben, das Hauptproblem der Ölgesellschaften — die doch mit so großen Summen umgehen — sei das Geldausgeben. Man ist völlig überrascht, wenn man erfährt, daß die Ölgesellschaften Sorgen wegen Geldmangels haben könnten, vor allem, wenn man nur ihre Reingewinne vor Augen hat.

Bei manchen Unternehmen erreichen sie astronomische Zahlen. Die *Standard Oil Co. (N. J.)* weist jährlich über 4 Milliarden DM aus, die *Shell* und die *Texaco* an die 3 Milliarden, und selbst eine relativ kleine Gesellschaft wie die *British Petroleum* kommt auf mehr als eine Milliarde. Diese Zahlen sind jedoch irreführend. Nicht die Höhe des Gewinns ist ausschlaggebend, sondern sein Verhältnis zur Höhe des investierten Kapitals. Anfang der fünfziger Jahre lag dieses Verhältnis bei 14 Prozent. Doch diese glücklichen Zeiten sind längst vorbei. Als der Ölüberschuß in der Welt zunahm, fielen die Preise, und 1962 sank die Rendite auf etwa 10 Prozent. Seither haben betriebswirtschaftliche Rationalisierungen den ständigen Preisverfall aufgefangen, und dank der guten Preise, die noch immer in den Vereinigten Staaten erzielt werden können, ist die Rendite wieder auf mehr als 11 Prozent angestiegen. Obwohl dies im Vergleich zu anderen Wirtschaftszweigen nicht schlecht ist, bereitet sie den führenden Ölleuten Sorgen um die Zukunft.

Die Ölindustrie ist ein Opfer ihres eigenen Erfolges. In den letzten zwölf Jahren hat sich der Ölbedarf mehr als verdoppelt, und alles spricht dafür, daß er sich bis 1980 wieder verdoppeln wird. Zwar tauchen auf den Straßen elektrische Kraftwagen auf, und in einigen industrialisierten Ländern gibt es bereits Atomkraftwerke. Beide aber befinden sich noch in einem frühen Entwicklungsstadium, während der Bedarf an Kohle immer mehr zurückgeht. In den nächsten 15 Jahren werden also Erdöl und Erdgas fast den gesamten Energiezuwachs der Welt decken müssen; gleichzeitig werden die Ölgesellschaften sich in immer steigendem Maße in der petrochemischen Industrie engagieren.

VERZINSUNG DES IN DER ÖLINDUSTRIE EINGESETZTEN KAPITALS

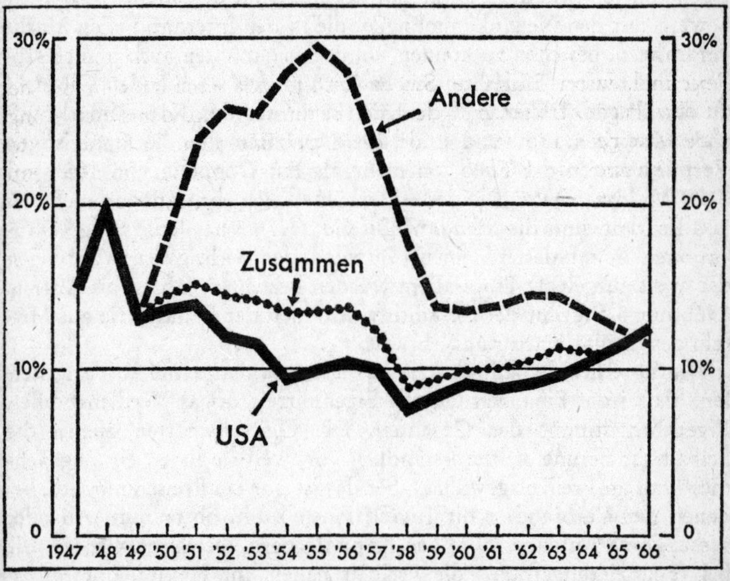

Die Kosten der Finanzierung dieses Wachstums werden gewaltig sein. In einem einzigen Jahr investiert die Ölindustrie in Europa mehr als 16 Milliarden DM; eine Rohrleitung wie die über die Alpen kommt auf mehr als 750 Millionen DM; der Preis einer Bohrinsel in der

Nordsee beträgt 40 Millionen, und jede weitere Bohrung 10 Millionen DM. In den kommenden Jahren wird man mehr Kapital als je zuvor brauchen. John Loudon, der frühere Vorstandsvorsitzende der *Shell*, schätzte die Ölinvestitionen für die 25 Jahre von 1965 bis 1990 auf 1250 Milliarden DM.[122] Das ist mehr als das Vierfache des augenblicklichen Volkseinkommens Großbritanniens.

In der Vergangenheit deckten die Ölgesellschaften gewöhnlich ihre Ausgaben fast ganz durch Selbstfinanzierung aus ihren eigenen Rücklagen und Gewinnen. Zwischen 1933 und 1952 konnte die *BP* alle ihre Investitionen so finanzieren, und wenn sie nicht von Mossadegh aus dem Iran vertrieben worden wäre, hätte sie damit wahrscheinlich bis Ende der fünfziger Jahre fortfahren können. Die meisten anderen international tätigen Gruppen wiesen ähnliche Leistungen auf. Nur selten legte eine große Ölgesellschaft eine Anleihe auf.

Als die Rendite zu sinken begann, änderte sich die Lage. Die Ölgesellschaften brauchten nicht nur Kapital, um den intensiven Wettbewerb mit den Neuankömmlingen, die in den internationalen Markt eindrangen, bestehen zu können, sondern sie mußten auch immer größere und teurere Einrichtungen bauen, um den wachsenden Ölbedarf zu bewältigen. Daher griff man nun öfter auf den Kapitalmarkt zurück. Zwischen 1960 und Ende 1966 erhöhten sich die langfristigen Verpflichtungen der *Shell* um mehr als das Doppelte von 1685 auf 4120 Millionen DM. Die der *BP* erhöhten sich ebenfalls um mehr als 100 Prozent, und die *Standard Oil Co. (N. J.)* hat langfristige Obligationen in mindestens einem Dutzend der wichtigsten Währungen der Welt aufgelegt. Trotz allem wurden in den 15 Jahren bis Anfang 1966 nur 5 Prozent der Gesamtinvestitionen der Ölindustrie aus Mitteln des Kapitalmarkts aufgebracht.

Die Sprecher der Ölindustrie versuchen es manchmal so darzustellen, als sei die Finanzierung aus Eigenmitteln etwas Verdienstvolles. Eigentlich stimmt das Gegenteil. Die Ölgesellschaften ziehen die Selbstfinanzierung selbstverständlich vor, weil sie ihnen ein angenehmes Maß an Freiheit gewährt, aber das ist nur bei Preisen möglich, bei denen der Verbraucher die Investitionen zahlt, ob er nun will oder nicht. Diese Aufgabe sollte den Kapitalgebern überlassen werden, die bei Finanzierungsfragen die Freiheit haben, ihr Kapital dort anzulegen, wo es ihnen den höchsten Nutzen bringt. Aber auch hier wie bei vielen anderen Fragen bildet die Ölindustrie eine Ausnahme von der allgemeinen Regel. Die Beträge, die sie braucht, sind so riesig, daß es äußerst zweifelhaft ist, ob die Kapitalmärkte der Welt sie zur Verfügung stellen können, ohne andere Branchen zu benachteiligen.

Eine der ausführlichsten Untersuchungen auf diesem Gebiet wurde 1967 von Anthony Ashton, einem Direktor der *Esso Petroleum Co. Ltd.*, Tochtergesellschaft der *Standard Oil Co. (N. J.)*, durchgeführt. Er kam zu folgendem Ergebnis: sowohl in den USA als auch in allen übrigen OECD-Ländern zusammen betrug die Nettoneuemission von Wertpapieren im Jahresdurchschnitt von 1960 bis 1965 etwas mehr als je 15 Milliarden Dollar. Es stehen also insgesamt jährlich an die 30 Milliarden Dollar zur Verfügung, die zwischen allen Industriezweigen aufzuteilen sind. Würde die Ölindustrie — so wie die übrigen Industrien — rund ein Fünftel ihres Geldbedarfes auf dem Kapitalmarkt aufnehmen, so würde sie heute gegen 25 Milliarden Dollar und 1975 an die 38 Milliarden benötigen. Ein einzelner Industriezweig kann aber nicht einen so großen Teil des Kapitalmarktes für sich in Beschlag nehmen, und es ist auch nicht zu erwarten, daß der internationale Kapitalmarkt bis 1975 so wächst, daß er imstande wäre, diese gewaltige Last zu tragen.

Das stellt die Ölindustrie vor verschiedene Alternativen. Das Naheliegendste wäre für die Ölgesellschaften, sich so zu verhalten wie jeder, dessen Ausgaben die Einnahmen übersteigen: nämlich ihre Ersparnisse gebrauchen, indem sie ihre flüssigen Mittel vermindern. Große Industriekonzerne haben hohe Bargeldreserven, und das ist einer der wichtigsten Punkte, auf die ein Vorstand achten muß. Im Falle der *BP* betrugen Ende 1966 die gesamten Barmittel, Schatzanweisungen, Obligationen und britischen Staatspapiere umgerechnet 1350 Millionen DM, wovon sich 1050 Millionen in London befanden. Diese Zahlen erscheinen wie alle Angaben in der Ölindustrie gewaltig, und es ist schwer zu glauben, daß tatsächlich so viel Geld gebraucht wird. Dennoch verhält es sich so. Im Verlauf eines Jahres kann die Summe um 580 Millionen DM und mehr schwanken, und an einem einzigen Tag mußte die *BP* nicht weniger als 340 Millionen DM zahlen. Die Regierungen der Erzeugerländer wollen ihre vierteljährlichen Steuern und Förderzinsen sofort erhalten, und die Ölgesellschaft, die sie warten läßt, muß sich auf Schwierigkeiten gefaßt machen.

Die zweite Möglichkeit für die Ölindustrie ist die Verminderung ihrer Kapitalinvestitionen. Auf den ersten Blick scheint dies ein vernünftiger Gedanke zu sein in Hinblick auf den Ölüberschuß in der Welt, der in den letzten zehn Jahren auf die Preise drückte und der allen Anzeichen nach noch lange Zeit andauern wird. Unter Tage nützt Erdöl jedoch niemandem. Es muß gefördert und den Kunden geliefert werden, und das kostet ziemlich viel Geld. Wenn die Ölindustrie die große Nachfrage der nächsten fünfzehn Jahre befriedigen will, hat sie keine andere Wahl, als weiterhin Geld zu investieren.

Außerdem ist die Ölindustrie kein monolithisches Ganzes, in dem Investitionsprogramme durch eine zentrale Behörde in der Weise reguliert werden können, wie die Regierungen — nicht immer er-

KAPITALAUFWAND 1966

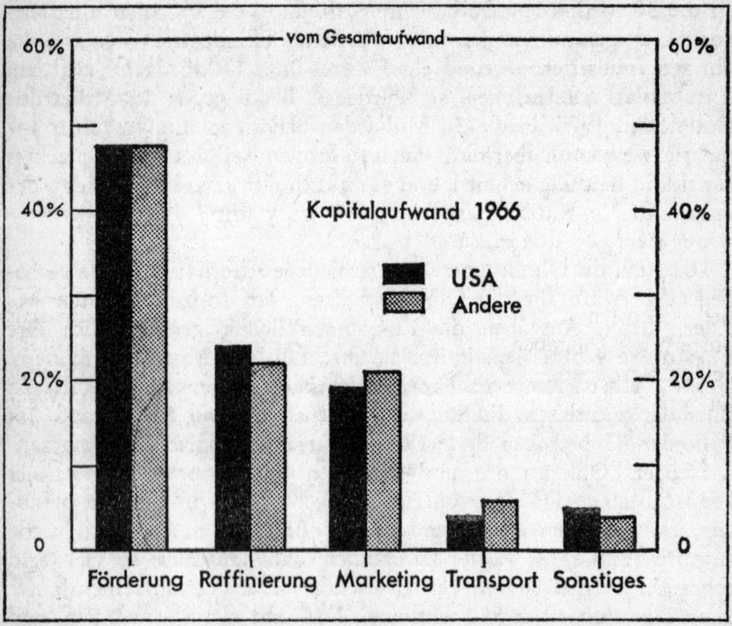

folgreich — die Industrieinvestitionen in ihrer heimischen Wirtschaft zu steuern versuchen. Die Ölindustrie setzt sich aus miteinander konkurrierenden Einheiten zusammen, wobei jede Gesellschaft ständig Kapital aufwenden muß, um ihre eigene Stellung zu halten und zu verbessern. Für die *Shell* ist es kein Trost, daß die *BP* und *Gulf Oil* mehr Öl haben, als sie brauchen. Die *Shell* leidet noch immer an Ölmangel und will mehr finden. Ebenso können die *BP* und die *Gulf Oil* ihr Öl nicht über das Vertriebsnetz der *Shell* in Westdeutschland absetzen. Sie müssen ihre eigenen Verteilernetze ausbauen.

Ferner werden die Ölgesellschaften auch von den Regierungen ständig unter Druck gesetzt, ihre Investitionen zu erhöhen. In den Förderländern, wo die Erdölsteuern die Haupteinnahmequelle der Regierungen sind, müssen die Ölgesellschaften ständig ihre Förderung erhöhen, mit allen dazugehörigen Investitionen für Rohrleitungen, Häfen und so weiter. Falls sie das unterlassen, droht ihnen Enteignung oder zumindest eine Revision ihrer Konzession.

Dasselbe gilt vielfach für die Aufrechterhaltung der Dividendenhöhe. Wenn man sie senkt, würden die Aktionäre ihre Beteiligungen abstoßen, und die Aktienkurse würden fallen. Auf kurze Sicht würde das nichts ausmachen, und keine Ölgesellschaft kümmert sich viel um die täglichen Schwankungen ihrer Aktien, wie auch keine Regierung ihre Politik sofort den Ergebnissen von Meinungsumfragen anpaßt. Auf lange Sicht ist das eine andere Sache. Ein anhaltendes Sinken der Kurse für Ölaktien würde den Eindruck erwecken, als ob die Ölindustrie kein gutes Anlageobjekt mehr sei, was das Unterbringen einer Anleihe auf den Kapitalmärkten sehr erschweren würde.

VERTEILUNG DES BRUTTOEINKOMMENS DER SHELL IM JAHRE 1966

Betriebskosten	51,25 Prozent
Steuern und Abgaben	36,25 Prozent
Selbstfinanzierung	9,25 Prozent
Dividende	3,25 Prozent

Wenn die Ölgesellschaften weder ihre Bargeldmittel noch ihre Dividenden verringern können, besteht für sie noch die Möglichkeit, von ihren Regierungen finanzielle Unterstützung zu fordern. Das wurde auch von der Raumschiffahrt, der Stahlindustrie und anderen wichtigen Industriezweigen getan. Die Ölleute selbst schrecken vor diesem Gedanken zurück. Sie sind der Auffassung, daß dies auf lange Sicht den Verlust ihrer wirtschaftlichen Unabhängigkeit bedeuten würde. Die Erfahrung anderer Branchen hat gezeigt, daß dies durchaus der Fall sein kann, doch ist das nicht der einzige Einwand; und man kann sich schwer vorstellen, daß die britische oder amerikanische Regierung freiwillig die internationale Tätigkeit der Ölgesellschaften subventioniert. Im Falle der Stahlindustrie, der Raumschiffahrt, der Eisenbahnen, des Kohlenbergbaus und anderer wirtschaftlich bedeutender Industriezweige werden fast alle Kapitalinvestitionen im Ursprungsland vorgenommen. Niemand regt zum Beispiel an, daß die britische Stahlindustrie oder die British Aircraft Corporation Werke in Nordafrika oder in Westdeutschland bauen soll. Im Gegensatz dazu müssen Ölgesellschaften den Großteil ihres

Geldes außerhalb ihres Mutterlandes aufwenden. Sowohl die britische als auch die amerikanische Regierung unternehmen alles, um die Investitionen in Übersee zu beschränken, und wünschen keine weiteren Verpflichtungen.

Es liegt auf der Hand, daß die Ölgesellschaften unmöglich von den Regierungen der Verbraucherländer Finanzierungshilfen erwarten können. Die Folgen wären sogar noch unwillkommener als bei der Unterstützung durch die eigenen Regierungen. In den Förderländern können die Ölgesellschaften von den Regierungen zumindest eine gewisse finanzielle Hilfe erwarten. Wenn ein staatlicher Konzern wie die *National Iranian Oil Company* mit einer international tätigen Ölgesellschaft eine Partnerschaft eingeht, muß er selbstverständlich ebenso für seinen Anteil an den Erschließungskosten des Projekts aufkommen wie er an den Gewinnen beteiligt ist. Hier ist jedoch ein Haken: Die Verträge bestimmen fast immer, daß das staatliche Unternehmen nur zahlen muß, wenn Öl gefunden wird. Ist die Ölsuche erfolglos, trägt die ausländische Ölgesellschaft alle Kosten.

Unter diesen Umständen bleibt den internationalen Ölgesellschaften keine andere Wahl, als weiterhin den Großteil des Investitionskapitals auf dem Wege der Selbstfinanzierung aufzubringen. So können sie wenigstens sicher sein, daß ihr Kapitalfluß nicht durch die Vorstellungen eines Politikers oder andere außerhalb ihrer Kontrolle liegende Faktoren behindert wird, und ihre Ansprüche an die Kapitalmärkte werden nicht so hoch sein, daß diese Einrichtungen zusammenbrechen.

Man muß sich die Frage stellen, ob die Ölgesellschaften die weiterhin wachsenden Beträge erwirtschaften können. Sie sind überzeugt, dies durch die Steigerung ihrer Leistungsfähigkeit zu erreichen, und es gibt gewiß sehr eindrucksvolle Beispiele dafür. In den letzten fünfzehn Jahren haben die Ölgesellschaften durch technische Neuerungen die Förderkosten im Grunde stabil gehalten und durch neue Großtanker die Tankertransportkosten auf ein Drittel herabgesetzt. Große Einsparungen wurden auch in der Verarbeitung und im Vertrieb durch intensivere Verwendung von Elektronenrechnern und neue Methoden gemacht, wie die der „Ganzzüge“, mit denen die Bahnfrachten um mehr als 50 Prozent verringert wurden.

Die Wirtschaft klagt oft, daß sie in einer ständig steigenden Preisspirale gefangen ist, bei der jede neue Verteuerung eine Reihe weiterer Preiserhöhungen nach sich zieht. Aber es ist auch möglich, durch Rationalisierungsmaßnahmen Kostensenkungen in anderen Teilen der Unternehmen zu erreichen, wie das in der Ölindustrie der Fall war.

Falls also der Ansporn zu neuen Investitionen aufrechterhalten werden kann, sollten weitere Fortschritte in dieser Richtung möglich sein.

Viel wird vom Verhalten der Regierungen in der ganzen Welt abhängen. Wenn die direkten Steuern auf die Gewinne der Ölgesellschaften und die indirekten Abgaben auf die Erdölprodukte weiterhin mit derselben Rücksichtslosigkeit wie in den letzten Jahren erhöht werden, können sie den Nutzen der technologischen Neuerungen bei weitem überwiegen.

Bei ihren Auseinandersetzungen mit den Regierungen werden die Ölgesellschaften durch das System der Listenpreise stark behindert, das sie selbst Ende der vierziger und Anfang der fünfziger Jahre eingeführt haben. Damals waren, wie bereits erwähnt, die Rohölpreise überall durch das Golf-plus-Fracht-System an die Preise in Texas gebunden. Da die Förderkosten im Nahen Osten und in Venezuela nur einen Bruchteil von denen in den Vereinigten Staaten betrugen, wurden in der internationalen Ölförderung gewaltige Gewinne erzielt. Als 1948 in Venezuela und 1949 im Nahen Osten die 50 : 50-Gewinnteilung eingeführt wurde, basierte sie auf diesen hohen Preisen. Dadurch wurden die Steuern der Ölgesellschaften an die Regierungen der Ölförderländer untrennbar mit der Aufrechterhaltung des Preisniveaus der jüngsten Nachkriegszeit gekoppelt. Seither müssen die Ölgesellschaften für ihre Raffgier zahlen. Als sich Mitte der fünfziger Jahre ein internationaler Ölüberschuß anbahnte, sahen sie sich vor die Tatsache gestellt, daß die Regierungen der Förderländer jede Senkung des Listenpreises für Rohöl und damit jede Senkung der Steuerzahlungen ablehnten. Die Rohöllistenpreise blieben seit 1960 unverändert, und die Ölgesellschaften müssen bei ihren Verkäufen Preisnachlässe gewähren, während ihre Steuern so berechnet werden, als ob sie den vollen Preis erzielten.

Die Betriebskosten im Nahen Osten, in Venezuela und den neuen Fördergebieten in Nordafrika und anderen Ländern sind gewöhnlich so niedrig, daß auf der Förderstufe immer noch hohe Gewinne erzielt werden können. Aber diese müssen nun die Verluste in den folgenden Bereichen wie Transport, Verarbeitung und Vertrieb ausgleichen. Auf kurze Sicht bedeutet dies für die großen Ölgesellschaften keinen großen Unterschied. Wenn ihre Tochtergesellschaften in Kuweit, Iran, Libyen und den übrigen Ländern große Gewinne machen, während jene in Großbritannien, Westdeutschland, Italien und anderen Verbraucherländern kleine Verluste erleiden, erzielt die Gruppe als Ganzes immer noch einen Gewinn.

Auf lange Sicht ist diese Entwicklung jedoch gefährlich. In den

Förderländern werden nämlich die Regierungen auf einen immer größeren Gewinnanteil und auf eine großzügigere Beteiligung bei den neuen Verträgen drängen. Nach den Ereignissen der letzten zehn Jahre zu urteilen, werden die Ölgesellschaften auf lange Sicht diesen Forderungen kaum widerstehen können.

Auch in den Verbraucherländern wird ihre Existenz schwieriger werden. Trotz der auf die Rohöllistenpreise gewährten Rabatte ist der Rohölpreis immer noch höher, als es die Marktlage rechtfertigt, und die Verkaufstochtergesellschaften müssen ihre Fertigprodukte zu niedrigeren Preisen verkaufen, als sie selbst ursprünglich für ihre Rohöllieferungen entrichteten. Infolgedessen zahlen sie in vielen Verbraucherländern kaum Einkommen- oder Körperschaftssteuern. Für die Regierungen dieser Länder ist das eine unerfreuliche Situation, und so wird in offiziellen Kreisen ein immer stärkerer Druck ausgeübt, um die Ölgesellschaften auf der Basis von Gewinneinschätzungen zu besteuern, was eine beträchtliche Erhöhung ihrer gesamten Steuerbelastung mit sich brächte.

26. Kapitel
Die Interessen der Ölförderländer

„In der Vergangenheit waren wir das Opfer des militärischen, jetzt sind wir ein Opfer des wirtschaftlichen Imperialismus. Unter den bestehenden Konzessionssystemen saugen die Ölgesellschaften uns das Blut aus wie Vampire. Wir müssen neue politische und wirtschaftliche Verhältnisse einzuführen versuchen und unsere Bodenschätze zum Wohl gegenwärtiger und künftiger Generationen einsetzen.“ Diese Worte sprach Mu-azz 'Abid von Qatar, einem winzigen Ölscheichtum an der Küste von Oman, anläßlich des Sechsten Arabischen Erdölkongresses im März 1967 in Bagdad. Obwohl die Äußerungen sogar nach den Maßstäben des Nahen Ostens etwas extrem sind, drücken die darin offenbarten Gefühle die Haltung der meisten Menschen in den ölfördernden Ländern gegenüber der internationalen Ölindustrie — vor allem der großen Gesellschaften — aus. Ungeachtet ihres politischen oder wirtschaftlichen Standpunktes sind sich alle darüber einig, daß die traditionellen Beziehungen zwischen den ölfördernden Ländern und den Ölgesellschaften im Interesse des nationalen Ansehens und des möglichen Wohlstandes geändert werden müssen. „Wir können es nicht dulden, daß Ausländer weiterhin unsere wichtigste Industrie betreiben“, erklärt der Vorstandsvorsitzende der *Kuwait National Petroleum Company*, Sayyed Ahmad Sayyed Omar. Er befürwortet eine allmähliche Änderung durch Verhandlungen. In der Zwischenzeit ist er zu einer freundschaftlichen Zusammenarbeit mit den Ölgesellschaften bereit. Andere Araber fordern die sofortige Verstaatlichung. Der Unterschied zwischen Gemäßigten und Extremisten liegt weniger im Prinzip als im Zeitpunkt der Verwirklichung; beide stimmen darin überein, daß die Förderländer schließlich über ihr eigenes Erdöl bestimmen müssen.

Gegenwärtig stehen sie vor dem klassischen Dilemma der Entwicklungsländer. In den meisten Fällen haben sie nach der Erlangung der politischen Unabhängigkeit feststellen müssen, daß sie in der Wirtschaft von Außenstehenden abhängig geblieben sind. Sie sitzen in einem goldenen Käfig, in dem sie fester eingesperrt sind als ehedem in den Kolonialreichen der imperialistischen Mächte. In Kuweit stammen über 90 Prozent der Jahreseinkünfte des Staates von den ausländischen Ölgesellschaften. Im Irak beträgt dieser Anteil mehr als 80 Prozent. Sogar in Venezuela mit seinen Vorkommen an Eisenerz und anderen Mineralien, seiner blühenden Landwirtschaft und seiner wachsenden Industrie stammen über 65 Prozent der Staatseinnahmen von den Ölgesellschaften. Der überzeugteste Merkantilist des 18. Jahrhunderts hätte die Wirtschaft einer Kolonie nicht fester an die des Mutterlandes ketten können, als die ölfördernden Staaten an die Gesellschaften gebunden sind, die ihre Ölvorkommen erschließen.

DIE EINKÜNFTE AUS DEM ÖLGESCHÄFT 1956 BIS 1966

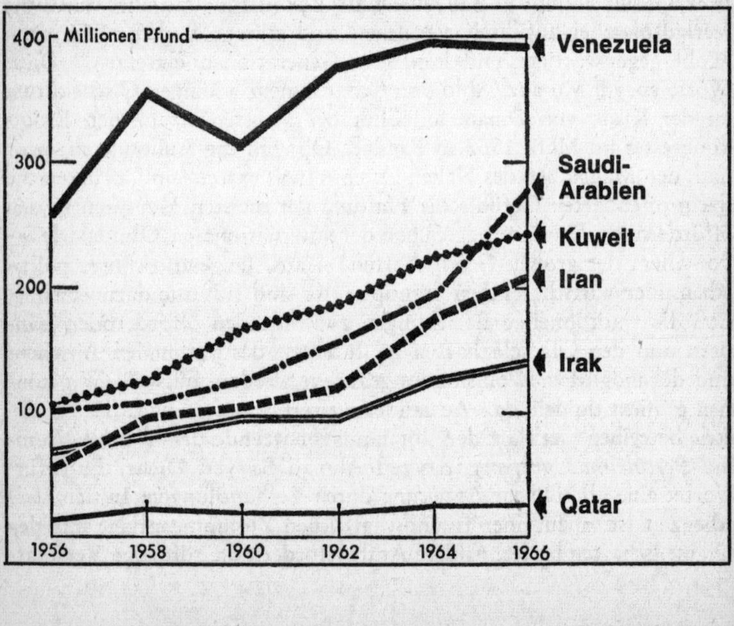

Die Staaten haben daraus große Vorteile gezogen. Durch die Listenpreise waren sie vor dem Sinken der Weltmarktpreise geschützt. Zwischen 1956 und 1967 stiegen die Einkünfte von Venezuela, Kuweit, Saudi-Arabien, dem Iran, dem Irak, Qatar und Libyen von 1,7 auf mehr als 4 Milliarden Dollar. In Kuweit führte das zur Schaffung des vollkommensten Wohlfahrtsstaates der Welt: sogar der öffentliche Telephondienst ist kostenlos, und am Freitag (dem mohammedanischen Sonntag) gibt es Verkehrsstockungen in der Wüste, da praktisch die gesamte Bevölkerung Automobile besitzt. In den meisten übrigen Ländern blieb der Reichtum entweder in den Händen weniger oder die Bevölkerung ist zu zahlreich, daß solch eindrucksvolle Auswirkungen erkennbar wären. Im allgemeinen blieben die Unternehmungen der Ölgesellschaften Enklaven der Technik des 20. Jahrhunderts in sonst unterentwickelten Volkswirtschaften. Es gibt nichts, worauf diese Länder zurückgreifen könnten, wenn der Erdölexport einmal ausfällt, und die Nachfrage nach Erdöl hängt vollkommen von der Wirtschaftslage in den Verbraucherländern ab.

Die Verbraucherländer können selbstverständlich auch nicht ohne Öl auskommen. Das verleiht den Förderländern einen viel größeren Einfluß in der internationalen Politik, als ihnen eigentlich zukäme. Sie können immer mit einer Unterbrechung der Öllieferungen drohen. Diese Macht besteht jedoch mehr dem Anschein nach als in Wirklichkeit. Mit der Unterbindung der Ölexporte zerstören die Ölförderländer ihre einzige bedeutende Einnahmequelle, und man kann sich schwerlich Umstände vorstellen, unter denen alle Förderländer zu diesem Schritt bereit wären. Alles andere als ein vollständiges Ölembargo der Mehrheit der Förderländer wäre jedoch sinnlos. Das zeigte sich deutlich bei der Nahostkrise von 1967, als die Araber sich zeitweise weigerten, Großbritannien, die Vereinigten Staaten und Westdeutschland mit Öl zu beliefern. Die betroffenen Länder erhöhten einfach ihre Bezüge aus dem Iran, Venezuela und anderen nichtarabischen Förderländern. Gleichzeitig verringerten die anderen Verbraucherländer ihre Ölimporte aus diesen Ländern und steigerten die Öleinfuhr aus den arabischen Ländern. Die damit verbundenen Versorgungsstörungen verursachten den Ölgesellschaften und Verbraucherländern zweifellos ziemlich viel Mühe und Kosten, aber sie fügten den Vereinigten Staaten, Großbritannien und Westdeutschland keinen besonderen oder dauernden Schaden zu. Die Schließung des Suezkanals, die eine Verdoppelung der Dauer der Öltransporte vom Persischen Golf nach Europa mit sich brachte, war ein wesentlich wichtigerer Faktor in der Gesamtsituation.

DIE ÖLIMPORTE GROSSBRITANNIENS VOR UND NACH DEM NAHOSTKONFLIKT

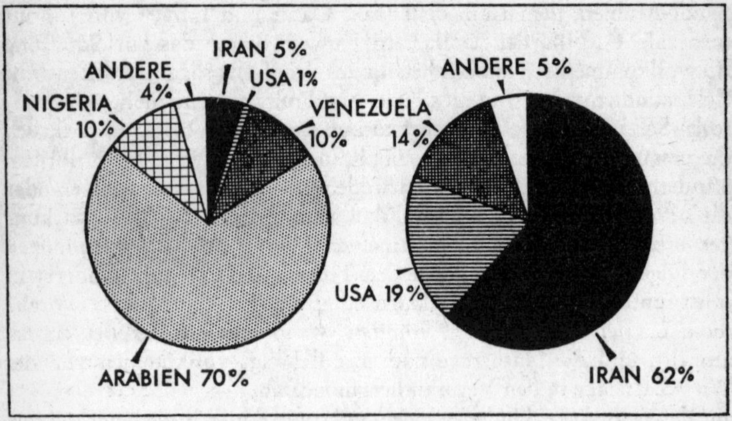

In den Ölförderländern schafft die Abhängigkeit von den Ausländern Mißstimmung in der Bevölkerung, und es ist nicht erstaunlich, daß sie die Ölgesellschaften und die „imperialistischen Mächte" für ihre schlechte Lage verantwortlich macht. Ihrer Ansicht nach gehen die meisten Ölkonzessionen auf Verträge zurück, die zur Zeit der Kanonenbootdiplomatie zustande gekommen sind. Zwar haben amerikanische Truppen nie Venezuela besetzt, um die Investitionen der Ölgesellschaften zu verteidigen, doch intervenierten die Vereinigten Staaten oft genug in Südamerika, um die Venezolaner davon zu überzeugen, daß die „Ledernacken" jeden Augenblick zuschlagen können. Großbritannien hat im Nahen Osten einen ähnlichen Ruf. Obwohl britische Truppen nie zum besonderen Schutz von Ölanlagen herangezogen wurden, hat Großbritannien im Laufe der Geschichte in diesem Gebiet seine militärische Macht so oft angewendet, daß man annehmen konnte, es stünde mit seinem politischen Gewicht hinter den Ölgesellschaften.

Bei dieser Auslegung der Geschichte wird die vollkommene Unwissenheit in Wirtschaftsfragen, die in den Förderländern bis vor relativ kurzer Zeit herrschte, nicht genügend in Betracht gezogen; außerdem berücksichtigt sie auch nicht die Käuflichkeit einiger Regenten, ferner den Umstand, daß die Ölgesellschaften überzeugt waren, große Risken einzugehen, und die jüngsten wirtschaftlichen Veränderungen. Zudem waren — wie das Verhalten der *Aramco* gleich nach dem Zweiten Weltkrieg zeigt — die Ölgesellschaften zufrieden, im Verein mit ihren eigenen Regierungen wie mit denen der Förderländer gewaltige Gewinne zu erzielen. Trotzdem ist nicht von der Hand zu weisen, daß „die Erfahrung der Ölgesellschaften und die Unterstützung seitens ihrer Regierungen die Bedingungen der ursprünglichen Ölabkommen einseitig erscheinen ließen".[123]

Der Zusammenprall zweier Weltanschauungen im Nahen Osten war ein weiterer Anlaß zu Mißverständnissen. Nach westlichen Gepflogenheiten werden die Verpflichtungen eines Unternehmens am Anfang einer Tätigkeit vertraglich festgelegt. Alles wird Punkt für Punkt ausgehandelt, und nachher kann das Unternehmen tun, was ihm gefällt, solange es nicht die Vertragsbedingungen verletzt. Wenn sich nachträglich herausstellt, daß einige Paragraphen oder die kleingedruckten Passagen eines Vertrages eine Partei mehr als die andere begünstigen, dann ist es für den Benachteiligten eben bedauerlich. Zur Unterzeichnung der ersten Ölkonzessionen im Nahen Osten nahmen die Ölgesellschaften ihre Rechtsberater mit, und nachdem sie die gewünschten Bedingungen ausgehandelt hatten, bestanden sie auf dem Prinzip der „Heiligkeit der Verträge". Von ihrem Standpunkt aus war das durchaus vernünftig, und ihre Beschwerden über die Art und Weise, wie die betreffenden Regierungen konsequent die Spielregeln auf halbem Wege zu ändern trachteten, sind vom westlichen Standpunkt aus durchaus verständlich.

Den Leuten im Nahen Osten erscheint das Verhalten der Ölgesellschaften hingegen als westliche Heuchelei. Männern wie König Ibn Saud und anderen arabischen Herrschern war die Vorstellung eines modernen Industrieunternehmens mit seinen vielen Verantwortlichkeiten im Gegensatz zur persönlichen Verantwortung eines Monarchen etwas vollkommen Neues. Auch die Hinzuziehung von Rechtsanwälten bei Verhandlungen unter Gleichgestellten wirkte befremdend. Ibn Saud war gewohnt, von Mann zu Mann zu sprechen und einen Handel durch ein persönliches Versprechen zu besiegeln. Danach war es die Pflicht eines jeden, sowohl dem Geist als auch dem Buchstaben des Abkommens getreu zu handeln. Brach einer sein Wort, so verdiente er Strafe. Da gab es keinen Anlaß zu haarspalterischen Argumenten über das Kleingedruckte in Verträgen, und als die Ölgesellschaften dazu Zuflucht nahmen, wurde dies als Vertrauensbruch angesehen.

Der Nahe Osten hat inzwischen gelernt, nach den westlichen Wirtschaftsregeln zu handeln. Heute erscheinen die Regierungen der Ölförderländer ebenfalls in Begleitung von Rechtsanwälten und allen möglichen Ratgebern an den Konferenztischen. Aber immer noch ist die Überzeugung lebendig, daß die eigentliche Grundlage, auf der die Ölkonzessionen beruhen, moralisch anfechtbar ist und daß fast alle Mittel gerechtfertigt sind, sie zu ändern.

Einer der eindeutigsten Vertreter dieser Auffassung ist Scheich Abdullah Tariki, der jetzt in Beirut lebende frühere Erdölminister von Saudi-Arabien. Obwohl er als Erdölberater arbeitet, sind die Wände seines Büros mit den schönsten Bewegungsstudien arabischer Pferde bedeckt. Mit dieser Erinnerung an die Wüste vor mir, fiel es mir schwer, eine überzeugende Antwort auf seine Argumente zu finden: „Als die Amerikaner nach Saudi-Arabien kamen, behandelte der König sie als Freunde. Es kam ihm niemals in den Sinn, daß die Ölgesellschaften immer darauf aus sein würden, alles zum niedrigstmöglichen Preis zu erhalten, und die Regierung als einen natürlichen Feind behandeln würden, der so weit wie möglich ausgenützt werden muß." Die Antwort, daß sich die Ölgesellschaften in ihrer Heimat ebenso verhalten und daß sie mit ihren Krankenhäusern, Schulen und Straßen den Völkern in den Förderländern viel geholfen hätten, schien unangebracht. Ibn Saud und die Industrieunternehmen des 20. Jahrhunderts sind Produkte verschiedener geschichtlicher Epochen.

Bei allen Gesprächen über den Ruf und die Leistungen der Ölgesellschaften in den Förderländern muß der Abendländer gegen ein beträchtliches Maß an Emotion und Extremismus ankämpfen, die überall untrennbar mit dem Gefühl der Unsicherheit und Unzufriedenheit mit sich selbst verbunden sind. Die Leute dort wissen, daß das Erdöl Jahrhunderte nutzlos in ihrem Boden geruht hat. Seine Förderung wurde erst durch die Ölgesellschaften aufgenommen, und sogar heute ist der gesamte Betrieb vom Fachwissen, der Leistungsfähigkeit und den Einrichtungen der Ausländer abhängig. Man fühlt immer Groll gegen seinen Wohltäter, und je größer die empfangene Hilfe, desto größer meist auch das Ressentiment. In Europa beispielsweise war der Antiamerikanismus während des Marshallplans größer als je zuvor oder danach. In Großbritannien wurden die Kritiken an der Politik der Vereinigten Staaten immer lauter, je mehr das Land von dieser „besonderen Beziehung" zu den USA abhängig wurde.

Teils, um der öffentlichen Kritik an den Konzessionsverträgen entgegenzutreten, und teils auch, um der Forderung nach Verstaatlichung zuvorzukommen, verfolgen die Ölgesellschaften seit langem eine bewußte Politik der „Nationalisierung" ihrer Unternehmungen, indem sie einheimische Mitarbeiter nach Kräften fördern.[124] Dabei hatten sie beachtliche Erfolge. Die Zahl der Einheimischen, die technische und administrative Posten von Ausländern übernehmen, steigt in einem Ausmaß, das man noch vor einigen Jahren für unmöglich gehalten hätte, und führende einheimische Persönlichkeiten wurden in die Vorstände der dortigen Förderunternehmen berufen. Die Regierungen begrüßen diese Politik und sehen darin ein Mittel zur Ausbildung ihrer Bürger in der Ölindustrie, die sie eines Tages in die Lage versetzt, solche Unternehmen selbst zu leiten. „Ich weiß, daß die Europäer augenblicklich mehr können", sagte Sayyed Ahmad Sayyed Omar, „aber aus politischen Gründen muß man kuweitisieren." Die Direktoren schätzen auch die mit ihren Posten verbundenen Einkünfte und die häufigen Reisen ins Ausland. Am Grundsatz ändert das jedoch wenig, denn jeder weiß, daß die Fördergesellschaften letzten Endes von den Muttergesellschaften in London, New York oder anderswo geleitet werden.

Mahmoud Khalid al-Adasani von der *Kuwait Oil Company* erklärt: „Es besteht kein Anlaß, sich über ein gewisses Maß hinaus um diese Organisation zu sorgen, da sie in Wirklichkeit nur ein Werkzeug der *Gulf Oil* und der *British Petroleum* ist." Ein amerikanischer Vertreter einer der Muttergesellschaften der *Aramco*, die zwei arabische Direktoren hat, drückte das ein wenig anders aus: „Das Direktorium der *Aramco* in Saudi-Arabien ist bloß eine Formsache. Die tatsächlichen Entscheidungen werden von den Vorständen der Muttergesellschaften getroffen, die sich ebenso darum kümmern müssen, was in der übrigen Welt passiert wie in Saudi-Arabien."

Dennoch sind Männer wie Omar und Adasani und ihre Kollegen in den anderen Förderländern, die praktische Erfahrungen mit den Vorgängen in der internationalen Ölindustrie besitzen, gegen eine Wiederholung von Mossadeghs Experiment. Sie erinnern sich, was mit dem Iran nach der Stillegung von Abadan geschah, und sie wissen, daß es für ein Land immer noch gefährlich und kostspielig wäre, seine Bande zu den Ölgesellschaften zu lösen und sich auf eigene Füße zu stellen. Sogar der Präsident des Irak, Kassem, einer der extremsten Politiker seit Mossadegh, vermied vorsichtigerweise eine totale Kriegserklärung. Als er 1961 mehr als 99 Prozent der Konzessionsgebiete der *Iraq Petroleum Company* beschlagnahmte, vergewisserte er sich vorher, daß die meisten ihrer wichtigen Einrichtungen unversehrt blieben. 1967 wurde wieder in der gesamten arabischen Welt von der Beschlagnahmung anglo-amerikanischer Ölgesellschaften gesprochen, aber tatsächlich wurde nichts unternommen.

Allerdings kann niemand mit Sicherheit behaupten, ob solche Drohungen nicht eines Tages doch wahr gemacht werden. Dazu sind die politischen Verhältnisse in den Förderländern viel zu unbeständig. Aber die Pragmatiker in den Erdölministerien wissen, daß die Zeit für sie arbeitet und daß keine Notwendigkeit für drastische Maßnahmen besteht. Nach und nach werden die Ölkonzessionen im Besitz der großen Gesellschaften ablaufen. Als erster wird 1979 der Konzessionsvertrag des Konsortiums im Iran auslaufen, der jedoch auf jeweils fünf Jahre verlängert werden kann. Die meisten Konzessionen in Venezuela enden 1983. In 20 bis 25 Jahren werden die Regierungen also Gelegenheit haben, ihre Beziehungen zu den Ölgesellschaften zu verändern, ohne daß es zu einer Krise kommen muß. Bis dahin wollen sie Ungelegenheiten vermeiden und Einrichtungen schaffen, die es ihnen ermöglichen werden, mit den Gesellschaften auf gleichem Fuß zu verhandeln.

In der Zwischenzeit hat ihre Ölpolitik zwei Ziele. Einerseits wollen sie einen eigenen Anteil an der Ölindustrie erwerben, indem sie ihre nationalen Gesellschaften arbeiten lassen. Auf der anderen Seite bemühen sie sich im Rahmen der Organisation der ölexportierenden Länder *(OPEC)*[125] um verbesserte Konzessionsbedingungen. Theoretisch sollten diese beiden Ziele logisch zueinanderpassen. Die staatlichen Ölgesellschaften versetzen die Regierungen in die Lage, praktische Erfahrungen zu sammeln, und die *OPEC* gibt ihnen den Vorteil, bei Verhandlungen geschlossen auftreten zu können.

In der Praxis lassen sich diese beiden Ziele nicht in so sauberer und vorteilhafter Weise trennen. Trotz aller wohlmeinenden Reden bei internationalen Versammlungen über die Interessengemeinschaft, die die Förderländer miteinander verbindet, können sie nie eine gemeinsame Front bilden, wenn sich eine Gelegenheit bietet, einander die Märkte abspenstig zu machen. Die Araber erhöhten 1951 sofort nach der Stillegung von Abadan ihren Ölabsatz, und 1967 zogen der Iran und Venezuela aus den arabischen Beschränkungen des Ölexports Vorteile. Zwischen den Mitgliedern der *OPEC* gibt es auch starke politische Differenzen. Als 1960 die *OPEC* gegründet wurde, drohte der Irak mit der Besetzung Kuweits, und 1962 war Kuweit gezwungen, britische Truppen zu Hilfe zu rufen. Obwohl der Anspruch des Irak jetzt in der Schwebe ist, hat man ihn nicht aufgegeben. Das ist nicht das einzige Beispiel politischer Streitereien zwischen den Mitgliedsstaaten der *OPEC*. Die Verhältnisse an den Grenzen zwischen Iran und Irak sind immer gespannt, und der Iran beansprucht Bahrain, was Saudi-Arabien nie dulden kann.

Deshalb kann die *OPEC* kaum hoffen, eine Art offizielle übernationale Autorität auszuüben und ihren Mitgliedern Vorschriften bei der Behandlung ölwirtschaftlicher Fragen zu machen. Sie kann auch nicht hoffen, nach dem Muster der Texas Railroad Commission eine Kontrollbehörde zu werden, die in allen internationalen Ölgebieten Förderquoten festsetzt. Als die *OPEC* dies in einem begrenzten Maßstab versuchte, wurden ihre Empfehlungen weder von den Ölgesellschaften noch von den Regierungen beachtet. Und als es schien, als ob sich die *OPEC* in die saudiarabischen Ölinteressen einmischte, erklärte der Erdölminister des Landes, Scheich Ahmad Zaki Hamani: „Wir glauben nicht, daß das Programm der *OPEC* ein nützliches und wirksames Instrument zur Stabilisierung der Rohölpreise ist."[126] Jede andere Regierung würde unter ähnlichen Umständen ebenso handeln, denn alle Regierungen sind fest entschlossen, alle ausschlaggebenden ölwirtschaftlichen Entscheidungen selbst zu treffen. Es gibt jedoch auch viele Fragen, bei denen die Interessen der Regierungen übereinstimmen und bei denen es für sie vorteilhaft ist, gemeinsam im Rahmen der *OPEC* zu verhandeln — etwa so, wie die Ölgesellschaften zusammenarbeiten, wenn die Interessen einer ihrer gemeinsamen Unternehmungen auf dem Spiel stehen. Zwischen 1963 und 1966 führte die *OPEC* einige sehr erfolgreiche Verhandlungen mit den Ölgesellschaften, die eine für die Ölförderländer sehr einträgliche Änderung der Steuern und Förderzinsen zur Folge hatten. Es werden sich ohne Zweifel auch andere Gelegenheiten ergeben, bei denen die Förderländer sich der *OPEC* bedienen, wenn sie ein bestimmtes Ziel vor Augen haben, über das sie sich zufällig alle einig sind.

Weiter kann ein solches gemeinsames Ziel auf Grund der Vorarbeit der *OPEC* festgelegt werden. Kaum hatte die *OPEC* ihr Hauptquartier in Genf eingerichtet (seither ist sie nach Wien übersiedelt), so beauftragte sie drei bekannte westliche Wirtschaftsberater mit der Untersuchung aller Aspekte der internationalen Erdölindustrie. Seitdem hat sie einige andere wichtige Untersuchungen sowohl auf eigene Rechnung als auch in Verbindung mit Außenstehenden angestellt. In der gesamten Geschichte der Ölindustrie waren die Regierungen der Förderländer durch den Mangel an Fachkenntnissen in ihren Verhandlungen mit den Ölgesellschaften benachteiligt, und die Ölgesellschaften versuchten selbstverständlich, ihren taktischen Vorteil zu wahren. Die Regierungen versuchen den Aufbau eigener Informations- und Forschungsabteilungen, aber sie müssen noch einen weiten Weg zurücklegen, und ihre Reserven an geschulten Fachkräften sind oft beschränkt. Die *OPEC* kann als Quelle wichtiger Informationen für die Ölpolitik unschätzbare Dienste leisten. Bis jetzt konzentrierte sie sich vor allem auf wirtschaftliche Fragen, aber sie plant auch eine Vereinheitlichung der Erdölgesetze, und es besteht kein Grund zur Annahme, warum sie auf den Gebieten der Technik, der Geologie und der Chemie nicht ebenso bewandert werden sollte.

In der Zwischenzeit werden sich die Regierungen der Förderländer innerhalb und außerhalb der *OPEC* auf den Aufbau ihrer staatlichen Ölgesellschaften konzentrieren. Diese sollen ihnen eine unmittelbare Erfahrung in der Erdölindustrie vermitteln und ihre Wirtschaft von der Abhängigkeit vom Erdöl befreien. Dieses Ziel wurde von Scheich Ahmad Zaki Hamani bestens zusammengefaßt: „Je mehr Vorteile wir dadurch erreichen können, daß wir den Quellen unseres Nationaleinkommens eine breitere Basis verleihen, desto besser wird es uns in jeder Hinsicht gehen. Das wird zu einem größeren Ölverbrauch in unseren Ländern, zu einer Stärkung unserer Wirtschaftskraft und schließlich zu einer klügeren und erfolgreicheren Ölpolitik führen.“[127] Die Entwicklung verläuft selten so glatt, wie diese Feststellung annehmen ließe, und Militärbudgets haben oft den Vorrang vor Entwicklungsplänen. Aber trotzdem besteht diese Politik, und die frappierendsten Beispiele ihrer Anwendung findet man in Saudi-Arabien.

Unter dem Exkönig Saud stand das Land in dem wohlverdienten Ruf, mehr von seinem Ölreichtum zu verschwenden als jedes andere große Förderland. Jetzt versucht sein jüngerer Bruder Feisal verzweifelt, die verlorene Zeit aufzuholen. Er hofft, einen modernen und lebensfähigen Staat zu schaffen, um die Traditionalisten in der arabischen Welt gegen die Radikalen zu führen, die sich um Nasser scharen. In mancher Hinsicht muß Saudi-Arabien noch einen weiten Weg gehen, aber es besitzt wenigstens in der *Petromin* eine staatliche Ölgesellschaft, die in der gesamten *OPEC* Ansehen genießt. Ihr Leiter, Scheich Abdel Hadi Tahir, ist einer der dynamischesten Männer, die seit Mattei an der Spitze einer neuen Ölgesellschaft stehen. Tahir beschrieb die *Petromin* „als eine staatliche Körperschaft mit einem Unterschied: sie ist kein Ersatz für ein Privatunternehmen. Vielmehr arbeitet sie mit privaten Kapitalgebern — meist ausländischen Firmen — bei großen Projekten zusammen, für die das nötige Privatkapital in diesem Ausmaß in Saudi-Arabien nicht verfügbar ist“.[128] In den meisten Fällen würden ausländische Unternehmen bei Investitionen für große Industrieprojekte in einem Land mit so beschränkter wirtschaftlicher Grundlage und in so großer Entfernung vom Weltmarkt wie Saudi-Arabien vorsichtig sein. Zum Ausgleich dieser Nachteile kann die *Petromin*, wie jede andere staatliche

Gesellschaft, große Mengen von Erdöl und Erdgas zu einem Preis anbieten, der in den industrialisierten Ländern als Schleuderpreis gelten würde.

Der erste Schritt der *Petromin* war die Gründung einer saudiarabischen Düngemittelgesellschaft in Gemeinschaft mit der amerikanischen *Occidental Oil Company.* Die *Occidental* erklärte sich bereit, den Bau und die Leitung einer Ammoniak-, Harnstoff- und Schwefelanlage im Wert von 30 Millionen Dollar zu übernehmen und zwanzig Jahre lang für den Absatz zu sorgen. Als Gegenleistung erhält sie 10 Prozent des Gewinnes. Als nächstes ging die *Petromin* eine 50 : 50-Partnerschaft mit den amerikanischen Allied Chemicals ein zum Bau einer petrochemischen Fabrik im Wert von 30 Millionen Dollar zur Erzeugung von Polyäthylen, Ruß und Lösungsmitteln, wobei das amerikanische Unternehmen auch hier den Absatz übernahm. Dann rundete die *Petromin* diese Verträge durch ein Gemeinschaftsunternehmen im Wert von 15 Millionen Dollar mit der *Occidental* und der Allied Chemicals zur Schwefelgewinnung ab. Ähnliche Unternehmungen sind in den anderen Förderländern entweder in Betrieb oder geplant, und in den nächsten fünf Jahren werden die meisten bereits beachtliche Mengen von Düngemitteln, Chemikalien, Kunststoffen und anderen aus Erdöl gewonnenen Materialien herstellen.

Die staatlichen Unternehmen spielen auch bei der Erschließung der Ölreserven ihrer Länder eine immer wichtigere Rolle. Das Grundmodell wurde 1957 von der *National Iranian Oil Company* und der *ENI* Enrico Matteis geschaffen, als sie eine gemeinsame Förderorganisation gründeten. Der große Vorteil dieser Abkommen liegt darin, daß sie es den staatlichen Unternehmen ermöglichen, alle wirtschaftlichen Einzelheiten auf Kosten anderer zu erlernen. Der Partner zahlt alle Such- und Erschließungskosten und wird nur entschädigt, wenn man Öl findet. Beide Seiten fördern dann gemeinsam, und der Partner übernimmt auch noch den Förderanteil der staatlichen Gesellschaft für den Absatz. Die staatliche Gesellschaft kann zusehen, wie all dies vor sich geht, ohne große Summen für ein eigenes Vertriebsnetz ausgeben zu müssen, und verkauft nur jene Mengen Öl auf eigene Rechnung, für die sie leicht einen Markt finden kann. In den letzten zehn Jahren wurden solche Verträge allgemein üblich, und jetzt kann man sie überall im Nahen Osten finden.

Die Förderländer betrachten jedoch solche Partnerschaften nur als eine Zwischenlösung. Ein Partner hat immer die gleichen Rechte, und ihr letztes Ziel ist die vollkommene Kontrolle über die Verwertung ihrer Bodenschätze. 1966 machte der Iran einen weiteren entscheidenden Schritt in dieser Richtung. Er unterzeichnete ein Abkommen mit der staatlichen französischen *ERAP*, in dem sich die französische Ölgesellschaft verpflichtete, nur als Beauftragter der *National Iranian Oil Company (NIOC)* zu arbeiten.[129] Wie bei einer Partnerschaft wird die *ERAP* für alle Kosten der Ölerschließung aufkommen und nur eine Kompensation erhalten, wenn Öl gefunden wird. Aber im Gegensatz zu einer Partnerschaft werden die gefundenen Ölvorkommen nicht in gemeinsamem Besitz sein, sondern der *NIOC* gehören, und die *ERAP* wird ihren Anteil am Gewinn nur als Lohn für geleistete Dienste und nicht auf Grund eines Besitzrechts erhalten.

Die großen Ölgesellschaften wiesen darauf hin, daß dieser Arbeitskontrakt voller Möglichkeiten zu Mißverständnissen verschiedener Art stecke. Die Entlohnung der *ERAP* scheint äußerst großzügig zu sein, da sie zwischen 35 und 45 Prozent der Jahresförderung zum Selbstkostenpreis zusätzlich einer kleinen Provision übernehmen kann und die Steuern auf Basis der tatsächlich erzielten Preise und nicht nach den Listenpreisen erhoben werden. Außerdem wird der Iran auch seine Importe aus Frankreich erhöhen müssen. Nach den Berechnungen einiger Fachleute hätten sich die Perser bei einer gewöhnlichen Partnerschaft finanziell viel besser gestanden. Ähnliche Vergleiche waren 1957 zwischen Partnerschaften und konventionellen Konzessionen angestellt worden. Im Verlauf von einigen Jahren wurden die finanziellen Bedingungen der Partnerschaften jedoch wesentlich verbessert, und dasselbe wird zweifellos wieder mit den Arbeitsverträgen geschehen. Es wird auch nicht möglich sein, sie nur auf den Iran zu beschränken. Venezuela beschloß 1966, vollkommen unabhängig von den Ereignissen im Nahen Osten, keine weiteren Ölkonzessionen mehr zu vergeben. In Zukunft soll jede ausländische Gesellschaft, die in Venezuela Öl fördern will, dies nur auf der Grundlage eines Arbeitsvertrages können.

Arbeitsverträge sind nur eine der verschiedenen Möglichkeiten, wie sich die Beziehungen zwischen den Regierungen der Förderländer und den ausländischen Ölgesellschaften verändern können. Einige Mitglieder der *OPEC* erwägen mit demselben Interesse den Plan einer Zusammenarbeit mit der Regierung eines Verbraucherlandes. Bis jetzt wurden zwei wichtige Abkommen in dieser Art unterzeichnet: das erste 1965 zwischen Frankreich und Algerien und das zweite 1967 zwischen Spanien und Kuweit.

Das franko-algerische Abkommen entstand aus der historischen Verbindung zwischen den beiden Ländern, durch die Frankreich große

Ölkonzessionen in der Sahara und Algerien einen sicheren Absatzmarkt für sein Öl in Frankreich besaß. Das Abkommen sollte diese Interessen durch einen umfassenden Erschließungsplan wahren. Deshalb kamen die beiden Länder überein, künftig die Sahara durch Gemeinschaftsunternehmen ihrer staatlichen Ölgesellschaften zu erschließen. Als Gegenleistung für diese privilegierte Stellung gewährt Frankreich Algerien großzügige Hilfe und zahlt für das algerische Öl einen Preis, der weit über dem durchschnittlichen Weltmarktpreis liegt.

Die international tätigen Gesellschaften beschweren sich bitter, da sie Frankreich viel billiger mit Öl versorgen könnten, und protestieren gegen den Zwang, in ihren französischen Raffinerien das teure algerische Öl statt ihres eigenen kostengünstigeren Rohöls verarbeiten zu müssen. Doch die französische Regierung ist mit diesem Abkommen zufrieden. Sie hat immer schon die Abhängigkeit des Landes von den anglo-amerikanischen „Trusts" vermindern wollen. Ebenso wie die Vereinigten Staaten bereit sind, zur Unterstützung ihrer heimischen Ölindustrie einen höheren Preis als nötig für Öl zu zahlen, sind die Franzosen willens, für das von französischen Gesellschaften geförderte Öl ein Aufgeld zu zahlen. Da Algerien ein Teil der Franc-Zone ist, bedeuten diese Zahlungen keinen Devisenverlust. Außerdem kann Frankreich so wenigstens einige Vorteile aus seinen gewaltigen, vor der Unabhängigkeit Algeriens vorgenommenen Investitionen in der Sahara ziehen.

Selbstverständlich hat Spanien keinerlei historische Beziehung zu Kuweit, und Kuweit hatte niemals besondere Interessen auf dem spanischen Ölmarkt. Infolgedessen ist das Abkommen viel direkter. Die spanische *Hispanoil* ging mit der *Kuwait National Petroleum Company (KNPC)* eine Partnerschaft ein. Als Teil dieses Abkommens versprach die spanische Regierung der *KNPC* einen Anteil von 25 Prozent am spanischen Ölmarkt. Dadurch erwirbt die *KNPC* bei einem Ölfund ein sicheres Absatzgebiet, ohne Kapital in Verarbeitungs- und Vertriebseinrichtungen im Ausland investieren zu müssen.

Das Problem, ausländische Absatzgebiete zu finden, bereitet allen staatlichen Ölgesellschaften Sorgen, da sie im Ausland kein Kapital investieren wollen, solange es zu Hause so viel zu tun gibt. Außerdem lernen sie langsam, daß ausländische Investitionen unerwartete Risken mit sich bringen können. Besonders die *Kuwait National Petroleum Company* hat dies erkannt, als sie einen Anteil an der Raffinerie in Umtali in Rhodesien erworben hatte, die mit der Verhängung der Erdölsanktionen über das Land stillgelegt werden mußte. Für die staatlichen Ölgesellschaften ist es auch schwierig, nicht mit dem in ihrem Land von den großen privaten Ölgesellschaften geförderten Öl in Wettbewerb zu treten. Unter welcher Marke es auch verkauft werden mag — wenn Öl aus Kuweit mit Öl aus Kuweit bei denselben Kunden miteinander in Wettbewerb steht, muß der Preis sinken, und wenn die internationale Ölgesellschaft ihren Absatz nicht steigern kann, dann steigen auch ihre Steuern und Förderzinsen nicht.

Osteuropa ist in vieler Hinsicht — wie bereits im 24. Kapitel ausgeführt — für die ölfördernden Staaten ein idealer Handelspartner. Die großen Ölgesellschaften sind dort nicht tätig, und die Osteuropäer können Investitionsgüter und Industrierohstoffe gegen Öl liefern. Der Iran und Algerien haben bereits solche Tauschgeschäfte abgeschlossen. Weiter ergeben sich gewisse Möglichkeiten bei Staaten, die aus dem einen oder anderen Grund ihre Abhängigkeit von den Engländern oder Amerikanern verringern wollen. Ein solcher Fall ist Südafrika, das einen ähnlichen Ölboykott befürchtet wie Rhodesien. Die südafrikanische Regierung möchte darum ein ölförderndes Land so eng wie möglich an ihren wachsenden Markt binden. Die Perser griffen zu, und als Gegenleistung für einen Liefervertrag von 3 Millionen Tonnen Öl jährlich beteiligte sich die *National Iranian Oil Company* zu 24,5 Prozent an einer von der südafrikanischen Regierung kontrollierten Raffinerie.

Keine dieser Beziehungen oder Arbeitsverträge zwischen den Regierungen haben eine direkte Auswirkung auf die Konzessionen der großen Ölgesellschaften. Sie fördern immer noch 80 Prozent oder mehr allen Erdöls in den wichtigsten Förderländern. Zwar wird dieser Prozentsatz sinken, aber soweit man sehen kann, werden die großen Ölgesellschaften auch weiter der beherrschende Faktor in der Wirtschaft dieser Länder bleiben. Damit werden sie bei internationalen Zusammenkünften weiter das Ziel für Angriffe abgeben, denn je fortschrittlicher die neuen Abkommen werden, desto überholter werden die Konzessionen erscheinen.

Das Prinzip, auf dem sie beruhen, wird in der Tat immer unzeitgemäßer werden, aber ihre Bedingungen werden sich ständig ändern. Die Regierungen haben es den Ölgesellschaften bereits unmöglich gemacht, ihre Listenpreise in Anpassung an den Markt zu senken. Jetzt machen sie den Versuch, die Zuwachsrate der Förderung zu steuern. Während der Nahostkrise im Jahre 1967 wurde durch das arabische Ölembargo gegen Großbritannien, die Vereinigten Staaten und die Bundesrepublik zum Prinzip erhoben, daß die Regierungen den Ölgesellschaften vorschreiben können, wohin sie ihr Öl exportieren dürfen, und die Gesellschaften befürchten, daß die Regierungen Regeln aufstellen könnten, um die Rendite ihrer Investitionen zu bestimmen. In dieser ständigen Auseinandersetzung gebrauchen die Regierungen die neuen Abkommen als eine Drohung, mit der sie die Ölgesellschaften zu neuen Kapitulationen zwingen möchten.

Die neuen Abkommen sind auch ein Modell für alle zusätzlichen Übereinkünfte, die die eine oder andere große Ölgesellschaft außerhalb der großen Konzessionen treffen will. Wie bereits im 17. Kapitel ausgeführt, suchen die großen Ölgesellschaften häufig zur Deckung ihres Bedarfs und zur Stärkung ihrer Position im Wettbewerb nach neuen Ölvorkommen. Bei den Verhandlungen mit den Regierungen müssen sie selbstverständlich die Bedingungen berücksichtigen, die ihre französischen, italienischen, spanischen oder andere Konkurrenten bieten könnten. Zwar braucht normalerweise eine große Ölgesellschaft nicht die gleichen Zugeständnisse zu machen, da sie einen höheren Absatz garantieren kann, aber die letzten Abkommen der großen Ölgesellschaften sind bereits den neuen Verträgen viel ähnlicher als den alten Konzessionen. Drei Jahre nachdem Mattei 1957 dem Iran eine Partnerschaft angetragen hatte, folgte die *Shell* in Kuweit demselben Prinzip. Früher oder später wird eine der großen Ölgesellschaften als erste auch einen Arbeitsvertrag unterzeichnen.

Noch wichtiger wird die Auswirkung der neuen Verträge auf die Einstellung der Ölgesellschaften und der Regierungen der Ölförderländer im Hinblick auf die frühen achtziger Jahre sein, wenn die alten Ölkonzessionen ablaufen. Das Schema der künftigen Ölindustrie wird allmählich durch die heute geschlossenen Verträge und Unterhandlungen geformt. Die Regierungen werden auch weiter mit den internationalen Ölgesellschaften zusammenarbeiten müssen, weil kein anderer die Erfahrung oder die Einrichtungen für den Absatz so großer Ölmengen besitzen wird. Aber die künftige Zusammenarbeit wird den Regierungen einen weitaus größeren Einfluß als gegenwärtig einräumen.

27. Kapitel
Die Interessen der Verbraucherländer

Die internationalen Ölgesellschaften stehen seit so langer Zeit unter dem Druck der Regierungen der Förderländer, daß sie ihn bereits als eine Grundgegebenheit ihrer Existenz betrachten. Sie wissen, daß ihre Tätigkeit für die Wirtschaft dieser Länder so wichtig ist, daß eine gewisse staatliche Einflußnahme unvermeidlich ist. Erst in letzter Zeit haben sie erkannt, daß aus denselben Gründen auch ihre zukünftigen Beziehungen zu den Regierungen der Verbraucherländer fast ebenso schwierig werden können.

Überall erkennen die Regierungen, daß die Ölversorgung viel zu wichtig ist, um zur Gänze Ausländern überlassen zu werden. In Japan hat die Regierung Schritte getan, um 30 Prozent der Ölversorgung in japanische Hände gelangen zu lassen. Frankreichs Ziel ist 60 Prozent, und überall in den EWG-Ländern ist man der Auffassung, eines der Hauptprobleme der Ölindustrie sei, „den Ölgesellschaften der EWG die Möglichkeiten zur Wettbewerbsfähigkeit mit nichteuropäischen Ölunternehmen zu geben".[130] Um das Gleichgewicht der Kräfte herzustellen, suchen die europäischen Regierungen mit Unterstützung der EWG-Kommission in Brüssel nach Wegen, auf denen sie ihren nationalen Ölgesellschaften, seien sie nun staatlich oder privat, Steuer- und Finanzhilfen gewähren können. Zumindest nach Ansicht eines Fachmannes einer großen amerikanischen Ölgesellschaft, der die Kontakte mit der Regierung aufrechterhält, „streben praktisch alle großen Verbraucherländer nach dem französischen Kontrollsystem und der Diskriminierung ausländischer Unternehmen, selbst wenn sich die meisten bewußt sind, daß dieses System nicht übertragbar ist."

Die internationalen Gesellschaften wenden sich heftig gegen diese Absichten. „Eine weise Politik", sagt Bill Stott, Vizepräsident der *Standard Oil Co. (N. J.)*, „besteht darin, öffentliche Mittel für nichtwirtschaftliche öffentliche Bedürfnisse einzusetzen, während die Privatindustrie die Kosten tragen und die Risiken auf sich nehmen muß für Güter und Dienstleistungen, für die eine wirtschaftliche Nachfrage besteht. Der Erdölbedarf Westeuropas wurde durch eine solche Politik in der Vergangenheit reibungslos befriedigt."[131]

Von der technischen Seite her ist diese Behauptung unangreifbar. Seit Kriegsende hat sich der Energiebedarf der nichtkommunistischen Welt mehr als verdoppelt, und fast 90 Prozent dieses Wachstums wurden durch Erdöl und Erdgas gedeckt. Wie hoch auch die Gewinne der Ölgesellschaften gewesen sein mögen — und zuweilen waren sie beachtlich —, diese unglaubliche Versorgungsleistung war mit einem fast ständigen Sinken der Ölpreise verbunden. In Westeuropa sind jetzt die Erdölprodukte durchschnittlich um 25 Prozent billiger als vor neun Jahren; allerdings haben höhere Steuern diesen Rückgang vielfach mehr als ausgeglichen.

Viele dieser Steuern wurden — allerdings ohne Erfolg — zum Schutz der Kohle und anderer inländischer Energiequellen gegen Erdöl eingeführt. Sogar in den beiden großen traditionellen Kohleländern Großbritannien und Westdeutschland war es dem Bergbau unmöglich, seinen Markt gegen das Erdöl zu behaupten, das aus Entfernungen von Tausenden von Kilometern herangeschafft wurde. Trotz starkem politischem Druck des Kohlenbergbaus erkannten die Regierungen, daß sie aus wirtschaftlichen Gründen keine andere Wahl hatten, als langfristige Pläne zur Schließung der meisten Gruben auszuarbeiten. Anfang der siebziger Jahre wird in beiden Ländern das Erdöl die Kohle als wichtigster Energieträger abgelöst haben.

Die Ölgesellschaften haben auch bei der Streuung ihrer Versorgungsquellen einen erstaunlichen Erfolg gehabt. 1956 kamen mehr als 80 Prozent des Erdölbedarfs in Westeuropa aus dem Gebiet des Persischen Golfs und mußten durch den Suezkanal transportiert werden. Heute beträgt dieser Anteil kaum 60 Prozent. Fast 25 Prozent kommen aus Nordafrika, und 1965 wurde Libyen der wichtigste Einzellieferant für Westdeutschland. Diese Veränderungen nehmen sich auf dem Papier sehr eindrucksvoll aus, aber die Krise von 1967 hat gezeigt, daß Europa noch immer verwundbar ist. Die Schließung des

Suezkanals hatte zur Folge, daß die normale Versorgung nur durch Inanspruchnahme der Lagerbestände und Umlenkung der Versorgungsströme aufrechterhalten werden konnte. Am meisten wurde dadurch Großbritannien betroffen, aber auch Westdeutschland litt darunter, als der Irak und Libyen es nach seinem Verkauf von Gasmasken an Israel auf ihre schwarze Liste setzten.

ANTEILE DER ENERGIETRÄGER AN DER EUROPÄISCHEN ENERGIEVERSORGUNG

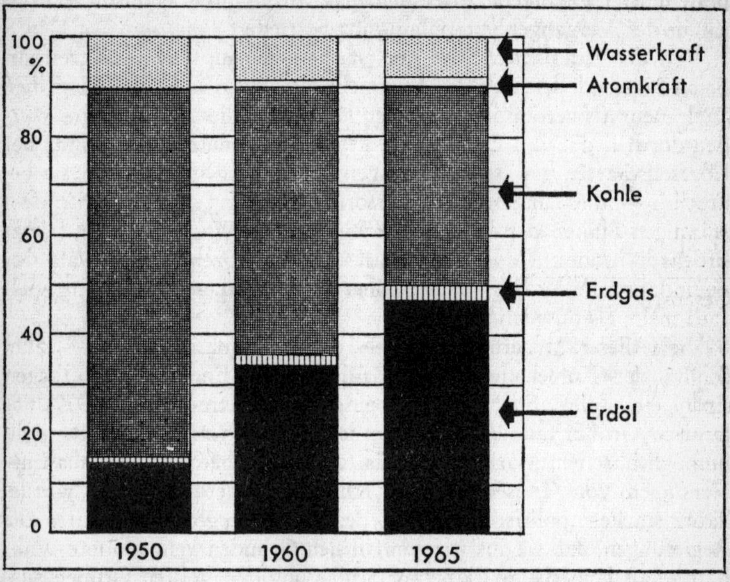

Trotz dieses Schlages können die Verbraucherländer in Westeuropa und der übrigen Welt die zunehmende Abhängigkeit ihrer Wirtschaft vom Erdöl nicht rückgängig machen. Heimische Kohle ist so teuer, daß ihre Verwendung an Stelle von Erdöl dasselbe wäre wie eine Versicherungsprämie zu bezahlen, die den Wert der Police übersteigt. Erdgas und Atomkraft werden zwar die Zuwachsrate des Ölbedarfs etwas verringern helfen, aber das ist schon alles. Aus Erdgas kann man kein Benzin erzeugen, und trotz der jüngsten Entdeckungen ist nicht genug Erdgas in Europa vorhanden, so daß es nur eine begrenzte Rolle in der Energieversorgung spielen kann. Selbst wenn es genug gäbe, würde es wenigstens zehn Jahre dauern, bis die notwendigen Versorgungseinrichtungen gebaut wären. Die Atomkraft kann Erdöl nur bei der Stromerzeugung ersetzen, und auch das ist ein langfristiger Prozeß, da Planung und Bau eines Kraftwerkes etwa fünf Jahre in Anspruch nehmen. Einige Begriffe von den Grenzen dieser Möglichkeiten vermittelt ein Blick auf die Zukunftspläne Großbritanniens. In diesem Land wird bereits mehr Elektrizität in Atomkraftwerken als in der gesamten übrigen Welt zusammen gewonnen, und in der Nordsee wurden große Erdgasreserven gefunden. Dennoch wird nach den letzten offiziellen Schätzungen Erdöl 1980 der bedeutendste Energieträger sein:

GROSSBRITANNIENS ENERGIEVERSORGUNG

Millionen SKE (Steinkohleneinheiten)	1965	1970	1975	1980
Kohle	185	152	120	80
Erdöl	103	127	145	160
Atom- und Wasserkraft	8	15	35	90
Erdgas	1	22	50	70
Gesamtsumme	297	316	350	400

Unter diesen Umständen müssen die Regierungen vor allem Sorge tragen, daß die Lagerbestände an Öl in ihren Ländern immer hoch sind. Die meisten bestehen darauf, daß jederzeit Ölvorräte für zwei oder drei Monate vorhanden sind, und diese Zeitspanne könnte leicht auch auf fünf bis sechs Monate erhöht werden. Die Kosten an jährlichen Abschreibungen und Zinsen für solche Bestände würden ziemlich hoch sein, etwa 12 DM je Tonne, aber letzten Endes wäre es die billigste Versicherung. Die zweite Frage, die die Regierungen erwägen müssen, ist die, wer künftig für den Großteil der Ölversorgung verantwortlich sein soll.

In den meisten Ländern wird die Antwort lauten, daß der Großteil weiterhin von den internationalen Ölgesellschaften getragen wird. Ihr Erfolg bei der Umleitung der Tanker um das Kap der Guten Hoffnung und die Erhöhung ihrer Förderung im Iran, in Venezuela, den Vereinigten Staaten und anderen nichtarabischen Förderzentren haben ihre Behauptung, daß sie jedem Bedarfsfall gerecht werden können, glänzend bestätigt. Die Nahostkrise von 1967 hat auch gezeigt, wie gefährlich es für ein Verbraucherland ist, durch Handelsverträge oder andere Abkommen für den Großteil seiner Ölversorgung von einem einzigen Förderland abhängig zu sein. Erdöl kann so leicht zum Spielball der Politik werden, daß nur jene Ölgesellschaften, die über viele Ölvorkommen in verschiedenen Ländern verfügen, einen ernsthaften Anspruch auf Zuverlässigkeit erheben können. Außerdem kann der Verbraucher unmöglich wissen, wann er den Zorn der Ölförderer auf sich zieht. Nach dem arabisch-israelischen Krieg weigerte sich die Gewerkschaft der Erdölarbeiter in einigen Häfen am Persischen Golf, etliche nach Japan gehende Tanker zu beladen, obwohl man sich kaum ein vom Schauplatz der Wirren weiter entferntes Land als Japan denken kann. Der Boykott dauerte nur einige Tage, aber er verfehlte nicht seinen Eindruck auf die japanische Regierung.

Das bedeutet jedoch nicht, daß die Verbraucherländer ihre Pläne zur Unterstützung ihrer inländischen Ölgesellschaften beim Erwerb von Ölkonzessionen aufgeben werden. Es gibt viele Gründe, warum solche Unternehmen immer mehr in den Vordergrund treten, darunter ist der Nationalstolz vielleicht der stärkste. Kein Land sieht es gern, daß ein wichtiger Zweig seiner Wirtschaft vollkommen von Ausländern abhängig ist. Selbst ein Land, das sich damit abfindet, daß der Großteil seiner Fahrzeuge, Flugzeuge, seines Erdöls und anderer Waren von ausländischen Firmen geliefert wird, wünscht sich mindestens einen kleinen Anteil am Markt für ein inländisches Unternehmen. Diese Politik kann sowohl praktisch als auch gefühlsmäßig gerechtfertigt werden. Die Tätigkeit einer inländischen Gesellschaft kann zur Kontrolle der Forderungen und Kostenvoranschläge der Ausländer verwendet werden, damit sie keinen Vorteil aus ihrer beherrschenden Stellung ziehen, und selbst wenn die inländische Gesellschaft nur einen kleinen Bruchteil des Ölbedarfs des Landes deckt, wird sie zum Ausgleich der Zahlungsbilanz beitragen.

Die Regierungen vieler Verbraucherländer fürchten außerdem, daß die international tätigen Ölgesellschaften oder die Regierungen ihrer Mutterländer das Erdöl zu politischen Zwecken verwenden könnten, wie dies die Regierungen der Förderländer tun. Das Beispiel der Erdölsanktionen gegen Rhodesien zeigt, daß dies sehr wohl geschehen kann. Es stimmt zwar, daß Rhodesien und Südafrika einen Sonderfall darstellen, aber als zwischen Indien und Pakistan 1965 ein Krieg ausbrach, sprach man in einigen Kreisen davon, über beide Länder ein Embargo für strategische Güter, inklusive Erdöl, zu verhängen. Sogar die größten Länder sind gegen Drohungen dieser Art nicht gefeit. In seinem hervorragenden Buch über die Suezaffäre[132] berichtet Hugh Thomas, daß ein ungenanntes britisches Kabinettsmitglied ihm mitgeteilt habe, die Vereinigten Staaten hätten 1956 und 1957 gedroht, die Öllieferungen nach Großbritannien einzuschränken, um dessen Politik zu beeinflussen.

Die Regierungen der Verbraucherländer werden in verschiedenem Ausmaß von diesen und zweifellos auch anderen Erwägungen geleitet, aber die Verallgemeinerung ihrer politischen Ziele und Bestrebungen ist viel schwieriger als bei den Förderländern. Diese haben miteinander wenigstens den Mangel an einer anderen Einkommensquelle gemeinsam, während man die Verbraucherländer nicht unter einen Hut bringen kann. Das gilt auch innerhalb der EWG. Italien, das über keinen Kohlenbergbau und nur über relativ kleine Erdgasvorkommen verfügt, tritt für möglichst billige Energieimporte ein. Westdeutschland mit seinem umfangreichen Kohlenbergbau muß wie Belgien bereits eine viel vorsichtigere Haltung einnehmen. Frankreich sucht neue Absatzgebiete für sein Erdöl aus der Sahara auf Kosten der großen Ölgesellschaften, und die Niederlande mit ihren 60 Prozent Anteil an der *Shell* neigen selbstverständlich zu einer entgegengesetzten Haltung.

Von allen europäischen Staaten tritt Frankreich am meisten für Kontrollen und Diskriminierung der großen Ölgesellschaften ein. Hier hat die offizielle Politik die inländischen Ölunternehmen seit 1928 begünstigt. Der französische Ölmarkt ist gegenwärtig einer der am strengsten kontrollierten in der Welt. Die international tätigen Ölgesellschaften müssen 55 Prozent ihres Rohölbedarfs von den Ölfeldern in der Franc-Zone zu einem besonders hohen Preis kaufen, und da ihre eigenen Ölvorkommen in diesem Gebiet nicht ausreichen, bedeutet das in Wirklichkeit eine Unterstützung der französischen Ölförderer. Die Regierung regelt auch die Ölmengen, die durch internationale Ölgesellschaften von außerhalb der Franc-Zone bezogen werden können, und die Zuwachsrate ihres Absatzes. Sie gebraucht ihren Einfluß dazu, französischen Firmen, vor allem der staatseigenen *ERAP*, größere Marktanteile zu verschaffen, als dies sonst möglich wäre. Das französische System steht im Gegensatz zu den in den Römischen Verträgen festgelegten Grundsätzen des freien Handels, und die Franzosen sind der Ansicht, die beste Methode zur Vermeidung von Unannehmlichkeiten sei die Übernahme ihres Systems durch die anderen EWG-Mitglieder. Außerdem hoffen die Franzosen, sich neue Absatzgebiete für Rohöl aus der Franc-Zone zu öffnen, wenn die anderen Mitglieder damit einverstanden sind, dem Erdöl aus den EWG-Staaten besondere Vorzüge einzuräumen.

Die übrigen europäischen Länder hätten zweifellos eine im Grunde ähnliche Politik verfolgt, wenn sie über ebensoviel Öl verfügten wie

Frankreich. Der Groll gegen die vorherrschende Stellung der international tätigen Ölgesellschaften wächst. Das gilt sogar für Westdeutschland mit seiner bekannt liberalen Einstellung gegenüber ausländischen Investitionen. Als die *Texaco* 1966 die *Deutsche Erdöl-Aktiengesellschaft* — eines der wenigen inländischen Ölunternehmen — übernahm, warnte der Vorsitzende im Wirtschaftsausschuß des Deutschen Bundestages, Dr. Alex Menne, wenn die Amerikaner ihre Kontrolle über die deutsche Industrie weiterhin ausdehnten, würde dies eine antiamerikanische Gesetzgebung herausfordern. Die Bundesregierung ermutigt bereits ihre Ölgesellschaften zur Ölsuche im Ausland, indem sie Darlehen gewährt, die nur nach einem Ölfund zurückgezahlt werden müssen, und innerhalb der EWG ist man sich — vielleicht mit Ausnahme der Niederlande — einig, daß die EWG den Versuch zur Schaffung eigener Ölgesellschaften mit eigenen Rohölreserven unternehmen sollte.

Wenn auch Europa seine Abhängigkeit von den international tätigen Ölgesellschaften verringern will, wird es sich doch mehr und mehr der damit verbundenen Risken bewußt. Die Entwicklung der staatlichen *ENI* unter Enrico Mattei ist eine schreckliche Warnung vor dem, was geschehen kann. Seit ihrer Gründung im Jahre 1953 bis zum Tod Matteis 1962 erreichten die Gesamtverbindlichkeiten der *ENI* mehr als 3,5 Milliarden DM. 1962 kostete der Zinsendienst allein 220 Millionen DM, also fast so viel wie das Grundkapital der *ENI*. Ein Großteil dieser Beträge wurde zur Finanzierung von Matteis ehrgeizigen Ölsuchprogrammen aufgenommen, aber trotz Matteis Dynamik und seiner Bereitschaft zur Unterzeichnung bahnbrechender neuer Abkommen mit den Regierungen der Förderländer fand die *ENI* nur geringe Mengen Rohöl. Um sein großes und eindrucksvolles Vertriebsnetz zu versorgen, wurde Mattei in der Ölversorgung von der Sowjetunion und den von ihm so verabscheuten großen Ölgesellschaften abhängig. Als er starb, war er auf dem Weg zu einem Treffen mit den Vertretern der *Standard Oil Co. (N. J.)*, und bald danach unterzeichnete die *ENI* mit dieser Gesellschaft einen Vertrag über den jährlichen Bezug großer Ölmengen.

Die französischen Erfolge sind in gewisser Hinsicht kaum weniger entmutigend. Die Bedingungen des im 27. Kapitel erwähnten frankoalgerischen Abkommens und des *NIOC-ERAP*-Vertrages zeigen, daß ein in die internationale Ölindustrie eintretender Außenseiter den Regierungen der Förderländer großzügigere Bedingungen als die großen Ölgesellschaften bieten und einen höheren Preis für sein Öl zahlen muß. Außerdem sind die Franzosen in gefährlicher Weise von einer einzigen Versorgungsbasis abhängig. Sie haben eine Form der Abhängigkeit gegen eine andere eingetauscht und viel von der Elastizität geopfert, die die internationalen Großen bieten können.

Wenn alle Mitglieder der EWG in Erdölfragen zur Zusammenarbeit bereit wären, würden viele der Probleme, die mit dem Eintritt in die internationale Ölindustrie verbunden sind, verringert werden. Obwohl die Probleme des Erdöls innerhalb der EWG vor allem von einem gesamteuropäischen Aspekt her und die Notwendigkeit einer gemeinsamen Anstrengung diskutiert werden, sind die Chancen der Verwirklichung einer echten Gemeinschaft in der Erdölpolitik in nächster Zukunft sehr gering. Es geht den Regierungen, wie jenen der *OPEC*, mehr um nationale als um übernationale Interessen. Jede Regierung hätte gern ihren eigenen Anteil an der internationalen Erdölindustrie, aber keine ist bereit, sich aus der Abhängigkeit von den meist anglo-amerikanischen, großen Ölgesellschaften zu lösen, nur um sich dann auf ein anderes ausländisches Unternehmen verlassen zu müssen, selbst dann nicht, wenn dieses Unternehmen in der EWG verankert ist. Die Franzosen wollen, daß alle anderen EWG-Mitglieder den französischen Ölgesellschaften eine bevorzugte Stellung einräumen. Denselben Anspruch würden auch die Deutschen und Italiener erheben, wenn sie genug Erdöl hätten. Augenblicklich jedoch ist kein Land bereit, große Mengen französischen Öls um der Solidarität der EWG willen zu kaufen, wenn es mehr kostet als das der internationalen Ölgesellschaften. Die Franzosen wiederum sind nicht bereit, anderen Regierungen einen Anteil an ihren eigenen Ölgesellschaften einzuräumen.

Statt eine gemeinsame Ölpolitik zu verfolgen, werden sich die EWG-Mitgliedstaaten mit dem bescheideneren Versuch einer gegenseitigen Abstimmung ihrer nationalen Ölpolitik zufriedengeben. In den nächsten Jahren werden wahrscheinlich Regeln aufgestellt werden, mit denen man die steuerlichen und finanziellen Erleichterungen für inländische Ölgesellschaften und ihre Vorzugsstellung auf ihren heimischen Märkten festlegen will. Es dürften auch Anregungen gemacht werden, unter welchen Bedingungen man mit den Förderländern zusammenarbeiten sollte, und zweifellos werden sich unmittelbare Kontakte mit diesen Ländern entwickeln. Manchmal werden es direkte Kaufverträge sein, bei anderen Gelegenheiten wird eine europäische Ölgesellschaft im Auftrag der Regierung des Förderlandes arbeiten oder mit ihr eine Partnerschaft eingehen.

Im Rahmen der EWG wird es auch einen gewissen Raum für eine begrenzte Zusammenarbeit zwischen den inländischen Ölgesellschaften geben. Das kann am leichtesten in der Förderung und durch den gemeinsamen Besitz von Raffinerien erfolgen. Eine andere, riskantere Möglichkeit kann der gemeinsame Betrieb sehr großer Tankschiffe sein, wie sie sich augenblicklich nur die großen Ölgesellschaften leisten können. Aber trotz aller Reden über neue europäische Initiativen wird die wesentliche Struktur der Ölindustrie im Grunde dieselbe bleiben. Solange sie die Privilegien der nationalen Ölgesellschaften achten, werden die international tätigen Ölgesellschaften weiterhin in ihrer traditionellen Weise arbeiten dürfen. Ihre Preise und Investitionspläne werden zweifellos strenger kontrolliert werden als in der Vergangenheit, aber das wird das Ergebnis der zunehmenden staatlichen Kontrolle der gesamten Wirtschaft und keine besondere Diskriminierung sein.

Auch der Eintritt Großbritanniens in die Europäische Wirtschaftsgemeinschaft wird — wenn er je stattfindet — keine großen Veränderungen mit sich bringen. Die *Shell* wird dann eine vollkommen „europäische Ölgesellschaft" werden und ebenso auch die *British Petroleum.* Auf dem Papier wird demnach die EWG in der Welterdölwirtschaft eine viel stärkere Stellung als gegenwärtig einnehmen, und es wird zweifellos großartige Reden darüber geben, wie man den Einfluß der Amerikaner ausschalten kann. Aber die nationalen Unterschiede werden weiterbestehen und auch die Befürchtungen der kleinen Ölgesellschaften, wie zum Beispiel der deutschen Firmen und sogar der *ENI,* daß sie von ihren großen Konkurrenten verschluckt werden könnten.

Der Eintritt Großbritanniens in die EWG kann jedoch bei Gelegenheiten wie dem Bau von Raffinerien zu einer Zunahme der Diskriminierung führen. Als Folge des französischen Drucks könnten einige EWG-Mitglieder einen Teil ihrer Märkte für EWG-Ölgesellschaften reservieren. Da die *Shell,* die *BP,* die belgische *Petrofina* und die *Compagnie Française des Pétroles* bereits in den meisten europäischen Staaten vertreten sind, ließe sich dies ohne große Änderung durchführen. Ungeachtet des kurzfristigen Nutzens, der durch eine schlechte Behandlung der Amerikaner erreicht werden könnte, werden die größeren europäischen Ölgesellschaften einer solchen Politik Widerstand leisten. Sie wissen, daß eine Ölgesellschaft auf lange Sicht nur wachsen kann, wenn sie in einem internationalen Rahmen freizügig arbeitet, und daß die Bewahrung ihrer eigenen Unabhängigkeit um so schwerer sein wird, je mehr die Ölindustrie durch nationale Grenzen eingeengt wird. Sogar als EWG-Ölgesellschaften werden die *Shell* und die *BP* vor allem und in erster Linie internationale Organisationen bleiben. Außerdem haben die Amerikaner bei den Verhandlungen einige nützliche Trümpfe in der Hand. Der einträglichste Bestandteil der *Shell*-Gruppe ist ihre amerikanische Tochtergesellschaft. Die belgische *Petrofina* besitzt ebenfalls wichtige Anlagen und Beteiligungen in Amerika, und die *Compagnie Française des Pétroles* versucht dort gerade Fuß zu fassen.

Obwohl die meisten Diskussionen über die zukünftige Rolle der Verbraucherländer im Rahmen der EWG stattfinden werden, wird die gefährlichste Bedrohung der internationalen Ölgesellschaften nicht aus Europa kommen. Die europäischen Regierungen sind nämlich nicht bereit, jene Kapitalmengen aufzubringen oder das Risiko auf sich zu nehmen, die der Ausbau einer mächtigen Stellung in der internationalen Erdölindustrie erfordert. Die ernsteste Herausforderung kommt aus Japan.

Im Verlauf ihrer modernen Geschichte haben die Japaner zwar sehr gern vom Westen gelernt, aber sie haben sich immer dagegen gewehrt, daß ausländische Firmen auch nur einen Zweig ihrer Wirtschaft kontrollieren. In der Nachkriegszeit, als ihr Land von den Amerikanern besetzt war, und auch später war der amerikanische Einfluß äußerst stark. Es gab in Japan wenig verfügbares Kapital, und demnach mußte diese Politik größtenteils aufgegeben werden. Die internationalen Ölgesellschaften konnten also mit inländischen Firmen Partnerschaften bei der Ölverarbeitung eingehen, bei denen die internationalen Firmen das Rohöl lieferten, und ausländische Ölfirmen durften eigene Verkaufsgesellschaften gründen. Als Folge davon müssen etwa 85 Prozent des japanischen Öls in Devisen bezahlt werden, und das Land ist wie jeder andere Verbraucher von den großen Ölgesellschaften abhängig. Die Regierung hat nun beschlossen, Japan in seiner Ölversorgung auf eigene Füße zu stellen. 1966 erklärte sie, daß 1985 mindestens 30 Prozent des Ölbedarfs durch japanische Ölgesellschaften gedeckt werden sollen. Zu diesem Zweck ist sie bereit, 1,9 Milliarden Dollar aufzuwenden.

Als Japan zum erstenmal die Notwendigkeit erkannt hatte, im Ausland eigenes Öl zu finden, bildete eine Gruppe von Industriellen Mitte der fünfziger Jahre die *Arabian Oil Company*. Sie erwarb eine Ölkonzession in den Küstengewässern vor Kuweit. Schon bei ihrer ersten Bohrung entdeckte sie ein großes Ölfeld. Eine andere japanische Ölgesellschaft fördert auf Sumatra. Aber da der japanische Markt 1985 wahrscheinlich sechsmal größer als 1966 sein wird, wird es unglaubliche Anstrengungen kosten, das notwendige Öl zu finden. Die japanischen Ölgesellschaften haben ihre Tätigkeit vom Nahen

Osten und Indonesien auf Kanada, Alaska und Australien ausgedehnt, und im Verlauf weniger Jahre werden sie nach jedem aussichtsreichen Ölgebiet in nicht zu weiter Entfernung von Japan Ausschau halten.

Während die Ölsuche im Gange ist, beabsichtigt die japanische Regierung auf dem Inlandsmarkt gewisse Veränderungen durchzusetzen. Der erste Schritt wird die Einschränkung der Ölmengen sein, die die internationalen Ölgesellschaften an ihre gemeinsam mit japanischen Firmen betriebenen Raffinerien liefern; so werden die japanischen Partner gezwungen, sich andere Versorgungsquellen zu suchen. Ein anderer und vielleicht viel radikalerer Schritt wäre, die internationalen Ölgesellschaften zu zwingen, ihre eigenen Verkaufsgesellschaften aufzugeben und nur mit japanischen Partnern zu arbeiten. Der volle Erfolg der japanischen Ölpolitik hängt von der Entdeckung großer Ölvorräte ab, aber selbst wenn die Ölsuche erfolglos bleibt, wird dies die Regierung nicht von der Auferlegung von Beschränkungen abhalten.

Die internationalen Ölgesellschaften sind sich dessen bewußt, daß andere Verbraucherländer es sich nicht leisten können, dem Beispiel Japans bei der Ölsuche zu folgen; aber Kontrollen und Beschränkungen sind gefährliche Eingriffe, denen noch andere folgen können. Japan ist außer den Vereinigten Staaten und der Sowjetunion das größte Ölverbraucherland der Welt. Wenn es in diesem späten Stadium mit der Reorganisation seines Ölmarktes Erfolg hat und den internationalen Ölgesellschaften eine unbedeutende Position aufzwingt, werden dadurch auch andere Länder in Asien, Afrika und Südamerika zu solchen Schritten ermutigt. Sogar wenn Japan zur Erreichung seiner politischen Ziele ein bestimmtes Maß seiner wirtschaftlichen Leistungsfähigkeit opfert, werden andere Regierungen der Auffassung sein, daß sich das lohnt.

Für die Ölgesellschaften bedeutet dies, daß ihre ständigen Rückzugsgefechte gegen die Versuche der Regierungen, ihre Aktionsfreiheit einzuschränken — die so lange Jahre ihre Existenz in den Fördergebieten bestimmt haben —, nun auf die Verbraucherländer übergreifen. Die Ölgesellschaften haben das schwere Los, als internationale Organisationen in einer nationalistischen Welt arbeiten zu müssen; und je mehr Länder von ihnen abhängig werden, desto mehr Regierungen werden einen Einfluß auf sie ausüben wollen.

28. Kapitel
Schlußwort

> Erdöl ist wirklich eine äußerst veränderliche Substanz: es kann alle Formen annehmen — ich glaube, auch die kommender Dinge.
>
> *Lord Strathalmond*

Der Ehrgeiz der Regierungen der Ölförder- und der Ölverbraucherländer wird den internationalen Ölgesellschaften in vielfacher Hinsicht das Leben schwerer machen. Dieser Ehrgeiz wird die Herrschaft der Ölgesellschaften über die Ölreserven in der Welt einschränken und ihre Aktionsfreiheit im Vertrieb beschneiden. Wenn sie vor Entscheidungen über Investitionen stehen, werden politische Faktoren bald wichtiger sein als wirtschaftliche Erwägungen. Sie werden nie wieder jenen Zustand erleben, in dem John D. Rockefeller und Henri Deterding ihre Reiche aufbauen konnten. Aber sie werden mit größeren Erdöl- und Kapitalmengen umgehen, als diese Männer sich je hätten träumen lassen, und ihre Tätigkeit wird für die Wohlfahrt der Menschheit von entscheidender Bedeutung sein.

Trotz des raschen Wachstums der Ölindustrie seit dem Zweiten Weltkrieg befindet sich das Zeitalter des Erdöls immer noch in seinen Anfängen. Seine Aussichten als Energieträger und als Rohstoff für die chemische Industrie sind jetzt klarer als je zuvor. Der alte Feind, die Kohle, ist jetzt überall im Rückzug begriffen.[133] Die Atomkraft steckt noch in den Kinderschuhen. Das Erdgas gehört zum Großteil den Ölgesellschaften, und es gibt keinen Ersatz für die aus Erdöl gewonnenen Kraftstoffe für Automobile, Flugzeuge und Raumschiffe. Erdöl ist bereits der wichtigste Rohstoff zur Gewinnung von Chemikalien, und die chemische Industrie wächst rascher als jede andere.

In den nächsten fünfzehn Jahren — die fernste Zukunft, in die

Ölfachleute zu blicken pflegen — wird der steigende Energiebedarf weiterhin die Grundlage des Wachstums der Ölindustrie sein. Energieverbrauch und die Entwicklung der Weltwirtschaft sind voneinander abhängig. So müssen die zunehmende Geburtenrate, die Bemühungen zur Hebung des Lebensstandards in den Entwicklungsländern und der Wunsch nach Luxus in den industrialisierten Ländern zu einem immer größeren Energieverbrauch führen. Energie wird gebraucht werden, um Fabriken in Gang zu halten, für Wärme, Licht und Klimaanlagen in Wohnungen und als Kraftstoff für den Transport zu Land, zur See und in der Luft.

Da der Absatz von Kohle, zumindest in Europa, zurückgeht, müssen Erdöl und Erdgas zusammen den wachsenden Energiebedarf dekken und neue Aufgaben übernehmen. Langfristige Vorhersagen können kaum mehr als Vermutungen sein, aber die Ölindustrie schätzt, daß zwischen 1967 und 1985 der Erdölanteil auf dem nichtkommunistischen Energiemarkt der Welt von 63 auf 73 Prozent steigen wird. Obwohl wenige Regierungen so weit vorausblicken, stimmen ihre Berechnungen mit diesen Schätzungen überein. Großbritannien wird 1980 wahrscheinlich doppelt soviel Erdöl wie Kohle und je nach Ergiebigkeit der Funde in der Nordsee auch große Mengen Erdgas verwenden, und in Westdeutschland wird 1975 Erdöl 55 Prozent des Energiebedarfs decken.

1985 wird die Atomkraft ein bedeutender Faktor in den industrialisierten Ländern werden. Für das Erdöl wird das keinen großen Unterschied bedeuten. Atomenergie ist keine vielseitige Energiequelle, und in unmittelbarer Zukunft wird die Stromerzeugung ihre einzige Verwendung sein, obwohl sie vielleicht einmal in größerem Maßstab auch zum Antrieb von Schiffen verwendet werden kann. Atomkraftwerke werden viel billiger als die mit Kohle, Erdöl oder Erdgas betriebenen Kraftwerke Strom erzeugen können, und — wie erstaunlich dies auch scheinen mag — die Ölgesellschaften betrachten die Atomkraft nicht als Konkurrenz. „Soweit es die Ölindustrie betrifft", sagte David Barran, geschäftsführender Direktor der *Shell*, „ist die Atomkraft eine willkommene Ergänzung. Das Erdöl hat einen Energiebedarf angeregt, den die Ölindustrie nicht decken kann, ohne einen unverhältnismäßig großen Teil des Öls zu verbrennen, der viel nutzbringender für andere Zwecke verwendet werden könnte." Es wird noch eine Weile dauern, bis Atomkraftwerke Elektrizität so billig herstellen, daß sie auf dem industriellen Energiemarkt mit Erdöl und Erdgas konkurrieren können. Doch bis zu jenem Tag können die Ölfachleute es sich leisten, gelassen zu bleiben.

Außerdem wird auch trotz der jüngsten Spekulationen über die Möglichkeiten eines elektrischen Automobils der wichtige Markt für Transportleistungen dem Öl sicher bleiben. Eine der führenden Firmen auf diesem Gebiet ist die britische Ford-Gesellschaft, die 1967 das Modell eines Elektroautos namens Comuta vorstellte. Bei seiner Vorführung vermied der stellvertretende geschäftsführende Direktor der Gesellschaft, Leonard Crossland, die üblicherweise solche Ereignisse begleitenden Übertreibungen, als er vor den versammelten Journalisten erklärte: „Der Verbrennungsmotor wird auf weitere Sicht die günstigste Energiequelle für lange Fahrten bleiben."[134] Ford und alle anderen Automobilfabriken glauben, daß die Entwicklung eines wirtschaftlich tragbaren elektrischen Fahrzeugs zehn Jahre in Anspruch nehmen wird und daß es „vor allem bei Lieferwagen für das Stadtzentrum und zu Einkaufsfahrten in der Vorstadt" verwendet werden wird. Seine großen Vorzüge werden Lautlosigkeit und Sauberkeit sein, die viel zur Verbesserung der Lebensbedingungen in den Städten beitragen können. Wenn es einmal billige, durch Atomkraft erzeugte Elektrizität geben wird, werden auch die Betriebskosten von Elektroautos gering sein.

Diese Fahrzeuge haben jedoch einen großen Nachteil. Das Verhältnis zwischen Gewicht und Energie der üblichen Batterien ist so ungünstig, daß die Konstruktion eines elektrischen Kraftwagens, der, ohne aufgeladen zu werden, eine größere Strecke relativ schnell zurücklegen kann, bis jetzt unmöglich ist. Der Comuta zum Beispiel hat unter idealen Bedingungen einen Aktionsradius von 65 Kilometer bei einer konstanten Geschwindigkeit von 40 Kilometer pro Stunde. Bei starkem Verkehr muß er indessen alle 15 Kilometer wieder aufgeladen werden. Auch die bereits von Westinghouse in den Vereinigten Staaten und von Urbanina in Italien auf den Markt gebrachten Elektrofahrzeuge haben eine ähnlich begrenzte Leistungsfähigkeit. Man macht Versuche mit neuen Schwefel-, Blei/Zink- und anderen Batterien. Es muß jedoch noch ein weiter Weg zurückgelegt werden, und keine der führenden Automobilfabriken glaubt an einen elektrischen Kraftwagen, der auf offener Straße auf längere Strecken mit dem Verbrennungsmotor konkurrieren kann.

Auf lange Sicht wird die Brennstoffzelle bessere Möglichkeiten als die Batterie bieten. Sie wird bereits in den Gemini-Raumschiffen der Vereinigten Staaten verwendet und beim Apollo-Raumfahrtprogramm zum Mond eine wichtige Rolle spielen. Obwohl sie an Zukunftsromane denken läßt, ist die Idee einer Brennstoffzelle nichts Neues. Sie wurde zum erstenmal im 19. Jahrhundert von dem englischen Wissenschaftler Sir George Grove entwickelt, und 1959 führte der Wissenschaftler F. T. Bacon aus Cambridge nach dreißigjähriger Forschungsarbeit einen mit Brennstoffzellen betriebenen Gabelstapler vor. In den Vereinigten Staaten und in Schweden wurden kleine Unterseeboote mit Brennstoffzellen ausgestattet. Brennstoffzellen wurden auch bei Experimenten mit Traktoren, Golfwagen, Bohnergeräten, Elektrohämmern und Kraftwagen erprobt.

Die Brennstoffzelle setzt chemische Energie direkt in elektrische Energie um. Sie besteht lediglich aus zwei durch einen Elektrolyten getrennten Elektroden. Der Elektrolyt ist entweder eine starke Säure oder Lauge. Die Elektroden bestehen aus porösem, mit einem Katalysator imprägniertem Material. Stromerzeugung wird durch die Anreicherung einer Elektrode — der Kathode — mit Sauerstoff und der anderen Elektrode — der Anode — mit Wasserstoff in Gang gesetzt. Die beiden Gase verbinden sich zu Wasser und bewirken dadurch den Fluß des elektrischen Stroms. Die Stromerzeugung verläuft vollkommen lautlos, ohne Vibration oder Bewegung der einzelnen Teile.

Der große Unterschied zwischen Batterie und Brennstoffzelle ist, daß eine Batterie, wenn sie erschöpft ist, entweder fortgeworfen oder wieder aufgeladen werden muß, während die Brennstoffzelle so lange aktiv bleibt, als ihr Sauer- und Wasserstoff zufließen. Der Wasserstoff kann entweder rein oder in Form einer Verbindung zugeführt werden, aus der er leicht gelöst werden kann, wie etwa Kerosin oder Methanol, beides Erdölprodukte. Kerosin war eigentlich das erste wichtige Produkt der Erdölindustrie im 19. Jahrhundert, als man es zur Beleuchtung verwendete. Die Ölindustrie hat also alle Ursache, die Entwicklung der Brennstoffzelle willkommen zu heißen. Sie könnte der Ölindustrie wegen ihrer vielseitigen Verwendbarkeit sogar mehr Absatzmöglichkeiten als bisher sichern, und die Verwendung von Kerosin an Stelle des viel komplizierteren Benzins, des Dieselkraftstoffs und anderer Produkte würde erhebliche Einsparungen bei den Verarbeitungskosten mit sich bringen. All dies liegt jedoch in ferner Zukunft. Es müssen noch viele technische Probleme gelöst werden, bevor die Verwendung von Brennstoffzellen wirtschaftlich ist. Kraftwagen mit Brennstoffzellen werden eher in den neunziger als in den achtziger Jahren in großer Zahl auf den Straßen rollen.

Trotz der großen Mengen Erdöls, die nach wie vor als Brennstoff verbraucht werden, ist die Ölindustrie der Ansicht, daß der zur Energieerzeugung bestimmte Rohölanteil abnehmen wird. Gegenwärtig gehen nur 2 Prozent des jährlich geförderten Erdöls in die chemische Industrie, aber da das Wachstum der chemischen Industrie in der Welt allgemein bei 15 Prozent jährlich — im Gegensatz zu 8 Prozent für Erdöl — liegt, wird dieser Anteil ständig zunehmen.

Erdöl und Erdgas sind heute bereits die wichtigsten Rohstoffe zur Herstellung organischer Chemieprodukte; sie decken mehr als drei Viertel der Produktion in den nichtkommunistischen Ländern. Die organischen Verbindungen sind Kohlenwasserstoffe und umfassen praktisch alles, womit wir Tag für Tag in Berührung kommen: Reinigungsmittel, synthetischer Kautschuk, Kunststoffe, synthetische Fasern. Auch in der anorganischen Chemie gibt es für Erdöl und Erdgas eine Unzahl von Verwendungsmöglichkeiten, vor allem bei der Herstellung von Ammoniak, einem Grundstoff für Düngemittel. Sir Paul Chambers, der Leiter der Imperial Chemical Industries, sagte einmal, er könne Ammoniak billiger aus Erdöl als aus Kohle herstellen, auch wenn er die Kohle umsonst bekäme. Mehr als zwei Drittel der Ammoniakproduktion der Welt werden aus Erdöl und Erdgas hergestellt, und in einigen Jahren wird die Fabrikation von Düngemitteln praktisch ein Zweig der Ölindustrie sein.

Gleichzeitig werden die Ölgesellschaften ihre Interessen in einige neue Tätigkeitsgebiete außerhalb ihrer jetzigen Unternehmungen ausdehnen. Eines ihrer Hauptziele ist die Bauindustrie. Sie sind durch die Art und Weise, wie Kunststoffe vielfach Glas und Metall abgelöst haben, so sehr ermutigt, daß sie hier ein großes Gebiet für weitere Neuerungen vermuten. „Es scheint absurd", äußerte John Loudon, der frühere Leiter der *Shell,* „daß sich die Gewohnheit, Häuser mit kleinen Ziegeln zu bauen, die aufeinandergelegt und mit Mörtel verbunden werden, sogar in fortschrittlichen Ländern erhalten konnte."[135] Er ist der Auffassung, daß Häuser als Fertigteile erzeugt und an Ort und Stelle zusammengebaut werden sollen. Sie sollen Badezimmer und Küchen aus Kunststoff haben und Installationen, an die Waschmaschinen, Kühlschränke, Geschirrspülmaschinen und Staubsauger aus Kunststoff angeschlossen werden können. „In nicht allzu ferner Zukunft" erwartet Loudon, daß auch die Bauteile selbst vollständig aus Kunststoff hergestellt sein werden.

Eine andere Möglichkeit für Kunststoffe bietet ihr Einsatz an Stelle von Stahl bei der Herstellung von Karosserien. Vom technischen Standpunkt besteht dagegen kein Einwand — außer dem sehr wichtigen Umstand, daß der augenblickliche Stand der technologischen Entwicklung noch keine rationelle Fertigung zuläßt. Wenn das aber einmal der Fall ist, dann wird der Stahl einen Kampf gegen die steigende Flut des Erdöls ausfechten müssen — wie die Kohle seit dem Zweiten Weltkrieg.

In einer ferneren Zukunft kann das Erdöl sogar Rohstoff für Nahrungsmittel oder zumindest für Eiweiß werden. Dies wird ein Höhepunkt in der Geschichte der Ölindustrie werden. Die Forschung begann Anfang der fünfziger Jahre, als Wissenschaftler, die für die französische Tochtergesellschaft der *BP* arbeiteten, nach einer Methode zur Beseitigung wächserner Verbindungen aus leichtem Heizöl und Dieselkraftstoff suchten, die bei kaltem Wetter fest werden und dadurch Rohre und Filter blockieren. Als sie entdeckten, daß man mit Wachs hefeähnliche Organismen oder Pilze ernähren konnte, hatte der Leiter dieses Projekts, Alfred Champagnat, eine glänzende Idee. Fast jede lebende Materie setzt sich aus Eiweißstoffen zusammen. Je mehr Organismen sich aus dem Öl ernähren konnten, desto mehr würden sie sich vermehren und dadurch weiteres Eiweiß liefern. Das Experiment verlief erfolgreich, und bei einer internationalen Konferenz schlug er ein Forschungsthema mit dem unglaublich klingenden Titel „Mikrobiologie unter Berücksichtigung der Umwandlung von Erdöl in Eiweiß" vor.

Seither haben sich die Dinge rasch entwickelt. Die *Shell* hat eine Methode zur Verwendung von Bakterien bei der Eiweißerzeugung aus Erdgas gefunden. Die *Standard Oil Co. (N. J.)* arbeitet auf diesem Gebiet mit Nestlé zusammen, und fast alle großen Ölgesellschaften führen heute solche Experimente durch. Einige Methoden haben sich als erfolgreich erwiesen, und in Forschungslaboratorien hat man bereits eßbare Eiweißstoffe hergestellt. Sie sind vollkommen geschmacklos und können leicht zu alkoholfreien Getränken, Schokolade und anderen Nahrungsmitteln verarbeitet werden. *BP* ist nach wie vor führend. Anfang 1968 gab die Gesellschaft bekannt, daß 1970 in Frankreich die erste Fabrik zur kommerziellen Herstellung von Eiweiß aus Erdöl vorgesehen ist. Dies wird ein großer Sieg im Kampf gegen Hunger und Elend sein. Monroe J. Rathbone, ehemaliger Vorstandsvorsitzender der *Standard Oil Co. (N. J.)*, schätzt, „daß der gesamte Eiweißmangel der Welt mit weniger als 2 Prozent der Welterdölförderung behoben werden kann".[136]

Glücklicherweise besteht keine Gefahr, daß die Ölreserven vor diesem Ereignis — oder auch noch lange danach — versiegen werden. Die gegenwärtigen bestätigten Ölreserven umfassen 56,4 Milliarden Tonnen, die bei dem jetzigen Verbrauch mehr als 30 Jahre reichen würden. Das ist jedoch eine grobe Unterschätzung der tatsächlichen Verhältnisse. Die Fördertechniken sind noch immer ziemlich primitiv, und es ist oft unmöglich, mehr als 25 Prozent des in einem Vorkommen enthaltenen Öls zu fördern. Man unternimmt jetzt Anstrengungen zur Entwicklung besserer Methoden und erwartet, daß man schließlich 50 bis 60 Prozent des vorhandenen Öls gewinnen kann, was — auch wenn kein neues Öl gefunden wird — die vorhandenen bestätigten Reserven verdoppeln würde.

Es wird aber ohne Zweifel noch mehr Öl gefunden werden. Obwohl bereits 109 Jahre vergangen sind, seit Oberst Drake seine erste Bohrung in Titusville in Pennsylvania niederbrachte, sind erst 5 Prozent der Gebiete, unter denen sich Erdöl oder Erdgas befinden können, sorgfältig untersucht worden.[137] Sowohl auf dem Festland als auch im Meer befinden sich noch viele Ölreserven außerhalb der bekannten Fördergebiete.

Auf dem Festland gibt es Gebiete, wie zum Beispiel 1,2 Millionen Quadratkilometer in Kanada, von denen man weiß, daß sie große Ölmengen enthalten. Doch die Verhältnisse sind dort für eine gründliche Ölsuche viel zu schwierig, als daß Aufwendungen dafür während eines bestehenden Ölüberschusses gerechtfertigt wären. Tiefseebohrungen wurden erst kürzlich möglich. Hier sind die Aussichten besonders erfolgversprechend. Man schätzt, daß sich unter den Kontinentalschelfen in einer Tiefe bis zu 300 Meter 100 Milliarden Tonnen Erdöl befinden. Schätzungen über die Ölmengen, die schließlich tatsächlich gefunden und gefördert werden können, sind jedoch nichts als vage Vermutungen. Dennoch sind sie der einzige Maßstab für die künftigen Möglichkeiten der Ölindustrie. Die Fachleute nehmen an, daß die Gesamtmenge des vorhandenen Erdöls etwa 500 Milliarden Tonnen außerhalb der kommunistischen Länder betragen wird, und wenn man auch diese berücksichtigt, ist die Menge noch viel größer. Außerdem schätzt man, daß die Reserven an Erdgas etwa die Hälfte der Ölreserven betragen.

Aber auch das erschöpft noch nicht alle Möglichkeiten. Man weiß, daß außerdem noch große Ölmengen im Ölsand und im Ölschiefer in verschiedenen Teilen der Welt vorhanden sind. Die berühmtesten Lagerstätten sind die Ölsande von Athabasca im nördlichen Alberta in Kanada, der Ölschiefer am Orinoko in Venezuela und die Ölschieferlager in Colorado in den Vereinigten Staaten. Die Förderkosten aus diesen „unkonventionellen" Ölreserven sind sehr hoch, aber die Forschung sucht bereits nach wirtschaftlichen Methoden. Zur Zeit nimmt man an, daß diese Lager weitere 360 Milliarden Tonnen Erdöl enthalten, und es ist vielleicht bedeutungsvoll, daß die erste Versuchsanlage zur Ölgewinnung aus Ölsand in Athabasca 1967 einen Monat nach der Schließung des Suezkanals ihren Betrieb aufgenommen hat.

Mit solchen Ölreserven kann der Weltölbedarf unbegrenzt anwachsen. Wir wissen, daß die Zivilisation ohne Erdöl nicht weiter fortschreiten könnte. Gegen Ende des nächsten Jahrzehnts wird Öl bereits an allen Tätigkeiten des Menschen einen Anteil haben: man wird sich mit seiner Hilfe fortbewegen, man wird damit bauen, sich damit kleiden und es sogar essen.

Das Erdöl ist der Stein der Weisen des 20. Jahrhunderts.

Anhang

ERDÖLGESELLSCHAFTEN
UND GROSSE FIRMEN ANDERER INDUSTRIEZWEIGE
Stand 1967

DIE GROSSEN SIEBEN

		Umsatz Mill. Dollar	Aktiva Mill. Dollar	Gewinn Mill. Dollar
Standard Oil Co. (N. J.)	USA	13.266	15.197	1.232
Royal Dutch/Shell	Holl.-Br.	8.539	14.017	638
Mobil Oil	USA	5.772	6.224	385
Texaco	USA	5.121	7.162	754
Gulf Oil	USA	4.202	6.458	578
Standard Oil of California	USA	3.298	5.310	422
British Petroleum Company	Br.	3.138	5.418	177

ANDERE ÖLGESELLSCHAFTEN

Standard Oil of Indiana	USA	2.918	4.058	282
Continental Oil Company	USA	2.083	2.354	149
Phillips Petroleum Company	USA	1.982	2.787	164
Compagnie Française des Pétroles	Fr.	1.140	849	51 *
Ente Nazionale Idrocarburi	It.	1.099	2.745	2 *
Petrofina	Belg.	705	1.156	31 *

ANDERE GROSSUNTERNEHMEN

General Motors	USA	20.026	13.273	1.627
U. S. Steel	USA	4.005	5.606	172
Unilever	Br.-Holl.	5.446	3.243	196
Volkswagen	BRD	2.500	7.250	94 *

* Angaben vom Jahre 1966.

Quelle: *Fortune*, Juni 1968

DIE WICHTIGSTEN ÖLFÖRDERLÄNDER 1967

	Millionen Tonnen	% der Weltproduktion
USA	433,0	24,7
Sowjetunion	289,8	16,5
Venezuela	184,6	10,5
Saudi-Arabien	129,8	7,4
Iran	129,8	7,4
Kuweit	115,0	6,5
Libyen	83,5	4,8
Irak	59,5	3,7
Kanada	46,7	2,5
Algerien	38,3	2,2
Welt gesamt	1757,6	

DIE WICHTIGSTEN ÖLVERBRAUCHERLÄNDER 1967

	Millionen Tonnen	% des Gesamtverbrauchs
USA	613,9	34,7
Sowjetunion	210,0	10,9
Japan	113,5	6,4
Westdeutschland	91,9	5,2
Großbritannien	86,2	4,9
Kanada	64,0	3,6
Frankreich	63,3	3,6
Italien	61,3	3,5
Welt gesamt	1766,7	

DIE BESTÄTIGTEN ÖLRESERVEN DER WELT ENDE 1967

		in Milliarden Tonnen		in % der Weltreserven	
USA	Nordamerika	5,061	6,245	8,9	11,0
Kanada	Nordamerika	1,184		2,1	
Südamerika		3,813		6,8	
Westliche Hemisphäre		10,057		17,8	
Westeuropa		0,250		0,4	
Naher Osten		33,914		60,2	
Afrika		5,596		9,9	
Mittlerer u. Ferner Osten, Australien		1,601		2,8	
Östliche Hemisphäre		41,361		73,4	
UdSSR, Osteuropa, China		4,955		8,8	
Welt gesamt		56,373			

Anmerkungen

2. KAPITEL: DER AUFSTIEG ROCKEFELLERS

1 Nevins, Allan, *Study in Power: John D. Rockefeller, Industrialist and Philanthropist.*
2 Ebda.
3 Rockefeller-Dokumente.
4 Tarbell, Ida, *The History of the Standard Oil Company.*
5 Nevins, a. a. O.
6 Ebda.
7 Ebda.
8 Tarbell, a. a. O.
9 Ebda.
10 Ebda.
11 Ebda.
12 Thompson, Craig, *Since Spindletop.*
13 Nevins, a. a. O.

3. KAPITEL: DIE AUFLÖSUNG DES TRUSTS

14 Hewins, Ralph, *Mr. Five Per Cent.*
15 Bainbridge, John, *The Super-Americans.*
16 Ebda.
17 Thompson, a. a. O.
18 James, Marquis, *The Texaco Story.*
19 Seit 1911 hat diese Gesellschaft ihren Namen mehrmals gewechselt. Bis 1931 hieß sie offiziell *Standard Oil Company of New York* und war unter dem Namen *Socony* bekannt. 1931, nach dem Zusammenschluß mit der *Vacuum Oil*

Company, wurde sie zur *Socony Vacuum.* 1955 nahm sie den Namen *Socony Mobil* an und schließlich 1966 *Mobil Oil.* Unter diesem letzten Namen scheint sie in diesem Buch auf.

20 Nevins, a. a. O.

4. KAPITEL: DER TRIUMPH DETERDINGS

21 Hewins, a. a. O.

22 *Royal Commission on Fuel and Engines,* 1912.

23 Deterding, Henri (unter Mitarbeit von Naylor, Stanley), *An International Oilman.*

24 Der volle Name war „Königlich Niederländische Gesellschaft für die Ausbeutung der Erdölquellen in Niederländisch-Indien".

25 Henriques, Robert, *Marcus Samuel, First Viscount Bearsted and Founder of Shell.*

26 Das Erdöl von Kutei enthielt einen ungewöhnlich hohen Prozentsatz Toluol. Das ist ein wichtiger Bestandteil von TNT — Trinitrotoluol — und machte das Öl während des Ersten Weltkrieges außerordentlich wertvoll.

27 F. C. Gerretson, *The History of the Royal Dutch.*

28 Begründet 1871, ursprünglicher Name *Rangoon Oil Company.*

29 Henriques, a. a. O.

30 Goldene Gasse, Anm. d. Übers.

5. KAPITEL: GULBENKIANS TRAUM

31 Gulbenkian, Calouste, *Memoirs.*

32 Hewins, a. a. O.

33 Hardinge, Arthur H., *A Diplomatist in the Middle East.*

34 Longhurst, Henry, *Adventure in Oil: The Story of British Petroleum.*

35 Ebda.

36 Churchill, Sir Winston, *The World Crisis 1911—1914.*

6. KAPITEL: KRIEG UND FRIEDEN

37 Generalkommissariat für Brennstoffe, Anm. d. Übers.

38 Bericht der Federal Trade Commission über das internationale Erdölkartell, 1952.

7. KAPITEL: NEUE ENTDECKUNGEN

39 Buckley, Tom, *Just Plain H. L. Hunt,* in *Esquire,* Januar 1967.

40 Über Erdgas und seine Entwicklung wird im 21. Kapitel berichtet.

8. KAPITEL: DIE USA EROBERN DEN NAHEN OSTEN

41 Siehe 6. Kapitel.

42 Aus einem Memorandum der *Compagnie Française des Pétroles,* das 1952 im Bericht der Federal Trade Commission der Vereinigten Staaten über das internationale Erdölkartell zitiert wurde.

43 Bericht der Federal Trade Commission.

9. KAPITEL: LAST DES REICHTUMS

44 Sein Sohn Nubar blieb in London und sicherte dadurch die Familieninteressen in beiden Lagern.

45 *Arabian American Oil Company.*

46 Gulbenkian, Nubar, *Pantaraxia.*

10. KAPITEL: WIE DAS KARTELL ARBEITEN SOLLTE

47 Eine davon war die *British Petroleum Company,* die so genannt wurde, weil sie ihre Raffinerieerzeugnisse in Großbritannien absetzte.

48 Von 81,2 Millionen auf 167,5 Millionen Tonnen. 1919 verbrauchte man in den Vereinigten Staaten rund 50 Millionen und 1926 bereits mehr als 110 Millionen Tonnen. Die Nachfrage außerhalb von Amerika (ohne UdSSR) stieg von 26 Millionen auf 56 Millionen Tonnen.

49 Derselbe, der 1913 für Churchill den Cadman-Untersuchungsausschuß für persisches Erdöl geleitet hatte, bevor die Regierung beschloß, Anteile der *Anglo-Persian* zu erwerben.

50 *Atlantic Refining, Cities Service, Continental Oil, Gulf Maryland, Pure Oil, Richfield Oil, Sinclair, Standard Oil of California, Standard Oil of Indiana, Mobil Oil, Texaco, Tidewater, Union Oil, Vacuum.*

51 Bericht der Federal Trade Commission.

52 Siehe 9. Kapitel.

53 Bericht der Federal Trade Commission.

54 Bericht der Federal Trade Commission.

55 Die beiden Gesellschaften fusionierten sich auch in anderen Ländern auf ähnliche Weise.

11. KAPITEL: ERDÖL IM ZWEITEN WELTKRIEG

56 U. a. Weizen, Baumwolle, Bauholz, Mangan und Chrom.

57 Der beste Bericht über die Rolle des Erdöls in den ersten Kriegsjahren vor dem Eintritt der USA findet sich in *The Paradox of Oil and War* von Walter Levy, *Fortune,* 1941.

58 Macmillan, Harold, *The Blast of War.*

59 Stand vom 30. Juni 1939.

60 Viele dieser T-2-Tanker sind noch immer seetüchtig und wurden 1967 während der Krise im Nahen Osten zum Öltransport benützt.

12. KAPITEL: NEUE HORIZONTE

61 Trinitrotoluol.

62 *The Petroleum Handbook,* zusammengestellt und herausgegeben von *Shell.*

63 Erdgas hat dieselbe chemische Zusammensetzung wie Erdöl; siehe 21. Kapitel.

64 *Adjustments in Prices of Bunker Oil Supplies: British Auditor-General Outlines the Negotiations,* in *Petroleum Times,* 13. Mai 1944.

65 Bericht der Federal Trade Commission.

13. KAPITEL: VENEZUELA UND DAS 50 : 50-ABKOMMEN

66 Cristobal Mendoza.

67 Lieuwen, Edwin, *Petroleum in Venezuela.*

68 Der erste Pensionsentwurf der *Standard* in den USA stammt aus dem Jahr 1903, 35 Jahre vor der Einführung der Sozialversicherung.

69 Sie wurde 1924 durch den Vertrag von Ojair festgesetzt, als sich der Scheich von Kuweit und Ibn Saud einigten, eine neutrale Zone entlang ihrer Grenzen zu schaffen, in der die Stämme weiterhin ihre Weide- und Wasserrechte behalten durften und in der keine Befestigungen gebaut werden sollten. Man erwartete, daß mit Hilfe von Großbritannien schließlich feste Grenzen bestimmt würden und die Zone verschwinden würde. Aber dazu kam es nie.

14. KAPITEL: DER STREIT VON ABADAN

70 Schah Reza Pahlevi, *Mission for My Country.*

71 Es wird oft behauptet, daß der amerikanische und britische Geheimdienst den Aufstand finanzierten, und es ist bezeichnend, daß der Schah diese Frage in seinen Memoiren offenläßt.

72 Die amerikanischen Gesellschaften wurden bald danach von ihrer Regierung gezwungen, einen 5-Prozent-Anteil einer Anzahl von zu diesem Zweck in der *Iricon Agency* zusammengeschlossenen Unternehmen abzugeben. Dies geschah, um den Eindruck zu vermeiden, daß das Konsortium ein Kartell wäre.

73 Longhurst, a. a. O.

74 Schah Reza Pahlevi, a. a. O.

15. KAPITEL: DAS AUFTAUCHEN DER „NEWCOMER“

75 *Ente Nazionali Idrocarburi.*

76 *Bureau de Recherches Pétrolières.* Es wurde am 1. Januar 1966 mit einem anderen Staatsbetrieb, der *Régie Autonome des Pétroles,* zur ERAP zusammengeschlossen — *Entreprise de Recherches et d'Activités Pétrolières.*

77 Siehe 9. Kapitel.

78 Siehe 9. Kapitel.

79 *Management Today,* April 1967.

80 Die Mitglieder sind *Aminoil, Richfield, Standard Oil of Ohio, Getty, Signal, Atlantic, Hancock, Tidewater* und *San Jacinto.* Getty und Tidewater sind beide Mitglieder der J.-Paul-Getty-Gruppe. *Atlantic* und *Richfield* fusionierten. *San Jacinto* wurde von *Continental Oil, Signal* von *Hancock* übernommen.

81 P. H. Frankel, der Mattei kannte und die *ENI* beriet, hat in seinem Buch *Mattei: Oil and Power Politics* die beste Schilderung gegeben.

82 Engler Robert, *The Politics of Oil.*

83 *Société Irano-Italienne des Pétroles.*

84 Schah Reza Pahlevi, a. a. O.

16. KAPITEL: DIE GRÜNDUNG DER OPEC

85 Das ist der Bericht *The International Petroleum Cartel*, auf den schon in den vorhergehenden Kapiteln Bezug genommen wurde.
86 Siehe 13. Kapitel.
87 Organization of Petroleum Exporting Countries (Organisation der ölexportierenden Länder).

17. KAPITEL: WARUM MAN NACH ÖL SUCHT

88 Georg Tugendhat, *Freedom For Fuel.*

18. KAPITEL: KONZESSIONSPROBLEME

89 Diese Ziffern sind Durchschnittswerte. In der Praxis hängt alles von der Bodenbeschaffenheit und anderen physikalischen Gegebenheiten ab sowie von der Art und der Menge der Information, die das Bohrloch zu liefern hat. Natürlich kostet eine Bohrung im arktischen Kanada mehr als in Yorkshire. Bei der ersten Bohrung in einem neuen Gebiet wird die Ölgesellschaft viel langsamer und vorsichtiger vorgehen als dort, wo die geologischen Strukturen bereits bekannt sind.
90 Als die *Shell* 1960 einen Vertrag über Bohrungen in den Küstengewässern von Kuweit unterzeichnete, einigte man sich auf eine Gesamtprämie von 30 Millionen Pfund, von denen 7 Millionen bei Unterzeichnung fällig waren.
91 *Middle East Economic Survey*, 25. August 1966.
92 *Entreprise de Recherches et d'Activités Pétrolières*, siehe Anmerkung 76.
93 Einen vollständigen Bericht über die Absichten der Regierungen der Förderländer in bezug auf Konzessionsabkommen bringt das 26. Kapitel.

19. KAPITEL: DIE PREISPOLITIK DER ÖLGESELLSCHAFTEN

94 Siehe 13. Kapitel.

20. KAPITEL: TRANSPORT UND VERARBEITUNG

95 *The Sunday Times*, 2. Juli 1967.
96 *The Petroleum Times*, Mai 1967.
97 Maurice Cooper, Generaldirektor von Seabrokers Inc. New York, in *Fortune*, September 1967.

21. KAPITEL: ERDGAS

98 Nach Aussage von Georges Robert, dem Vorsitzenden der *Compagnie Française du Méthane.*
99 *Nederlandse Aardolie Mij.* (Niederländische Erdölgesellschaft).
100 Siehe 26. Kapitel.

22. KAPITEL: KARTELL ODER WETTBEWERB?

101 *Management Today*, November 1966.

102 *Management Today*, April 1967.
103 *Oil and Gas*, 20. März 1967.

23. KAPITEL: US-ERDÖLINDUSTRIE: FREIHEIT UND KONTROLLE

104 Eine Gruppe renommierter Colleges und Universitäten an der Ostküste der Vereinigten Staaten, unter ihnen Harvard, Yale, Princeton, Cornell, Dartmouth, University of Pennsylvania, Columbia.
105 Nach einer Schätzung der Chase Manhattan Bank haben im Jahre 1964 amerikanische Ölgesellschaften in Übersee Investitionsgüter im Wert von 344 Millionen Dollar bei amerikanischen Spezialunternehmen gekauft.
106 Rede anläßlich des 4. Jahrestages des Arkansas Oil and Gas Institute, Hot Springs, Arkansas, 22. April 1965.
107 *Fortune*, April 1965.
108 Jahrestreffen der American Economic Association, 1963.
109 Eine Bezeichnung, die erstmals 1967 in *Fortune* verwendet wurde.
110 Bainbridge, a. a. O.
111 Buckley, a. a. O.
112 Die Regierungen mehrerer europäischer Staaten wollen ihren heimischen Ölgesellschaften ähnliche Vergünstigungen gewähren. Westdeutschland erteilt beispielsweise Darlehen, die nur dann zurückgezahlt werden müssen, wenn Öl gefunden wird. Siehe 27. Kapitel.
113 Abschreibung für Wertminderung, Anm. d. Übers.
114 *Empire Trust Letter for September 1965*, veröffentlicht in der Firmenzeitschrift der *Gulf Oil, The Orange Disc.*

24. KAPITEL: ERDÖL IM OSTBLOCK: GESCHÄFT UND POLITIK

115 Deutsch: *Erdöl zwischen Mächten und Märkten.*
116 Es besteht noch immer die Aussicht, daß die Ölgesellschaften eine Entschädigung erhalten werden. Im Oktober 1967 besuchte eine Delegation der *Shell* Rumänien in dieser Angelegenheit.
117 Siehe 16. Kapitel.
118 *Financial Times*, 6. Juni 1966.
119 *Probleme der Wirtschaft*, Anm. d. Übers.
120 Mit diesem Abkommen haben sich seither Schwierigkeiten ergeben, da die Rumänen dem Iran alte Traktorenmodelle zu liefern versuchten, die ursprünglich für China bestimmt waren.
121 *Oil and Gas Journal*, 20. Februar 1967.

25. KAPITEL: FINANZIERUNGSPROBLEME

122 Loudon, John, *Seventh Cadman Memorial Lecture*, Institute of Petroleum, Mai 1965.

26. KAPITEL: DIE INTERESSEN DER ÖLFÖRDERLÄNDER

123 *From Concessions to Contracts*, veröffentlicht von der Organisation der öl-

exportierenden Länder *(OPEC)* anläßlich des Fünften Arabischen Erdölkongresses, Kairo, 16. bis 23. März 1965.

124 Die Beförderung von Einheimischen auf höhere Posten hat noch den weiteren Vorteil, daß ihre Gehälter normalerweise niedriger sind als die der Ausländer.

125 Mitglieder sind Venezuela, Saudi-Arabien, der Iran, Kuweit, der Irak, Qatar, Libyen, Indonesien.

126 *Financial Times*, 14. Februar 1966.

127 Aus einer Rede vor dem Seminar für Erdölwirtschaft an der Amerikanischen Universität von Beirut am 16. April 1967.

128 *Emergent Nations*, Bd. 2, Nr. 2, Sommer 1966.

129 Das Vorbild solcher Abkommen ist Argentinien; ähnliche Verträge gab es auch in Indonesien. Der Iran war aber das erste große Ölförderland, das sie anwandte.

27. KAPITEL: DIE INTERESSEN DER VERBRAUCHERLÄNDER

130 Aus den Vorschlägen, die der EWG-Kommission im April 1967 von zehn europäischen Ölgesellschaften zur Festsetzung der Betriebsbedingungen im Gebiet der EWG vorgelegt wurden.

131 Rede vor der Italienischen Gesellschaft für internationale Verständigung, Oktober 1965.

132 Thomas, Hugh, *The Suez Affair*.

28. KAPITEL: SCHLUSSWORT

133 In den USA ist der Rückgang der Kohle zum Stillstand gekommen. Allerdings hat er auch dort begonnen. Außerdem ist die Kohle dort längst von Erdöl und Erdgas überflügelt worden.

134 Pressekonferenz vom 7. Juni 1967.

135 Loudon, a. a. O.

136 *Esso Magazine*, Frühjahr 1964.

137 Tugendhat, a. a. O.

Bibliographie

Bainbridge, John, *The Super-Americans.* New York 1961.
Churchill, Sir Winston, *The World Crisis 1911—1914.* London 1922. (Deutsch: *Die Weltkrise 1911—1914.* Berlin 1924.)
Fanning, Leonard M., *Foreign Oil and the Free World.* New York o. J.
Frank, Helmut J., *Crude Oil Prices in the Middle East.* New York 1965.
Frankel, P. H., *Essentials of Petroleum.* London o. J.
Frankel, P. H., *Mattei: Oil and Power Politics.* London 1966.
Frankel, P. H., *Oil: The Facts of Life.* London 1962.
Gulbenkian, Nubar, *Pantaraxia.* London 1965.
Hartshorn, J. E., *Oil Companies and Governments.* London 1962. (Deutsch: *Erdöl zwischen Mächten und Märkten.* Hamburg o. J.)
Henriques, Robert, *Marcus Samuel, First Viscount Bearsted and Founder of Shell.* London 1960.
Hewins, Ralph, *Mr. Five Per Cent: The Biography of Calouste Gulbenkian.* London o. J. (Deutsch: *Mister 5 Prozent.* München 1958.)
James, Marquis, *The Texaco Story, The First Fifty Years 1902—1952.*
Leeman, Wayne A., *The Price of Middle East Oil,* Ithaca 1962.
Lieuwen, Edwin, *Petroleum in Venezuela.* Berkeley 1954.
Longhurst, Henry, *Adventure in Oil: The Story of British Petroleum.* London o. J.
Longrigg, S. H., *Oil in the Middle East.* Oxford 1961.
Mikdashi, Zuhayr, *A Financial Analysis of Middle Eastern Oil Concessions 1901—1965.* New York 1966.
Nevins, Allan, *Study in Power: John D. Rockefeller, Industrialist and Philanthropist.* New York 1953.
Tarbell, Ida M., *The History of the Standard Oil Company.* New York 1904.
Thompson, Craig, *Since Spindletop.*
Tugendhat, Georg, *Freedom for Fuel.* London 1963.
U. S. Federal Trade Commission, *Report on the International Petroleum Cartel,* Washington, D. C., 1952.

Weiteres Material stammt aus der Fachpresse, wie *Petroleum Press Service, The Petroleum Times, Oil and Gas Journal, Petroleum Intelligence World,* aus den Publikationen der *OPEC,* aus den Firmenzeitschriften der verschiedenen Ölgesellschaften und aus *The Financial Times, Management Today* sowie *Fortune.*

Abkürzungen

AGIP	Azienda Generale Italiana Petroli
Anglo-American	Anglo-American Petroleum Company Ltd.
Aramco	Arabian American Oil Company
AWP	Adria-Wien-Pipeline
BP	British Petroleum Company Ltd.
BRP	Bureau de Recherches Pétrolières
CEL	Central European Line
CFP	Compagnie Française des Pétroles
CFR	Compagnie Française de Raffinage
DEAG	Deutsche Erdöl AG
ECA	European Co-operation Administration
ENI	Ente Nazionali Idrocarburi
ERAP	Entreprise de Recherches et d'Activités Pétrolières
FPC	Federal Power Commission
GPC	General Petroleum Corporation
IOP	Iranian Oil Participants Ltd.
IPC	Iraq Petroleum Company
KNPC	Kuwait National Petroleum Company
KOC	Kuwait Oil Company
Medstan	Mediterranean Standard Oil Company
NAM	Nederlandse Aardolie Matschappij
NIOC	National Iranian Oil Company
ÖMV	Österreichische Mineralöl-Verwaltung
OPEC	Organization of Petroleum Exporting Countries
RAP	Régie Autonome du Pétrole
RDO	Rhein-Donau-Ölleitung GmbH.
SEPL	Societé du Pipeline Sud-Européen
SIRIP	Societé Irano-Italienne des Pétroles
Socony	Standard Oil Company of New York
TAL	Transalpine Ölleitung GmbH.
TPC	Turkish Petroleum Company
UGP	Union Générale des Pétroles
UIP	Union Industrielle des Pétroles
YPF	Yacimientos Petrolíferos Fiscales

Danksagungen

Dies sind die Betrachtungen und Eindrücke eines Außenstehenden. Seit mehreren Jahren schreibe ich in der *Financial Times* über Erdöl und die Erdölindustrie. Ich entdeckte, daß es keine unbeeinflußte, verläßliche Publikation über Entstehen und Funktionieren dieser Industrie gibt, und so beschloß ich, dieses Buch zu schreiben. Es gibt die Ereignisse meiner Eindrücke und Überlegungen wieder und ist in niemandes Interesse verfaßt worden.

Unter den Personen, die mir bei der Abfassung des Manuskripts mit ihren Kenntnissen und ihrem Wissen wertvolle Hilfe leisteten, sei an erster Stelle mein Vater, Dr. Georg Tugendhat, genannt. Ebenso schulde ich Dank Herrn Dr. Paul Frankel und Herrn Walter Newton, die mir in Unterstützung meiner Arbeit wertvolle Zeit geopfert haben.

Ich habe bei meinen Recherchen mit so vielen Leuten, Firmen und Regierungen Kontakt aufgenommen, daß die Erwähnung einzelner Namen das Verdienst der anderen schmälern würde. Ich möchte daher an dieser Stelle nur *British Petroleum, Shell* und *Standard Oil Co. (N. J.)* besonders danken, die mir wertvolle Hilfe beim Aufstellen der statistischen Tabellen und Übersichtstafeln leisteten.

Als ständiger Mitarbeiter der *Financial Times* bin ich deren Herausgeber Gordon Newton zu tiefstem Dank verpflichtet. Er hat aus mir einen guten Journalisten gemacht, und ohne seine stets verständnisvollen Hinweise und Ratschläge im Verlauf meiner Berufskarriere hätte ich die vorliegende Arbeit nie in Angriff nehmen können.

Sehr geholfen hat mir bei meiner Arbeit das gesamte Personal der Bibliothek der *Financial Times,* besonders die Bibliothekare Mr. W. Kuhnberg und Mr. Brian Carter. Mr. Sidney Perrin von der *Financial Times* danke ich für die Anfertigung der Illustrationen, Mrs. P. Wadsworth vom Griffin Literary Service und Miss Fredy Dennis tippten das Manuskript, und ohne ihre Mitarbeit wäre es nicht rechtzeitig in Satz gegangen.

Wertvolle Einzelheiten aus der „Frühgeschichte“ der Erdölindustrie entnahm ich Professor Allan Nevins' Rockefeller-Biographie *Study in Power* und Robert Henriques' Biographie Marcus Samuels.

John Eidinow sprach mit mir viele im Buche enthaltene Probleme durch und las das fertige Manuskript.

Während der Arbeit an diesem Buch lernte ich meine Frau kennen, und wir heirateten. Sie war verständnisvoller, als ein Gatte es je erwarten kann.

London, im Oktober 1967 *Christopher Tugendhat*

Namen- und Sachregister